电子信息前沿技术丛书

Fundamentals of
Image, Audio, and Video Processing
using MATLAB
with Applications to Pattern Recognition

MATLAB图像、音频和视频处理基础

模式识别应用

［印］兰詹·帕雷克（Ranjan Parekh）/ 著

章毓晋 / 译

清华大学出版社
北京

北京市版权局著作权合同登记号 图字: 01-2022-0600

Fundamentals of Image, Audio, and Video Processing using MATLAB: with Applications to Pattern Recognition, 1st Edition/by Ranjan Parekh/ISBN: 9780367895242
Copyright@ 2021 by CRC Press

Authorized translation from English language edition published by CRC Press, a member of the Taylor & Francis Group; All rights reserved. 本书原版由 Taylor & Francis 出版集团旗下, CRC 出版公司出版, 并经其授权翻译出版。版权所有, 侵权必究。

Tsinghua University Press is authorized to publish and distribute exclusively the Chinese (Simplified Characters) language edition. This edition is authorized for sale in the People's Republic of China only, excluding Hong Kong, Macao SAR and Taiwan. No part of the publication may be reproduced or distributed by any means, or stored in a database or retrieval system, without the prior written permission of the publisher.

本书中文简体翻译版授权由清华大学出版社独家出版。此版本仅限在中华人民共和国境内(不包括中国香港、澳门特别行政区和中国台湾地区)销售。未经出版者书面许可, 不得以任何方式复制或发行本书的任何部分。

Copies of this book sold without a Taylor & Francis sticker on the cover are unauthorized and illegal.
本书封面贴有 Taylor & Francis 公司防伪标签, 无标签者不得销售。

本书封面贴有清华大学出版社防伪标签, 无标签者不得销售。
版权所有, 侵权必究。举报: 010-62782989, beiqinquan@tup.tsinghua.edu.cn。

图书在版编目(CIP)数据

MATLAB 图像、音频和视频处理基础: 模式识别应用/(印)兰詹•帕雷克(Ranjan Parekh)著; 章毓晋译. —北京: 清华大学出版社, 2022.7
(电子信息前沿技术丛书)
ISBN 978-7-302-60564-5

Ⅰ. ①M… Ⅱ. ①兰… ②章… Ⅲ. ①Matlab 软件-应用-多媒体技术-信息处理 Ⅳ. ①TP37

中国版本图书馆 CIP 数据核字(2022)第 067163 号

责任编辑: 文 怡
封面设计: 王昭红
责任校对: 韩天竹
责任印制: 朱雨萌

出版发行: 清华大学出版社
  网　　址: http://www.tup.com.cn, http://www.wqbook.com
  地　　址: 北京清华大学学研大厦 A 座　　邮　　编: 100084
  社 总 机: 010-83470000　　邮　　购: 010-62786544
  投稿与读者服务: 010-62776969, c-service@tup.tsinghua.edu.cn
  质量反馈: 010-62772015, zhiliang@tup.tsinghua.edu.cn
  课件下载: http://www.tup.com.cn, 010-83470236
印 装 者: 三河市天利华印刷装订有限公司
经　　销: 全国新华书店
开　　本: 185mm×260mm　　印　　张: 21.75　　字　　数: 532 千字
版　　次: 2022 年 9 月第 1 版　　印　　次: 2022 年 9 月第 1 次印刷
印　　数: 1~2500
定　　价: 89.00 元

产品编号: 094487-01

译者序
Foreword

本书是一本介绍应用 MATLAB 函数编写程序，进行图像处理、音频处理和视频处理以及进行模式识别的图书。

本书有三个特点值得指出：

（1）内容比较全面，系统介绍了 MATLAB 的基本函数，详细解释了其中的 2-D 和 3-D 绘图函数，特别是结合图像处理、音频处理、视频处理以及模式识别，介绍了图像处理工具箱、信号处理工具箱、小波工具箱、音频系统工具箱、信号处理系统工具箱、计算机视觉系统工具箱、统计和机器学习工具箱、神经网络工具箱的相关函数。另外，针对 MATLAB 可视化仿真工具 Simulink，也结合模型构建和脚本设计从编程结构方面进行了分析。

（2）原理介绍简明扼要，对各种图像处理、音频处理、视频处理以及模式识别的基本概念和技术方法均给出了精炼的定义和概括的说明。本书不以系统深入地介绍各种媒体处理的原理和理论为目的，读者也不必拘泥于媒体处理的理论体系而花费过多的精力和时间，而是通过具体的处理实践来掌握相关原理和要点并获得实用技能。

（3）介绍具体翔实，对涉及的所有函数，均嵌入相应的 MATLAB 程序脚本中，对有关的参数也分别进行了说明，还对程序输出给予了图示。书中给出了大量的示例，每个示例实际上就是一个所介绍函数的程序，可对各种具体媒体数据进行处理。读者根据提供的实际代码可以直接实现各种函数功能，并在屏幕上观察到最终的结果。

由于这些特点，本书虽然覆盖面较宽，但描述具体，实践操作性强。对已有基本 MATLAB 概念的读者，可以方便地上手开展针对图像、音频和视频技术应用的编程；对已有基本信号处理基础的读者，则可以用 MATLAB 函数快速实现对图像、音频和视频的各种处理。

从结构上看，本书共有 4 章正文，共包括 42 节、66 小节。全书共有编了号的图 311 个、例 244 个、复习问题 80 个。另外还有函数汇总、参考文献和主题索引。全书译文约合 50 万字。该书浅显易懂，直观性好，可作为各种工程专业高年级本科生和研究生学习、了解图像处理、音频处理和视频处理以及模式识别技术课程的实践教材，也可供从事相关领域科技开发和技术应用的、具有不同专业背景的技术人员自学参考。

本书的翻译基本忠实于原书的整体结构、描述思路和文字风格。对明显的印刷错误，直接进行了修正。对原书的英文主题索引，除给出对应的中文外，还重新按中文拼音顺序进行了排列,以方便读者查阅。最后,根据中文图书的出版规范,将矢量和矩阵均改用了黑斜体。

感谢清华大学出版社编辑的精心组稿、认真审阅和细心修改。

最后,译者感谢妻子何芸、女儿章荷铭在各方面的理解和支持。

章毓晋

2022 年元旦于书房

通信:北京清华大学电子工程系,100084

邮箱:zhang-yj@tsinghua.edu.cn

主页:oa.ee.tsinghua.cn/～zhangyujin/

作者前言

Preface

本书通过程序实现的实际操作方法介绍了媒体处理的概念和原理及其在模式识别中的应用。本书的主要目的是让读者了解可以使用数据分析和可视化工具 MATLAB 来读取、修改和写入图像、音频和视频文件的工具和技术。本书是为学习图像处理、语音和语言处理、信号处理、视频目标检测和跟踪以及相关多媒体技术的毕业班大学生和研究生而写的，重点是使用编程结构和技能开发的实际实现。本书的特点是介绍了与媒体处理相关的技术及其各种应用的简明软件解释，以及相关的理论背景和实际实施步骤，同时避免了冗长的理论论述。本书也适用于模式识别、计算机视觉和基于内容的检索领域的研究人员，以及学习有关媒体处理、统计分析和数据可视化的 MATLAB 课程的学生。

MathWorks 公司的 MATLAB 是一种数据分析和可视化工具，适用于数值计算、算法开发和仿真应用。与其他同时期编程工具相比，MATLAB 的一个优势是它存储了大量现成的函数，可用于广泛的媒体处理任务，这些任务可以直接包含在自定义应用程序和问题解决任务中，而无需任何额外的编程工作。因此，未来的程序员和学生有必要了解这些函数，以便在必要时使用它们，从而可以快速开发应用程序并减少工作量和时间。MATLAB 函数一般分为两类：基本集和扩展集。本书中称为基本 MATLAB(BM) 函数的基本集具有基本处理功能，如数据类型转换、算术关系运算和逻辑运算、代数和三角运算、插值和傅里叶分析、各种图形绘图和注释、文件 I/O 操作，以及不同类型的基本编程结构。由于已假设读者具备 MATLAB 的基本知识，并熟悉矩阵代数和三角学等基本数学运算，因此，本书并不打算向初学者讲授初级 MATLAB，尽管在本书中首次使用函数的地方已经提供了函数的简明描述。

更专业的函数称为"工具箱"，它们扩展了为特定领域和应用场合定制的基本功能集。本书讨论了许多工具箱中的函数，用于说明各种媒体处理任务，分为图像处理、音频处理和视频处理 3 章。每个函数都使用示例进行了说明，同时将程序输出以图形的方式显示，以便于可视化。第 4 章讨论了前 3 章讨论的媒体处理任务在解决模式识别问题中的应用。在此过程中，本书深入研究了以下工具箱中一些常用函数的选定子集：

- 图像处理工具箱(IPT)：为图像处理、分析、可视化和算法开发提供一整套参考标准算法和应用工作流程。
- 音频系统工具箱(AST)：为音频处理系统的设计、仿真和桌面原型设计提供算法和工具。
- 计算机视觉系统工具箱(CVST)：提供用于设计和模拟计算机视觉和视频处理系统的算法、功能和应用程序。

- 数字信号处理系统工具箱（DSPST）：提供设计、模拟和分析信号处理系统的算法和应用程序。
- 统计和机器学习工具箱（SMLT）：提供用于描述、分析和建模数据的函数和应用程序。
- 神经网络工具箱（NNT）：提供创建、训练、可视化和模拟神经网络的算法、预训练模型和应用程序。
- 信号处理工具箱（SPT）：提供从均匀和非均匀采样信号中分析、预处理和提取特征的函数和应用程序。
- 小波工具箱（WT）：提供使用基于小波的建模以分析和合成信号与图像的函数和应用程序。

因为本书的重点是让读者熟悉 MATLAB 函数，因此对理论概念介绍不多，只介绍与所讨论函数相关的概念。这与其他媒体处理书籍不同，这些书籍更多地关注于解释理论概念并将其中一些概念通过示例加以说明。此外，本书主要讨论用于执行各种媒体处理任务的 MATLAB 软件包的功能，并在必要时讨论了简短的相关理论部分，以理解基本概念。这使得本书能够以紧凑的方式呈现思想，读者无须阅读长篇大论就能快速理解。另外，本书通过解决具体数值问题的实例说明了这些特点，这有助于未来的学生和读者快速熟悉所有相关函数，并利用这些功能解决定制问题。本书将代码以简单的复制和执行格式提供，以方便初学者理解。代码的输出以图形和绘图的形式显示，以帮助学习者将结果可视化，以便快速吸收知识。根据相关工具箱中 MATLAB 函数的层次结构，对每章中的主题进行了排序。以下是每章各节涵盖的主要主题列表，从每章的第 3 节开始，大部分主题都用至少一个编码示例以及显示程序输出的可视化绘图进行了说明。

第 1 章讨论图像处理，共分为 11 节。1.1 节介绍了基本概念，包括像素、数字化、二值图像、灰度图像、彩色图像、图像采集和输出设备、图像转换、图像调整、彩色模型、压缩方案和文件格式。1.2 节列出了该章涵盖的基本函数和工具箱函数，并提供了一个包含五组约 115 个基本 MATLAB 函数的列表；以及一个包含 116 个属于图像处理工具箱（IPT）函数的列表。IPT 函数分为五类：导入导出和转换、显示和探索、变换和配准、滤波和增强、分割和分析。1.3 节涉及图像的导入、导出和转换，涵盖了诸如读取和写入图像数据，图像类型转换，二值化阈值和大津方法，图像量化和灰度，索引图像和抖动，使用无符号 8 位整数和 64 位双精度的图像表示，图像彩色表示、三刺激和色度值，sRGB 和 AdobeRGB 彩色空间，RGB、CMY、XYZ、HSV、$L^*a^*b^*$ 表示之间的彩色转换，棋盘格和幻影等合成图像，图像噪声表示和高斯函数等主题。1.4 节讨论了图像的显示和探索，涵盖了基本显示技术、图像融合和蒙太奇、图像序列和扭曲表面，以及交互式探索工具等主题。1.5 节讨论了几何变换和图像配准，包括常见几何变换、仿射和投影变换、图像配准、协方差和相关性，以及缩放和插值等主题。1.6 节涉及图像滤波和增强，涵盖了核、卷积、图像模糊、噪声滤波器、排序统计滤波器、盖伯滤波器、边缘检测算子、图像梯度和图像偏导数、对比度调整和伽马曲线、直方图均衡化、形态学运算、感兴趣区域和块处理、算术和逻辑运算、点扩展函数、反卷积、逆滤波器、维纳反卷积、露西-理查森（Lucy-Richardson）反卷积和盲反卷积等主题。1.7 节讨论了图像分割和分析，包括图像分割、目标分析、哈夫变换、四叉树分解、提取区域特性、像素连通性、纹理分析、灰度共生矩阵、图像质量、信噪比、均方误差、结构相似性指数、图像变换、离散傅里叶变换、离散余弦变换和离散小波变换等主题。1.8 节讨论了频域处理,涵盖卷积定理、理想和高斯低通滤波器以及理想和高斯高通滤波器等主题。1.9 节讨论了使用 Simulink 进行图像处理,并涵盖了用于图像类型转换、彩色转换、色调调整、边缘检测、几何变换、形态学操作和团点分析等任务的 Simulink 模型的开发等主题。1.10 节和 1.11 节分别讨论了各种二维和三维绘图功能的句法、选项和参数,以及可视化数据分布及其定制内容。

第 2 章介绍音频处理,共分为 11 节。2.1 节介绍了基本概念,包括声波特性(如振幅和频率)及其感知表示、即响度和音调,用于操纵环境声音的设备,如麦克风放大器和扬声器,立体声和单声道,音频数字化,采样和奈奎斯特采样定理,声卡组件,CD 质量数字音频的特性,音频滤波,合成器和 MIDI 协议,压缩方案和文件格式。2.2 节列出了该章涵盖的基本函数和工具箱函数,并提供了一个包含 52 个基本 MATLAB 函数的列表,这些函数分为五组。还有一个包含 29 个属于音频系统工具箱(AST)的函数的列表,这些函数分为五类:音频 I/O 和波形生成,音频处理算法设计,测量和特征提取,仿真、调整和可视化,以及乐器数字接口(MIDI)。除了 AST 函数外,还列出了其他两个工具箱,即 DSP 系统工具箱(DSPST)和信号处理工具箱(SPT)。2.3 节讨论了声波的研究和表征,涵盖了波形、相位、采样频率、混叠、正弦音调、复合音符、音频信号的傅里叶域表示、系数和基函数等主题。2.4 节讨论了音频 I/O 和波形生成,包括读取和写入数字音频文件、绘制音频波形、记录和回放数字音频、示波器显示和波形表合成器等主题。2.5 节讨论了音频处理算法设计,涵盖混响、噪声门、动态范围压缩器和扩展器以及交叉滤波器等主题。2.6 节讨论了测量和特征提取,涵盖了基音、语音活动检测(VAD)、瞬时响度、短期响度和综合响度以及梅尔(Mel)频率倒谱系数(MFCC)等主题。2.7 节介绍了仿真、调整和可视化,涵盖了时间范围、正弦波发生器、频谱分析仪和阵列图等主题。2.8 节介绍了 MIDI,并涵盖一些主题,如使用各种乐器声音播放 MIDI 音符。2.9 节讨论了时间滤波器,涵盖了有限脉冲滤波器(FIR)、无限脉冲滤波器(IIR)和窗口函数等主题。2.10 节涉及频谱滤波器,涵盖了频率表示、频谱图、变频信号、低通和高通 FIR 滤波器、低通和高通 IIR 滤波器、带阻和带通 FIR 滤波器以及带阻和带通 IIR 滤波器等主题。2.11 节介绍了使用 Simulink 进行音频处理,并涵盖了诸如为混响、噪声门、交叉滤波器、VAD、响度测量仪和频谱等任务开发 Simulink 模型等主题。

第 3 章讨论视频处理,共分为 8 节。3.1 节介绍了视频帧、帧速率、运动错觉、光栅扫描、隔行扫描、分量视频信号、合成视频信号、亮度和色度、RGB 到 YC 信号格式的转换以及色度亚采样等基本概念。3.2 节列出了本章涵盖的基本函数和工具箱函数,并提供了一个包含约 21 个基本 MATLAB 函数的列表,这些函数分为五组。还提供了一个属于计算机视觉系统工具箱(CVST)的 20 个函数的列表,这些函数分为三类:输入、输出和图形,对象检测和识别,目标跟踪和运动估计。3.3 节涉及视频输入-输出和播放,包括读取和写入视频文件、视频帧子集的显示和播放以及从图像集合创建电影等主题。3.4 节涉及视频帧的处理,包括创建用于存储视频帧的 4-D 结构,将图像和视频帧互相转换,在视频帧的特定位置插入文本,以指定帧速率选择性播放帧,将视频帧从彩色转换为灰度和二进制版本,以及对视频帧应用图像滤波器。3.5 节涉及视频彩色空间,包括 RGB 与 YC_bC_r 彩色空间的互相转换、RGB 与 NTSC 彩色空间的互相转换,以及 RGB 与 PAL 彩色空间的互相转换。3.6 节介绍了目标检测,包括团点检测器、前景检测器、人体检测器、人脸检测器和光学文字识别等主题。3.7 节讨论了运动跟踪,涵盖了基于直方图的跟踪器、光流、点跟踪器、卡尔曼滤波器和块匹配器等主题。3.8节介绍了使用Simulink的视频处理,包括视频彩色空间转换、几何变换、彩色到灰度和二进制转换,以及将图像滤波器应用于视频帧等主题。

第4章讨论模式识别,共分为8节。4.1节介绍了基本概念,包括聚类、分类、监督学习、无监督学习、训练阶段、测试阶段、特征向量、特征空间和相似性度量。4.2节列出了本章涵盖的基本函数和工具箱函数,并列出了属于计算机视觉系统工具箱(CVST)的10个函数和属于统计和机器学习工具箱(SMLT)的26个函数。4.3节涉及数据采集,包括将工作空间变量保存到MAT文件、将变量从MAT文件加载到工作空间、使用Fisher-Iris数据集、从任意文件夹读取多个媒体文件以及使用图像数据存储等主题。4.4节讨论了预处理,包括媒体类型转换、彩色转换、几何变换、色调校正、噪声滤波、边缘检测、形态学操作、目标分割以及时间和光谱滤波等主题。4.5节介绍了特征提取方法,包括最小本征值法、哈里斯角点检测器、加速分段测试特征(FAST)算法、最大稳定极值区域(MSER)算法、加速鲁棒特征(SURF)算法、KAZE算法、二进制鲁棒不变可伸缩关键点(BRISK)算法、局部二进制模式(LBP)算法和梯度方向直方图(HOG)算法。4.6节讨论了聚类,涵盖了相似性测度、k-均值聚类算法、k-中心点聚类算法、分层聚类算法和基于GMM的聚类算法等主题。4.7节涉及分类,涵盖了k-NN分类器、人工神经网络(ANN)分类器、决策树分类器、鉴别分析分类器、朴素贝叶斯分类器、支持向量机(SVM)分类器和分类学习器应用程序等主题。4.8节涉及性能评估,包括剪影值、卡林斯基-哈拉巴斯指数和混淆矩阵等主题。

由于图像处理、音频处理和视频处理在模式识别、计算机视觉、目标检测、人工智能、语音和说话人识别、语音激活、视频监控、人脸识别、车辆跟踪、运动估计等的广泛应用,相关课程在全世界都有需求,本书对大多数人来说都是有用的。本书末尾包含一个函数汇总,提供了本书中讨论的大约400个MATLAB函数,并按字母顺序排序,同时给出了它们的原始工具箱并对每一个函数给出了一行描述,以便读者参考。本书提供了75条参考文献,包括专著和研究论文,供读者进一步阅读本书中讨论的各种算法、标准和方法。每章结尾都有一组用于自我评估的复习问题。本书包含大约250个已解示例及其相应的MATLAB代码。虽然这些代码是在2018版MATLAB中进行的测试,但其中大多数代码能在2015版及其后的版本中正确执行。粗体字用于突出每个章节中讨论的重要理论/概念术语。本书中有100多个这样的术语。蓝色粗体文本用于表示首次出现的MATLAB函数名。本书讨论了400多个MATLAB函数。读者可使用MATLAB帮助工具获取有关所讨论函数的更多信息。本书提供了超过300幅彩图,以帮助读者直观地可视化程序输出。

鼓励所有读者提供有关本书内容以及任何遗漏或打字错误的反馈。

Ranjan Parekh

Jadavpur University

缩略语

ABBREVIATION

1-D：one dimensional，一维
2-D：two dimensional，二维
3-D：three dimensional，三维
ANN：artificial neural network，人工神经网络
AST：audio system toolbox，音频系统工具箱
BM：basic MATLAB，基本 MATLAB
BRISK：binary robust invariant scalable keypoints，二进制鲁棒不变可伸缩关键点
CIE：International Commission on Illumination，国际照明委员会
CLUT：color look up table，彩色查找表
CMYK：cyan magenta yellow black，蓝绿品红黄黑
CVST：computer vision system toolbox，计算机视觉系统工具箱
DCT：discrete cosine transform，离散余弦变换
DFT：discrete Fourier transform，离散傅里叶变换
DRC：dynamic range compressor，动态范围压缩
DSPST：digital signal processing system toolbox，数字信号处理系统工具箱
DWT：discrete wavelet transform，离散小波变换
FAST：features from accelerated segment test，加速分段测试特征
FIR：finite impulse response，有限脉冲响应
FLT：fuzzy logic toolbox，模糊逻辑工具箱
GLCM：gray level co-occurrence matrix，灰度共生矩阵
GMM：Gaussian mixture models，高斯混合模型
HOG：histogram of oriented gradients，朝向梯度直方图
HPF：high pass filter，高通滤波器
HSV：hue saturation value，色调饱和度值
ICC：International Color Consortium，国际色彩联盟
IIR：infinite impulse response，无限脉冲响应
IPT：image processing toolbox，图像处理工具箱
JPEG：Joint Photographic Expert Group，联合图像专家组
LBP：local binary pattern，局部二值模式
LDA：linear discriminant analysis，线性鉴别分析
LoG：Laplacian of Gaussian，高斯-拉普拉斯
LPF：low pass filter，低通滤波器
LSE：least square error，最小二乘误差

LUFS：loudness unit full scale，响度单位满刻度
MATLAB：matrix laboratory，矩阵实验室
MFCC：Mel frequency cepstral coefficient，梅尔频率倒谱系数
MIDI：musical instrument digital interface，乐器数字接口
MLP：multi layered perceptron，多层感知机
MMSQ：minimum mean square error，最小均方误差
MSE：mean square error，均方误差
MSER：maximally stable extremal regions，最大稳定极值区域
NNT：neural network toolbox，神经网络工具箱
NTSC：National Television Systems Committee，美国国家电视系统委员会
OCR：optical character recognition，光学字符识别
PAL：phase alternation lines，相位交替行
PCA：principal component analysis，主分量分析
PSF：point spread function，点扩散函数
RGB：red green blue，红绿蓝
ROI：region of interest，感兴趣区域
SE：structural element，结构元素
SIFT：scale invariant feature transform，尺度不变特征变换
SMLT：statistics and machine learning toolbox，统计和机器学习工具箱
SNR：signal to noise ratio，信号噪声比
SPT：signal processing toolbox，信号处理工具箱
SSIM：structural similarity，结构相似性
SURF：speeded-up robust features，加速鲁棒特征
SVM：support vector machine，支持向量机
VAD：voice activity detection，语言活动检测
WT：wavelet toolbox，小波工具箱

目录

CONTENTS

第1章　图像处理 …………………… 1
　1.1　引言 ……………………………… 1
　1.2　工具箱和函数 …………………… 4
　　1.2.1　基本 MATLAB（BM）函数 ………………… 4
　　1.2.2　图像处理工具箱（IPT）函数 ……………… 8
　　1.2.3　信号处理工具箱（SPT）函数 ……………… 12
　　1.2.4　小波工具箱（WT）函数 …………………… 12
　1.3　导入导出和转换 ………………… 13
　　1.3.1　读和写图像数据 …… 13
　　1.3.2　图像类型转换 ……… 14
　　1.3.3　图像彩色 …………… 27
　　1.3.4　合成图像 …………… 39
　1.4　显示和探索 ……………………… 44
　　1.4.1　基本显示 …………… 44
　　1.4.2　交互探索 …………… 48
　　1.4.3　构建交互工具 ……… 49
　1.5　几何变换和图像配准 …………… 51
　　1.5.1　常用几何变换 ……… 51
　　1.5.2　仿射和投影变换 …… 56
　　1.5.3　图像配准 …………… 58
　1.6　图像滤波和增强 ………………… 63
　　1.6.1　图像滤波 …………… 63
　　1.6.2　边缘检测 …………… 70
　　1.6.3　对比度调整 ………… 74
　　1.6.4　形态学操作 ………… 80
　　1.6.5　ROI 和块处理 ……… 82
　　1.6.6　图像算术 …………… 85
　　1.6.7　去模糊 ……………… 87
　1.7　图像分割和分析 ………………… 93
　　1.7.1　图像分割 …………… 93
　　1.7.2　目标分析 …………… 94
　　1.7.3　区域和图像特性 …… 100
　　1.7.4　纹理分析 …………… 107
　　1.7.5　图像质量 …………… 110
　　1.7.6　图像变换 …………… 111
　1.8　在频域中处理 …………………… 122
　1.9　Simulink 图像处理 ……………… 126
　1.10　关于二维绘图函数的注记 …… 132
　1.11　关于三维绘图函数的注记 …… 152
　复习问题 ……………………………… 158

第2章　音频处理 …………………… 159
　2.1　引言 ……………………………… 159
　2.2　工具箱和函数 …………………… 161
　　2.2.1　基本 MATLAB（BM）函数 ………………… 161
　　2.2.2　音频系统工具箱（AST）函数 ……………… 163
　　2.2.3　信号处理系统工具箱（DSPST）函数 ……… 164

2.2.4 信号处理工具箱
(SPT)函数 …… 164
2.3 声波 …… 164
2.4 音频 I/O 和波形生成 …… 176
2.5 音频处理算法设计 …… 182
2.6 测量和特征提取 …… 190
2.7 仿真、调整和可视化 …… 196
2.8 乐器数字接口(MIDI) …… 200
2.9 时间滤波器 …… 202
2.10 频域滤波器 …… 205
2.11 Simulink 音频处理 …… 218
复习问题 …… 220

第3章 视频处理 …… 221
3.1 引言 …… 221
3.2 工具箱和函数 …… 223
    3.2.1 基本 MATLAB (BM)函数 …… 223
    3.2.2 计算机视觉系统工具箱(CVST)函数 … 224
3.3 视频输入输出和播放 …… 225
3.4 处理视频帧 …… 233
3.5 视频彩色空间 …… 238
3.6 目标检测 …… 242
    3.6.1 团块检测器 …… 242
    3.6.2 前景检测器 …… 243
    3.6.3 人体检测器 …… 244
    3.6.4 人脸检测器 …… 245
    3.6.5 光学文字识别(OCR) …… 247
3.7 运动跟踪 …… 247
    3.7.1 基于直方图的跟踪器 …… 247
    3.7.2 光流 …… 249
    3.7.3 点跟踪器 …… 251
    3.7.4 卡尔曼滤波器 …… 252
    3.7.5 块匹配器 …… 253
3.8 Simulink 视频处理 …… 255
复习问题 …… 257

第4章 模式识别 …… 259
4.1 引言 …… 259
4.2 工具箱和函数 …… 260
    4.2.1 计算机视觉系统工具箱(CVST)函数 … 260
    4.2.2 统计和机器学习工具箱(SMLT)函数 … 261
    4.2.3 神经网络工具箱(NNT)函数 …… 262
4.3 数据采集 …… 262
4.4 预处理 …… 266
4.5 特征提取 …… 267
    4.5.1 最小本征值方法 … 267
    4.5.2 哈里斯角点检测器 …… 269
    4.5.3 FAST 算法 …… 269
    4.5.4 MSER 算法 …… 270
    4.5.5 SURF 算法 …… 271
    4.5.6 KAZE 算法 …… 273
    4.5.7 BRISK 算法 …… 273
    4.5.8 LBP 算法 …… 274
    4.5.9 HOG 算法 …… 275
4.6 聚类 …… 276
    4.6.1 相似性测度 …… 276
    4.6.2 k-均值聚类 …… 278
    4.6.3 分层聚类 …… 281
    4.6.4 基于高斯混合模型(GMM)的聚类 … 285
4.7 分类 …… 287
    4.7.1 k-NN 分类器 …… 287
    4.7.2 人工神经网络(ANN)分类器 …… 288
    4.7.3 决策树分类器 …… 294
    4.7.4 鉴别分析分类器 … 296

    4.7.5 朴素贝叶斯分类器 …………… 300
    4.7.6 支持向量机(SVM)分类器 …………… 301
    4.7.7 分类学习器应用程序 …………… 303
 4.8 性能评价 …………… 310

复习问题 …………………………… 315
函数汇总 …………………………… 317
参考文献 …………………………… 327
主题索引 …………………………… 331

第1章

图 像 处 理

1.1 引言

图像是由照相机拍摄的真实世界的快照。现实世界本质上是模拟的(即连续的),传统相机拍摄的照片也是模拟的。将其转换为数字(即离散)形式的过程称为**数字化**。数字化过程通常是根据电信号来定义的,电信号在性质上也是模拟的。任何电信号的数字化包括三个步骤:采样、量化和码字生成。**采样**是指以相等的时间间隔或空间间隔检查信号值,并仅存储这些值,同时丢弃其余值,从而基本上离散了信号的时间轴或空间轴。**量化**是根据离散信号幅度的级别(值)以进一步进行处理,同时丢弃剩余值,这本质上离散了信号的幅度轴。**码字生成**是指将称为码字的二进制值分配给在所考虑的特定采样点处保留的每个幅度级别(值)。每单位时间或长度的采样点数量称为**采样率**,而保留的幅度级别数量称为量化级别。量化级别的总数决定了表示它们的二进制码字的位数,称为数字信号的**位深度**。一个 n 位码字可以代表总共 2^n 个级别。例如,一个 3 位码字可以表示总共 8 个值:000、001、010、011、100、101、110、111。构成数字信号的每个离散值称为**样本**。

数字图像是一种 2-D 信号,样本分布在图像的宽度和高度上,这些样本称为**像素**,是图像元素的缩写。像素是数字图像的结构单位,类似于构成现实世界物体的分子。像素被可视化为在图像区域上并排排列的矩形单元。每个像素由两个参数标识:位置和值。相对于坐标系测量像素的位置。以法国数学家勒内·笛卡儿的名字命名的 2-D **笛卡儿坐标系**用于测量像素点相对于称为原点的参考点的位置。该位置表示为沿两个正交方向(x 轴或水平方向和 y 轴或垂直方向)测量的一对偏移。与两个轴(称为主轴)的距离在括号内以坐标的一对顺序数字 (x,y) 表示,数字表示当前像素分别沿水平和垂直方向偏离原点 O 的像素数,它们是整数,因为像素数不能是分数。对于图像处理应用程序,原点 O 通常位于左上角,x 值从左到右增加,y 值从上到下增加(见图 1.1)。显然,表示为 O 的原点本身具有坐标 $(0,0)$。

像素值表示该点处图像的强度或彩色。根据像素值的不同,图像可以分为三类:二进制(二值)图像、灰度图像和彩色图像,如图 1.2 所示。第一类**二进制图像**(二值图像)是数字

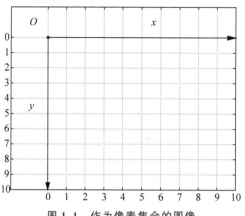

图 1.1 作为像素集合的图像

二进制

灰度

彩色

图 1.2 二进制、灰度和彩色图像

图像,像素值表示为二进制数字,即 0 或 1。此类图像通常包含两种类型的区域,包含值 0 的区域显示为黑色,包含值 1 的区域显示为白色。由于用单个位表示像素值,因此此类图像也称为 1 位图像。第二类称为**灰度图像**,信息使用各种灰度来表示。尽管可以使用任意数量的灰色阴影或灰度级,但使用的标准数字是 256,因为典型的人眼可以分辨出如此多的阴影,且它们可以用 8 位二进制数表示。从 00000000(表示一个极端的黑色)开始到 11111111 (表示另一个极端的白色)结束,在这两个极端之间可能有 254 个灰度级别,因此灰度值总数达到 256。第三类称为**彩色图像**,信息是使用各种彩色来表示的。虽然理论上彩色的数量是无限的,但根据人眼分辨彩色的能力,使用的标准数字约为 1670 万,它们可以用 24 位二进制数表示。所有彩色都可表示为三种基色的组合,即红色(R)、绿色(G)和蓝色(B),它们在图像中被称为彩色通道。因此,彩色图像有三个通道,而灰度图像只有一个通道。

数字图像是使用**图像采集**设备创建的,该设备将模拟图像转换为电信号,然后再转换为数字信号。通常使用两种类型的图像采集设备,也称为**输入设备**:扫描仪和数码相机。**扫描仪**通常用于打印文档和打印照片的数字化。它由一个玻璃面板和一个扫描头组成,玻璃面板上的文件面朝下放置,扫描头下方包含一个白光源。当扫描头从左向右、从上向下移动时,光线从文件的所有部分反射出来,落在称为**电荷耦合器件**(CCD)的电子传感器阵列上。CCD 将这些光转换为振幅与光强度成比例的电信号,然后将电信号馈送至**模数转换器**(ADC),ADC 使用前面描述的数字化过程将电信号转换为数字信号。软件接口可用于指定与数字化相关的参数。像素之间的距离称为图像分辨率,以每英寸(1 英寸=2.54 厘米)点数(dps)为单位,表示像素值的位数称为**位深度**。灰度图像的位深度通常为 8,而彩色图像的位深度为 24。其他参数(如压缩方案和文件格式)将在本节后面进行解释。**数码相机**的工作原理也类似,即来自周围物体的光通过透镜聚焦,落在 CCD 阵列上,CCD 阵列将光转换为电信号，电信号通过 ADC 转换为数字信号，然后作为图像文件存储在相机内的存储设备中。

一旦图像以数字形式表示，即作为像素集合，则可使用编辑和编程软件工具更改像素值，从而可以通过多种方式修改图像。用于表示修改图像的各种操作的集合术语称为**图像处理**。图像处理可以分为许多类型。第一类为基本操作，只涉及图像的**几何变换**，如剪切、平移、旋转和缩放，而不需要实际修改像素值。第二类涉及使用称为**伽马曲线**的输入-输出关系更改像素值。第三类涉及使用概率密度函数(如**直方图**)更改像素值。第四类涉及使用基于局部邻域修改像素值的**核操作**。第五类涉及使用**算术**、**逻辑**和**形态学运算**进行修改。第六类涉及**彩色修改**和转换。**彩色模型**能够表示和传达彩色信息。研究表明，我们能看到的所有彩色都可以表示为三种基色的不同比例的组合，即红色(R)、绿色(G)和蓝色(B)。这导致了 **RGB 彩色模型**的发展，该模型定义了如何使用 RGB 基色生成复合彩色，并适用于彩色光。等量的基色混合在一起时产生**二次色**，即蓝绿色(C)来自 G 和 B，品红色(M)来自 B 和 R，黄色(Y)来自 R 和 G。另一种彩色模型称为 **CMY 彩色模型**，用于预测彩色墨水在纸张上的表现，并以蓝绿色、品红色和黄色作为其基色。RGB 和 CMY 彩色模型都可以可视化为彩色立方体，三种基色中的每一种都沿一个正交轴，且立方体内的任何一点都可表示使用三个坐标指定的特定彩色。RGB 和 CMY 彩色模型均是依赖设备的，即产生的实际彩色取决于用于显示彩色的设备的属性，基于人类视觉的固有性质开发与设备无关的彩色模型也被尝试过。研究表明，人类视网膜中的视杆细胞和视锥细胞的存在是人类对亮度(强度)和色度(彩色)感知的原因。因此，已经开发了**色调饱和度值(HSV)彩色模型**，该模型根据三个分量定义彩色，即色调、饱和度和值。其中，色调是人眼可以看到的一组彩色，饱和度是与纯色混合的灰度量，值是每种彩色的亮度。纯色被称为 100% 饱和度的**饱和色**，而混合了不同数量灰度的彩色被称为饱和度较低的**去饱和色**。色调沿圆周以圆形比例直观表示，并以 0° 至 359° 的角度测量，而饱和度(以百分比值测量)沿径向表示，从圆周的 100% 降至圆心的 0%。这种表示色调和饱和度的方式通常称为**色轮**。沿垂直于色轮平面的方向测量亮度，可生成 HSV 模型的倒锥图形。其他关于人类视觉系统的当代研究还导致了 **$L^*a^*b^*$ 彩色模型**的发展，其中，L^* 表示亮度轴，类似于 HSV 彩色模型的 V 轴；彩色则使用称为 a^* 的红-绿轴和称为 b^* 的蓝-黄轴表示。彩色模型生成的实际彩色的总范围称为模型的**彩色空间**。从一个彩色空间转换到另一个彩色空间的转换公式也已提出，这些公式本质上大多是非线性的。一个有趣的观察结果是 RGB 彩色空间比 CMY 彩色空间大，这意味着并不是屏幕上显示的所有彩色都可打印。$L^*a^*b^*$ 彩色空间是 RGB 彩色空间和 CMY 彩色空间的超集，并使用**色度图**表示。

当图像显示在**输出设备**(如监视器和打印机)上时，图像像素将映射到设备的物理像素上，以便能够看到它们。监视器可以是阴极射线管(CRT)型或液晶显示器(LCD)型。CRT 型显示器由带有荧光涂层屏幕的真空管组成，来自阴极的电子束落在荧光点上，产生被视为发光像素的光。光束通过**光栅扫描**模式在屏幕上从左向右和从上向下移动，逐个激活荧光点。为了在屏幕上获得稳定的图像，扫描模式需要每秒完成 60 次，以便让人眼的**视觉持久性**(PoV)产生所有荧光点同时发光的错觉。LCD 具有独立的像素元件，可使用晶体管电路独立控制。打印机可以是喷墨式或激光式。**喷墨**打印机为每个像素产生一滴液体墨水，使用加热元件或压电晶体从喷嘴激活。**激光**打印机使用感光鼓，在该鼓上使用激光束生成电荷图像，粉状碳粉颗粒粘附在感光鼓的充电点上，然后这些充电点熔化并融合到纸张上，从而生成图像的打印版本。

当图像作为文件存储在存储设备(如硬盘)上时，通常会占用大量磁盘空间。例如，800×600像素的24位彩色图像大约需要1.4MB的磁盘空间。**压缩方案**是指采用软件应用程序减小图像文件大小，以便在存储设备中存储更多图像文件。这对于数码相机这样的便携式设备特别有用。扫描仪也可以使用压缩软件来减小存储在计算机硬盘中的图像文件大小。压缩算法大致分为两类：无损压缩和有损压缩。**无损算法**是指调整文件中的数据，使其在存储设备上存储时占用更少的空间，而不会对文件进行任何永久性更改。**有损算法**则是指通过从文件中删除一些信息，从而减小文件大小。有损压缩的优点是它产生的压缩量比无损压缩大得多，但缺点是它会永久性地降低图像质量。无论压缩过程是什么，都只用于将文件存储在存储设备上，当再次查看图像时，需要使用反向**解压缩**过程恢复文件的原始状态。因此，该应用程序通常被称为编解码器(编码器/解码器)。保存图像的**文件格式**取决于所使用的压缩方案。Windows 本机图像文件格式为 BMP，通常为未压缩文件。当图像质量是一个重要因素而空间要求是次要因素时，可以使用无损压缩算法以 TIFF 或 PNG 格式保存文件；当空间要求比图像质量更重要时，可以使用有损压缩算法以 JPG 格式保存文件。如果涉及非常少量的彩色，则还可以使用 GIF 等 8 位格式保存文件。

1.2 工具箱和函数

MATLAB 图像处理函数可分为两类：基本函数和工具箱函数。**基本 MATLAB**(BM)函数为核心媒体处理任务(如 I/O 操作、矩阵操作和绘图例程)提供了一组支持功能。工具箱函数为特殊处理任务(如几何变换、滤波、增强和分割)提供了一组更高级的功能。对于图像处理任务，主要的工具箱是**图像处理工具箱**(IPT)，它为图像处理、分析、可视化和算法开发提供了一整套参考标准算法和工作流程应用程序。本章讨论的大多数工具箱函数是 IPT 函数的一部分，有少数功能函数取自其他两个工具箱：**信号处理工具箱**(SPT)，它提供分析、预处理和提取均匀和非均匀采样信号特征的功能和应用程序；**小波工具箱**(WT)，它提供了使用基于小波的建模对信号和图像进行分析和合成的功能和应用程序。需要注意的是，一些函数(如基本 I/O 函数)对于 BM 集和工具箱集都是通用的。用于媒体处理任务的MATLAB 功能在本书中以特定示例的解决方案进行了说明。对于一些特定任务，可能需要来自 BM 集和多个工具箱的函数，这些函数的来源在用于解决方案时会给出。MATLAB 支持的图像文件格式包括 BMP(Windows 位图)、GIF(图形交换格式)、ICO(图标文件)、JPEG(联合摄影专家组)、JPEG 2000、PBM(便携式位图)、PCX(Windows 画笔)、PGM(便携式灰度图)、PNG(便携式网络图形)、PPM(便携式 Pixmap)、RAS(太阳光栅)和 TIFF(标签图像文件格式)。示例中使用的大多数图像都包含在 MATLAB 软件包中，不需要从外部提供。图像示例位于以下文件夹中：(MATLAB root)/toolbox/images/imdata/。

1.2.1 基本 MATLAB(BM)函数

BM 函数分为五类：语言基础、数学、图形、数据导入和分析以及编程脚本和函数。下面提供了本章中使用的 BM 函数列表及其层次结构和每种函数的单行说明。BM 集实际上由数千个函数组成,本章根据本书的范围和内容使用了其中的一个子集。

1. 语言基础

(1) **ceil**:round toward positive infinity,向正无穷方向四舍五入

(2) **clc**:clear command window,清除命令窗口

(3) **double**:convert to double precision data type,转换为双精度数据类型

(4) **eps**:epsilon,a very small value equal to 2^{-52} or 2.22×10^{-16},ε,一个非常小的值,等于 2^{-52} 或 2.22×10^{-16}

(5) **find**:find indices and values of nonzero elements,查找非零元素的索引和值

(6) **format**:set display format in command window,在命令窗口中设置显示格式

(7) **hex2dec**:convert hexadecimal to decimal,将十六进制转换为十进制

(8) **length**:length of largest array dimension,最大数组维数的长度

(9) **linspace**:generate vector of evenly spaced values,生成等距值的向量

(10) **meshgrid**:generates 2-D grid coordinates,生成 2-D 栅格坐标

(11) **NaN**:not a number,output from operations which have undefined numerical results,不是数字,是具有未定义数值结果的操作的输出

(12) **num2str**:convert numbers to strings,将数字转换为字符串

(13) **numel**:number of array elements,数组元素数

(14) **ones**:create array of all ones,创建所有元素为 1 的数组

(15) **prod**:product of array elements,数组元素的乘积

(16) **strcat**:concatenate strings horizontally,水平连接字符串

(17) **uint8**:unsigned integer 8-bit(0~255),无符号整数 8 位(0~255)

(18) **unique**:unique values in array,数组中的唯一值

(19) **whos**:list variables in workspace,with sizes and types,列出工作区中的变量,包括大小和类型

(20) **zeros**:create array of all zeros,创建全零数组

2. 数学

(1) **abs**:absolute value,绝对值

(2) **area**:filled area 2-D plot,填充区域 2-D 图

(3) **atan**:inverse tangent in radians,弧度反正切

(4) **boundary**:boundary of a set of points,点集的边界

(5) **cos**:cosine of argument in radians,以弧度表示参数的余弦

(6) **exp**:exponential,指数

(7) **fft**:fast Fourier transform,快速傅里叶变换

(8) **fft2**:2-D fast Fourier transform,2-D 快速傅里叶变换

(9) **fftshift**:shift zero-frequency component to center of spectrum,将零频率分量移到频谱中心

(10) **filter2**:2-D digital filter,2-D 数字滤波器

(11) **imag**:imaginary part of complex number,复数的虚部

(12) **log**:natural logarithm,自然对数

(13) **magic**：magic square with equal row and column sums，行与列之和相等的幻方

(14) **polyshape**：creates a polygon defined by 2-D vertices，创建由 2-D 顶点定义的多边形

(15) **real**：real part of complex number，复数的实部

(16) **rng**：control random number generation，控制随机数生成

(17) **sin**：sine of argument in radians，以弧度表示参数的正弦

(18) **sqrt**：square root，平方根

(19) **rand**：uniformly distributed random numbers，均匀分布随机数

(20) **randi**：uniformly distributed random integers，均匀分布随机整数

(21) **sum**：sum of elements，元素之和

3. 图形

(1) **axes**：specify axes appearance and behavior，指定轴的外观和行为

(2) **axis**：set axis limits and aspect ratios，设置轴限和纵横比

(3) **bar**，**bar3**：bar graph，3-D bar graph，条形图，3-D 条形图

(4) **colorbar**：displays color scale in colormap，在彩色查找表中显示彩色比例

(5) **colormap**：color look-up table，彩色查找表

(6) **comet**：2-D animated plot，2-D 动画图

(7) **compass**：plot arrows emanating from origin，绘制从原点发出的箭头

(8) **contour**，**contourf**：contour plot of a matrix，矩阵的等高线图

(9) **cylinder**：3-D cylinder，3-D 圆柱体

(10) **datetick**：date formatted tick labels，日期格式的刻度标签

(11) **ellipsoid**：generates 3-D ellipsoid，生成 3-D 椭球体

(12) **errorbar**：line plot with error bars，带误差条的线图

(13) **ezplot**：plots symbolic expressions，绘制符号表达式

(14) **feather**：plot velocity vectors，绘制速度矢量图

(15) **figure**：create a figure window，创建一个图窗口

(16) **fill**：fill 2-D polygons，填充 2-D 多边形

(17) **fmesh**：3-D mesh，3-D 网格

(18) **fsurf**：3-D surface，3-D 曲面

(19) **gca**：get current axis for modifying axes properties，获取当前轴以修改轴特性

(20) **gcf**：current figure handle for modifying figure properties，用于修改图属性的当前图句柄

(21) **grid**：display grid lines，显示网格线

(22) **histogram**：histogram plot，直方图

(23) **hold**：hold on the current plot，保持当前绘图

(24) **hsv2rgb**：convert colors from HSV space to RGB space，将彩色从 HSV 空间转换到 RGB 空间

(25) **im2double**：convert image to double precision，将图像转换为双精度

(26) **image**，**imagesc**：display image/scaled image from array，显示数组中的图像/缩放图像

（27）**imapprox**：approximate indexed image by reducing number of colors，通过减少彩色数量来近似索引图像

（28）**imread**：read image from file，从文件读取图像

（29）**imshow**：display image，显示图像

（30）**imwrite**：write image to file，将图像写入文件

（31）**imfinfo**：display information about file，显示文件信息

（32）**ind2rgb**：convert indexed image to RGB image，将索引图像转换为 RGB 图像

（33）**legend**：add legend to axes，给轴添加图例

（34）**line**：create line，创建线

（35）**mesh，meshc**：mesh/mesh with contour plot，网格/带等高线图的网格

（36）**peaks**：sample function of two variables，双变量样本函数

（37）**pie，pie3**：pie chart，3-D pie chart，饼图，3-D 饼图

（38）**plot，plot3**：2-D line plot，3-D line plot，2-D 线图，3-D 线图

（39）**plotyy**：plot using two y-axis labelings，使用两个 y 轴标签进行绘图

（40）**polar**：polar plot，极坐标图

（41）**polarhistogram**：polar histogram，极坐标直方图

（42）**quiver**：arrow plot，箭头图

（43）**rgb2gray**：convert RGB image to grayscale，将 RGB 图像转换为灰度图像

（44）**rgb2hsv**：convert colors from RGB space to HSV space，将彩色从 RGB 空间转换到 HSV 空间

（45）**rgb2ind**：convert RGB image to indexed image，将 RGB 图像转换为索引图像

（46）**rgbplot**：plot colormap，绘制彩色查找表

（47）**set**：set graphics object properties，设置图形对象属性

（48）**sphere**：generate sphere，生成球体

（49）**stairs**：stairs plot，阶梯图

（50）**stem**：stem plot，茎图

（51）**subplot**：multiple plots in a single figure，单个图形中的多个绘图

（52）**surf**：surface plot，曲面图

（53）**text**：text descriptions in graphical plots，图形绘制中的文本描述

（54）**title**：plot title，绘图标题

（55）**view**：viewpoint specification，视点规范

（56）**xlabel，ylabel**：label x-axis，y-axis，x 轴标签、y 轴标签

（57）**scatter，scatter3**：2-D scatter plot，3-D scatter plot，2-D 散点图，3-D 散点图

4．数据导入和分析

（1）**clear**：remove items from workspace memory，从工作区内存中删除项

（2）**disp**：display value of variable，显示变量的值

（3）**imageDatastore**：create datastore for image data，为图像数据创建数据存储

（4）**imread**：read image from graphics file，从图形文件中读取图像

（5）**imwrite**：write image to graphics file，将图像写入图形文件

（6）**imfinfo**：information about graphics file，有关图形文件的信息

（7）**load**：load variables from file into workspace，将变量从文件加载到工作区

（8）**max**：maximum value，最大值

（9）**mean**：average value，均值

（10）**min**：minimum value，最小值

5．程序脚本和函数

（1）**dir**：iist folder contents，列出文件夹内容

（2）**fullfile**：build full file name from parts，从部件生成完整文件名

（3）**if，elseif，else**：execute statements if condition is true，如果条件为真，则执行语句

（4）**continue**：pass control to next iteration of loop，将控制传递给循环的下一个迭代

（5）**end**：terminate block of code，终止代码块

（6）**function**：create user-defined function，创建用户定义的函数

（7）**pause**：stop MATLAB execution temporarily，暂时停止 MATLAB 执行

1.2.2 图像处理工具箱（IPT）函数

图像处理工具箱（IPT）函数分为五个不同的类别：导入导出和转换、显示和探索、变换和配准、滤波和增强以及分割和分析。每一个类别又被划分为几个子类别，每个子类别可以包含多个函数。以下提供了本章使用的 IPT 函数列表及其层次结构和各函数的单行说明。IPT 集实际上由 600 多个函数组成，本章根据本书的范围和内容使用了其中的一个子集。

1．导入、导出和转换

图像类转换：

（1）**gray2ind**：convert grayscale or binary image to indexed image，将灰度或二值图像转换为索引图像

（2）**ind2gray**：convert indexed image to grayscale image，将索引图像转换为灰度图像

（3）**mat2gray**：convert matrix to grayscale image，将矩阵转换为灰度图像

（4）**imbinarize**：convert grayscale image to binary image，将灰度图像转换为二值图像

（5）**imquantize**：quantize image using specified quantization levels，使用指定的量化级别对图像进行量化

（6）**graythresh**：global image threshold using Otsu's method，使用大津方法的全局图像阈值

（7）**otsuthresh**：global histogram threshold using Otsu's method，使用大津方法的全局直方图阈值

（8）**multithresh**：multilevel image thresholds using Otsu's method，使用大津方法的多级图像阈值

彩色：

（9）**rgb2xyz**：convert RGB to CIE 1931 XYZ，将 RGB 转换为 CIE 1931 XYZ

（10）**xyz2rgb**：convert CIE 1931 XYZ to RGB，将 CIE 1931 XYZ 转换为 RGB

（11）**rgb2lab**：convert RGB to CIE 1976 $L^*a^*b^*$，将 RGB 转换为 CIE 1976 $L^*a^*b^*$

（12）**lab2rgb**：convert CIE 1976 $L^*a^*b^*$ to RGB，将 CIE 1976 $L^*a^*b^*$ 转换为 RGB

(13) **makecform**：create color transformation structure，创建彩色转换结构

(14) **applycform**：apply device-independent color space transformation，应用与设备无关的彩色空间变换

合成图像：

(15) **checkerboard**：create checkerboard image，创建棋盘图像

(16) **imnoise**：add noise to image，给图像添加噪声

(17) **phantom**：create head phantom image，创建头部模型图像

2. 显示和探索

基本显示：

(1) **montage**：display multiple image frames as rectangular montage，将多个图像帧显示为矩形蒙太奇

(2) **implay**：play movies，videos，or image sequences，播放电影、视频或图像序列

(3) **warp**：display image as texture-mapped surface，将图像显示为纹理映射曲面

(4) **imshowpair**：compare differences between images，比较图像之间的差异

(5) **imfuse**：composite of two images，两幅图像的组合

交互探索：

(6) **imtool**：open image viewer app，打开图像观察器应用程序

(7) **imageinfo**：image information tool，图像信息工具

(8) **impixelinfo**：pixel information tool，像素信息工具

(9) **impixelregion**：pixel region tool，像素区域工具

(10) **imdistline**：distance tool，聚类工具

(11) **imcontrast**：adjust contrast tool，对比度调整工具

(12) **imcolormaptool**：choose colormap tool，选择彩色查找表工具

(13) **immagbox**：magnification box to the figure window，放大盒到图窗

构建交互式工具：

(14) **imcontrast**：adjust contrast tool，对比度调整工具

(15) **imcolormaptool**：choose colormap tool，选择彩色查找表工具

(16) **imnoise**：add noise to image，向图像添加噪声

(17) **phantom**：create head phantom image，创建头部模型图像

3. 几何变换和图像配准

公共几何变换：

(1) **imcrop**：crop image，剪切图像

(2) **imresize**：resize image，调整图像大小

(3) **imrotate**：rotate image，旋转图像

(4) **imtranslate**：translate image，平移图像

通用几何变换：

(5) **imwarp**：apply geometric transformation to image，对图像进行几何变换

(6) **affine2d**：2-D affine geometric transformation，2-D 仿射几何变换

(7) **projective2d**：2-D projective geometric transformation，2-D 投影几何变换

图像配准：

（8）**imregister**：intensity-based image registration，基于强度的图像配准

（9）**normxcorr2**：normalized 2-D cross-correlation，归一化 2-D 互相关

4．**图像滤波和增强**

图像滤波：

（1）**imfilter**：multidimensional filtering of images，图像多维滤波

（2）**fspecial**：create predefined 2-D filter，创建预定义 2-D 滤波器

（3）**roifilt2**：filter region of interest(ROI) in image，滤波图像中感兴趣区域（ROI）

（4）**wiener2**：2-D adaptive noise-removal filtering，2-D 自适应消噪滤波

（5）**medfilt2**：2-D median filtering，2-D 中值滤波

（6）**ordfilt2**：2-D order-statistic filtering，2-D 序统计滤波

（7）**gabor**：create Gabor filter，创建盖伯滤波器

（8）**imgaborfilt**：apply Gabor filter to 2-D image，对 2-D 图像应用盖伯滤波

（9）**bwareafilt**：extract objects from binary image by size，根据尺寸从二值图像中提取目标

（10）**entropyfilt**：filter using local entropy of grayscale image，基于灰度图像局部熵的滤波

对比度调整：

（11）**imadjust**：adjust image intensity values or colormap，调整图像亮度值或色图

（12）**imsharpen**：sharpen image using unsharp masking，使用非锐化掩模锐化图像

（13）**histeq**：enhance contrast using histogram equalization，使用直方图均衡化增强对比度

形态学操作：

（14）**bwmorph**：morphological operations on binary images，对二值图像形态学操作

（15）**imclose**：morphologically close image，形态学闭合图像

（16）**imdilate**：morphologically dilate image，形态学膨胀图像

（17）**imerode**：morphologically erode image，形态学腐蚀图像

（18）**strel**：morphological structuring element，形态学结构元素

（19）**imtophat**：top-hat filtering，高帽滤波

（20）**imbothat**：bottom-hat filtering，低帽滤波

去模糊：

（21）**deconvblind**：deblur image using blind deconvolution，使用盲反卷积去图像模糊

（22）**deconvlucy**：deblur image using the Lucy-Richardson method，使用露西·理查森方法去图像模糊

（23）**deconvwnr**：deblur image using the Wiener filter，使用维纳滤波器去图像模糊

基于感兴趣区域的处理：

（24）**roipoly**：specify polygonal ROI，指定多边形 ROI

（25）**imrect**：create draggable rectangle，创建可拖动的矩形

邻域和块处理：

（26）**blockproc**：distinct block processing for image，用于图像的分块处理

（27）**col2im**：rearrange matrix columns into blocks，将矩阵列重新排列为块

（28）**im2col**：rearrange image blocks into columns，将图像块重新排列为列

图像算术：

（29）**imadd**：add two images or add constant to image，两幅图像相加或向图像加常量

（30）**imabsdiff**：absolute difference of two images，两幅图像的绝对差

（31）**imcomplement**：complement image，补图像

（32）**imdivide**：divide one image into another，图像相除

（33）**imlincomb**：linear combination of images，图像的线性组合

（34）**immultiply**：multiply two images，两幅图像相乘

（35）**imsubtract**：subtract one image from another，从一幅图像中减去另一幅图像

5．图像分割和分析

图像分割：

（1）**imoverlay**：burn binary mask into 2-D image，对 2-D 图像加二值掩模

（2）**superpixels**：2-D superpixel oversegmentation of images，图像的 2-D 超像素过分割

（3）**boundarymask**：find region boundaries of segmentation，查找分割区域的边界

（4）**labeloverlay**：overlay label matrix regions on 2-D image，将标签矩阵区域叠在 2-D 图像上

（5）**grayconnected**：select contiguous image region with similar gray values，选择具有相似灰度值的连续图像区域

目标分析：

（6）**bwboundaries**：trace region boundaries in binary image，在二值图像中确定区域边界

（7）**bwtraceboundary**：trace object in binary image，在二值图像中确定目标

（8）**edge**：find edges in intensity image，在亮度图像中查找边缘

（9）**imgradient**：gradient magnitude and direction of an image，图像的梯度大小和方向

（10）**hough**：Hough transform，哈夫变换

（11）**houghlines**：extract line segments based on Hough transform，基于哈夫变换的直线段提取

（12）**houghpeaks**：identify peaks in Hough transform，识别哈夫变换中的峰值

（13）**qtdecomp**：quadtree decomposition，四叉树分解

（14）**imfindcircles**：find circles using circular Hough transform，使用圆形哈夫变换查找圆

（15）**viscircles**：create circle，创建圆

区域和图像特性：

（16）**regionprops**：measure properties of image regions，测量图像区域的特性

（17）**bwarea**：area of objects in binary image，二值图像的目标面积

（18）**bwconncomp**：find connected components in binary image，在二值图像中查找连通组元

（19）**bwdist**：distance transform of binary image，二值图像的距离变换

(20) **bwconvhull**：generate convex hull image from binary image，从二值图像生成凸包图像

(21) **bweuler**：Euler number of binary image，二值图像的欧拉数

(22) **bwperim**：find perimeter of objects in binary image，在二值图像中查找目标周长

(23) **imhist**：histogram of image data，图像数据的直方图

(24) **corr2**：2-D correlation coefficient，2-D 相关系数

(25) **mean2**：2-D average or mean of matrix elements，矩阵元素的 2-D 平均或均值

(26) **std2**：2-D standard deviation of matrix elements，矩阵元素的 2-D 均方差

(27) **bwlabel**：Label connected components in 2-D binary image，在二值图像中标记连通组元

纹理分析：

(28) **graycomatrix**：create gray-level co-occurrence matrix(GLCM) from image，从图像创建灰度共生矩阵(GLCM)

(29) **graycoprops**：compute properties of GLCM，计算 GLCM 的性质

(30) **entropy**：entropy of grayscale image，灰度图像的熵

图像质量：

(31) **psnr**：peak signal-to-noise ratio(PSNR)，峰值信噪比(PSNR)

(32) **immse**：mean-squared error，均方误差

(33) **ssim**：structural similarity index(SSIM) for measuring image quality，用于测量图像质量的结构相似性指数(SSIM)

图像变换：

(34) **dct2**：2-D discrete cosine transform，2-D 离散余弦变换

(35) **dctmtx**：discrete cosine transform matrix，离散余弦变换矩阵

(36) **idct2**：2-D inverse discrete cosine transform，2-D 离散余弦反变换

1.2.3 信号处理工具箱(SPT)函数

(1) **dct**：discrete cosine transform，离散余弦变换

(2) **idct**：inverse discrete cosine transform，离散余弦反变换

1.2.4 小波工具箱(WT)函数

(1) **appcoef2**：2-D approximation coefficients，2-D 近似系数

(2) **detcoef2**：2-D detail coefficients，2-D 细节系数

(3) **dwt2**：single level discrete 2-D wavelet transform，单级离散 2-D 小波变换

(4) **idwt2**：single level inverse discrete 2-D wavelet transform，单级离散 2-D 小波反变换

(5) **wavedec2**：2-D wavelet decomposition，2-D 小波分解

(6) **waverec2**：2-D wavelet reconstruction，2-D 小波重建

1.3 导入导出和转换

1.3.1 读和写图像数据

图像处理的第一步是读取图像的像素值并将它们存储在内存中,这称为图像采集。可以在图窗口中查看图像,并且可以显示有关图像的信息,例如其尺寸、文件大小、文件格式和位深度。也可以将图像写回磁盘。MATLAB 支持的文件格式已在 1.2 节中提到。在例 1.1 中,BM 函数 **imread** 用于从图像中读取数据,并使用变量名存储数据。通过使用 BM 函数 **imshow** 引用变量名称,图像将显示在图窗口中。BM 函数 **whos** 用于以像素为单位显示图像的高度和宽度,还显示通道数、文件的字节大小和数据类型。字符串 uint8 表示 **8 位无符号整数**,这意味着每个像素使用 1 字节表示,因此值可以为 0~255。BM 函数 **imfinfo** 用于显示有关图像文件的信息,如文件路径、文件修改日期、文件格式、位深度等。BM 函数 **clear** 用于清除先前变量赋值的内存,BM 函数 **clc** 用于清除现有文本和命令行的工作区。BM 函数 **imwrite** 允许将剪贴板中的图像保存到文件中。使用的文件格式是 JPEG,这是一种有损格式,可以在保存过程中指定质量因子。质量因子越小,图像质量越差,文件尺寸越小。BM 函数 **figure** 用于创建一个新的图窗口来显示图像,而 BM 函数 **subplot** 通过指定用于显示多幅图像的行数和列数,将单个图窗口划分为多个分区或单元格。BM 函数 **title** 用于在单个单元格的顶部显示一个标题(见图 1.3)。

例 1.1 编写一个程序来读取图像,显示有关它的信息并以不同的文件格式将其写回。

```
clear; clc;
x = uint8(1000)                % returns 255
a = imread('peppers.png');
whos
imfinfo('peppers.png')
imwrite(a, 'p10.jpg', 'quality', 10);
imwrite(a, 'p5.jpg', 'quality', 5);
imwrite(a, 'p0.jpg', 'quality', 0);
b = imread('p10.jpg');
c = imread('p5.jpg');
d = imread('p0.jpg');
figure,
subplot(221), imshow(a); title('original PNG');
subplot(222), imshow(b); title('JPG quality 10');
subplot(223), imshow(c); title('JPG quality 5');
subplot(224), imshow(d); title('JPG quality 0');
```

一般的 2-D 矩阵也可以显示为图像。矩阵的元素可用作当前彩色查找表的索引,这是一个包含用于显示图像的彩色列表的表格。BM 函数 **colormap** 用于指定名为 **jet** 的包含 64 种彩色的彩色查找表的名称。BM 函数 **colorbar** 用于显示当前彩色查找表中的所有彩色。彩色查找表将在 1.3 节中详细讨论。在例 1.2 中,BM 函数 **image** 用于将矩阵显示为图像,通过使用矩阵的值来指定它们要显示的彩色。因此,彩色查找表中的彩色 0~6.4 用于显示矩阵。BM 函数 **imagesc** 用于缩放值以覆盖彩色查找表中整个值的范围。在这种情况下,这

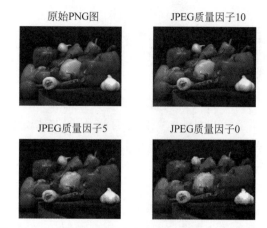

图 1.3 具有不同质量因子的 PNG 和 JPEG 格式的图像

些值大约按比例缩放 10,以便使用彩色值 10 显示值 1,使用彩色值 20 显示值 2,以此类推,直到使用彩色值 64 显示值 6.4。BM 函数 **axis** 用于指定当前轴框的形状为方形(见图 1.4)。

例 1.2 编写一个程序,通过指定彩色查找表将 2-D 矩阵显示为图像。

```
clear; clc;
a = [1, 3, 4 ; 2, 6.4, 0 ; 0.5, 5, 5.5];
colormap jet
subplot(121), image(a); colorbar; axis square;
subplot(122), imagesc(a); colorbar; axis square;
```

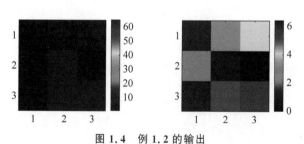

图 1.4 例 1.2 的输出

1.3.2 图像类型转换

彩色图像具有三个**彩色通道**,分别包含红色(R)、绿色(G)和蓝色(B)信息。这三种彩色称为**基色**,因为可以通过组合不同百分比的这些彩色来生成所有其他彩色。可以将图像的三个彩色通道分开并分别显示。由于对于彩色图像,每个像素占用 24 位空间,因此三个彩色通道各分配 8 位空间。这意味着每个彩色通道的行为就像灰度图像,强度范围从 0(没有彩色)到 255(彩色以全强度存在)。表示全强度 255 的条件称为**饱和度**。因此,饱和红色由三元组(255,0,0)表示,饱和绿色由(0,255,0)表示,饱和蓝色由(0,0,255)表示。三个不同强度的彩色通道的叠加创造了对彩色的感知。图像中存在特定基色的部分由相应彩色通道中较亮的区域反射,而没有基色的区域由相应通道中较暗的区域反射。例如,图像的红色部分在红色通道中显示为白色区域(看起来像灰度图像)。等量的两种基色产生称为**二次色**

的彩色。红色和绿色产生黄色 $Y(255,255,0)$，绿色和蓝色产生蓝绿色 $C(0,255,255)$，红色和蓝色产生品红色 $M(255,0,255)$。在 MATLAB 中，彩色图像由三个维度表示：高度(图像中的行数)、宽度(图像中的列数)和通道(基色 R、G、B)。在例 1.3 中，显示了一幅彩色图像及其三个彩色通道。请注意，每个彩色通道都显示为灰度图像，因为它们包含 8 位空间信息。冒号(:)运算符表示每个通道从开始到结束的值范围，冒号本身仅表示所有当前值。将 3-D 彩色图像读取并存入变量后，第三维的值为 1 表示 R 通道，值为 2 表示 G 通道，值为 3 表示 B 通道。百分比(%)符号表示注释(见图 1.5)。

例 1.3　编写一个程序，读取彩色图像并分别显示各彩色通道。

```
clear; clc;
a = imread('peppers.png');
ar = a(:,:,1);              % red channel
ag = a(:,:,2);              % green channel
ab = a(:,:,3);              % blue channel
subplot(221), imshow(a); title('RGB');
subplot(222), imshow(ar); title('R');
subplot(223), imshow(ag); title('G');
subplot(224), imshow(ab); title('B');
```

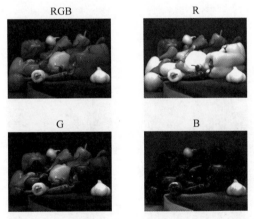

图 1.5　例 1.3 的输出

如前所述，图像通常可以分为三种类型：彩色、灰度和二进制。已有一些成熟的方法可以将一种图像类型转换为另一种图像类型。彩色图像具有三个基色 R、G、B 矩阵，每个矩阵中每个像素占用 8 位。另一方面，灰度图像仅由每个像素为 8 位的单个矩阵组成。因此，要将彩色图像转换为灰度图像，需要将三个原矩阵合并为单个矩阵。最简单的方法是取每个像素的 R、G、B 值的平均值。但是，这种简化的方法存在两个问题：(1)多种彩色可能映射到相同的灰度强度。事实上，所有的三基色都将转换为相同的强度 $(1/3)\times 255$，所有的二次色也都将转换为相同的强度 $(2/3)\times 255$，这将导致图像的版本降级，其中细节可能会丢失。(2)人眼对三基色的重视程度不一。研究表明，人类视觉对可见光谱的黄绿色范围最敏感，对蓝色范围最不敏感。考虑到上述因素，**国际照明委员会**(其缩写 CIE 源自其法语名称 Commission Internationale de l'Éclairage)于 1931 年提出了可接受的彩色图像到灰度图像转换的方案(CIE,1931)，将强度 Y 建模为比例 3∶6∶1 的 RGB 分量的加权总和。

$$Y = 0.2989R + 0.5870G + 0.1140B$$

要将灰度图像转换为二值图像,需要将特定的灰度强度指定为**二值化阈值**(T),低于该阈值的所有像素值将转换为黑色,高于该阈值的所有像素值将转换为白色。阈值越低,图像越多的像素将转换为白色,阈值越高,越多的像素将变为黑色。阈值通常指定为 0~1 的分数或指定为 0~100 的百分比值。阈值为 k 表示 0~$k\times255$ 的所有值都转换为黑色,从 $k\times255+1$ 到 255 的其余值转换为白色。在例 1.4 中,IPT 函数 **rgb2gray** 用于使用上述等式将 RGB 彩色图像转换为灰度图像。IPT 函数 **imbinarize** 用于通过指定阈值将灰度图像转换为二值图像。使用了两个不同的阈值 $T=0.3$ 和 $T=0.5$,在第一种情况下,0~$0.3\times255=76$ 的所有像素值都转换为黑色,而 77~255 的所有值都转换为白色;对于第二种情况,0~127 的所有值都转换为黑色,而 128~255 的值显示为白色(见图 1.6)。

例 1.4 编写一个程序,转换一幅彩色图像到灰度图像和二值图像。

```
clear; clc;
a = imread('peppers.png');
b = rgb2gray(a);
c = imbinarize(b, 0.3);
d = imbinarize(b, 0.5);
figure,
subplot(221), imshow(a); title('color');
subplot(222), imshow(b); title('grayscale');
subplot(223), imshow(c); title('binary T = 30%');
subplot(224), imshow(d); title('binary T = 50%');
```

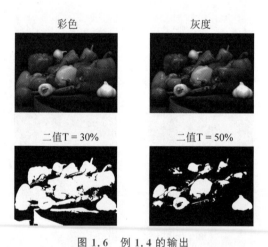

图 1.6 例 1.4 的输出

由于不同的阈值生成不同的图像,自然会出现最佳或最优阈值的问题。Nobuyuki Otsu 提出了一种方法(Otsu,1979),称为**大津方法**(Otsu's method),即从灰度图像自动计算阈值,从而最小化图像直方图中黑白像素的类内方差。直方图将在 1.6 节中讨论。如果 t 是阈值强度水平,σ_1 和 σ_2 是阈值两侧直方图值的标准方差,则大津方法将阈值固定在一个点,此时方差的加权总和 $q_1\sigma_1^2 + q_2\sigma_2^2$ 是最小值。q_1 和 q_2 是权重,如果 $p(i)$ 是第 i 个强度级别的像素数,L 是强度级别的总数,则:

$$q_1 = \sum_{i=1}^{t}[p(i)]$$

$$q_2 = \sum_{i=i+1}^{L}[p(i)]$$

类均值定义如下:

$$\mu_1 = \sum_{i=1}^{t}[i \cdot p(i)/q_1]$$

$$\mu_2 = \sum_{i=i+1}^{L}[i \cdot p(i)/q_2]$$

类内方差定义如下:

$$\sigma_1^2 = \sum_{i=1}^{t}[(i-\mu_1)^2 \cdot p(i)/q_1]$$

$$\sigma_2^2 = \sum_{i=i+1}^{L}[(i-\mu_2)^2 \cdot p(i)/q_2]$$

除了生成二值图像的单个阈值外,还可以通过计算多个阈值,从而生成具有两个或三个灰度级的图像。在例 1.5 中,IPT 函数 **graythresh** 用于从灰度图像计算最佳阈值,以便使用大津方法转换为二进制图像。另外,IPT 函数 **otsuthresh** 可用于通过大津方法使用直方图计数计算阈值。IPT 函数 **multithresh** 可用于使用大津方法创建指定数量的多个阈值。这些阈值可以提供给 IPT 函数 **imquantize** 以生成具有多个灰度级的图像。在例 1.5 中,前两种情况使用大津方法计算单个阈值,该方法使用黑色代表 0~100 级,白色代表 101~255 级。在第三种情况中,使用三个灰度阴影表示图像的两个阈值:黑色用于 0~85 级,50% 灰度或 128 用于 86~171 级,白色用于 172~255 级。在第四种情况下,计算了三个阈值,用于将图像分成四个灰度:0~49 级为黑色,50~104 级为 33.33% 灰度(0.3333×255=85),105~182 级为 66.66% 灰度(0.6666×255=170),183~255 级为白色(见图 1.7)。1.4 节将讨论如何从显示的图像中读取实际像素值。

例 1.5　编写一个程序,使用自动计算的单个和多个阈值将灰度图像转换为二值图像。

```
clear; clc;
a = imread('peppers.png');
b = rgb2gray(a);
t1 = graythresh(b);
h = imhist(b);
t2 = otsuthresh(h);
c = imbinarize(b, t1);
d = imbinarize(b, t2);
t1, t2
t3 = multithresh(a, 2);
t4 = multithresh(a, 3);
e = imquantize(b, t3);
f = imquantize(b, t4);
figure,
subplot(221), imshow(c); title('graythresh T = [0 101]');
subplot(222), imshow(d); title('otsuthresh T = [0 101]');
subplot(223), imshow(e, []); title('T = [0 86 172]');
subplot(224), imshow(f, []); title('T = [0 50 105 183]');
```

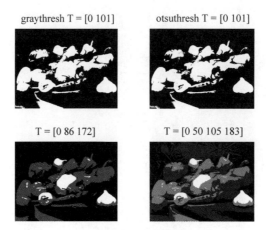

图 1.7 例 1.5 的输出

量化是用一组离散值(也称为级别)替换连续变化函数的过程。对于图像,量化级别也称为灰度级别,通常通过指定生成给定灰度级别所需的位数来表示。典型值包括 8 位(256 级)、6 位(64 级)、4 位(16 级)等直到 1 位,这时图像使用两个级别表示——黑色和白色,因此称为二值图像。在例 1.6 中,BM 函数 round 用于将像素值四舍五入到最接近的整数。当图像除以 255 时,0~127 的所有像素值都被舍入为 0,128~255 的值被舍入为 1。再将这些舍入值乘以 255 时,整个像素值集被分为两个离散的值:0 和 255,从而生成具有两个灰度级(二值)的图像。当图像除以 127 时,0~63 的所有像素值都被舍入为 0,64~190 的值被舍入为 1,并且 191~255 的值被舍入为 2。再将这些舍入值乘以 127 后,整个像素值集被分成三个离散值:0、127 和 255,从而产生具有三个灰度级的图像。当图像除以 85 时,0~42 的所有像素值四舍五入为 0,43~127 的值四舍五入为 1,128~212 的值四舍五入为 2,213~255 的值四舍五入为 3。再将这些四舍五入的值乘以 85 后,整个像素值集被分为四个离散值:0、85、170 和 255,从而生成具有四个灰度级的图像。以类似的方式,将图像除以 63 时,将像素值集分为五个离散值:0、63、126、189 和 252。此外,当像素除以 51 时,将像素值集分为六个离散值:0、51、102、153、204 和 255。BM 函数 unique 用于从修改后的图像中返回这些唯一的离散值(见图 1.8)。

例 1.6 编写一个程序,降低灰度图像的量化级别。

```
clear; clc;
a = imread('peppers.png');
b = rgb2gray(a);
c = round(b/51) * 51;       % 6 levels
d = round(b/63) * 63;       % 5 levels
e = round(b/85) * 85;       % 4 levels
f = round(b/127) * 127;     % 3 levels
g = round(b/255) * 255;     % 2 levels
subplot(231), imshow(b); title('original');
subplot(232), imshow(c); title('6 levels');
subplot(233), imshow(d); title('5 levels');
subplot(234), imshow(e); title('4 levels');
subplot(235), imshow(f); title('3 levels');
```

```
subplot(236), imshow(g); title('2 levels');
unique(c), unique(d), unique(e), unique(f), unique(g)
```

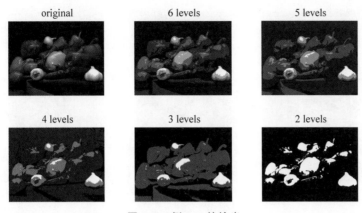

图 1.8　例 1.6 的输出

索引图像是彩色图像，其像素值不包含实际彩色信息而仅包含索引号。通过在内存中查找具有一系列行和四列的表(称为**彩色查找表**(CLUT))，将索引号转换为彩色值。第一列按顺序包含行的索引号，而其他三列包含每个索引号的 RGB 值。当要显示图像时，使用该表将图像中的索引号转换为彩色值，并生成相应的像素。要显示索引图像，需要指定相应的 CLUT。CLUT 通常包含 64、128 或 256 种彩色，但也可以使用较小的彩色子集来显示图像的近似版本。当使用包含比原始彩色更少彩色的 CLUT 显示图像时，将使用称为**抖动**的过程来近似 CLUT 中不存在的彩色。抖动是一种混合可用彩色以产生新彩色的过程。它通过改变现有彩色的分布以模拟彩色表中不存在的彩色，该方式类似于通过改变黑点的分布以模拟通常在印刷介质中看到的灰色阴影，如图 1.9 所示。

可以使用包含与原始彩色图像不同彩色数量的彩色查找表来显示索引图像。如果新图像中的彩色数量更多，则原始彩色集将显示在图像中。如果新图像中的彩色数量较少，则使用原始彩色集的子集显示图像。抖动可用于通过模拟新图中不存在的彩色来提高图像质量。BM 函数 **imapprox** 用于显示彩色数量减少的图像

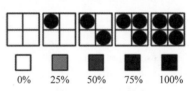

图 1.9　抖动

的近似版本。有两个选项可用：dither 选项用于产生抖动以更改可用彩色的分布以模拟彩色查找表中不存在的彩色，而 nodither 选项仅用于使用彩色查找表中可用的彩色显示图像。在例 1.7 中，首先使用具有完整 128 种彩色集的彩色查找表显示索引图像。接下来，将彩色查找表中的彩色数量减少到 8 种，并使用新图显示相同的图像，首先启用抖动，然后禁用抖动。用侧面的彩色条显示彩色查找表中可用的彩色。在第一种情况下，彩色条显示所有 128 种彩色，在第二种和第三种情况下，显示相同的一组 8 种彩色(见图 1.10)。

例 1.7　编写一个程序，使用彩色减少的 CLUT 显示索引图像。

```
clear; clc;
load trees;
[Y, newmap] = imapprox(X, map, 8, 'dither');
[Z, newmap] = imapprox(X, map, 8, 'nodither');
```

```
a = subplot(131), image(X);
colormap(a, map); colorbar; axis square; title('original');
b = subplot(132), image(Y);
colormap(b, newmap); colorbar; axis square; title('with dither');
c = subplot(133), image(Z);
colormap(c, newmap); colorbar; axis square; title('without dither');
```

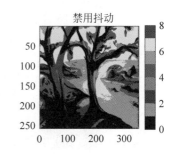

图 1.10　例 1.7 的输出

彩色 RGB 图像可以转换为索引图像。像素值由 CLUT 的索引值替换，并在内存中创建 CLUT 以引用这些值。CLUT 包含与图像中的彩色一样多的条目，每个条目包含相应彩色的 R、G、B 分量。IPT 函数 **rgb2ind** 用于将 RGB 图像转换为索引格式并创建相应的 CLUT。在例 1.8 中，图像 image_1 仅包含两种最具代表性的彩色，因此是一个包含两个值 0 和 1 的矩阵（见图 1.11）。对应的彩色查找表 map_1 包含两行，其中包含表示在 0～1 区间内的两种彩色的 RGB 值：

```
0.3137  0.1882  0.2314
0.8118  0.4039  0.2078
```

例 1.8　编写一个程序，将 RGB 图像转换为索引格式并使用不同数量的彩色显示。

```
clear; clc;
a = imread('peppers.png');
[image_1, map_1] = rgb2ind(a, 2, 'nodither');
[image_2, map_2] = rgb2ind(a, 5, 'nodither');
[image_3, map_3] = rgb2ind(a, 10, 'nodither');
subplot(221), imshow(a); title('original');
subplot(222), imshow(image_1, map_1); title('2 colors');
subplot(223), imshow(image_2, map_2); title('5 colors');
subplot(224), imshow(image_3, map_3); title('10 colors');
```

如果转换范围为 0～255，这些彩色是 $c_1(80,48,59)$ 和 $c_2(207,103,53)$。图像 image_2 包含数字 0～4，代表 map_2 中指定的 5 种最具代表性的彩色，它们是：

```
0.2784  0.1373  0.2353
0.7608  0.1686  0.1373
0.8902  0.7255  0.6353
0.4275  0.3765  0.2235
0.8471  0.5569  0.1020
```

使用 nodither 选项可确保将图像的原始彩色插入图中，而不是通过混合进行修改。类似地，图像 image_3 包含数字 0～9，代表 map_3 中指定的 10 种彩色：

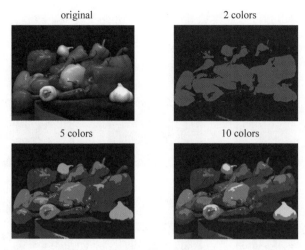

图 1.11 例 1.8 的输出

```
0.3333  0.0902  0.0745
0.6745  0.1176  0.1216
0.8118  0.5608  0.5333
0.4078  0.3961  0.0941
0.6510  0.5451  0.1255
0.4824  0.3216  0.5412
0.2706  0.1451  0.2627
0.9686  0.5647  0.0824
0.9647  0.8941  0.7451
0.8784  0.2431  0.1608
```

通过使用图形窗口的 Data Cursor 工具并单击图像中的一个点,就可以直接查看索引值和它们所代表的实际彩色。索引值、RGB 值和位置显示在图像上方的文本框中。图 1.12 显示了 image_2,以及 map_2 中指定的 5 种彩色。

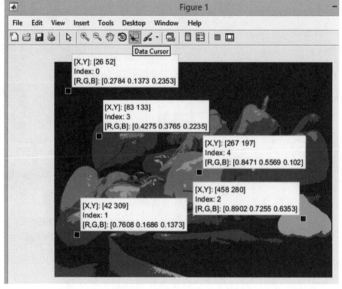

图 1.12 图像以及彩色细节

由于图像仅包含索引值，因此可以通过更改彩色查找表来更改显示的颜色。因此，如果使用 map_1 以外的彩色查找表显示 image_1，则可以更改整体配色方案。当使用 map_2 以外的彩色查找表显示 image_2 时，情况也类似，如图 1.13 所示。

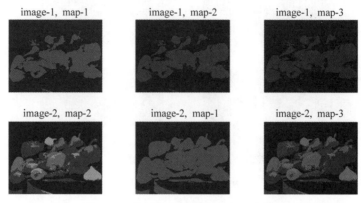

图 1.13　使用多个彩色查找表显示图像

如图 1.14 所示，当使用 map_1 显示 image_1 时，彩色反映 CLUT 中的两个条目（左上角图）。当使用 map_2 显示 image_1 时，CLUT 中的前两个条目用于显示图像中的两种彩色（右上角图），而忽略其他彩色。当使用 map_1 显示 image_2 时，则使用 CLUT 中的两个条目来显示图像（左下角图）。当使用 map_3 显示 image_2 时，CLUT 中的前五个条目用于显示图像（右下角图），而忽略其余彩色。

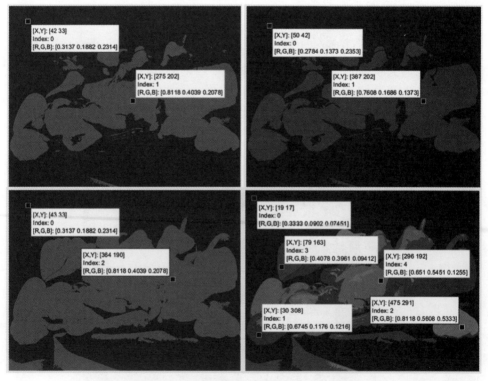

图 1.14　显示有自定义彩色查找表的图像

从 RGB 到索引格式的转换过程也可以通过指定索引彩色查找和映射将其转换回 RGB 格式来反转。在这种情况下，图像中的索引值被从彩色图像中读取的实际 RGB 像素值替换。**彩色查找**本身也可以可视化为图形。如前所述，彩色查找包含在 0~1 范围内表示的 RGB 值。例如，例 1.8 中包含两种彩色的 map_1，表示如下：

	R	G	B
color 1	0.3137	0.1882	0.2314
color 2	0.8118	0.4039	0.2078

三列表示每种彩色的 R、G、B 分量，两行表示图中的两种彩色。这可以用图形表示为连接第一个 R 值（0.3137）和第二个 R 值（0.8118）的红色线，连接第一个 G 值（0.1882）和第二个 G 值（0.4039）的绿色线，以及连接第一个 B 值（0.2314）和第二个 B 值（0.2078）的蓝色线。如果彩色查找表包含更多彩色值，则这些对中的每一对都由彩色线段连接。在例 1.9 中，IPT 函数 **ind2rgb** 通过从指定的彩色查找表中读取彩色值并将它们替换回图像，将索引彩色图像转换为 RGB 格式。BM 函数 **rgbplot** 用于以图形方式表示彩色查找表，如上一段中所述（见图 1.15）。

例 1.9 编写一个程序，通过使用不同的彩色查找表将索引的彩色图像转换为 RGB 格式，并以图形方式表示每个彩色查找表。

```
clear; clc;
a = imread('peppers.png');
[b1, map1] = rgb2ind(a, 2, 'nodither');
[b2, map2] = rgb2ind(a, 5, 'nodither');
[b3, map3] = rgb2ind(a, 10, 'nodither');
p = ind2rgb(b3, map3);
q = ind2rgb(b3, map2);
r = ind2rgb(b3, map1);
subplot(231), imshow(p); title('image-3, map-3');
subplot(232), imshow(q); title('image-3, map-2');
subplot(233), imshow(r); title('image-3, map-1');
subplot(234), rgbplot(map3); title('map-3'); axis tight;
subplot(235), rgbplot(map2); title('map-2'); axis tight;
subplot(236), rgbplot(map1); title('map-1'); axis tight;
```

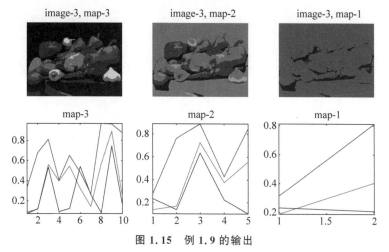

图 1.15 例 1.9 的输出

MATLAB 有一组 18 个内置的预定义彩色查找表：**parula**（默认）、**jet**、**hsv**、**hot**、**cool**、**spring**、**summer**、**fall**、**winter**、**gray**、**bone**、**copper**、**pink**、**lines**、**colorcube**、**prism**、**flag** 和 **white**。这些图中的每一个都由 64 种彩色组成。可以使用任何预定义的图显示索引的彩色图像。可以使用以下命令获得特定彩色查找表的彩色数量，例如对 winter：size(winter)。例 1.10 显示了使用不同彩色查找表显示的相同图像，这些彩色查找表被指定为 imshow 函数的参数。还可以通过使用其名称作为函数名称来调用彩色查找表（见图 1.16）。

例 1.10 编写一个程序，以使用各种内置彩色查找表显示索引彩色图像。

```
clear; clc;
rgb = imread('football.jpg');
[g, map] = rgb2ind(rgb, 64);
subplot(341), imshow(g, map); title('original');
subplot(342), imshow(g, hot); title('hot');
subplot(343), imshow(g, bone); title('bone');
subplot(344), imshow(g, copper); title('copper');
subplot(345), imshow(g, pink); title('pink');
subplot(346), imshow(g, flag); title('flag');
subplot(347), imshow(g, jet); title('jet');
subplot(348), imshow(g, prism); title('prism');
subplot(349), imshow(g, autumn); title('autumn');
subplot(3,4,10), imshow(g, winter); title('winter');
subplot(3,4,11), imshow(g, summer); title('summer');
subplot(3,4,12), imshow(g, cool); title('cool');
```

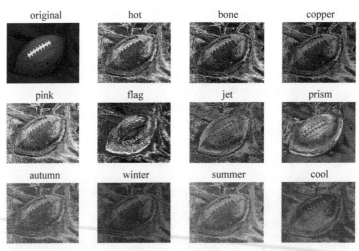

图 1.16 例 1.10 的输出

在某些情况下，特别是在显示图形时，我们可能需要彩色查找表中仅显示有限数量的彩色。我们可以通过创建自定义彩色查找表来指定要显示的彩色数量。在例 1.11 中，map1 包含可以通过输入 map1 而显示的 hot 彩色查找表中的 8 种彩色。BM 函数 **colormap** 用于将指定的彩色查找表设置为指定的自定义映射。BM 函数 **contourf** 用于生成填充等高线图，而 BM 函数 **peaks** 是两个变量的样本函数，通过平移和缩放高斯分布获得。BM 函数 **rand** 用于在区间(0,1)内生成一组随机数。BM 函数 **hot**、**spring**、**summer** 和 **jet** 分别用于生成具有指定彩色数量的彩色查找表数组。BM 函数 **rng** 是一个随机数生成器,它与种子数一起使用以生成可预测的数字序列。除了使用预定义彩色查找表中的彩色,还可以在用户指定的彩色查找表中创建一组自定义彩色,即 mymap1 和 mymap2(见图 1.17)。

例 1.11 编写一个程序,使用预定义和自定义彩色查找表中的有限彩色来显示图形。

```
clear; clc;
ax1 = subplot(231); map1 = hot(8);
contourf(peaks); colormap(ax1, map1); title('hot 8');
ax2 = subplot(232); map2 = spring(9);
contourf(peaks); colormap(ax2, map2); title('spring 9');
ax3 = subplot(233); map3 = summer(10);
contourf(peaks); colormap(ax3, map3); title('summer 10');
ax4 = subplot(234); map4 = jet(12);
contourf(peaks); colormap(ax4, map4); title('jet 12');
mymap1 = [ 0 0 0
           0 0 1
           0 1 0
           0 1 1
           1 0 0
           1 0 1
           1 1 0
           1 1 1 ];
ax5 = subplot(235); map5 = mymap1;
contourf(peaks); colormap(ax5, map5); title('mymap1');
rng(2); mymap2 = rand(10,3);
ax6 = subplot(236); map6 = mymap2;
contourf(peaks); colormap(ax6, map6); title('mymap2');
```

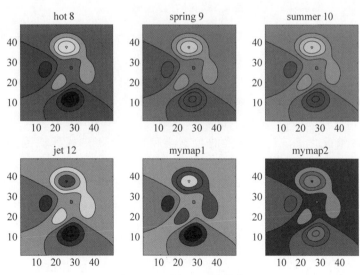

图 1.17 例 1.11 的输出

可以将彩色查找表中的彩色数扩展到默认值 64 之外,或者使用默认彩色集中的特定彩色子集。在例 1.12 中,BM 函数 **meshgrid** 用于生成一个由等间距点组成的 2-D 矩形网格 $-10\sim+10$,BM 函数 **surf** 通过为网格栅格的每个 (X,Y) 坐标绘制指定的 Z 值来生成曲面。然后使用名为 colorcube 的彩色查找表为曲面着色。首先,使用由 64 种彩色组成的默认版本的彩色查找表,然后使用由 75 种彩色组成的扩展版本的彩色查找表,最后使用彩色查找表中的一组特定彩色,即彩色 45~50,且包括这两种彩色(见图 1.18)。

例 1.12 编写一个程序,生成一个曲面并使用彩色查找表的默认值、子集和超集来为曲面着色。

```
clear; clc;
[X,Y] = meshgrid(-10:1:10);
Z = X + Y;
a = subplot(131),surf(X,Y,Z); colormap(a, colorcube);
title('colorcube(64)');
b = subplot(132),surf(X,Y,Z); colormap(b, colorcube(75));
title('colorcube(75)');
cc = colorcube; cc = cc(45:50,:);
c = subplot(133),surf(X,Y,Z); colormap(c, cc);
title('colorcube(45:50)');
```

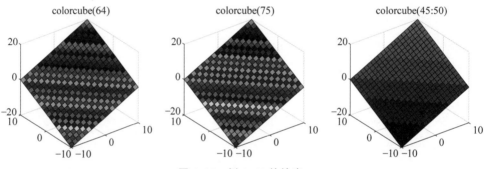

图 1.18 例 1.12 的输出

当使用 imread 函数将图像读入系统时,图像表示为具有数据类型 uint8 的 2-D 矩阵,uint8 代表 **8 位无符号整数**,这意味着矩阵值为 0~255。有时为了可视化,需要将任意 2-D 矩阵显示为图像。但是,当在 MATLAB 中创建矩阵时,例如使用 $A = [-1,2,3;4,-5,6]$,默认情况下分配的数据类型为 double,代表 **64 位双精度**。现在,如果需要将此矩阵显示为图像,则应将其值转换为[0,1]范围内的小数。这是因为当 imshow 函数用于显示图像时,它期望发生两种情况之一:(a) 矩阵的数据类型为 uint8 并且其值范围超过[0,255];(b) 矩阵的数据类型为 double 且其值范围为[0,1]。此外,uint8 类型的图像在其像素值需要以超过最大值 255 的方式进行处理时,也可能需要转换为 double 类型。在例 1.13 中,灰度图像 I 具有的强度范围为 0~255;然而,当它通过边缘检测滤波器时,所得矩阵 J 的值为-700~+700。滤波器将在 1.6 节中讨论。为了表示这些值,J 被保存为数据类型 double。现在要将其显示为灰度图像,由于上述原因,值的范围被映射到区间[0,1]。IPT 函数 **mat2gray** 用表示[0,1]区间内的值来将 double 类型的 2-D 矩阵转换为灰度图像。第二种情况中,L 是一个随机整数值的矩阵,值为-300~+300。为了将其显示为灰度图像,使用函数 mat2gray 将这些值映射到区间[0,1]。在例 1.13 中,X 是保存为 uint8 类型的 RGB 图像,它的一个通道是隔离的,它的值增加了 100。在 uint8 模式下,大多数值会冻结在 255,并且视觉上无法察觉修改。因此,它的数据类型首先更改为 double,然后增加通道值,最后使用 mat2gray 函数将其值映射到区间[0,1](见图 1.19)。

例 1.13　编写一个程序,说明如何将任意值的 2-D 矩阵显示为图像。

```
clear; clc;
I = imread('coins.png');
J = filter2(fspecial('sobel'), I);
K = mat2gray(J);
rng('default');
L = randi([-300 300], 4, 5);
M = mat2gray(L);
X = imread('peppers.png');
n = 2;
Xd = double(X);
Y = Xd;
Yn = Y(:,:,n);
Yn = Yn + 100;
Y(:,:,n) = Yn;
Y = mat2gray(Y);
figure,
subplot(231), imshow(I); title('I');
subplot(232), imshow(J); title('J');
subplot(233), imshow(K); title('K');
subplot(234), imshow(M); title('M');
subplot(235), imshow(X); title('X');
subplot(236), imshow(Y); title('Y');
```

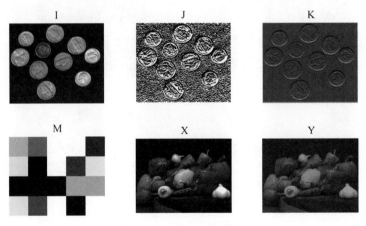

图 1.19　例 1.13 的输出

1.3.3　图像彩色

虽然我们一直在讨论 RGB 图像的彩色通道和索引图像的彩色查找表的概念,但在本节中,我们要正式奠定彩色表示和彩色模型的基础。**彩色感知**现象取决于三个因素:光的性质、人类视觉的生理学以及光与物质的相互作用。在电磁波谱的总范围中,有一小部分称为**可见光谱**,它们的波长范围为 400～700nm,会引起我们眼睛的视觉感觉。人眼视网膜中的光感受器对三种不同类型的彩色给出反应——红色、绿色和蓝色,具体取决于光的频率。当光线照射到不透明的物体时,一部分光被吸收,一部分光反射回我们的眼睛。反射光中存在的频率赋予反射光的物体的彩色。研究表明,人眼能够区分超过 1600 万种不同的颜色(Young,1802)。**彩色模型**使我们能够以有意义且计算机可识别的方式表示和传达有关彩色的信息。我们周围看到的所有彩色都可以通过将几种基本彩色以不同的比例混合而成,基本彩色称为**基色**。基色混合在一起会产生复合色,而等比例混合的两种基色会产生二次色。基色、二次色和复合色的总范围由模型的**彩色空间**定义(Wright,1929;Guild,1931)。多年来已经开发了许多彩色模型,这些模型定义的彩色空间之间的转换公式已由全球标准机构**国际彩色联盟**(ICC)标准化并记录在其规范中,其中,最新版本是 4.3(http://www.color.org/specification/ICC1v43_2010-12.pdf)。这些规范在技术上与 ISO 15076-1:2010 标准相同。下面将讨论其中的一些模型以及它们之间的相互关系。

RGB 彩色模型用于表示由红色(R)、绿色(G)和蓝色(B)三基色产生的所有彩色。每个基色被量化为 256 个级别,因此 RGB 模型中的彩色总数为 $256\times256\times256$ 或 1670 万。RGB 模型采用彩色立方体的形式,其中红色、绿色和蓝色是三个正交轴,沿这些轴绘制彩色的 RGB 分量,范围为 0~255。因此,立方体内的任何一点都代表一种特定的彩色,例如,"橙色"由 RGB 分量(245,102,36)组成。RGB 彩色模型适用于发射有色光,并且本质上是可加的,即当基色混合时强度会增加。当所有三种基色以全强度相加时,产生的彩色是白色(255,255,255),而黑色(0,0,0)是所有彩色都没有的结果(见图 1.20)。

 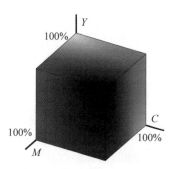

图 1.20 RGB 和 CMY 彩色模型

CMY 彩色模型用于表示由蓝绿色(C)、品红色(M)和黄色(Y)三基色产生的所有彩色。每个基色按百分比值表示并量化为 100 个级别,因此 CMY 模型中的彩色总数为 $100\times100\times100$ 或 100 万。CMY 模型也采用彩色立方体的形式,其中蓝绿色、品红色和黄色是三个正交轴,沿这些轴绘制彩色的 CMY 分量,范围为 0~100。因此,立方体内的任何一点都代表一种特定的彩色,例如"橙色"由 CMY 分量(4%,60%,86%)组成。CMY 彩色模型适用于打印在纸上的彩色墨水,它基于光的吸收而不是发射。因此,该模型本质上是相减的,即当基色由于吸收而混合时,强度会降低。当所有三种基色以相同比例混合时,所得彩色理论上为黑色(0%,0%,0%)。然而,由于化学墨水的成分不可能绝对纯净,因此实际获得的彩色通常是深棕色,因此在三种基色的基础上添加纯黑色(K)墨水作为第四种成分以生成 CMYK 模型。例 1.14 说明了如何绘制多边形并用指定的彩色填充它们。彩色表示为值在 [0,1] 区间内的 RGB 三元组。如果值采用十六进制表示,则使用 BM 函数 **hex2dec** 将它们转换为十进制。BM 函数 **fill** 用于填充给定顶点坐标和指定彩色的 2-D 多边形。BM 函数 **rectangle** 用于绘制具有尖锐或弯曲边界的 2-D 矩形。当 Curvature 参数为 0 时,矩形的边界是尖锐的，当 Curvature 参数值增加时，矩形的边界是弯曲的；Curvature 参数为最大值 1 时，矩形将转换为圆形。BM 函数 **polyshape** 用于绘制具有指定顶点坐标的 2-D 多边形。BM 函数 **boundary** 用于返回一组数据点的边界。BM 函数 **sphere** 用于绘制球面，并使用三种指定彩色创建新的彩色查找表以用于为球体着色（见图 1.21）。

例 1.14 编写一个程序，绘制一些多边形形状和曲面并用指定的彩色填充它们。

```
clear; clc;
subplot(241),
t = (1/16:1/8:1)' * 2 * pi;
x = cos(t);
y = sin(t);
orange = [245, 102, 36]/255;
fill(x, y, orange);
axis square; title('A');
subplot(242),
aquamarine = [0.4980, 1, 0.8314];
rectangle('Position',[1,2,5,10],'FaceColor',aquamarine,'LineStyle','--');
axis square; title('B');
subplot(243),
olivegreen = [hex2dec('55'), hex2dec('6b'), hex2dec('2f')]/255;
goldenrod = [hex2dec('da'), hex2dec('a5'), hex2dec('20')]/255;
pos = [2 4 2 2];
rectangle ('Position',pos,'Curvature',[1 1], 'FaceColor', ...
          olivegreen, 'EdgeColor', goldenrod, 'LineWidth',3);
axis square; title('C');
subplot(244),
tomato = [hex2dec('ff'), hex2dec('63'), hex2dec('47')]/255;
pos = [2 4 2 2];
rectangle('Position',pos,'Curvature',[0.5 1], 'FaceColor', tomato, ...
'LineWidth',4, 'EdgeColor', orange - 0.1);
axis square; title('D');
subplot(245),
pgon = polyshape([0 0 1 3], [0 3 3 0]);
plot(pgon);
fill([0 0 1 3], [0 3 3 0], 'b'); axis square; title('E');
subplot(246),
x1 = [0 1 2];
y1 = [0 1 0];
x2 = [2 3 4];
y2 = [1 2 1];
darkgreen = [00, 64/255, 00];
polyin = polyshape({x1,x2},{y1,y2});
plot(polyin);
fill(x1,y1, 'g', x2, y2, darkgreen); axis square; title('F');
subplot(247),
rng('default')
kx = rand(1,30);
ky = rand(1,30);
plot(kx, ky, 'r*')
k = boundary(kx',ky');
```

```
hold on;
plot(kx(k),ky(k));
fill(kx(k), ky(k), 'y'); axis square; title('G');
subplot(248),
[x,y,z] = sphere;
surf(x,y,z); view(-70,20)
crimson = [hex2dec('DC'), hex2dec('14'), hex2dec('3C')]/255;
chocolate = [hex2dec('d2'), hex2dec('69'), hex2dec('1e')]/255;
coral = [hex2dec('ff'), hex2dec('7f'), hex2dec('50')]/255;
redmap = [chocolate ; coral ; crimson ];
colormap(redmap); axis square; title('H');
```

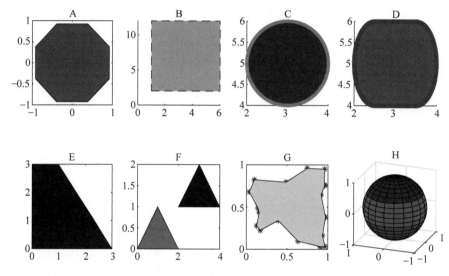

图 1.21 例 1.14 的输出

RGB 和 CMY 彩色模型有一个相似之处——它们均是**依赖设备**的模型。这意味着产生的实际彩色取决于显示彩色的设备的物理特性。RGB 彩色取决于显示器的 LED/CRT 特性,而 CMY 彩色取决于印刷油墨的化学特性。因此,彩色不是绝对的或恒定的,并且往往会因设备而异。为了定义**与设备无关**的彩色模型,国际标准组织 CIE 在 1931 年定义了 **CIE XYZ** 彩色模型。人们通过一系列实验发现,人眼具有称为视锥细胞的光感受器,其峰值灵敏度的波长对红色在 700nm 左右,对绿色在 550nm 左右,对蓝色在 440nm 左右 (Wright,1929;Guild,1931)。这些参数称为**三刺激值**,它们描述了一种彩色感觉。为了模拟彩色感觉,CIE 提出了一种基于表示为 X、Y、Z 的三刺激值的彩色模型,该彩色空间被称为 CIE XYZ 彩色空间。CIE XYZ 模型的彩色基于人类生理方面的彩色感觉,因此不依赖于任何设备特性。由于人眼中视锥细胞的分布特性,XYZ 的值取决于观察者的视角。为了对此进行标准化,CIE 在 1931 年将标准视角定义为 2°。由于在各种照明条件下彩色看起来不同,因此使用了两种标准**白色点光源**规格:(1)D50:色温为 5003K;(2)D65:色温为 6504K。字母"D"表示日光,意味着标准光源被提议用于模拟日光条件(CIE,2013)。**色温**表示理想黑体辐射器在加热到指定的开尔文(K)温度时发出的光的彩色。由于每种彩色都是使用三个参数 X、Y、Z 定义的,因此无法在平面上有效地表示。为了实现这一点,**色度值**

x、y、z 被定义为三刺激值的比例,如下所示:

$$x = X/(X+Y+Z)$$
$$y = Y/(X+Y+Z)$$
$$z = Z/(X+Y+Z)$$

由于 $z=1-x-y$,因此只需要两个参数 x 和 y 就足以定义可以绘制在平面上的特定彩色。通过绘制所有可见彩色的 x 和 y,我们得到了 **CIE 色度图**,如图 1.22 所示。图中,外周边上的值表示以纳米为单位的波长。

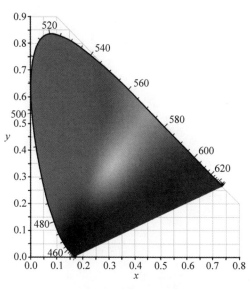

图 1.22 CIE 色度图

由于 CIE XYZ 彩色空间对于单个设备或应用程序来说太大而无法包含,因此惠普和微软公司创建了一个称为标准 RGB 或 **sRGB 彩色空间**的子集,用于显示器和打印机等设备。sRGB 使用 ITU-T Rec. 709(https://www.itu.int/rec/R-REC-BT.709/en)定义的基色。sRGB 中的基色是根据以下色度值定义的,并使用 D65 白点。

色度	红	绿	蓝	白(D65)
x	0.64	0.30	0.15	0.3127
y	0.33	0.60	0.06	0.3290

AdobeRGB 彩色空间由 Adobe 公司开发,用于软件开发,并扩展到蓝绿-绿色区域中的 sRGB 空间。AdobeRGB 中的基色是根据以下色度值定义的,并使用 D65 白点。

色度	红	绿	蓝	白(D65)
x	0.64	0.21	0.15	0.3127
y	0.33	0.71	0.06	0.3290

在例 1.15 中,IPT 函数 **plotChromaticity** 用于绘制 CIE 色度图,BM 函数 **line** 用于绘制 sRGB 和 AdobeRGB 彩色空间的边界(见图 1.23)。

例 1.15 编写一个程序,显示覆盖在 CIE 色度图顶部并使用 D65 白点的 sRGB 和 AdobeRGB 彩色空间的基色和边界。

```
clear; clc;
subplot(121)
plotChromaticity;
hold on;
r = [0.64, 0.33];
g = [0.3, 0.6];
b = [0.15, 0.06];
w = [0.3127, 0.3290];
px = [r(1), g(1), b(1), w(1)];
py = [r(2), g(2), b(2), w(2)];
qx = [r(1), g(1), b(1), r(1)];
qy = [r(2), g(2), b(2), r(2)];
plot(px, py, 'ko');
L = line(qx,qy);
L.Color = [0 0 0];
hold off;
title('sRGB color space');
subplot(122)
plotChromaticity;
hold on;
r = [0.64, 0.33];
g = [0.21, 0.71];
b = [0.15, 0.06];
w = [0.3127, 0.3290];
px = [r(1), g(1), b(1), w(1)];
py = [r(2), g(2), b(2), w(2)];
qx = [r(1), g(1), b(1), r(1)];
qy = [r(2), g(2), b(2), r(2)];
plot(px, py, 'ko');
L = line(qx,qy);
L.Color = [0 0 0];
hold off;
title('AdobeRGB color space');
```

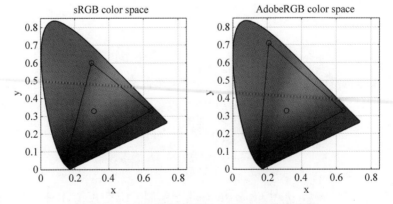

图 1.23　sRGB 彩色空间和 AdobeRGB 彩色空间

CIE XYZ 与 sRGB 和 AdobeRGB 彩色空间之间的转换根据 ICC 指定的关系进行管理，其中 R、G、B 表示使用区间 $[0，255]$ 和 D65 的 8 位无符号整数值作为参考白点：

- 从 sRGB 到 CIE XYZ

步骤 1	$R' = \dfrac{R}{255}$ $G' = \dfrac{G}{255}$ $B' = \dfrac{B}{255}$
步骤 2	IF $R', G', B' \leqslant 0.04045$ $R'' = \dfrac{R'}{12.92}$ $G'' = \dfrac{G'}{12.92}$ $B'' = \dfrac{B'}{12.92}$
步骤 3	IF $R', G', B' > 0.04045$ $R'' = \left\{\dfrac{R'+0.055}{1.055}\right\}^{2.4}$ $G'' = \left\{\dfrac{G'+0.055}{1.055}\right\}^{2.4}$ $B'' = \left\{\dfrac{B'+0.055}{1.055}\right\}^{2.4}$
步骤 4	$X = 0.4212R'' + 0.3576G'' + 0.1805B''$ $Y = 0.2126R'' + 0.7152G'' + 0.0722B''$ $Z = 0.0193R'' + 0.1192G'' + 0.9505B''$

- 从 CIE XYZ 到 sRGB

步骤 1	$R' = 3.2406X - 1.5372Y - 0.4986Z$ $G' = -0.9689X + 1.8758Y + 0.0415Z$ $B' = 0.0557X - 0.2040Y + 1.0570Z$
步骤 2	IF $R', G', B' \leqslant 0.0031308$ $R'' = 12.92R'$ $G'' = 12.92G'$ $B'' = 12.92B'$
步骤 3	IF $R', G', B' > 0.0031308$ $R'' = 1.055(R')^{\frac{1}{2.4}} - 0.055$ $G'' = 1.055(G')^{\frac{1}{2.4}} - 0.055$ $B'' = 1.055(B')^{\frac{1}{2.4}} - 0.055$
步骤 4	$R = \text{round}(255R'')$ $G = \text{round}(255G'')$ $B = \text{round}(255B'')$

- 从 AdobeRGB 到 CIE XYZ

步骤 1	$R' = \dfrac{R}{255}$ $G' = \dfrac{G}{255}$ $B' = \dfrac{B}{255}$
步骤 2	$R'' = (R')^{2.199}$ $G'' = (G')^{2.199}$ $B'' = (B')^{2.199}$ $X = 0.5766R'' + 0.1855G'' + 0.1882B''$
步骤 3	$Y = 0.2973R'' + 0.6273G'' + 0.0752B''$ $Z = 0.0270R'' + 0.0707G'' + 0.9913B''$

- 从 CIE XYZ 到 AdobeRGB

步骤 1	$R' = 2.0416X - 0.5650Y - 0.3447Z$ $G' = -0.9692X + 1.8759Y + 0.0415Z$ $B' = 0.0134X - 0.1183Y + 1.015Z$
步骤 2	$R'' = (R')^{2.199}$ $G'' = (G')^{2.199}$ $B'' = (B')^{2.199}$
步骤 3	$R' = \dfrac{R}{255}$ $G' = \dfrac{G}{255}$ $B' = \dfrac{B}{255}$

在例 1.16 中，IPT 函数 **rgb2xyz** 用于将 RGB 值转换为 XYZ 值，而 IPT 函数 **xyz2rgb** 用于将 XYZ 值转换回 RGB 值。在这两种情况下，都有使用 D50 和 D65 为参考白点以及转换

为 sRGB 和 AdobeRGB 彩色空间的选项。

例 1.16 编写一个程序，使用 sRGB 和 AdobeRGB 彩色空间以及以 D65 为参考白点，将白色和绿色的 RGB 值转换为 XYZ 值和色度值 xyz。将 XYZ 值恢复为相应的 RGB 值。

```
clear; clc; format compact;
fprintf('sRGB White D65: \n');
XYZ = rgb2xyz([1 1 1],'WhitePoint','d65','ColorSpace','srgb')
X = XYZ(1); Y = XYZ(2); Z = XYZ(3);
xyz = [X/(X+Y+Z), Y/(X+Y+Z), Z/(X+Y+Z)]
RGB = xyz2rgb([X Y Z],'WhitePoint','d65','ColorSpace','srgb')
fprintf('\n')
fprintf('sRGB Green D65: \n');
XYZ = rgb2xyz([0 1 0],'WhitePoint','d65','ColorSpace','srgb')
X = XYZ(1); Y = XYZ(2); Z = XYZ(3);
xyz = [X/(X+Y+Z), Y/(X+Y+Z), Z/(X+Y+Z)]
RGB = xyz2rgb([X Y Z],'WhitePoint','d65','ColorSpace','srgb')
fprintf('\n')
fprintf('AdobeRGB White D65: \n');
XYZ = rgb2xyz([1 1 1],'WhitePoint','d65','ColorSpace','adobe-rgb-1998')
X = XYZ(1); Y = XYZ(2); Z = XYZ(3);
xyz = [X/(X+Y+Z), Y/(X+Y+Z), Z/(X+Y+Z)]
RGB = xyz2rgb([X Y Z],'WhitePoint','d65','ColorSpace','adobe-rgb-1998')
fprintf('\n')
fprintf('AdobeRGB Green D65: \n');
XYZ = rgb2xyz([0 1 0],'WhitePoint','d65','ColorSpace','adobe-rgb-1998')
X = XYZ(1); Y = XYZ(2); Z = XYZ(3);
xyz = [X/(X+Y+Z), Y/(X+Y+Z), Z/(X+Y+Z)]
RGB = xyz2rgb([X Y Z],'WhitePoint','d65','ColorSpace','adobe-rgb-1998')
fprintf('\n')
```

程序输出显示如下：

```
sRGB White D65:
XYZ = 0.9505 1.0000 1.0888
xyz = 0.3127 0.3290 0.3583
RGB = 1.0000 1.0000 1.0000
sRGB Green D65:
XYZ = 0.3576 0.7152 0.1192
xyz = 0.3000 0.6000 0.1000
RGB = 0.0000 1.0000 0
AdobeRGB White D65:
XYZ = 0.9505 1.0000 1.0888
xyz = 0.3127 0.3290 0.3583
RGB = 1.0000 1.0000 1.0000
AdobeRGB Green D65:
XYZ = 0.1856 0.6273 0.0707
xyz = 0.2100 0.7100 0.0800
RGB = 0.0000 1.0000 0
```

CMY 值和 CMYK 值根据以下关系与 RGB 值相关联（Poynton，1995），其中，R、G、B、C、M、Y 和 K 的所有值都表示在 $[0,1]$ 区间内：

- 从 RGB 到 CMY

$$C = 1 - R$$
$$M = 1 - G$$
$$Y = 1 - B$$

- 从 CMY 到 RGB

$$R = 1 - C$$
$$G = 1 - M$$
$$B = 1 - Y$$

- 从 RGB 到 CMYK

$$K = 1 - \max(R, G, B)$$
$$C = (1 - R - K)/(1 - K)$$
$$M = (1 - G - K)/(1 - K)$$
$$Y = (1 - B - K)/(1 - K)$$

- 从 CMYK 到 RGB

$$R = (1 - C)/(1 - K)$$
$$G = (1 - M)/(1 - K)$$
$$B = (1 - Y)/(1 - K)$$

- 从 CMY 到 C'M'Y'K'

$$K' = \min(C, M, Y)$$
$$C' = (C - K)/(1 - K)$$
$$M' = (M - K)/(1 - K)$$
$$Y' = (Y - K)/(1 - K)$$

- 从 C'M'Y'K' 到 CMY

$$C = C'(1 - K') + K'$$
$$M = M'(1 - K') + K'$$
$$Y = Y'(1 - K') + K'$$

在例 1.17 中，IPT 函数 **makecform** 用于为指定参数定义的彩色空间转换创建彩色转换结构，其中，srgb2cmyk 选项用于 RGB 到 CMYK 的转换。CMYK 到 RGB 的转换可以由参数 cmyk2srgb 指定。IPT 函数 **applycform** 用于将指定图像中的彩色值转换为彩色转换结构定义的指定彩色空间。BM 函数 **pause** 用于暂停程序执行 5s，以便将 TIFF 文件写入磁盘。BM 函数 **imfinfo** 可用于验证 TIFF 文件的彩色类型是否为 CMYK。由于 MATLAB 只能显示一幅三通道彩色图像，前三个通道用于显示 CMYK 图像(见图 1.24)。

例 1.17 编写一个程序，将 RGB 图像转换为 CMYK 格式，并分别显示 4 个彩色通道。

```
clear; clc;
I = imread('peppers.png');
S = makecform('srgb2cmyk');
J = applycform(I, S);
r = I(:,:,1);
g = I(:,:,2);
b = I(:,:,3);
```

```
imwrite(J, 'test.tiff');
pause (5);
imfinfo('test.tiff')
M = imread('test.tiff');
c = M(:,:,1);
m = M(:,:,2);
y = M(:,:,3);
k = M(:,:,4);
cmy = M(:,:,1:3);
T = makecform('cmyk2srgb');
N = applycform(M, T);
subplot(251), imshow(I); title('RGB');
subplot(252), imshow(r); title('R');
subplot(253), imshow(g); title('G');
subplot(254), imshow(b); title('B');
subplot(256), imshow(cmy); title('CMY');
subplot(257), imshow(c); title('C');
subplot(258), imshow(m); title('M');
subplot(259), imshow(y); title('Y');
subplot(2,5,10), imshow(k); title('K');
subplot(255), imshow(N); title('RGB recovered');
```

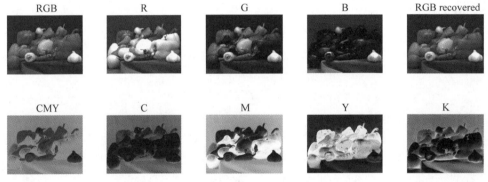

图 1.24 例 1.17 的输出

CIE $L^* a^* b^*$ 模型是于 1976 年由 CIE XYZ 模型派生出来的,旨在设计一个感知上更均匀的彩色空间,这意味着彩色值的相等变化会产生人类视觉系统感知的相同彩色变化。它将彩色表示为一组三元值:L^* 表示从黑色(0)到白色(100)的亮度,a^* 表示从绿色(-128)到红色($+127$)的彩色,而 b^* 表示从蓝色(-128)到黄色($+127$)的彩色;彩色值均表示为有符号的 8 位整数。因此,当需要在屏幕上显示彩色通道时,需要通过向它们添加 128 以将这些值映射到区间 $[0,255]$。相对于给定的白点,如 D50 或 D65,$L^* a^* b^*$ 模型与设备无关,即它定义了人类视觉感知的彩色,而不管它们是如何由设备创建的,如图 1.25 所示。加在字母后的星号($*$)是为了将它们与 Richard Hunter 于 1948 年定义的另一个类似的称为 Hunter Lab 的彩色空间区分开 (Hunter,1948)。

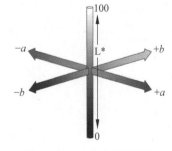

图 1.25 $L^* a^* b^*$ 彩色模型

另一种名为**色调饱和度值**(**HSV**)的彩色模型也基于人类对彩色的感知。HSV 彩色空间采用倒锥体的形式,锥体的底部称为**色轮**。色调定义彩色本身,并沿色轮的圆周以度数测量。按照惯例,红色的角度为 0°,角度增加到 120°为绿色,角度增加到 240°为蓝色。黄色、蓝绿色和品红色等中间色位于基色之间。饱和度是彩色纯度的度量,表示添加到色调中的灰色量,指定为 0~100 的百分比值。如果不添加灰色,则该彩色称为纯色或饱和色,饱和度为 100%。随着越来越多的灰色添加到彩色中,其饱和度会降低,直到 0%时实际彩色完全转换为灰色。在色轮上,饱和度从圆圈的外围向中心呈放射状下降。第三个参数表示彩色的亮度或照度。色轮上的彩色值为 100%,但在朝向锥体顶点的垂直方向上减小,所有彩色都变为黑色时值为 0%,如图 1.26 所示。

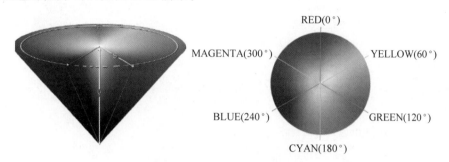

图 1.26　HSV 彩色模型和色轮

ICC 定义的 sRGB、$L^*a^*b^*$ 和 HSV 彩色空间之间的**彩色转换**关系如下所示,其中 R、G、B 表示 [0,255] 区间内的 8 位无符号整数值,L^* 在 [0,100] 区间内,a^* 和 b^* 均在 [−128,+127] 区间内,H 在 [0°,359°] 区间内,S 和 V 均在 [0,100] 区间内,X_w、Y_w、Z_w 表示参考白色的三刺激值,例如对 D65:

- 从 sRGB 到 $L^*a^*b^*$

步骤 1	从 sRGB 到 XYZ(详细介绍如前)
步骤 2	$X' = \dfrac{X}{X_w} \quad Y' = \dfrac{Y}{Y_w} \quad Z' = \dfrac{Z}{Z_w}$
步骤 3a	IF $X', Y', Z' > (6/29)^3$ $X'' = (X')^{1/3} \quad Y'' = (Y')^{1/3} \quad Z'' = (Z')^{1/3}$
步骤 3b	IF $X', Y', Z' \leqslant (6/29)^3$ $X'' = \dfrac{1}{3}\left(\dfrac{29}{6}\right)^2 X' + \dfrac{4}{29} \quad Y'' = \dfrac{1}{3}\left(\dfrac{29}{6}\right)^2 Y' + \dfrac{4}{29} \quad Z'' = \dfrac{1}{3}\left(\dfrac{29}{6}\right)^2 Z' + \dfrac{4}{29}$
步骤 4	$L = 116Y'' - 16 \quad a = 500(X'' - Y'') \quad b = 500(Y'' - Z'')$

- 从 $L^*a^*b^*$ 到 sRGB

步骤 1	$Y' = \dfrac{L+16}{116} \quad X' = \dfrac{a}{500} + Y' \quad Z' = \dfrac{-b}{200} + Y'$
步骤 2a	IF $X', Y', Z' > 6/29$ $X'' = (X')^3 \quad Y'' = (Y')^3 \quad Z'' = (Z')^3$

步骤 2b	IF $X', Y', Z' \leqslant 6/29$
	$X'' = 3\left(\dfrac{6}{29}\right)^2 \left(X' - \dfrac{16}{116}\right) \quad Y'' = 3\left(\dfrac{6}{29}\right)^2 \left(Y' - \dfrac{16}{116}\right) \quad Z'' = 3\left(\dfrac{6}{29}\right)^2 \left(Z' - \dfrac{16}{116}\right)$
步骤 3	$X = X'' X_w \quad Y = Y'' Y_w \quad Z = Z'' Z_w$
步骤 4	从 XYZ 到 sRGB(详细介绍如前)

- 从 sRGB 到 HSV

步骤 1	$R' = \dfrac{R}{255} \quad G' = \dfrac{G}{255} \quad B' = \dfrac{B}{255}$
步骤 2	$N = \min(R', G', B') \quad X = \max(R', G', B') \quad D = X - N \quad V' = X$
步骤 3a	IF $D = 0$ THEN $S' = 0$, $H' = 0$
步骤 3b	IF $D \neq 0$ THEN $S' = D/X$
	$R'' = 0.5 + \dfrac{X - R'}{6D} \quad G'' = 0.5 + \dfrac{X - G'}{6D} \quad B'' = 0.5 + \dfrac{X - B'}{6D}$
	IF $R' = X$ THEN $H' = B'' - G''$
	ELSEIF $G' = X$ THEN $H' = 1/3 + R'' - B''$
	ELSEIF $B' = X$ THEN $H' = 2/3 + G'' - R''$
	IF $H' < 0$ THEN $H' = H' + 1$
	IF $H' > 0$ THEN $H' = H' - 1$
步骤 4	$H = \text{round}(360 H') \quad S = \text{round}(100 S') \quad V = \text{round}(100 V')$

- 从 HSV 到 sRGB

步骤 1	$C = VS ; \quad D = V - C$
	$H' = \dfrac{H}{60} \quad X = C(1 - |H' \bmod 2 - 1|)$
步骤 2	IF $0 \leqslant H' < 1$ THEN $R' = C \quad G' = X \quad B' = 0$
	IF $1 \leqslant H' < 2$ THEN $R' = X \quad G' = C \quad B' = 0$
	IF $2 \leqslant H' < 3$ THEN $R' = 0 \quad G' = C \quad B' = X$
	IF $3 \leqslant H' < 4$ THEN $R' = 0 \quad G' = X \quad B' = C$
	IF $4 \leqslant H' < 5$ THEN $R' = X \quad G' = 0 \quad B' = C$
	IF $5 \leqslant H' < 6$ THEN $R' = C \quad G' = 0 \quad B' = X$
步骤 3	$R'' = R' + D \quad G'' = G' + D \quad B'' = B' + D$
步骤 4	$R = \text{round}(255 R'') \quad G = \text{round}(255 G'') \quad B = \text{round}(255 B'')$

IPT 函数 **rgb2lab** 和 **lab2rgb** 分别用于将彩色从 RGB 彩色空间转换到 $L^* a^* b^*$ 彩色空间和 $L^* a^* b^*$ 彩色空间转换到 RGB 彩色空间。BM 函数 **rgb2hsv** 和 **hsv2rgb** 分别用于将彩色从 RGB 彩色空间转换到 HSV 彩色空间和 HSV 彩色空间转换到 RGB 彩色空间。例 1.18 显示了一幅 RGB 图像被转换到 HSV 和 $L^* a^* b^*$ 彩色空间并显示了各个通道(见图 1.27)。

例 1.18 编写一个程序,将 RGB 图像转换为 HSV 和 $L^* a^* b^*$ 格式并单独显示通道图。

```
clear; clc;
rgb1 = imread('peppers.png');
```

```
r = rgb1(:,:,1);
g = rgb1(:,:,2);
b = rgb1(:,:,3);
hsv = rgb2hsv(rgb1);
h = hsv(:,:,1);
s = hsv(:,:,2);
v = hsv(:,:,3);
lab = rgb2lab(rgb1);
l = lab(:,:,1);
a = lab(:,:,2);
b = lab(:,:,3);
subplot(341), imshow(rgb1); title('RGB');
subplot(342), imshow(r, []); title('R');
subplot(343), imshow(g, []); title('G');
subplot(344), imshow(b, []); title('B');
subplot(345), imshow(hsv); title('HSV');
subplot(346), imshow(h, []); title('H');
subplot(347), imshow(s, []); title('S');
subplot(348), imshow(v, []); title('V');
subplot(349), imshow(lab); title('LAB');
subplot(3,4,10), imshow(l, []); title('L');
subplot(3,4,11), imshow(a, []); title('a');
subplot(3,4,12), imshow(b, []); title('b');
rgb2 = hsv2rgb(hsv);
rgb3 = lab2rgb(lab);
```

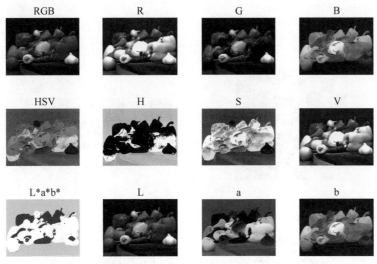

图 1.27 例 1.18 的输出

1.3.4 合成图像

合成图像不是通过读取像素值创建的,而是通过操作 2-D 矩阵的值直接生成的。IPT 函数 **checkerboard** 用于创建由图块组成的**棋盘**图案。每个图块包含 4 个方块,每个方块的默认大小为每边 10 像素。棋盘左半边的浅色方块是白色的,棋盘右半边的浅色方块是灰色

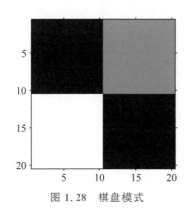

图 1.28 棋盘模式

的,如图 1.28 所示。

不带参数地调用该函数会生成一个 4×4 的图块,即 8×8 的方块,默认大小是每个方块边为 10 像素。可以使用三个参数调用该函数:第一个参数指定每个正方形的大小(以像素为单位);第二个参数指定以图块(不是方块)测量的行数;第三个参数指定图块的列数。要创建纯黑色和白色,而不是灰色的图块,应通过指定大于 50% 的强度来调用该函数。例 1.19 说明了该模式的变体(见图 1.29)。

例 1.19 编写一个程序,使用默认配置通过修改边长、行数和列数来生成棋盘格图案。指定如何构建纯黑白图块且不包括灰色。

```
clear; clc;
I = checkerboard;
subplot(221), imshow(I); axis on; title('4 x 4 @ 10')
s = 20;         % side length of each square in pixels
r = 1;          % number of rows
c = 3;          % number of columns
J = checkerboard(s, r, c);
subplot(222), imshow(J); axis on; title('1 x 3 @ 20');
K = (checkerboard (40, r + 2, c - 1) > 0.5);
subplot(223), imshow(K); axis on; title('3 x 2 @ 40');
L = checkerboard (100, 1, 1);
subplot(224), imshow(L); axis on; title('1 x 1 @ 100');
```

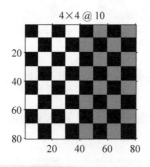
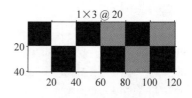
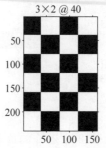
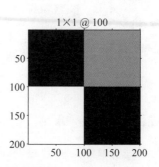

图 1.29 例 1.19 的输出

IPT 函数 **phantom** 用于生成由一个大椭圆和多个较小椭圆组成的图像，称为**幻影头**（phantom head）图像。图像的大小可以指定为参数（默认为 256）。对于图像中的任何给定像素，像素值等于该像素所属的所有椭圆的附加强度值之和（Jain，1989）。如果像素不属于任何椭圆，则其值为 0。可以指定两种图像类型：Shepp-Logan 和改良的 Shepp-Logan，其中，后者对比度得到改善以更好地查看。这些图像归功于 Larry Shepp 和 Benjamin Logan（Shepp，1974）。描述绘图的函数定义为 2×2 正方形内 10 个椭圆的总和，它们具有不同的中心、长轴、短轴、倾角和灰度级。例 1.20 说明了 phantom 函数的变体及其关系（见图 1.30）。

例 1.20 编写一个程序，使用 Shepp-Logan 和改良的 Shepp-Logan 算法生成幻影头图像。

```
clear; clc;
P = phantom('Modified Shepp-Logan',200);
Q = phantom('Shepp-Logan');
figure,
subplot(131), imshow(P); axis on; title('P');
subplot(132), imshow(Q); axis on; title('Q');
subplot(133), imshow(4*Q); axis on; title('4*Q');
```

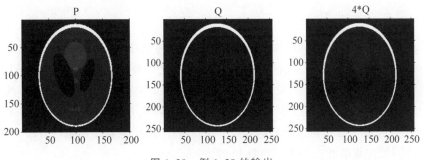

图 1.30 例 1.20 的输出

图像中的**噪声点**是指由于各种原因（如相机传感器缺陷、电气干扰和照明不足）而出现的不需要的点。IPT 函数 **imnoise** 用于在指定类型和强度的图像中合成噪声。在例 1.21 中，给出了三种类型的噪声。椒盐噪声由黑白点组成，默认密度为 0.05，影响大约 5% 的像素，密度可以指定为噪声名称后的参数。斑点噪声使用方程 $L=I+n\times 1$ 添加乘性噪声，其中，n 是均匀分布的噪声，默认值为均值 0 和方差 0.04，方差的值可以作为附加参数添加到噪声名称之后。高斯噪声添加了均值为 0 且方差为 0.01 的白噪声，均值和方差可以指定为附加参数（见图 1.31）。在例 1.21 之后介绍了有关高斯函数的更多详细信息。

例 1.21 编写一个程序，将三种不同类型的噪声添加到灰度图像中并显示生成的噪声图像。

```
clear; clc;
I = imread('eight.tif');
J = imnoise(I,'salt & pepper');  % salt and pepper noise
K = imnoise(I,'gaussian');        % Gaussian noise
L = imnoise(I,'speckle');         % speckle noise
```

```
figure,
subplot(221), imshow(I); title('I');
subplot(222), imshow(J); title('J');
subplot(223), imshow(K); title('K');
subplot(224), imshow(L); title('L');
```

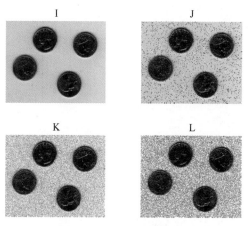

图 1.31　例 1.21 的输出

在数学中,**高斯函数**以德国数学家卡尔·弗里德里希·高斯的名字命名,即

$$f(x) = a\mathrm{e}^{\frac{-(x-\mu)^2}{2\sigma^2}}$$

高斯函数的图形特征是钟形曲线,也称为**正态分布**曲线。参数 a(振幅)控制曲线的高度,μ(均值)控制峰的位置,σ(标准差)控制曲线的宽度。例 1.22 中绘制了一条均值为 2.5 且标准差为 4.37 的 1-D 高斯曲线。对于高斯曲线,从 $x=-\sigma$ 到 $x=+\sigma$ 的曲线下面积为总面积的 68.26%;从 $x=-2\sigma$ 到 $x=+2\sigma$ 的曲线下面积为总面积的 95.44%;从 $x=-3\sigma$ 到 $x=+3\sigma$ 的曲线下面积为总面积的 99.74%。另外,**模糊逻辑工具箱**(FLT)函数 **gaussmf** 也可用于绘制指定均值和方差的高斯曲线(见图 1.32)。

例 1.22　编写一个程序,生成具有不同均值和方差的高斯曲线。

```
clear; clc;
x = -5:0.1:10;
mu = mean(x);
sigma = std(x);
den = 2*sigma^2;
for i = 1:numel(x)
    num = -(x(i) - mu)^2;
    frac = num/den;
    y(i) = exp(frac);
end
subplot(121), plot(x, y); grid;
x = -5:0.1:5;
a = 0.9; m = 0; s = sqrt(0.2);
g = gaussmf(x,[s, m]);
subplot(122), plot(x, a*g, 'b-', 'LineWidth', 2);
hold on; grid;
a = 0.4; m = 0; s = sqrt(1);
```

```
g = gaussmf(x,[s, m]);
plot(x, a * g, 'r - ', 'LineWidth', 2);
a = 0.2; m = 0; s = sqrt(5);
g = gaussmf(x,[s, m]);
plot(x, a * g, 'Color', [0.8 0.8 0], 'LineWidth', 2);
a = 0.6; m = - 2; s = sqrt(0.5);
g = gaussmf(x,[s, m]);
plot(x, a * g, 'Color', [0 0.7 0], 'LineWidth', 2);
hold off;
legend('\mu = 0, \sigma^2 = 0.2', '\mu = 0, \sigma^2 = 1', ...
'\mu = 0, \sigma^2 = 5', '\mu = - 2, \sigma^2 = 0.5');
```

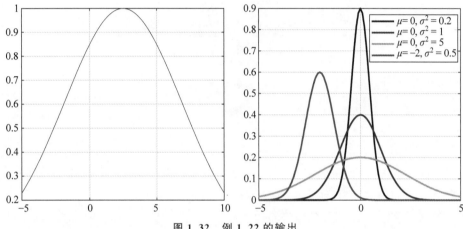

图 1.32 例 1.22 的输出

2-D 高斯函数是两个变量 x 和 y 的函数,定义如下:

$$f(x,y) = a e^{\frac{-(x-\mu_x)(y-\mu_y)}{2\sigma_x \sigma_y}}$$

式中,μ_x 和 μ_y 是沿 x 和 y 方向的均值;σ_x 和 σ_y 是相应的标准差。

可以通过改变 x 和 y 的值并使用沿正交方向的均值和方差来生成 2-D 高斯曲线图。另外,IPT 函数 **fspecial** 也可用于通过指定矩阵的 x 和 y 方向的大小来生成 2-D 高斯矩阵。例 1.23 用对称高斯分布说明了这两种方法(见图 1.33)。

例 1.23 编写一个程序,显示指定不同均值和方差的 2-D 高斯函数。

```
clear; clc;
x = - 5:5; y = - 5:5;
mux = mean(x); muy = mean(y);
sigmax = std(x); sigmay = std(y);
den = 2 * sigmax * sigmay;
for i = 1:11
    for j = 1:11
        a = (x(i) - mux)^2;
        b = (y(j) - muy)^2;
        num = - (a * b);
        frac = num/den;
        z(i,j) = exp(frac);
    end
```

```
end
subplot(121),imshow(z); title(strcat('sigma = ', num2str(sigmax)));
hsize = 10; sigma = 10;
G = fspecial('gaussian', hsize, sigma);
subplot(122), imshow(G, []); title(strcat('sigma = ', num2str(sigma)));
```

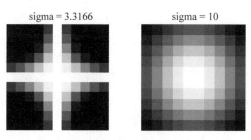

图 1.33　例 1.23 的输出

1.4　显示和探索

1.4.1　基本显示

将图像读入系统,称为**图像采集**,之后需要将图像显示给用户。图形窗口可用于显示图像。在本节中,我们将讨论其他显示图像的方式。BM 函数 **imshow** 也包含在 IPT 中,可以用于显示彩色、灰度、二进制或索引的图像。对于灰度图像,函数 imshow 可以通过使用一对空方括号[]将覆盖现有最小值和最大值的范围扩展到整个值区间[0,255];或者,也可以采用两个用户指定的强度范围 low 和 high,并将它们之间的强度拉伸到整个值区间[0,255]。这种拉伸灰度值的方式称为**对比度拉伸**,因为图像的对比度是最小灰度值和最大灰度值之间的差值,所以对比度被拉伸到最大范围 0~255。在例 1.24 中,空方括号[]将图像现有的最小(74)和最大(224)灰度值分别映射到 0 和 255,而参数[50,150]将 50 映射到 0 并将 150 映射到 255。任何小于 50 的值也均映射到 0,任何大于 150 的值都映射到 255。为了显示索引图像,需要将映射作为函数参数包含在内(见图 1.34)。

例 1.24　编写一个程序,显示二进制、灰度、RGB 彩色和索引彩色图像。对于灰度图像,演示如何实现对比度拉伸。

```
clear; clc;
I = imread('pout.tif'); title('grayscale image');
Imin = min(min(I)); Imax = max(max(I));
subplot(231), imshow(I);
title(strcat('min = ', num2str(Imin),', max = ', num2str(Imax)));
subplot(232), imshow(I, []);
title(strcat('[',num2str(Imin),',',num2str(Imax),']','mapped to [0 255]'));
% all existing values mapped to [0, 255]
subplot(233), imshow(I, [50 150]);
title('[50, 150] mapped to [0, 255]');
subplot(234), imshow('peppers.png'); title('RGB color image');
load trees; subplot(235), imshow(X, map); title('indexed color image');
subplot(236), imshow('circles.png'); title('binary image');
```

图 1.34　例 1.24 的输出

要显示多幅图像,可以使用 BM 函数 **subplot**。另外,IPT 函数 **imshowpair** 可用于以多种方式显示两幅图像。使用选项 montage 可将它们并排放置在同一图像中,而使用选项 blend 可将两幅图像用 alpha 混合相互叠加,使用选项 checkerboard 可创建具有来自两幅图像交替矩形区域的图像。在例 1.25 中,边缘检测器用于突出显示图像中的边缘(见图 1.35)。边缘检测器将在 1.6 节中讨论。

例 1.25　编写一个程序,显示使用不同变体的一对图像。

```
clear; clc;
a = imread('cameraman.tif');
b = edge(a, 'canny');
figure, imshowpair(a, b, 'montage');
figure, imshowpair(a, b, 'blend');
figure, imshowpair(a, b, 'checkerboard');
```

图 1.35　例 1.25 的输出

图像融合是从多个相机或传感器收集信息并将它们组合成单幅图像的过程。合成图像是通过使用空间参考信息对齐具有相似强度的区域来创建的。最终结果通常是带有伪(彩)色的混合叠加图像,即单幅图像的区域和它们共有的区域分别具有单独的彩色,IPT 函数 **imfuse** 用于通过融合它们的强度从两幅图像创建合成图像。例 1.26 使用红色作为图像 1、绿色作为图像 2、黄色作为两幅图像之间强度相似的区域创建了混合图像。IPT 函数 **imresize** 用于按指定的百分比调整图像的尺寸(见图 1.36)。

例 1.26 编写一个程序,将一对图像进行融合。

```
clear; clc;
a = imread('coins.png');
b = imresize(a, 0.8);
c = imfuse(a, b, 'scaling', 'joint', 'ColorChannels',[1 2 0]);
figure, imshowpair(a, c, 'montage');
```

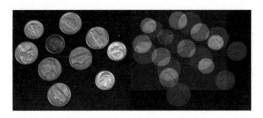

图 1.36　例 1.26 的输出

IPT 函数 **montage** 可用于在矩形网格中同时显示多幅图像。可以通过指定行数和列数来指定网格的大小。数组用于指定图像的文件名。如果图像已被读取并存储在变量名中,则它们可以包含在字符向量中。在例 1.27 中,前六幅图像显示在 2×3 的网格中,接下来的四幅图像显示在 1×4 的网格中(见图 1.37)。

例 1.27 编写一个程序,在矩形网格中显示多幅图像。

```
clear; clc;
% part 1
f = {'coins.png',
'circles.png',
'circlesBrightDark.png',
'coloredChips.png',
'eight.tif',
'pears.png'};
montage(f, 'Size', [2 3]);        % cell array, 2 rows 3 columns
% part 2
a = imread('football.jpg');
b = imread('flamingos.jpg');
c = imread('fabric.png');
d = imread('foggysf1.jpg');
montage({a,b,c,d}, 'Size', [1 4]);    % character vector, 1 row 4 column
```

在例 1.27 中,使用了空间分布来显示多幅图像。也可以沿着**时间轴线**一幅接一幅地显示多幅图像。IPT 函数 **implay** 用于通过调用**电影播放器**以指定的帧率一幅接一幅地显示

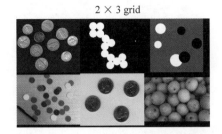

图 1.37　例 1.27 的输出

图像序列。默认帧率为 20fps。BM 函数 **load** 用于将变量从指定文件复制到工作区。例 1.28 加载了两个图像序列并使用电影播放器播放它们(见图 1.38)。

例 1.28　编写一个程序,在时间序列中一个接一个地显示多幅图像。

```
clear; clc;
load cellsequence;
fps = 10;
implay(cellsequence, fps);
load mristack;
implay(mristack);
```

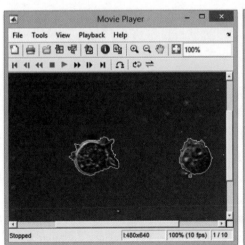
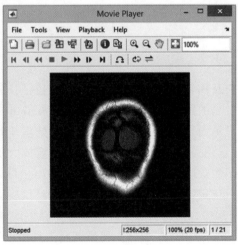

图 1.38　例 1.28 的输出

除了将图像简单地显示为 2-D 矩形平面外,图像还可以显示在非平面 3-D 表面上,这称为**图像扭曲**。IPT 函数 **warp** 用于将图像作为纹理映射到图形表面上。例 1.29 中,索引图像 X 先从文件加载并显示。然后,使用 BM 函数 **meshgrid** 创建由等距点组成的矩形网格,并且对于 meshgrid 上的每个点,都使用非平面函数创建沿 z 轴的垂直高程。然后将图像映射到创建的曲面上。示例中创建了两个曲面,一个使用函数 $f(x,y)=-(x^3+y^3)$,另一个使用函数 $f(x,y)=-(x^2+y^4)$。BM 函数 **view** 用于通过指定方位角和仰角来创建视点规范(见图 1.39)。

例 1.29 编写一个程序,在非平面表面上显示图像。

```
clear; clc;
load trees;
[x, y] = meshgrid(-100:100, -100:100);
z1 = -(x.^3 + y.^3);
z2 = -(x.^2 + y.^4);
figure,
subplot(131), imshow(X, map);
subplot(132), warp(x, y, z1, X, map); axis square;
view(-20, 30); grid; xlabel('x'); ylabel('y'); zlabel('z');
subplot(133), warp(x, y, z2, X, map); axis square;
view(-50, 30); grid; xlabel('x'); ylabel('y'); zlabel('z');
```

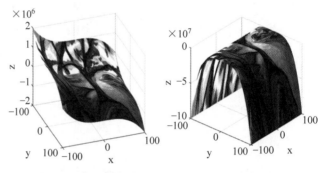

图 1.39 例 1.29 的输出

1.4.2 交互探索

交互探索不仅包括显示图像,还包括用户使用图形用户界面提供的基于菜单的选项来执行常见的图像处理任务。IPT 函数 **imtool** 提供了一个集成环境 Image Viewer 应用程序,用于显示图像和执行一些常见的图像处理任务。除了提供 imshow 函数的所有图像显示功能外,它还提供了用于显示像素值、指定放大系数、调整对比度和彩色、测量点之间的距离、剪切图像等附加工具。这些工具的输出也可以使用 IPT 函数进行调用。**像素区域工具**用于显示选定的像素区域以及像素值,也可以使用 IPT 函数 **impixelregion** 来调用(见例 1.30 及图 1.40)。**图像信息工具**用于显示有关图像和文件元数据的信息,也可以使用 IPT 函数 **imageinfo** 调用这些信息。**测量距离工具**用于测量图像中从一个点到另一点的距离,也可以使用 IPT 函数 **imdistline** 来调用。**像素信息工具**用于获取指针下像素的信息,也可以使用 IPT 函数 **impixelinfo** 来调用。**剪切图像工具**用于在图像上定义剪切区域并对图像进行剪切,也可以使用 IPT 函数 **imcrop** 调用。1.5 节将更详细地讨论剪切。**概览工具**用于确定图像查看器中当前可见的图像部分,并使用滑动矩形更改此视图,也可以使用 IPT 函数 **imoverview** 来调用。**扫视工具**用于移动图像以查看图像的其他部分,**变焦工具**用于更近距离地查看图像的任何部分。

例 1.30 编写一个程序，显示图像以及选定区域的像素值。

```
clear; clc;
h = imtool ('peppers.png');
impixelregion(h)
```

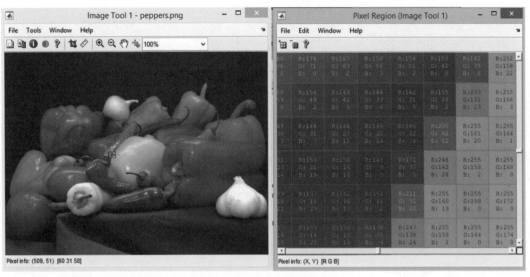

图 1.40　例 1.30 的输出

可以使用 IPT 函数 **immagbox** 以交互方式通过向具有指定大小的图像的指定位置添加放大框来控制图窗口的放大率和滚动条。例 1.31 中，在位置(10,50)添加了一个尺寸为(100,50)的放大框，使用该框可以指定图像的放大倍数，相应的滚动条可以沿着图窗口的两侧自动出现(见图 1.41)。最后一行通过指定(0,0)到(1,1)的标准化大小来放大图窗口本身，使其占据整个屏幕。

例 1.31 编写一个程序，显示可以交互放大的图像。图窗口也应放大以占据全屏。

```
clear; clc;
f = figure;
i = imshow('pears.png');
s = imscrollpanel(f,i);
m = immagbox(f,i);
set(m,'Position',[10 50 100 50])
set(gcf, 'Units', 'Normalized', 'OuterPosition', [0, 0, 1, 1]);
```

图 1.41　例 1.31 的输出

1.4.3　构建交互工具

调整对比度工具用于调整图像查看器中显示的灰度图像的对比度，并使用直方图修改对比度，也可以使用 IPT 函数 **imcontrast** 来调用。**直方图**绘制了每个灰度级出现的像素数，将在 1.6 节讨论。当滑块从初始位置移动到最终位置时，最终位置的强度被映射到初始位置的强度,从而拉伸直方图并校正图像的影调。例如,将左侧滑块从 0 拖动到 50 会映射 [0,50]区间内的所有值到 0,从而有效地将深灰色转换为纯黑色。同样,将右侧滑块从 250 拖动到 200 会映射[200,250]区间内的所有值到 250,从而有效地将浅灰色转换为纯白色。这种映射有助于通过利用所有可能的灰度级来提高图像的亮度和对比度。在例 1.32 中,显示了使用直方图以调整图像的影调对比度(见图 1.42)。

例 1.32 编写一个程序,显示图像和直方图以修改对比度。

```
clear; clc;
h = imtool ('coins.png');
imcontrast(h)
```

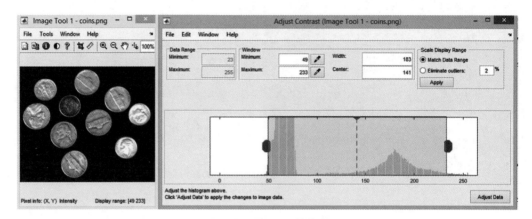

图 1.42 例 1.32 的输出

选择彩色查找表工具允许用户选择用于查看灰度图像的内置彩色查找表,也可以使用 IPT 函数 **imcolormaptool** 调用该彩色查找表(例 1.33)。稍后讨论内置彩色查找表。将图像的灰度级映射到指定彩色查找表的彩色,可以彩色查看图像(见图 1.43)。

例 1.33 编写一个程序,显示灰度图像以及选择彩色查找表以彩色显示图像的选项。

```
clear; clc;
h = imtool ('coins.png');
imcolormaptool(h)
```

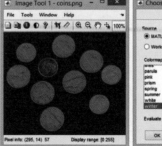

图 1.43 例 1.33 的输出

1.5 几何变换和图像配准

1.5.1 常用几何变换

几何变换是一类图像处理技术,通常不修改图像的像素值,而是更改原始像素的位置、朝向和个数。**剪切**是最简单的图像处理操作之一,用于显示图像的一小部分,即整个像素集的子集。若要剪切图像,需要指定小于整个图像的剪切矩形,以便仅显示矩形内的图像部分。同时需要指定矩形的两个参数,即起点(左上角)和大小(其中的行数和列数)。IPT 函数 **imcrop** 用于以交互方式或参数方式指定剪切矩形。例 1.34 说明了**交互式剪切**。该操作要求用户在图窗口中的图像上绘制剪切矩形,右击它,然后从弹出的菜单中选择选项 Crop Image,矩形内的图像部分就被保留并显示在原始图像旁边(见图 1.44)。

例 1.34 编写一个程序,通过交互方式指定剪切矩形来剪切图像。

```
clear; clc;
I = imread('cameraman.tif');
[J, rect] = imcrop(I);
imshowpair(I, J, 'montage');
```

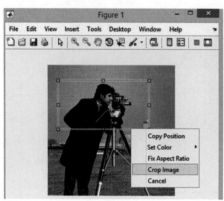

图 1.44 例 1.34 的输出

例 1.35 说明了**参数剪切**。其中,剪切矩形由顺序的四个参数指定:矩形左上角的坐标(xmin,ymin),以及宽度和高度(width,height)。在例 1.35 中,图像被剪切成四个象限,然后以不同的顺序显示,即每个象限被其对角线相对的象限替换。为了避免每个象限中的像素个数出现小数,使用 BM 函数 **floor** 将其四舍五入到小于或等于最接近指定值的整数(见图 1.45)。

例 1.35 编写一个程序,将图像剪切成四个象限并分别显示。然后通过将每个象限与其对角相对的象限交换来重新组合图像。

```
clear; clc;
I = imread('cameraman.tif');
H = floor(size(I,1)); W = floor(size(I,2));
h = floor(H/2); w = floor(W/2);     % dimensions of crop rectangle
```

```
% syntax: imcrop(I, [xmin, ymin, width, height])
Q1 = imcrop(I, [0, 0, w, h]);
Q2 = imcrop(I, [w + 1, 0, w, h]);
Q3 = imcrop(I, [0, h + 1, w, h]);
Q4 = imcrop(I, [w + 1, h + 1, w, h]);
figure,
subplot(221), imshow(Q1); title('Q1');
subplot(222), imshow(Q2); title('Q2');
subplot(223), imshow(Q3); title('Q3');
subplot(224), imshow(Q4); title('Q4');
J = [Q4 Q3 ; Q2 Q1];
figure, imshowpair(I, J, 'montage');
```

图 1.45 例 1.35 的输出

通过指定沿 x 和 y 方向的平移量,可以在 2-D 平面上移动部分图像或整幅图像来完成**平移**。如果平移量为正,则图像从左到右、从上到下移动,即沿 x 轴和 y 轴的正方向移动,如果平移量为负,则移动方向相反。坐标为 $P(x_1,y_1)$ 的像素在按量 (t_x,t_y) 平移后具有新的坐标 $Q(x_2,y_2)$,新坐标由以下两式给出:

$$x_2 = x_1 + t_x$$
$$y_2 = y_1 + t_y$$

IPT 函数 imtranslate 用于通过指定平移向量 (t_x,t_y),即图像应移动的 x 和 y 值来平移图像。在例 1.36 中,FillValues 选项用于以 0~255 的灰度强度填充图像外的区域。OutputView 选项用于指定是将转换的图像视为已剪切的还是完整的。在全视图的情况下,图像画布区域会增加,以容纳图像和图像移动后的额外部分。在剪切视图的情况下,图像画布保持其原始大小,以便与图像移动后的额外部分一起查看图像的剪切部分。在例 1.36 中,分别使用了完整和剪切选项查看平移的图像(见图 1.46)。

例 1.36 编写一个程序,平移图像,并以完整视图和剪切视图查看结果。

```
clear; clc;
I = imread('coins.png');
J = imtranslate(I, [25, - 20], 'FillValues',200,'OutputView', 'full');
K = imtranslate(I, [ - 50.5, 60.6], 'FillValues',0,'OutputView', 'same');
subplot(131), imshow(I); title('I'); axis on;
```

```
subplot(132), imshow(J); title('J'); axis on;    % full view
subplot(133), imshow(K); title('K'); axis on;    % cropped view
```

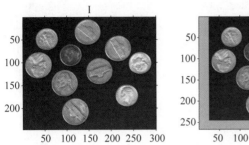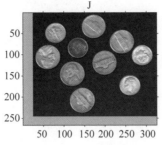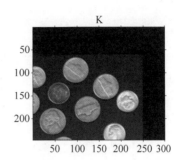

图 1.46　例 1.36 的输出

旋转意味着以坐标系的原点为轴心点沿圆的圆周移动图像的像素。逆时针旋转被认为是正的，而顺时针旋转是负的。当像素 $P(x_1, y_1)$ 绕原点旋转角度 θ 时，具有以下的新坐标 $Q(x_2, y_2)$：

$$x_2 = x_1 \cos(\theta) - y_1 \sin(\theta)$$
$$y_2 = x_1 \sin(\theta) - y_1 \cos(\theta)$$

IPT 函数 **imrotate** 用于通过指定角度（以度为单位）来旋转图像。选项 crop 用于使输出图像大小与输入图像除去剪切部分的结果相同，而选项 loose 用于使图像画布足够大以查看整个图像。例 1.37 使用了 crop 和 loose 选项显示旋转图像（见图 1.47）。

例 1.37　编写一个程序，将图像分别旋转 +30° 和 -40°，指定 crop 和 loose 选项。

```
clear; clc;
I = imread('saturn.png');
J = imrotate(I, 30, 'crop');
K = imrotate(I, -40, 'loose');
figure,
subplot(131), imshow(I); title('I');
subplot(132), imshow(J); title('J');    % crop option
subplot(133), imshow(K); title('K');    % loose option
```

图 1.47　例 1.37 的输出

当图像的尺寸乘以常数（称为缩放因子）时，会发生**缩放**。有两个缩放因子，一个用于高度，另一个用于宽度。如果两个缩放因子相等，则缩放称为**均匀的**，因为高宽比（纵横比）保持不变。如果两个缩放因子不相等，则缩放是**不均匀的**，这通常会导致图像失真。如果缩放因子大于 1，则导致图像尺寸增加，如果缩放因子小于 1，则导致图像尺寸减小。显然，如果缩放因子为1,则图像保持原样,因为图像尺寸没有变化。像素 $P(x_1,y_1)$ 在按数量 (s_x,s_y) 缩放时,具有以下给出的新坐标 $Q(x_2,y_2)$:

$$x_2 = x_1 \cdot s_x$$
$$y_2 = y_1 \cdot s_y$$

IPT函数 **imresize** 用于调整图像尺寸,并使用一个或两个参数指示缩放因子。例1.38说明了可以指定缩放参数的各种方式。如果有一个参数,它表示高度和宽度都被缩放的缩放因子;如果有两个参数,则分别表示行数和列数;如果其中一个参数是数字,而另一个参数设置为NaN(不是数字),则两个维度都设置为单个值(见图1.48)。

例1.38 编写一个程序,对图像进行均匀缩放和不均匀缩放。

```
clear; clc;
I = imread('testpat1.png');
h = size(I, 1); w = size(I, 2);
J = imresize(I, 0.5);
K = imresize(I, [h/2, 1.5 * w]);
L = imresize(I, [500, 300]);
M = imresize(I, [100, NaN]);
subplot(151), imshow(I); title('I'); axis on;
subplot(152), imshow(J); title('J'); axis on;
subplot(153), imshow(K); title('K'); axis on;
subplot(154), imshow(L); title('L'); axis on;
subplot(155), imshow(M); title('M'); axis on;
```

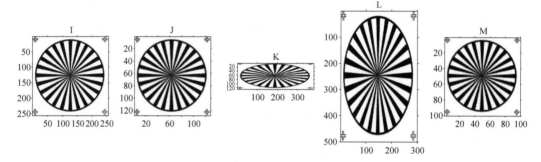

图1.48 例1.38的输出

采样是在适当的维度上以离散间隔检查函数值的过程。采样率是指采样的频率。对于时间信号(如音频),采样率以每秒样本数(Hertz)为单位测量,而对于空间信号(如图像),采样率以每英寸像素(ppi)为单位测量。提高采样率会增加像素数量,从而在图像中封装更多信息,可增加图像尺寸和提高图像质量。降低采样率会减少像素信息,从而降低图像大小和质量。因此,采样与图像的规模和质量有关。采样经常与其他两个操作相关联,即变焦和插值。**变焦**是在不改变像素结构的情况下增加或减小图像显示尺寸的操作。当缩小图像的尺寸时,可以移近放大,以便图像仍然以其原始尺寸显示。在缩小尺寸的过程中,图像中的像素总数会减少,因此变焦会使像素显得更大,超过某个点时,平滑图像会呈现块状外观,这称为**像素化**,通常会降低图像质量。为了恢复质量,可以移远缩小或合并**插值**,在缩小的图像中引入新像素,使图像中的像素数与缩小前的原始像素数相同。然而,这些像素是使用插值算法合成创建的,该算法使用相邻像素的平均值来创建新值,并且通常不对应于该位置原始图像的实际像素值。因此,虽然恢复了总像素数,但图像质量仅略有提高。插值可以使用以下三种方法之一来完成：nearest neighbor,新像素被分配其相邻像素的值；bilinear,新像素被分配其一个 2×2 邻域的加权平均值；bicubic,新像素被分配其一个 4×4 邻域的加权平均值。例 1.39 显示了沿每个维度缩小到其一半大小,以及变焦(中上图)和插值(右上图)为其原始大小时,得到的图像都几乎相同。但当缩放因子沿每个维度为十分之一时,在变焦(左下图)和使用最近邻法(中下图)进行插值时,图像的质量都有明显的下降。使用双三次方法(右下图)进行插值时,质量略好,但与原始图像的质量(左上图)相差甚远。因此,即使左上角和右下角的图像具有相同的像素数,也可以清楚地区分图像的质量差异(见图 1.49)。

例 1.39 编写一个程序,对图像进行采样,然后变焦并插值到图像的原始大小。

```
clear; clc;
a = imread('peppers.png');
b = rgb2gray(a);
h = size(b,1);
w = size(b,2);
c1 = imresize(b, 0.5);
c2 = imresize(c1, 2);
d1 = imresize(b, 0.1);
d2 = imresize(d1, 10, 'nearest');
d3 = imresize(d1, 10, 'bicubic');
subplot(231), imshow(b); title('original'); axis on;
subplot(232), imshow(c1); axis on; title('scaled 50%, zoomed 2x');
subplot(233), imshow(c2); axis on; title('scaled 50%, interp 2x');
subplot(234), imshow(d1); axis on; title('scaled 10%, zoomed 10x');
subplot(235), imshow(d2); axis on; title('scaled 10%, interp 10x, nn');
subplot(236), imshow(d3); axis on; title('scaled 10%, interp 10x, bc');
```

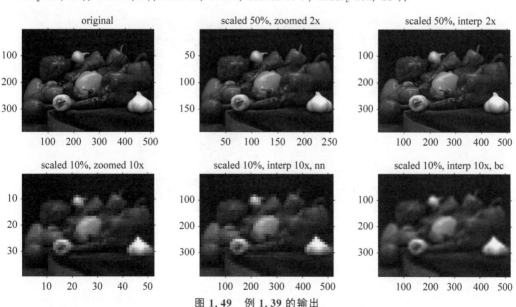

图 1.49 例 1.39 的输出

相对一个轴的**反射**操作会反转垂直于轴的像素的坐标符号。相对 y 轴的反射会反转图像像素的 x 坐标,而相对 x 轴的反射会反转像素的 y 坐标。相对轴的行为就像一面镜子,而反射的图像则表现为原物的翻转镜像。也可以相对原点发生反射,在这种情况下,像素的 x 和 y 坐标都颠倒了。像素 $P(x_1,y_1)$ 在相对 y 轴反射操作后,新坐标 $Q(x_2,y_2)$ 为:

$$x_2 = -x_1$$
$$y_2 = y_1$$

当相对 x 轴反射后,新坐标为:

$$x_2 = x_1$$
$$y_2 = -y_1$$

当相对原点反射后,新坐标为:

$$x_2 = -x_1$$
$$y_2 = -y_1$$

BM 函数 **fliplr** 用于从左到右翻转图像,相当于相对 y 轴反射。而 BM 函数 **flipud** 用于上下翻转图像,相当于相对 x 轴反射。例 1.40 说明了三种类型的反射(见图 1.50)。

例 1.40 编写一个程序,说明图像的三种反射类型。

```
clear; clc;
I = imread('peppers.png');
J = fliplr(I);          % reflection about Y-axis
K = flipud(I);          % reflection about X-axis
L = flipud(J);          % reflection about origin
figure,
subplot(221), imshow(I); title('original');
subplot(222), imshow(J); title('reflected about Y-axis');
subplot(223), imshow(K); title('reflected about X-axis');
subplot(224), imshow(L); title('reflected about origin');
```

图 1.50 例 1.40 的输出

1.5.2 仿射和投影变换

可以使用指定的转换矩阵来进行通用转换,该矩阵可以是单个操作或多个操作的组合。

涉及平移、旋转、缩放、反射和剪切的组合的复合变换称为**仿射变换**。例 1.41 以各种组合使用剪切、缩放、旋转和反射，并使用相应的变换矩阵来显示输出结果。IPT 函数 **affine2d** 通过用指定变换矩阵像素的初始位置和最终位置之间的映射来创建仿射变换对象，而 IPT 函数 **imwarp** 用于将变换对象应用于指定图像（见图 1.51）。

例 1.41　编写一个程序，使用变换矩阵来变换图像。

```
clear; clc;
C = imread('peppers.png');
sx = 3; sy = 1.5;
cost = 0.7; sint = 0.7;
hx = 1.5; hy = 3;
S = [sx 0 0 ; 0 sy 0 ; 0 0 1];              % scaling
R = [cost -sint 0 ; sint cost 0 ; 0 0 1];   % rotation
H = [1 hx 0 ; 0 1 0 ; 0 0 1];               % shear
F = [-1 0 0 ; 0 -1 0 ; 0 0 1];              % reflection
M1 = F * R;                                  % rotation & reflection
M2 = R * S;                                  % scaling & rotation
M3 = H;                                      % shear
A1 = affine2d(M1');
A2 = affine2d(M2');
A3 = affine2d(M3');
I1 = imwarp(C, A1);
I2 = imwarp(C, A2);
I3 = imwarp(C, A3);
subplot(221),imshow(C); axis on; title('original');
subplot(222),imshow(I1); axis on; title('after rotation & reflection');
subplot(223),imshow(I2); axis on; title('after rotation & scaling');
subplot(224),imshow(I3); axis on; title('after shear');
```

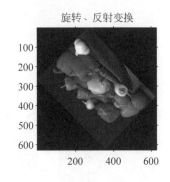
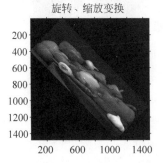

图 1.51　例 1.41 的输出

仿射变换要满足的约束是矩形的对边应等量改变，即矩形转换为平行四边形。像素 $P(x_1, y_1)$ 在经过仿射变换后，新坐标 $Q(x_2, y_2)$ 为：

$$x_2 = ax_1 + by_1 + c$$
$$y_2 = dy_1 + ey_1 + f$$

式中，a、b、c、d、e、f 为常数。

如果不应用上述约束，即对边不等量改变，则矩形将转换为任意四边形，该变换称为**投影变换**或透视变换。像素 $P(x_1, y_1)$ 在经过投影变换后，新坐标 $Q(x_2, y_2)$ 为：

$$x_2 = \frac{ax_1 + by_1 + c}{gx_1 + hy_1 + 1}$$
$$y_2 = \frac{dy_1 + ey_1 + f}{gx_1 + hy_1 + 1}$$

式中，a、b、c、d、e、f、g、h 为常数。

例 1.42 说明了仿射变换和投影变换之间的区别。IPT 函数 **projective2d** 用于使用给定变换矩阵 **M** 中像素的初始位置和最终位置之间的映射创建投影变换对象，而 IPT 函数 **imwarp** 用于将变换对象应用于指定图像（见图 1.52）。

例 1.42 编写一个程序，将仿射变换和投影变换应用于图像。

```
clear; clc;
C = checkerboard(10);
M = [5 2 5 ; 2 5 5 ; 0 0 1];
A = affine2d(M');
I = imwarp(C, A);
M = [5 2 5 ; 2 5 5 ; 0.01 0.01 1];
B = projective2d(M');
J = imwarp(C, B);
figure,
subplot(131), imshow(C); title('original');
subplot(132), imshow(I); title('affine transform');
subplot(133), imshow(J); title('perspective transform');
```

图 1.52 例 1.42 的输出

1.5.3 图像配准

图像配准是对齐两幅或多幅相同或相似图像的过程。其中一幅图像称为**固定**或参考图像，另一幅称为**运动**图像，后者通过应用几何变换与前者对齐。未配准通常源于相机方向的变化或不同的传感器特性或失真。图像配准的过程需要一个测度、一个优化器和一个变换类型。**测度**定义了两幅图像之间差异/相似性的定量度量，**优化器**定义了最小化或最大化差异/相似性值的方法，**变换类型**定义了对齐图像所需的 2-D 变换。图像配准过程包括三个步骤：(1)从指定的变换类型生成一个内部变换矩阵，该矩阵通过双线性插值应用于运动图像；(2)用测度将变换后的运动图像与参考图像进行比较，计算相似度值；(3)用优化器调整变换矩阵以增加相似度值。这三个步骤在迭代中重复，直到达到停止条件，即最大相似度/最小差异值或最大迭代次数。IPT 函数 **imregister** 用于根据相对强度模式配准两个未对齐的图像。优化器有许多参数，例如，growth factor 用于控制搜索半径在参数空间中增长的速度并决定过程是慢还是快；epsilon 用于指定搜索半径的大小；InitialRadius 用于指定初始搜索半径值；MaximumIterations 用于指定优化器可以执行的最大迭代次数。IPT 函数 **imregconfig** 用于返回一个优化器和带有默认设置的指标，以提供基本的配准布局。选项 multimodal 用于指定两幅图像具有不同的亮度和对比度。在例 1.43 中，将第二幅图像旋转了 5°，然后相对于未旋转的图像进行了配准。接下来使用 IPT 函数 **imshowpair** 同时查看图像，其中，选项 Scaling 用于将两幅图像的强度值作为单个数据一起缩放，而不是单独处理它们(见图 1.53)。

例 1.43 编写一个程序，通过使用测度和优化器将图像的旋转版本与固定版本对齐来演示图像配准。

```
clear; clc;
I = imread('coins.png');
J = imrotate(imread('coins.png'), 5);
[optimizer, metric] = imregconfig('multimodal');
K = imregister(J, I, 'affine', optimizer, metric);
figure,
subplot(121), imshowpair(I, J, 'Scaling', 'joint'); title('before     registration');
subplot(122), imshowpair(I, K, 'Scaling', 'joint'); title('after     registration');
```

配准前 配准后

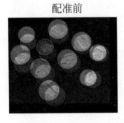

图 1.53 例 1.43 的输出

为了测量两幅图像或图像部分之间的相似性，经常使用的两个测度是协方差和相关性。具有 N 个元素的两个向量 $\boldsymbol{A}$ 和 $\boldsymbol{B}$ 的**协方差**如下所示，其中 μ_A 是 $\boldsymbol{A}$ 的平均值，μ_B 是 $\boldsymbol{B}$ 的平均值，i 是元素的索引(Kendall, 1979)。

$$\text{cov}(\boldsymbol{A},\boldsymbol{A}) = \frac{1}{N-1}\sum_{i=1}^{N}\{\boldsymbol{A}(i)-\mu_A\}\{\boldsymbol{A}(i)-\mu_A\}$$

$$\text{cov}(\boldsymbol{A},\boldsymbol{B}) = \frac{1}{N-1}\sum_{i=1}^{N}\{\boldsymbol{A}(i)-\mu_A\}\{\boldsymbol{B}(i)-\mu_B\}$$

$$\mathrm{cov}(\boldsymbol{B},\boldsymbol{A}) = \frac{1}{N-1}\sum_{i=1}^{N}\{\boldsymbol{B}(i)-\mu_{\boldsymbol{B}}\}\{\boldsymbol{A}(i)-\mu_{\boldsymbol{A}}\}$$

$$\mathrm{cov}(\boldsymbol{B},\boldsymbol{B}) = \frac{1}{N-1}\sum_{i=1}^{N}\{\boldsymbol{B}(i)-\mu_{\boldsymbol{B}}\}\{\boldsymbol{B}(i)-\mu_{\boldsymbol{B}}\}$$

式中,$\mathrm{cov}(\boldsymbol{A},\boldsymbol{A})$ 称为 $\boldsymbol{A}$ 的协方差,即 $\mathrm{var}(\boldsymbol{A})$;$\mathrm{cov}(\boldsymbol{B},\boldsymbol{B})$ 称为 $\boldsymbol{B}$ 的协方差,即 $\mathrm{var}(\boldsymbol{B})$。均值和协方差的定义如下:

$$\mu_{\boldsymbol{A}} = \frac{1}{N}\sum_{i=1}^{N}\boldsymbol{A}(i) \quad \mu_{\boldsymbol{B}} = \frac{1}{N}\sum_{i=1}^{N}\boldsymbol{B}(i)$$

$$\mathrm{var}(\boldsymbol{A}) = \frac{1}{N-1}\sum_{i=1}^{N}\{\boldsymbol{A}(i)-\mu_{\boldsymbol{A}}\}^{2} \quad \mathrm{var}(\boldsymbol{B}) = \frac{1}{N-1}\sum_{i=1}^{N}\{\boldsymbol{B}(i)-\mu_{\boldsymbol{B}}\}^{2}$$

协方差矩阵是指各个变量之间的成对协方差矩阵。

$$\boldsymbol{C} = \begin{bmatrix} \mathrm{cov}(\boldsymbol{A},\boldsymbol{A}) & \mathrm{cov}(\boldsymbol{A},\boldsymbol{B}) \\ \mathrm{cov}(\boldsymbol{B},\boldsymbol{A}) & \mathrm{cov}(\boldsymbol{B},\boldsymbol{B}) \end{bmatrix}$$

使用向量符号,如果归一化向量为 $\boldsymbol{m} = \boldsymbol{A} - \mu_{\boldsymbol{A}}$ 和 $\boldsymbol{n} = \boldsymbol{B} - \mu_{\boldsymbol{B}}$,则协方差矩阵由下式给出,其中,上标 T 表示矩阵转置:

$$\boldsymbol{C} = \frac{1}{N-1}\begin{bmatrix} \boldsymbol{m}\cdot\boldsymbol{m}^{\mathrm{T}} & \boldsymbol{m}\cdot\boldsymbol{n}^{\mathrm{T}} \\ \boldsymbol{n}\cdot\boldsymbol{m}^{\mathrm{T}} & \boldsymbol{n}\cdot\boldsymbol{n}^{\mathrm{T}} \end{bmatrix}$$

例 1.44 使用了上述两个表达式计算两个向量的协方差矩阵,以比较结果。BM 函数 **cov** 用于返回向量或矩阵的协方差,BM 函数 **mean** 用于返回一组数字的平均值,BM 函数 **numel** 用于返回数组元素的总数。撇号(')运算符用于计算向量或矩阵的转置。

例 1.44 编写一个程序,计算两个向量的协方差。

```
clear; clc;
a = [2 4 6];
b = [6 9 -3];
cov(a,b)
% Alternative computation
n = numel(a);
ma = mean(a);
mb = mean(b);
d = 1/(n-1);
c1 = a - ma; c2 = b - mb;
C = d * [c1 * c1', c1 * c2'; c2 * c1', c2 * c2']
```

为了计算矩阵的协方差,每一列都被视为一个向量,并且每一对列都遵循上述计算过程。如果数据矩阵的列数为 N,则协方差矩阵的维数为 $N \times N$。例 1.45 说明了如何计算两行三列矩阵的协方差,同时使用内置函数和上述表达式执行计算以交叉验证结果。

例 1.45 编写一个程序,计算一个矩阵的协方差。

```
clear; clc; format compact;
% Case 1
A = [2 6; 4 9; 6 -3]
C1 = cov(A)
% Alternative computation
```

```
c1 = A(:,1); c2 = A(:,2);
C2 = cov(c1,c2)
% Case 2
B = A'
C1 = cov(B)
% Alternative computation
a = B(:,1); b = B(:,2); c = B(:,3);
ma = mean(a);
mb = mean(b);
mc = mean(c);
c1 = a - ma; c2 = b - mb; c3 = c - mc;
n = numel(a);
d = 1/(n - 1);
a11 = c1'*c1;
a12 = c1'*c2;
a13 = c1'*c3;
a21 = c2'*c1;
a22 = c2'*c2;
a23 = c2'*c3;
a31 = c3'*c1;
a32 = c3'*c2;
a33 = c3'*c3;
C2 = d*[a11 a12 a13 ; a21 a22 a23 ; a31 a32 a33]
```

为了找到两个大小相等的矩阵的协方差，可以将每个矩阵的所有列串联在一起，将每个矩阵转换为一个向量，然后计算两个向量的协方差，如上所示。例 1.46 说明了使用两种方法来计算两个相同大小矩阵的协方差，以比较结果。示例中的冒号(:)运算符通过将矩阵的所有列串联在一起以将矩阵转换为向量。

例 1.46 编写一个程序，计算两个相同大小的矩阵的协方差。

```
clear; clc;
A = [2 4 6 ; 6 9 -3];
B = fliplr(A);          % flip the matrix left to right
C1 = cov(A,B)
% Alternative computation
a = A(:);               % convert matrix to vector
b = B(:);               % convert matrix to vector
C2 = cov(a,b)
```

两个向量的**相关系数**是它们的协方差除以它们的标准差。如果向量 $\boldsymbol{A}$ 和 $\boldsymbol{B}$ 分别由 N 个元素组成，σ_A、σ_B 分别表示它们的标准差，即它们的方差值的平方根，则相关系数 r 由下式给出：

$$r(\boldsymbol{A},\boldsymbol{B}) = \frac{\text{cov}(\boldsymbol{A},\boldsymbol{B})}{\sigma_A \sigma_B}$$

相关系数矩阵是每个成对组合的相关系数的矩阵。因为 $r(\boldsymbol{A},\boldsymbol{A}) = \text{var}(\boldsymbol{A})/(\sigma_A \sigma_A) = 1$ 和 $r(\boldsymbol{B},\boldsymbol{B}) = \text{var}(\boldsymbol{B})/(\sigma_B \sigma_B) = 1$，对角元素都是 1，则有

$$\boldsymbol{R}(\boldsymbol{A},\boldsymbol{B}) = \begin{bmatrix} r(\boldsymbol{A},\boldsymbol{A}) & r(\boldsymbol{A},\boldsymbol{B}) \\ r(\boldsymbol{B},\boldsymbol{A}) & r(\boldsymbol{B},\boldsymbol{B}) \end{bmatrix} = \begin{bmatrix} 1 & r(\boldsymbol{A},\boldsymbol{B}) \\ r(\boldsymbol{B},\boldsymbol{A}) & 1 \end{bmatrix}$$

IPT 函数 **corr2** 用于计算两幅图像 **A** 和 **B** 之间的 2-D 相关性,并返回相关系数 $r(A,B)$。例 1.47 计算了图像对之间的 2-D 相关性,并在相应图像上方打印相关系数值(见图 1.54)。

例 1.47　编写一个程序,计算图像与它通过添加噪声、使用中值滤波器消噪和使用直方图均衡化进行影调校正而产生的变化之间的相关性。

```
clear; clc;
I = imread('pout.tif');
J = imnoise(I, 'salt & pepper', 0.1);
K = medfilt2(J);
L = histeq(I);
R1 = corr2(I,J); R2 = corr2(I,K); R3 = corr2(I,L);
subplot(141), imshow(I); title('I');
subplot(142), imshow(J); title(strcat('J: R = ', num2str(R1)));
subplot(143), imshow(K); title(strcat('K: R = ', num2str(R2)));
subplot(144), imshow(L); title(strcat('L: R = ', num2str(R3)));
```

图 1.54　例 1.47 的输出

归一化 2-D 互相关是一种确定一幅图像是否包含在另一幅图像中的技术。称为**模板**的较小图像被视为核,并在较大图像上滑动计算每个点的相关值。如果模板是第二幅图像的一部分,那么当两幅图像重合时计算出的相关性将是最大的。匹配的位置通过计算最大相关的位置来确定(Lewis,1995)。IPT 函数 **normxcorr2** 用于通过查看最大相关值的位置来计算模板是否是图像的一部分。为了证明这一点,例 1.48 显示了一个 3×3 矩阵 **A** 和一个较小的 2×2 矩阵 **T**,**T** 中数值的模式包含在 **A** 中。归一化互相关运算指示在匹配位置的匹配值为 1。在模板 **T** 开始滑动之前,矩阵 **A** 用零值填充。

例 1.48　编写一个程序,使用 3×3 数据矩阵和 2×2 模板演示归一化互相关。

```
clear; clc;
A = [1 -2 3; -4 5 -6; 7, -8, 9]
T1 = [-4 5 ; 7, -8]
T2 = [-2 3 ; 5, -6]
C1 = normxcorr2(T1, A)
C2 = normxcorr2(T2, A)
```

程序输出生成以下互相关系数,其中最大值 1 表示模板与数据矩阵匹配的位置,即在位置(3,2)和(2,3)匹配。

```
C1 =
    -0.7444    0.1551   -0.4026    0.6513
     0.1416   -0.9743    0.9930   -0.2658
```

```
        - 0.6563      1.0000    - 0.9994      0.6282
          0.4652    - 0.3722      0.4652    - 0.3722
C2 =
        - 0.8054      0.1342    - 0.4546      0.6712
          0.0471    - 0.9941      1.0000    - 0.1533
        - 0.7385      0.9930    - 0.9881      0.6613
          0.4027    - 0.2685      0.4027    - 0.2685
```

例 1.49 显示了如何以交互方式指定模板。首先要求用户通过在图像中的目标周围绘制一个矩形来创建模板，右击并选择"Crop Image"选项，然后将其剪切并通过计算最大相关值来确定其匹配位置。IPT 函数 **imrect** 用于在图像上绘制一个矩形，以表示最大相关匹配的位置（见图 1.55）。

例 1.49 编写一个程序，演示如何在该图像中确定匹配区域。

```
clear; clc;
I = imread('coins.png');
[J, rect] = imcrop(I);
subplot(1,3,[1,2]),imshowpair(I, J, 'montage');
title('original image and template')
c = normxcorr2(J, I);
[ypeak, xpeak] = find(c == max(c(:)));
yloc = ypeak - size(J,1);
xloc = xpeak - size(J,2);
subplot(133), imshow(I);
imrect(imgca, [xloc + 1, yloc + 1, size(J,2), size(J,1)]);
title('template location identified')
```

图 1.55 例 1.49 的输出

1.6 图像滤波和增强

1.6.1 图像滤波

基于**核**的操作修改像素的值，不是以孤立的方式，而是以依赖于相邻像素值的方式。核或模板是一个小数组，通常大小为 3×3 或 5×5，并包含一些系数值（见图 1.56）。从图像的左上角开始，核从左到右、从上到下滑过图像，直至到达图像的右下角。在核的每个位置，核的系数乘以其正下方的像素值，并将所有这些乘积相加。显然，乘积的总个数将等于核中系数的总个数。现在将求得的和去替换核中心正下方的像素值。对于 3×3 核，让系数表示为

$w(-1,-1)$ 到 $w(0,0)$ 再到 $w(1,1)$。在核的任何位置,让核正下方的像素值表示为 $f(x-1,y-1)$ 通过 $f(x,y)$ 到 $f(x+1,y+1)$。然后,乘积之和(如下式所示)用于替换中心像素 $f(x,y)$:

$$S = w(-1,-1) \cdot f(x-1,y-1) + \cdots + w(0,0) \cdot f(x,y) + \cdots + w(1,1) \cdot f(x+1,y+1)$$

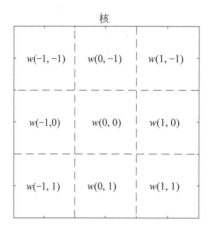
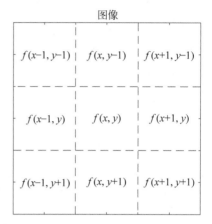

图 1.56　核和图像

一般来说,对于大小为 (a,b) 的核,得到的乘积总和为:

$$S = \sum_{a=-1}^{1} \sum_{b=-1}^{1} w(a,b) \cdot f(x+a, y+b)$$

核中心下的像素值原来是 $f(x,y)$,经过运算后,中心像素的新值是 $g(x,y)=S$。对核的所有位置都重复这个操作,整个操作称为**相关**。如果在执行该过程之前先将核旋转 180°,则相同的操作称为**卷积**。如果核的系数值相等,则称该核为**平均核**。为防止像素值超过 255,平均核除以系数之和,因而得名。该核也可以是**高斯核**,系数值表示 2-D 高斯分布。相关或卷积的效果是**图像模糊**,模糊量取决于核的大小,核越大,越模糊。模糊是输入图像的每个像素都被相邻像素的加权平均值所代替的结果,因此滤波器的行为类似于**低通**滤波器。前景目标因此被一些背景像素扩散,从而使得前景和背景之间的分界线变得模糊。如果核是对称的,那么卷积和相关都会产生相同的结果。IPT 函数 **imfilter** 用于使用指定的核来滤波数据矩阵。在例 1.50 中,数据矩阵 **A** 使用核 **H** 滤波,一次使用相关,一次使用卷积。滤波后的矩阵与原始矩阵一起显示为灰度图像。H_1 是对称平均核,所有值都等于 1/9,因此相关和卷积结果都相同。H_2 是一个非对称核,相关和卷积产生不同的结果(见图 1.57)。

例 1.50　编写一个程序,演示使用对称和非对称核对二值图像进行相关和卷积的结果。

```
clear; clc;
A = [ 0, 0, 1, 1, 0, 0, 0 ; 0, 0, 0, 1, 0, 0, 0 ; 0, 0, 0, 1, 0, 0, 0 ; ...
      0, 0, 1, 0, 1, 0, 0 ; 0, 0, 1, 0, 1, 0, 0 ; 0, 1, 1, 1, 1, 1, 0 ; ...
      0, 1, 0, 0, 0, 1, 0 ; 0, 1, 0, 0, 0, 1, 0 ; 1, 1, 1, 0, 1, 1, 1 ];
H1 = (1/9)*[1 1 1; 1 1 1; 1 1 1];
B1 = imfilter(A, H1, 'corr');
C1 = imfilter(A, H1, 'conv');
```

```
subplot(241), imshow(A, []); title('A');
subplot(242), imshow(H1, []); title('H1');
subplot(243), imshow(B1, []); title('B1');
subplot(244), imshow(C1, []); title('C1');
H2 = [0 0.3 0.7; 0 0.3 0.7; 0 0.3 0.7];
B2 = imfilter(A, H2, 'corr');
C2 = imfilter(A, H2, 'conv');
subplot(245), imshow(A, []); title('A');
subplot(246), imshow(H2, []); title('H2');
subplot(247), imshow(B2, []); title('B2');
subplot(248), imshow(C2, []); title('C2');
```

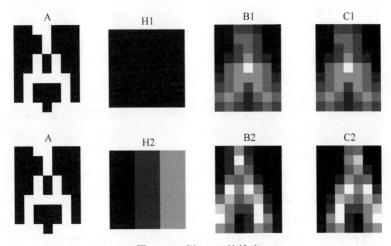

图 1.57　例 1.50 的输出

IPT 函数 **fspecial** 用于创建指定类型和大小的自定义 2-D 核滤波器。选项 **average** 用于创建一个平均滤波器，选项 **disk** 用于创建一个圆形平均滤波器，选项 **gaussian** 用于创建一个指定标准差的高斯滤波器，选项 **motion** 用于创建一个运动模糊滤波器。例 1.51 显示了四种类型的核滤波器及其对图像的模糊效果(见图 1.58)。

例 1.51　编写一个程序，演示使用自定义核对灰度图像进行相关和卷积的结果。

```
clear; clc;
a = imread('cameraman.tif');
k1 = fspecial('average', 10);
k2 = fspecial('disk', 10);
k3 = fspecial('gaussian', 10,10);
k4 = fspecial('motion', 10, 45);
b1 = imfilter(a, k1, 'conv');
b2 = imfilter(a, k2, 'conv');
b3 = imfilter(a, k3, 'conv');
b4 = imfilter(a, k4, 'conv');
figure,
subplot(241), imshow(k1, []); title('k1');
subplot(242), imshow(b1, []); title('b1');
subplot(243), imshow(k2, []); title('k2');
subplot(244), imshow(b2, []); title('b2');
subplot(245), imshow(k3, []); title('k3');
```

```
subplot(246), imshow(b3, []); title('b3');
subplot(247), imshow(k4, []); title('k4');
subplot(248), imshow(b4, []); title('b4');
```

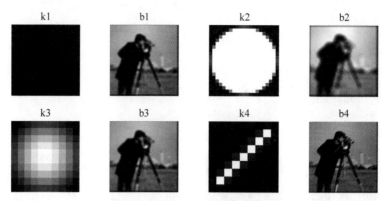

图 1.58　例 1.51 的输出

卷积的一个主要应用是减少图像中**噪声**的影响,因为噪声经常表现为背景中的小点,而模糊可以在一定程度上有效地减少这种影响。随后还可以使用适当的阈值对模糊图像进行二值化以消除较小的点。以这种方式应用时,核被称为**噪声滤波器**。通常使用平均滤波器或高斯滤波器作为噪声滤波器来改善或增强被小白点破坏的一般噪声图像的质量。高斯函数已在 1.3 节中详细讨论。在例 1.52 中,图像使用 5×5 和 10×10 的高斯核进行滤波,然后使用特定阈值转换为二进制。核的作用是模糊图像,核的尺寸越大,模糊效果越明显。在模糊时,由于与黑色背景的卷积,较小的点的强度会降低。在阈值处理时,较小的点被有效地去除,留下图像中较大的点。IPT 函数 **im2bw** 用于使用指定的阈值将图像转换为二进制格式(见图 1.59)。**2-D 高斯函数**如下式所示,其中,σ 确定函数的宽度或扩展。

$$G(x, y) = \exp\left(-\frac{x^2 + y^2}{2\sigma^2}\right)$$

例 1.52　编写一个程序,使用高斯核对图像进行降噪。

```
clear; clc;
a = imread('sky.png');
k1 = fspecial('gaussian', 5, 5);
k2 = fspecial('gaussian', 10, 10);
b1 = imfilter(a, k1, 'conv');
b2 = imfilter(a, k2, 'conv');
c1 = im2bw(b1, 0.5);
c2 = im2bw(b2, 0.5);
subplot(241), imshow(a); title('original');
subplot(242), imshow(k1, []); title('5 × 5 kernel');
subplot(243), imshow(b1); title('blurred');
subplot(244), imshow(c1); title('thresholded');
subplot(245), imshow(a); title('original');
subplot(246), imshow(k2, []); title('10 × 10 kernel');
subplot(247), imshow(b2); title('blurred');
subplot(248), imshow(c2); title('thresholded');
```

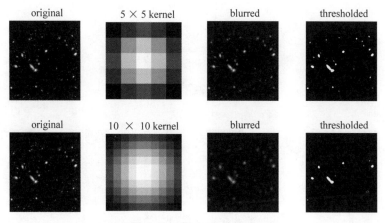

图 1.59 例 1.52 的输出

另一种由白点和黑点组成的噪声称为**椒盐噪声**。这种噪声可以通过**中值滤波器**更有效地去除。中值滤波器用核下像素值的中值替换中心像素值。其他类似的滤波器还包括**最小值滤波器**和**最大值滤波器**,它们分别用核下像素值的最小值和最大值替换中心像素值。最小值滤波器可以去除图像中的亮点,而最大值滤波器可以去除暗点。所有这些类型的滤波器通常被称为**排序统计滤波器**,因为需要在滤波操作之前对像素值进行排序。在例 1.53 中,IPT 函数 **imnoise** 用于将指定类型的噪声添加到图像中,在本例中为椒盐噪声。IPT 函数 **ordfilt2** 实现了图像的 2-D 排序统计滤波,排序由第二个参数确定,第三个参数指定核的大小。在本示例中,使用了一个 3×3 的核,它总共包含 9 个元素。当指定 9 阶时,意味着在卷积操作之后,第 9 个或最大值保留在排序列表中。当指定 5 阶时,意味着在卷积操作后,第 5 个或中值保留在排序列表中。当指定 1 阶时,意味着在卷积操作后,第一个或最小值保留在排序列表中(见图 1.60)。另外,也可以使用 IPT 函数 **medfilt2** 实现 2-D 中值滤波器。

例 1.53 编写一个程序,实现最小、最大和中值滤波以去除图像中的噪声。

```
clear; clc;
a = imread('peppers.png'); a = rgb2gray(a);
b = imnoise(a, 'salt & pepper', 0.1);      % add salt - & - pepper noise
c = ordfilt2(b, 9, ones(3,3));             % max - filter
d = ordfilt2(b, 5, ones(3,3));             % median filter
e = ordfilt2(b, 1, ones(3,3));             % min - filter
f = medfilt2(b);
subplot(231), imshow(a); title('a');
subplot(232), imshow(b); title('b');
subplot(233), imshow(c); title('c');
subplot(234), imshow(d); title('d');
subplot(235), imshow(e); title('e');
subplot(236), imshow(f); title('f');
```

另一个在图像处理应用中经常使用的滤波器是**盖伯滤波器**,以 Dennis Gabor 命名。这种滤波器用于分析图像中局部点周围特定方向上特定频率分量的存在(Gabor,1946)。在空域中,通过将高斯函数与正弦函数相乘来生成 2-D 盖伯滤波器。

$$g(x,y,\lambda,\theta,\varphi,\sigma) = \exp\left(-\frac{x^2+y^2}{2\sigma^2}\right) \exp\left\{i\left(\frac{2\pi X}{\lambda}+\varphi\right)\right\}$$

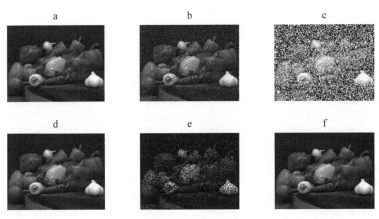

图 1.60 例 1.53 的输出

式中，λ 是正弦函数的波长；θ 是盖伯函数的方向；φ 是相位偏移；σ 是高斯函数的标准差；$X = x\cos(\theta) + y\sin(\theta)$；$Y = -x\sin(\theta) + y\cos(\theta)$。

复盖伯滤波器可以分为实部和虚部：

$$gR = \exp\left(-\frac{X^2 + Y^2}{2\sigma^2}\right) \cos\left(\frac{2\pi X}{\lambda} + \varphi\right)$$

$$gI = \exp\left(-\frac{X^2 + Y^2}{2\sigma^2}\right) \sin\left(\frac{2\pi X}{\lambda} + \varphi\right)$$

IPT 函数 **gabor** 用于创建一组指定波长和角度的盖伯滤波器。盖伯滤波器可以通过显示空间核的实部来可视化。然后使用 IPT 函数 **imgaborfilt** 将一组盖伯滤波器应用于图像。滤波后的输出均具有幅度和相位。在例 1.54 中，指定了两个波长值（5 和 10）和三个角度值（0°、45°和 90°），利用它们创建了一组 6 个盖伯滤波器 G。将该滤波器组用于图像 I，并显示了输出图像的幅度 M 和相位 P（见图 1.61）。

例 1.54 编写一个程序，生成一个由 6 个盖伯滤波器组成的滤波器组，将其应用于图像，并显示输出图像的幅度和相位。

```
clear; clc;
I = checkerboard(20);
wavelength = [5, 10];
angle = [0, 45, 90];
G = gabor(wavelength, angle);
[M,P] = imgaborfilt(I, G);
figure,
subplot(361), imshow(real(G(1).SpatialKernel),[]); title('G: 5,0');
subplot(362), imshow(real(G(2).SpatialKernel),[]); title('G: 10,0');
subplot(363), imshow(real(G(3).SpatialKernel),[]); title('G: 5,45');
subplot(364), imshow(real(G(4).SpatialKernel),[]); title('G: 10,45');
subplot(365), imshow(real(G(5).SpatialKernel),[]); title('G: 5,90');
subplot(366), imshow(real(G(6).SpatialKernel),[]); title('G: 10,90');
subplot(3,6,7), imshow(M(:,:,1), []); title('M: 5,0');
subplot(3,6,8), imshow(M(:,:,2), []); title('M: 10,0');
subplot(3,6,9), imshow(M(:,:,3), []); title('M: 5,45');
```

```
subplot(3,6,10), imshow(M(:,:,4),[]); title('M: 10,45');
subplot(3,6,11), imshow(M(:,:,5),[]); title('M: 5,90');
subplot(3,6,12), imshow(M(:,:,6),[]); title('M: 10,90');
subplot(3,6,13), imshow(P(:,:,1),[]); title('P: 5,0');
subplot(3,6,14), imshow(P(:,:,2),[]); title('P: 10,0');
subplot(3,6,15), imshow(P(:,:,3),[]); title('P: 5,45');
subplot(3,6,16), imshow(P(:,:,4),[]); title('P: 10,45');
subplot(3,6,17), imshow(P(:,:,5),[]); title('P: 5,90');
subplot(3,6,18), imshow(P(:,:,6),[]); title('P: 10,90');
```

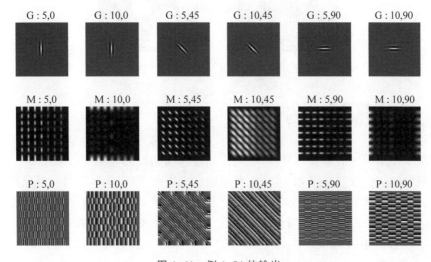

图 1.61 例 1.54 的输出

还可以应用滤波器根据大小从图像中提取特定对象。尺寸可以由对象的高度和宽度指定，或者由对象的面积指定。IPT 函数 **bwareafilt** 用于从二进制图像中滤波对象。在例 1.55 中，第一种情况是从图像中提取高度为 35 和宽度为 45 的所有对象，第二种情况是提取基于面积的四个最大对象（见图 1.62）。

例 1.55 编写一个程序，根据对象的大小和面积从图像中提取对象。

```
clear; clc;
% filter by size
I = imread('text.png');
J = bwareafilt(I,[35 45]);
figure,
subplot(221), imshow(I); title('I');
subplot(222), imshow(J); title('J');
% filter by area
A = imread('coins.png');
C = im2bw(A);
B = bwareafilt(C,4);
subplot(223), imshow(A); title('A');
subplot(224), imshow(B); title('B');
```

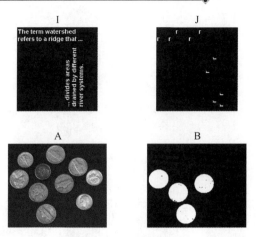

图 1.62　例 1.55 的输出

1.6.2　边缘检测

与使用低通或积分滤波器将图像模糊相反，**图像锐化**是使用**高通**滤波器实现的。高通滤波器是基于图像导数的差分滤波器，它的作用是突出边缘和角点等高频分量。**边缘检测**是模式识别中的一个重要步骤，通过突出显示轮廓或边缘，将前景对象与背景分离。用于边缘检测的核具有特殊的属性，即它们的系数之和为零。这是因为边缘是通过它们相对于周围环境的强度变化来检测的，即当我们从背景移动到前景对象时，强度应该发生非零变化。当核完全置于背景上或前景目标上时，核下的所有像素都具有相似的值，因为系数之和为零，因此产生的输出最小。然而，当核有部分位于前景上而另外部分位于背景上时，它会产生非零输出，因为核下的像素具有不同的强度。此非零输出用于突出显示边缘像素。三个最常用的边缘检测核是**罗伯特**算子(R_x, R_y)、**索贝尔**算子(S_x, S_y)和**蒲瑞维特**算子(P_x, P_y)。每一个算子实际上都由两个核组成：一个用于水平边缘；一个用于垂直边缘。最终结果是两个输出的组合。请注意，边缘检测实际上是在二值图像上执行的，因此在应用算子之前，需要先使用适当的阈值对灰度图像进行二值化。

$$R_x = \begin{bmatrix} -1 & 0 \\ 0 & +1 \end{bmatrix}, \quad R_y = \begin{bmatrix} 0 & -1 \\ +1 & 0 \end{bmatrix}$$

$$S_x = \begin{bmatrix} -1 & 0 & +1 \\ -2 & 0 & +2 \\ -1 & 0 & +1 \end{bmatrix}, \quad S_y = \begin{bmatrix} -1 & -2 & -1 \\ 0 & 0 & 0 \\ +1 & +2 & +1 \end{bmatrix}$$

$$P_x = \begin{bmatrix} -1 & 0 & +1 \\ -1 & 0 & +1 \\ -1 & 0 & +1 \end{bmatrix}, \quad P_y = \begin{bmatrix} -1 & -1 & -1 \\ 0 & 0 & 0 \\ +1 & +1 & +1 \end{bmatrix}$$

边缘检测器本质上是一个**差分滤波器**，即它通过计算沿同一行或同一列的像素值之间的差异来检测边缘。它计算信号的导数，对于数字图像，该导数由差值近似。

$$s_x = \frac{\partial f(x,y)}{\partial x} = \{f(x+1,y) - f(x-1,y)\}$$

$$s_y = \frac{\partial f(x,y)}{\partial y} = \{f(x,y+1) - f(x,y-1)\}$$

这些操作可以通过以下用于检测水平和垂直边缘的模板来近似:

$$\begin{bmatrix} -1 \\ 0 \\ +1 \end{bmatrix} \text{和} \begin{bmatrix} -1 & 0 & +1 \end{bmatrix}$$

IPT 函数 **edge** 用于使用指定的核检测图像中的边缘像素,选项 sobel、prewitt 和 roberts 分别包含相应的模板。IPT 函数 **im2bw** 用于使用指定的阈值将图像转换为二进制格式。例 1.56 显示了使用三个运算符检测到的边缘(见图 1.63)。

例 1.56 编写一个程序,使用 sobel、prewitt 和 roberts 核在图像中执行边缘检测。

```
clear; clc;
a = imread('cameraman.tif');
b = im2bw(a, 0.5);
c = edge(b, 'sobel');
d = edge(b, 'prewitt');
e = edge(b, 'roberts');
subplot(221), imshow(a); title('image');
subplot(222), imshow(c); title('sobel');
subplot(223), imshow(d); title('prewitt');
subplot(224), imshow(e); title('roberts');
```

图 1.63 例 1.56 的输出

两个稍微复杂的边缘检测器是 LoG 算子和 Canny 算子。**Canny** 边缘检测器首先使用高斯滤波器平滑图像,然后计算得到图像每个点的局部梯度幅度和方向。如前所述,**图像梯度**是图像函数沿 x 和 y 方向的偏导数:

$$s_x = \frac{\partial f}{\partial x}$$

$$s_y = \frac{\partial f}{\partial y}$$

梯度大小为 $s = \sqrt{s_x^2 + s_y^2}$,梯度方向为 $s = \arctan(s_y/s_x)$。第三步称为非最大抑制的过

程,该过程保留沿最大梯度方向具有最大梯度幅度的那些边缘;从而导致仅保留强边缘并丢弃弱边缘。第四步称为滞后,涉及两个幅度阈值:一个低阈值和一个高阈值。大于高阈值的边缘像素被认为是强边缘像素并被保留,小于低阈值的边缘像素被丢弃。两个阈值之间的边缘像素被认为是弱边缘,只有当它们连接到强边缘时才会被保留,否则会被丢弃。

高斯-拉普拉斯(LoG)边缘检测器首先采用高斯滤波器来模糊图像以去除噪声,然后将拉普拉斯算子应用于所得图像。拉普拉斯算子是通过叠加沿 x 和 y 方向像素强度的二阶导数来计算的,即

$$\nabla^2 f(x,y) = \frac{\partial^2 f(x,y)}{\partial x^2} + \frac{\partial^2 f(x,y)}{\partial y^2}$$

例 1.57 在调用边缘检测器之前使用指定的阈值 th 进行二值化,从而覆盖从图像自动计算出来的默认值。LoG 和 Canny 滤波器的第二个参数指定为平滑的高斯滤波器的标准差(见图 1.64)。

例 **1.57** 编写一个程序,使用 LoG 和 Canny 边缘检测器在图像中执行边缘检测。

```
clear; clc;
a = imread('gantrycrane.png'); b = rgb2gray(a);
th = 0.1;
c = edge(b, 'sobel', th);
d = edge(b, 'prewitt', th);
e = edge(b, 'roberts', th);
f = edge(b, 'log', th, 0.5);
g = edge(b, 'canny', th, 0.5);
subplot(231), imshow(a); title('image');
subplot(232), imshow(c); title('sobel');
subplot(233), imshow(d); title('prewitt');
subplot(234), imshow(e); title('roberts');
subplot(235), imshow(f); title('log');
subplot(236), imshow(g); title('canny');
```

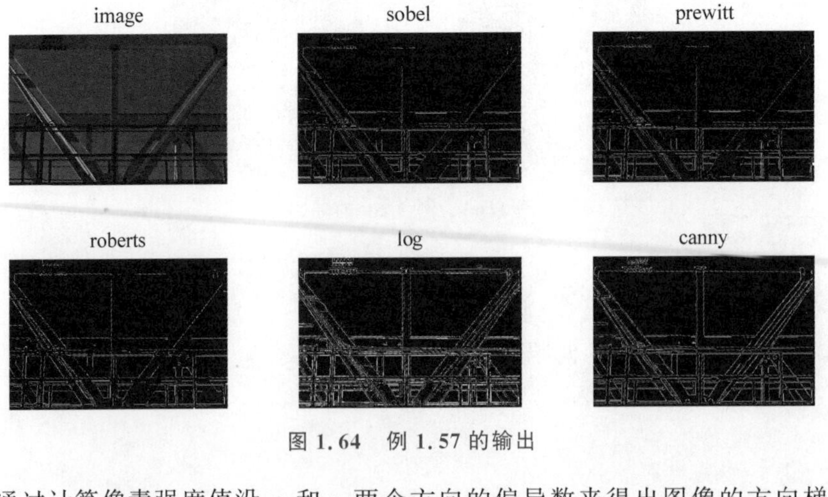

图 1.64 例 1.57 的输出

可以通过计算像素强度值沿 x 和 y 两个方向的偏导数来得出图像的方向梯度。梯度的大小是两个方向梯度的平方和的平方根,梯度的方向由它们比值的正切给出。IPT 函数 **imgradientxy** 使用 sobel 或 prewitt 算子计算 x 方向和 y 方向的梯度。IPT 函数 **imgradient**

用于计算梯度大小和方向。例 1.58 显示了使用 sobel 算子得到的图像的 x 方向和 y 方向梯度、梯度幅度和梯度方向(见图 1.65)。

例 1.58　编写一个程序,计算图像的水平和垂直方向的梯度、梯度大小和方向。

```
clear; clc;
I = imread('coins.png');
[Gx, Gy] = imgradientxy(I,'sobel');
[Gmag, Gdir] = imgradient(I, 'sobel');
Figure,
subplot(221), imshow(Gx, []); title('Gx');
subplot(222), imshow(Gy, []); title('Gy');
subplot(223), imshow(Gmag, []); title('Gmag');
subplot(224), imshow(Gdir, []); title('Gdir');
```

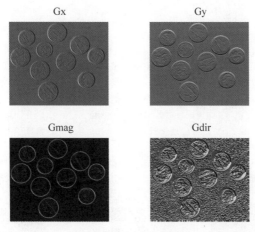

图 1.65　例 1.58 的输出

数字图像的梯度可以通过像素值之间的差异来近似。基于类似的推理,数字图像的二阶导数可以通过像素梯度之间的差异来近似。

$$\frac{\partial^2 f(x,y)}{\partial x^2} = \{f(x+1,y) - f(x,y)\} - \{f(x,y) - f(x-1,y)\}$$
$$= f(x+1,y) + f(x-1,y) - 2f(x,y)$$
$$\frac{\partial^2 f(x,y)}{\partial y^2} = \{f(x,y+1) - f(x,y)\} - \{f(x,y) - f(x,y-1)\}$$
$$= f(x,y+1) + f(x,y-1) - 2f(x,y)$$

拉普拉斯算子是图像梯度的导数之和,可以写成下式:
$$\nabla^2 f(x,y) = f(x+1,y) + f(x-1,y) + f(x,y+1) + f(x,y-1) - 4f(x,y)$$

当表示为核时,**拉普拉斯模板**:

$$\boldsymbol{L} = \begin{bmatrix} 0 & 1 & 0 \\ 1 & -4 & 1 \\ 0 & 1 & 0 \end{bmatrix}$$

使用下面给出的非锐化模板执行类似的操作,从原始图像中减去图像的模糊版本以生成锐化图像:

$$U = \begin{bmatrix} -1 & -4 & -1 \\ -4 & 26 & -4 \\ -1 & -4 & -1 \end{bmatrix}$$

在例 1.59 中,首先使用 **fspecial** 函数用于创建拉普拉斯和非锐化模板,然后使用 **imfilter** 函数用于与图像卷积以生成锐化图像。模板和锐化图像如图 1.66 所示。拉普拉斯模板本质上是检测图像中的边缘,然后从原始图像中减去边缘以产生锐化的图像。另外,还显示了边缘检测图像(见图 1.66)。

例 1.59　编写一个程序,使用拉普拉斯和非锐化模板执行图像锐化。

```
clear; clc;
a = imread('rice.png');
k1 = fspecial('laplacian');
k2 = fspecial('unsharp');
b1 = imfilter(a,k1,'conv');
b2 = imfilter(a,k2,'conv');
subplot(231), imshow(a); title('original');
subplot(232), imshow(k1, []); title('laplacian mask');
subplot(233), imshow(b1, []); title('edges');
subplot(234), imshow(a - b1, []); title('filtered by Laplacian mask');
subplot(235), imshow(k2, []); title('unsharp mask');
subplot(236), imshow(b2, []); title('filtered by unsharp mask');
```

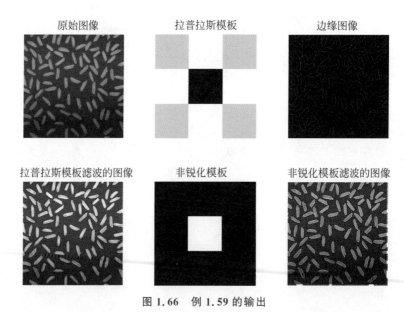

图 1.66　例 1.59 的输出

1.6.3　对比度调整

图像增强是指使用数学算法来处理图像的像素值,以增强或提高图像质量。图像增强技术可以大致分为两类,即基于像素和基于核。本节讨论基于像素的技术,而基于核的技术将在后面讨论。术语**基于像素**的意思是每个像素值单独或以孤立的方式改变,并且不受相邻像素值的影响。基于像素的技术主要使用伽马调整,它提供了使用称为**伽马曲线**的非线性输入输出传递函数来更改图像像素值的过程。如果 r 表示图像的原始灰度级,称为输入级,而 s 表示修改后的灰度级,在应用传递函数 T 后称为输出级,则变换关系可写为

$$s = T(r)$$

对于伽马调整,传递函数采用如下所示的幂曲线形式,其中,c 是常数;指数 γ 确定输出如何相对于输入而变化,即

$$s = c \cdot r^{\gamma}$$

各种 γ 值范围的 r 与 s 曲线如图 1.67 所示。可以看出,对于 $\gamma<1$,一个窄范围的输入值被映射到一个宽范围的输出值。由于大多数输入值被映射到更高的输出值(高于 $\gamma=1$ 的线),这使得图像更亮。相反,对于 $\gamma>1$,宽范围的输入值映射到窄范围的输出值,由于大多数输入值被映射到较低的输出值(低于 $\gamma=1$ 的线),这会使图像更暗。

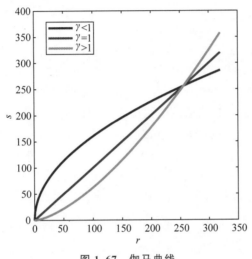

图 1.67 伽马曲线

在某些情况下,两个伽马范围组合成一条 S 形曲线,以扩展低灰度级和高灰度级(见图 1.68(a))。组合曲线的分段版本通常用于将 r_1 到 r_2 的小范围输入值的强度扩展到从 s_1 到 s_2 的更广泛的输出值集,同时将低于 r_1 的值和高于 r_2 的值保持为其原始值(见图 1.68(b))。这种功能称为**对比度拉伸**,因为它增加了图像的对比度,即最小和最大强度之间的差异。对比度拉伸的一种变体是将 r_1 以下的值强制为 0,将 r_2 以上的值强制为 255(见图 1.68(c))。在对比度拉伸操作中,如果 $r_1=r_2=m$,那么它变成二值化操作,因为所有低于阈值 m 的值都变为 0,所有高于 m 的值都变为 1(见图 1.68(d))。在这种情况下,该操作称为**阈值化**。

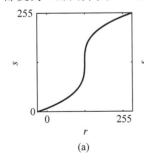 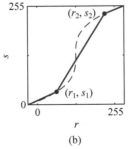 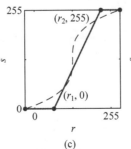 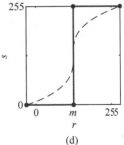

(a)　　　　　　　(b)　　　　　　　(c)　　　　　　　(d)

图 1.68 对比度拉伸和阈值化

如果所有灰度级都被它们的相反值替换，即 $s=255-r$，则图像被称为**反转**图像。

IPT 函数 **imadjust** 用于通过指定三个参数来实现伽马调整，即输入值范围、输出值范围和伽马指数值。一组空方括号[ ]表示所有当前的输入值和所有可能的输出值。为了实现阈值化，可以将很小范围的输入值映射到整个输出值集。但是，专用的 IPT 函数 **imbinarize** 也可以通过指定阈值来对图像进行二值化。在这种情况下，需要指出该函数也可以在不指定任何阈值的情况下调用，此时系统会使用大津的阈值化算法自动计算最佳阈值。最佳值可以通过函数 **graythresh** 显示。在例 1.60 中，将原始彩色图像转换为灰度图像并存储为图像 a。对于图像 b，图像 a 的所有现有灰度值都映射到区间[0，255]，并且映射发生在 $\gamma=0.5$ 的曲线上。例如，如果 a 中的最小值为 50，最大值为 200，则在 b 中，值 50 将转换为 0，值 200 将转换为 255，并且 50～200 的所有中间值将转换为区间[0，255]中的比例值，即对于 a 中的任何值 x，b 中的新值将是 $\left\{\dfrac{x-50}{200-50}\right\}\times 255$。对于图像 c，发生了类似的转换，但映射是沿着 $\gamma=3$ 的曲线完成的，这使得它比原始图像 a 更暗。对于图像 d，区间[0.4，0.6]中的所有值都映射到区间[0.2，0.8]中，即 $0.4\times 255=102$ 到 $0.6\times 255=153$ 之间的值映射到 $0.2\times 255=51$ 到 $0.8\times 255=204$。在这种情况下，由于没有提到 γ，映射将按线性进行，即默认情况下沿着曲线 $\gamma=1$。类似的推理适用于图像 e 和图像 f。对于图像 g，一个非常小的区间[0.3，0.301]被映射到整个区间[0，1]，这使得值 0.3 就像一幅二值图像的阈值，即所有低于 0.3 的值变成黑色，所有高于 0.301 的值变成白色。图像 h 说明了二值化的另一种方法。图像 i 说明了图像的反转，即 0 映射到 1，1 映射到 0，这意味着输入图像中的任何值 x 都会转换为输出图像中的值 $255-x$（见图 1.69）。

例 1.60 编写一个程序，通过调整伽马值来演示图像的增亮、变暗、对比度拉伸和阈值化，并展示如何反转图像。

```
clear; clc;
a = imread('peppers.png'); a = rgb2gray(a);
% syntax: g = imadjust(f, [low_in high_in], [low_out high_out], gamma);
b = imadjust(a, [ ], [ ], 0.5);
c = imadjust(a, [ ], [ ], 3);
d = imadjust(a, [0.4 0.6], [0.2 0.8]);
e = imadjust(a, [0.4 0.6], [0 1]);
f = imadjust(a, [0.2 0.8], [0.4 0.6]);
g = imadjust(a, [0.3 0.301], [0 1]);
h = imbinarize(a, 0.5);
i = imadjust(a, [0 1], [1 0]);
figure,
subplot(331), imshow(a); title('a: Original');
subplot(332), imshow(b); title('b: \gamma = 0.5');
subplot(333), imshow(c); title('c: \gamma = 3');
subplot(334), imshow(d); title('d: [0.4, 0.6] → [0.2, 0.8]');
subplot(335), imshow(e); title('e: [0.4, 0.6] → [0, 1]');
subplot(336), imshow(f); title('f: [0.2, 0.8] → [0.4, 0.6]');
subplot(337), imshow(g); title('g: threshold = 0.3');
subplot(338), imshow(h); title('h: threshold = 0.5');
subplot(339), imshow(i); title('i: Inversion');
```

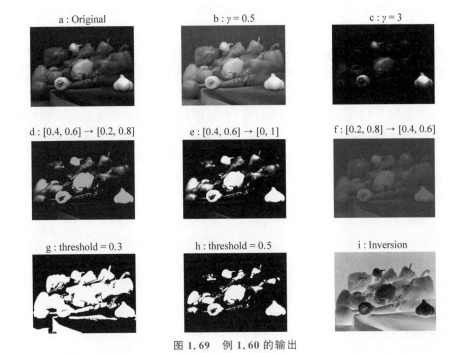

图 1.69 例 1.60 的输出

如果从低强度值（如黑色）快速过渡到高强度值（如白色），则图像的清晰度会增强。清晰度被感知为沿图像边缘的对比度增加。**非锐化掩模**技术涉及从原始图像中减去图像的模糊（非锐化）版本。IPT 函数 **imsharpen** 用于使用非锐化模板来提高图像的对比度。对于 RGB 彩色图像，该函数将彩色图像转换到 $L^*a^*b^*$ 色彩空间，仅对 L^* 通道应用锐化，然后将图像转换回 RGB 彩色空间。选项 Radius 用于指定用于模糊图像的高斯低通滤波器的标准差，默认值为 1。选项 Amount 用于指定锐化效果的强度，默认值为 0.8。例 1.61 说明了彩色图像的锐化（见图 1.70）。也可以使用卷积滤波器实现反锐化掩模，如例 1.59 所示。

例 1.61 编写一个程序，应用锐化技术来提高图像的对比度。

```
clear; clc;
a = imread('tape.png');
b = imsharpen(a, 'Radius', 2,'Amount',1);
figure, imshowpair(a, b, 'montage')
```

图 1.70 例 1.61 的输出

图像**直方图**是一个 2-D 图，其中，水平轴指定像素的灰度级别，垂直轴指定属于每个灰度级别的像素的出现次数。直方图可以在数学上表示为像素出现的向量（值的集合），有时称为**像素频率**。为了使直方图独立于图像的大小，每个像素频率除以图像中的像素总数，这称为归一化。然后像素频率变为 0～1 的小数，所有像素频率的总和应等于 1。直方图直观地表示图像上的灰度分布。理想情况下，直方图应该分布在 0～255 的整个灰度范围内。如果图像太暗，则可以看到直方图向左端聚集，表示没有浅色影调。相反，如果图像过亮，则可以看到直方图向右端聚集，表示没有暗色影调。如果图像具有低对比度，则直方图向中间聚集，表示不存在纯黑色和纯白色影调，并且深影调和浅影调之间的差异相对较小。IPT 函数 **imhist** 用于显示图像的直方图，其中，x 轴表示 0～255 的灰度范围，而 y 轴表示属于每个灰度的像素数。在例 1.62 中，图像显示在顶行，其对应的直方图显示在底行。可以看到正常图像 a 的直方图分布在强度值 0～255 的整个范围内。使用低伽马值将图像 a 转换为明亮的图像 b，可以看到其直方图向右移动，表示没有暗色影调。图像 c 是使用高伽马值制作的图像 a 的较暗版本，可以看到其直方图向左移动，表示没有浅色影调。图像 d 是通过将图像 a 中的整个值范围映射到一个小区间 $[0.4, 0.6]$ 来创建的，从而产生低亮度、低对比度的图像，并且可以看到其直方图聚集在接近中心的狭窄区域中，表示没有浅影调和深影调（见图 1.71）。

例 1.62 编写一个程序，显示过亮、过暗和低对比度图像的直方图。

```
clear; clc;
a = imread('peppers.png'); a = rgb2gray(a);
b = imadjust(a, [], [], 0.1);
c = imadjust(a, [], [], 2);
d = imadjust(a, [0 1], [0.4 0.6]);
subplot(241), imshow(a); title('normal');
subplot(242), imshow(b); title('low darkness');
subplot(243), imshow(c); title('low brightness');
subplot(244), imshow(d); title('low contrast');
subplot(245), imhist(a);
subplot(246), imhist(b);
subplot(247), imhist(c);
subplot(248), imhist(d);
```

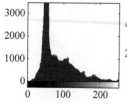
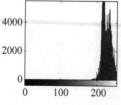
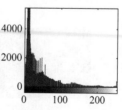
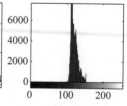

图 1.71　例 1.62 的输出

注意：对于 MATLAB 2014 及更高版本，引入了一个替代函数 **histogram** 来显示直方图。在例 1.62 的代码中，imhist 项将替换为 histogram。

直方图均衡化是一个拉伸直方图的过程，使其覆盖 0～255 的整个范围。如果直方图可以在整个值范围内拉伸，则可以纠正例 1.62 中看到的灰色影调缺陷，这称为图像的**影调校**

正。如果 L 是灰度级的总数（通常为 256），k 是特定的灰度级别，则级别 k 的直方图值 $h(k)$ 即为均衡后级别 k 的像素出现的总数，由下式给出：

$$h(k) = \text{round}\left[\frac{\text{CDF}(k) - \text{CDF}(\min)}{N - \text{CDF}(\min)}\right] \times (L-1)$$

式中，CDF 是累积分布频率；N 是像素总数。例如，考虑将图像分成四个大小相等的象限，强度值分别为 0、50、100、150。由于没有纯白色区域，图像的直方图将向左端聚集，覆盖范围为 0～150。为了拉伸直方图以覆盖 0～255 的整个范围，需要为每个象限计算新的强度值。该过程概述如下：

```
Indexk: 0 1 2 3
Levelr: 0, 50, 100, 150
Freqf: N/4, N/4, N/4, N/4
CDF: N/4, N/2, 3N/4, N
Here, CDF(min) = N/4, L = 256
```

使用上述关系，得到

$$h(0) = \left(\frac{N}{4} - \frac{N}{4}\right) \times \frac{255}{N - \frac{N}{4}} = 0$$

$$h(1) = \left(\frac{N}{2} - \frac{N}{4}\right) \times \frac{255}{N - \frac{N}{4}} = \left(\frac{1}{3}\right) \times 255 = 85$$

$$h(2) = \left(\frac{3N}{4} - \frac{N}{4}\right) \times \frac{255}{N - \frac{N}{4}} = \left(\frac{2}{3}\right) \times 255 = 170$$

$$h(3) = \left(N - \frac{N}{4}\right) \times \frac{255}{N - \frac{N}{4}} = (1) \times 255 = 255$$

所以各象限的新目标值分别是 0、85、170、255，这就使直方图覆盖了整个灰度值范围。另请注意，目标值与原始值无关，取决于相关区域的 CDF 值。IPT 函数 **histeq** 用于通过拉伸直方图来均衡直方图，使其覆盖 0～255 的整个灰度范围。例 1.63 说明了影调校正后图像的灰色影调如何变化，以及在直方图均衡化过程中，其直方图的拉伸是如何反映的（见图 1.72）。

例 1.63 编写一个程序，显示低对比度图像的直方图并使用直方图均衡化对它进行增强。

```
clear; clc;
a = imread('peppers.png'); a = rgb2gray(a);
b = imadjust(a, [0 1], [0.4 0.6]);
c = histeq(b);
subplot(221), imshow(b); title('before equalization');
subplot(222), imshow(c); title('after equalization');
subplot(223), imhist(b);
subplot(224), imhist(c);
```

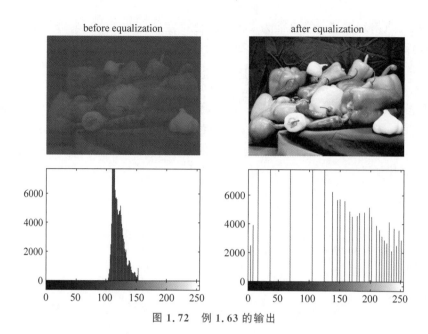

图 1.72 例 1.63 的输出

1.6.4 形态学操作

形态学操作涉及对图像的几何结构和拓扑结构的研究。形态学操作主要用于二值图像，也可以应用于灰度图像，涉及边缘、边界和骨架等形状结构的操作。称为**结构元素**（SE）的核用于与图像卷积，产生诸如使前景像素变粗的**膨胀**、使前景像素变细的**腐蚀**、先腐蚀后膨胀的**开启**、先膨胀后腐蚀的**闭合**、选择性去除或添加前景像素的**细化和粗化**，以及显露形状骨架结构的**骨架化**。

IPT 函数 **bwmorph** 用于使用 SE 执行形态学操作，SE 是一个元素全为 1 的 3×3 矩阵。运算后的结果值除以核的系数值之和，使它们不超过 255，这样的核称为**平均核**。可以指定重复操作的次数。如果重复值设置为 Inf，则重复操作直到图像不再改变。选项 dilate 通过添加像素来执行膨胀，在此期间，如果 SE 上的 1 与图像上的 1 重合，则中心像素将被转换为 1（如果原来不为 1）。选项 erode 通过移除像素来执行腐蚀，在此期间，如果核上的 1 与图像上的 1 重合，则中心像素设置为 0（如果原来不为 0）。选项 close 执行闭合操作，即先膨胀后腐蚀。选项 open 执行开启运算，即先腐蚀后膨胀。选项 bothat 执行**低帽**操作，其结果是原始图像减去闭合图像。选项 tophat 执行高帽操作，其结果是原始图像减去开启图像。选项 remove 执行移除内部像素，只留下对象的边界。选项 skel 执行移除对象的边界，使内部骨架保持完整。例 1.64 说明了各种形态学算子使用平均核对二值图像产生的影响（见图 1.73）。

例 1.64 编写一个程序，演示对二值图像的形态学操作。

```
clear; clc;
a = imread('circles.png');
b = bwmorph(a, 'thick', 10);
c = bwmorph(a, 'close', Inf);
d = bwmorph(a, 'dilate', 10);
e = bwmorph(a, 'erode', 10);
```

```
n = bwmorph(a, 'thin', 10);
r = bwmorph(a,'remove');
s = bwmorph(a,'skel',15);
figure,
subplot(241), imshow(a); title('original');
subplot(242), imshow(h); title('thick');
subplot(243), imshow(d); title('dilate');
subplot(244), imshow(c); title('close');
subplot(245), imshow(e); title('erode');
subplot(246), imshow(r); title('rem');
subplot(247), imshow(s); title('skel');
subplot(248), imshow(n); title('thin');
```

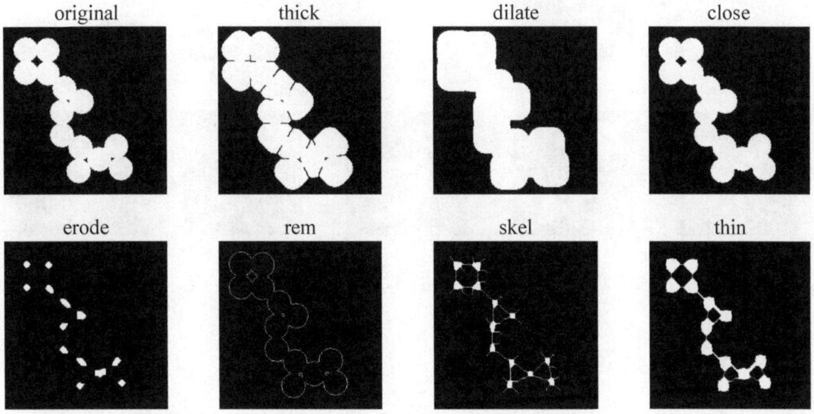

图 1.73 例 1.64 的输出

也可以使用定制的 SE 而不是用全由 1 组成的平均核来执行形态学操作。IPT 函数 **strel** 用于根据指定的形状创建 SE。有效形状为圆盘形、方形、矩形、线形、菱形、八边形。IPT 函数 **imclose、imopen、imdilate、imerode、imtophat、imbothat** 用于使用指定的 SE 分别执行闭合、开启、膨胀、腐蚀、高帽和低帽操作。例 1.65 说明了使用五种不同类型的 SE 的腐蚀操作，这些 SE 显示在顶行，执行操作后的图像显示在底行（见图 1.74）。

例 1.65 编写一个程序，为二值图像的形态学操作创建定制的结构元素。

```
clear; clc;
a = imread('circles.png');
s1 = strel('disk',10);           % disk
s2 = strel('line', 10, 45);      % line
s3 = strel('square', 10);        % square
s4 = strel('diamond', 10);       % diamond
s5 = [0 1 0 ; 1 1 1 ; 0 1 0];    % custom
b = imerode(a,s1,5);
c = imerode(a,s2,5);
d = imerode(a,s3,5);
e = imerode(a,s4,5);
f = imerode(a,s5,5);
figure,
subplot(251), imshow(s1.Neighborhood, []); title('disk');
```

```
subplot(252), imshow(s2.Neighborhood, []); title('line');
subplot(253), imshow(s3.Neighborhood, []); title('square');
subplot(254), imshow(s4.Neighborhood, []); title('diamond');
subplot(255), imshow(s5, []); title('custom');
subplot(256), imshow(b, []);
subplot(257), imshow(c, []);
subplot(258), imshow(d, []);
subplot(259), imshow(e, []);
subplot(2,5,10), imshow(f, []);
```

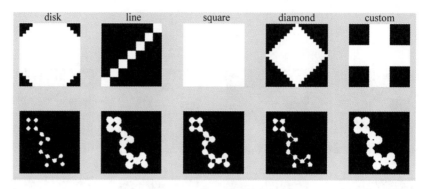

图 1.74 例 1.65 的输出

1.6.5 ROI 和块处理

上述滤波器均可应用于整幅图像，也可以将滤波器应用于图像内的特定**感兴趣区域**（**ROI**）。为了实现这一点，首先创建一个二进制模板，它在发生变化的地方是白色（未被覆盖的区域），在其他地方是黑色（被覆盖的区域）。然后通过模板将滤波器应用于图像，该滤波器仅在模板未覆盖的区域上应用滤波器指定的更改。在例 1.66 中，IPT 函数 **roifilt2** 用于在由图像上的模板坐标指定的 ROI 内部应用滤波器。IPT 函数 **roipoly** 用于在图像的中间创建大小为图像尺寸三分之一的多边形模板。IPT 函数 **imrect** 用于指定模板的位置和大小。通过在图像上模板允许的区域应用边缘检测拉普拉斯滤波器。模板的高度任意指定为图像高度的三分之一，宽度为图像宽度的三分之一（见图 1.75）。

例 1.66 编写一个程序，指定图像内的 ROI 并在 ROI 内应用滤波器。

```
clear; clc;
I = imread('coins.png');
h = size(I,1); w = size(I,2);
c = [w/3 2 * w/3 2 * w/3 w/3];
r = [h/3 h/3 2 * h/3 2 * h/3];
BW = roipoly(I, c, r);                  % binary mask
H = fspecial('laplacian');              % edge detection filter
J = roifilt2(H, I, BW);                 % filter on image through mask
figure, imshowpair(I, J, 'montage')
imrect(imgca, [w/3, h/3, w/3, h/3]);
```

块处理是一种将图像划分为指定数量的矩形非重叠块，然后对每个不同的块应用指定函数，最后将结果拼接到输出图像中的技术。IPT 函数 **blockproc** 用于通过将指定函数应

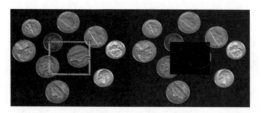

图 1.75 例 1.66 的输出

于每个不同的块然后将结果拼接到输出矩阵来处理图像。IPT 函数 **mean2** 用于计算 2-D 数组中所有值的平均值。IPT 函数 **std2** 用于计算 2-D 数组中所有值的标准差。在例 1.67 中,输入图像被分成大小为 32×32 的块,计算每个块的均值和标准差,最后用每个块的常数值表示图像(见图 1.76)。该示例还使用了用户定义的函数来计算每个块中像素值的均值和标准差。本节末尾将更详细地讨论**用户定义的函数**。

例 1.67　编写一个程序,将图像分解成不重叠的块,计算每个块的均值和标准差,最后通过拼接块值来表示图像。

```
clear; clc;
I = imread('moon.tif');
fun = @(b)mean2(b.data) * ones(size(b.data));      % function to calculate mean
J = blockproc(I,[32 32],fun);
fun = @(b)std2(b.data) * ones(size(b.data));       % function to calculate SD
K = blockproc(I,[32 32],fun);
figure,
subplot(131), imshow(I), title('I');
subplot(132), imshow(J, []), title('J');
subplot(133), imshow(K, []), title('K');
```

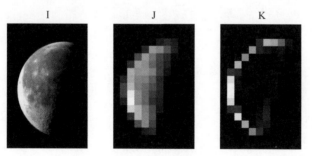

图 1.76 例 1.67 的输出

IPT 函数 **im2col** 用于将指定大小的图像块重新排列成列,返回输出图像中的拼接列。例如,如果输入图像被分成四个块,每个象限一个块,即 $A=[A_{11}, A_{12}; A_{21}, A_{22}]$,那么输出图像 $B=[A_{11}(:), A_{12}(:); A_{21}(:), A_{22}(:)]$,其中,冒号(:)表示将矩阵的所有值拼接到单个列中。在例 1.68 中,大小为 256×256 的输入图像 A 被拆分为不重叠且不同的 16×16 块。每块由 256 像素组成,这些像素排列为单列。由于图像中有 256 个这样的块,输出图像 B 由 256 个这样的列组成,块扫描的顺序是从左到右、从上到下。IPT 函数 **col2im** 用于从 B 中获取这些列并将它们重新排列回图像形式,即它从输出图像中读取所有 256 列,将它们转换为 16×16 块,并将它们排列回形成与原始图像 A 相同的图像 C(见图 1.77)。

例 1.68　编写一个程序,将图像块重新排列成列,然后再次将列转换回图像。

```
clear; clc;
A = imread('cameraman.tif');
[r, c] = size(A);
m = 16; n = 16;
B = im2col(A,[m n], 'distinct');
C = col2im(B,[m n],[r c],'distinct');
figure,
subplot(131), imshow(A); title('A');
subplot(132), imshow(B); title('B');
subplot(133), imshow(C); title('C');
```

A

B

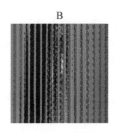

C

图 1.77　例 1.68 的输出

本节讨论如何在 MATLAB 中构造和执行不同类型的**用户定义函数**。脚本等允许执行命令序列,但函数提供了更大的灵活性,因为可以将输入值传递给它们,并且可以从它们返回输出值。函数是使用关键字 **function** 定义的,通常保存在文件中。以下示例显示了一个函数,该函数计算两个指定限定值之间的数值之和。函数名称为 ssum,输入参数为 a 和 b,输出变量为 op,其中包含计算出的总和。

```
function op = ssum(a,b)
    op = sum(a:b)
end
```

保存函数时,文件名应与函数名称相同,即 ssum.m,且可通过调用函数名称并提供必要的输入参数从命令行执行该函数。显然,名称不应与现有函数的名称相同。

```
y= ssum(10, 15)
```

上述命令产生 $y=75$。从 MATLAB 2016b 开始,可以在脚本文件的末尾包含一个函数。例如,以下内容可以存储在一个脚本文件中,该文件在执行时会产生 op1=75,op2=3 603 600。该文件用于计算指定范围内数值的总和以及乘积。函数定义包含在脚本的末尾。

```
clear; clc;
x = 10;
y = 15;
op1 = ssum(x,y)
op2 = sprod(x,y)
function ss = ssum(a, b)
    ss = sum(a:b);
```

```
end
function sp = sprod(a, b)
    sp = prod(a:b);
end
```

如果函数返回多个输出,则可以将它们包含在方括号中,如下所示函数,该函数生成两个包含总和以及乘积的输出值 ss 以及 sp。

```
function [ss sp] = ssumprod(a,b)
    ss = sum(a:b)
    sp = prod(a:b)
end
```

可以使用两个输入变量调用上述函数并产生两个输出值。以下代码产生 $x=75$, $y=3\,603\,600$。

```
[x, y] = ssumprod(10, 15)
```

函数也可以写成匿名函数,这意味着它们不存储在文件中,而是在命令行语句中动态定义。在下面的代码中,变量 myfunction 有一个数据类型 function_handle,运算符@在包含函数输入参数之后立即创建句柄和括号()。

```
myfunction = @(x,y)(sum(x:y));
x = 10;
y = 15;
z = myfunction(x,y)
```

每个语句返回一个指定给调用变量 z 的输出。要处理多个输出,可以创建一个单元格数组,如下所示。这两个输出值分别为 $f\{1\}(10,15)=75$ 和 $f\{2\}(10,15)=3600$。

```
f = {
    @(x,y)(sum(x:y));
    @(x,y)(prod(x:y));
};
x = 10;
y = 15;
f{1}(x,y)
f{2}(x,y)
```

函数中定义的变量表现为局部变量,即它们仅存在于函数中,不存在于函数外。在上面的示例中,尝试打印 ss 和 sp 的值将生成未定义变量的错误。在执行函数之前,MATLAB 检查当前工作区中是否存在同名变量,如果存在,则执行变量而不是函数。使用 BM 函数 path 可列出 MATLAB 用于搜索变量和函数的文件夹。BM 函数 addpath 用于将指定的文件夹添加到搜索路径的顶部。BM 函数 userpath 用于表示 MATLAB 搜索路径的第一个条目。

1.6.6 图像算术

图像之间的**算术运算**涉及图像像素值的加、减、乘、除运算。这些操作是在像素到像素的基础上执行的,即一个图像的一个像素和另一个图像的相应像素。出于这个原因,所涉及的图像应该具有相同的像素数和相同的尺寸。如果标量为正且大于 1,每个像素值也可以与标量相加或相乘以增加其值,否则其值可以减小。需要注意的一点是,在增加时,如果像素值超过 255,则保持在 255;反之,在减少时,如果像素值为负,则保持在 0。这是因为灰度图像具有 8 位表示,其值必须为 0~255。当每个像素从 255 中减去时获得图像的补。当图像乘以正或负比例因子然后相加时,可以计算多个图像的线性组合。IPT 函数 **imadd**、**imsubtract**、**imabsdiff**、**imcomplement**、**immultiply**、**imdivide**、**imlincomb** 分别用于实现算术运算加、减、绝对差、补、乘、除和线性组合。例 1.69 说明了这些操作(见图 1.78)。在执行操作之前,图像的数据类型从 8 位无符号整数转换为双精度,以便可以在不截断的情况下表示更多的值。BM 函数 **double** 用于将数值转换为 64 位(8 字节)双精度浮点表示。这是根据 IEEE 标准 754 完成的,该标准将负数的区间指定为 $[-1.79769\times10^{308}, -2.22507\times10^{-308}]$,将正数的区间指定为 $[2.22507\times10^{-308}, 1.79769\times10^{308}]$。

例 1.69 编写一个程序,执行两幅图像之间的算术运算。

```
clear; clc;
a = imread('threads.png'); a = double(a);
b = imread('rice.png'); b = double(b);
a = imresize(a, [300, 400]);
b = imresize(b, [300, 400]);
c = imadd(a, b, 'uint16');
d = imsubtract(a, b);
e = imabsdiff(a, b);
f = imcomplement(a);
g = immultiply(b, d);
h = imdivide(a, b);
i = imlincomb(0.7,f,0.3,e);
subplot(331), imshow(a, []); title('a');
subplot(332), imshow(b, []); title('b');
subplot(333), imshow(c, []); title('c = a + b');
subplot(334), imshow(d, []); title('d = a - b');
subplot(335), imshow(e, []); title('e = |a - b|');
subplot(336), imshow(f, []); title('f = ~a');
subplot(337), imshow(g, []); title('g = b * d');
subplot(338), imshow(h, []); title('h = a/b');
subplot(339), imshow(i, []); title('i = 0.5f + 0.8e');
```

注意:BM 函数 **realmin** 和 **realmax** 可用于显示能用双精度表示的最小和最大正值,例如 realmin('double')。

对图像的**逻辑运算**涉及图像像素值之间的 AND、OR、NOT 运算。像算术运算一样,这些也是在像素到像素的基础上执行的,因此所涉及的图像应该具有相同的尺寸。两个像素之间的 AND 运算被定义为它们中的最小值,OR 运算是它们中的最大值。对像素的 NOT 操作是返回其值的补。

$$p \text{ AND } q = \min(p,q) = p \cdot q$$
$$p \text{ OR } q = \max(p,q) = p + q$$
$$\text{NOT} p = 255 - p = p'$$

基本的逻辑运算可以组合起来形成扩展运算,例如异或(XOR)运算:

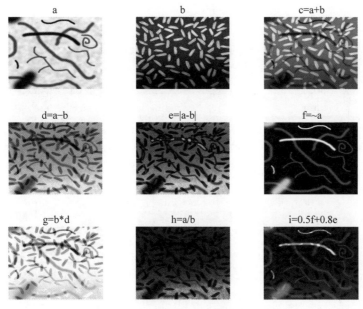

图 1.78 例 1.69 的输出

$$p \text{XOR} q = p \cdot q' + p' \cdot q$$

例 1.70 说明了两幅灰度图像之间的逻辑运算结果(见图 1.79)。

例 1.70 编写一个程序,执行两幅图像之间的逻辑运算。

```
clear; clc;
a = imread('toyobjects.png'); a = double(a);
b = imread('coins.png'); b = double(b);
a = imresize(a, [300, 400]);
b = imresize(b, [300, 400]);
c = min(a,b);
d = max(a,b);
na = 255 - a; nb = 255 - b;
c1 = min(a,nb); c2 = min(na,b);
d1 = max(a,nb); d2 = max(na, b);
subplot(331), imshow(a, []); title('a');
subplot(332), imshow(b, []); title('b');
subplot(333), imshow(na, []); title('a'');
subplot(334), imshow(c, []); title('a.b');
subplot(335), imshow(d, []); title('a + b');
subplot(336), imshow(min(na,nb), []); title('a'.b'');
subplot(337), imshow(max(na,nb), []); title('a' + b');
subplot(338), imshow(max(c1, c2), []); title('a.b' + a'.b');
subplot(339), imshow(min(d1, d2), []); title('(a+b').(a'+b)');
```

1.6.7 去模糊

到目前为止,我们一直在尝试通过在直觉基础上应用特定算法来增强图像,认为这可能会解决手头的问题。在本节中,我们将使用图像退化的数学模型,并使用它的逆进行图像恢

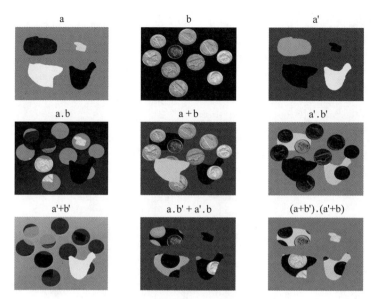

图 1.79 例 1.70 的输出

复。因此,该模型被称为**退化-恢复模型**。假设原始图像 $f(x,y)$ 在两个步骤中降级:模糊和**噪声**。在第一步中,**点扩散函数(PSF)** 被认为是通过缺乏焦点来模糊图像,这通常是由相机的缺陷和/或物体相对于相机的运动引起的。在第二步中,由于电子干扰或低光照条件等因素而产生的来自环境的随机噪声被添加到模糊图像中(见图 1.80)。

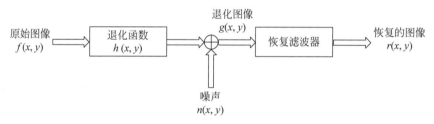

图 1.80 图像退化-恢复模型

这两个因素共同导致图像质量下降。如果 $g(x,y)$ 是退化图像,那么原始图像 $f(x,y)$ 将作为退化过程的一部分转换为它。为了创建退化过程的数学模型,我们假设 PSF 为 $h(x,y)$,当它与原始图像 $f(x,y)$ 卷积时会导致模糊效果,通常类似于高斯效应,显示为图像模糊。假定第二个因素的加性噪声是由添加随机噪声函数 $n(x,y)$ 引起的。结合这两种效果,退化操作可以写成如下数学方式,其中,$\otimes$ 是卷积算子:

$$g(x,y) = f(x,y) \otimes h(x,y) + n(x,y)$$

图像恢复的目的是逆转这个过程,即从退化图像 $g(x,y)$ 开始得到恢复的图像 $r(x,y)$。在大多数情况下,恢复的图像不会与原始图像 $f(x,y)$ 相同,而是对原始图像进行近似估计,从而使它们之间的平方误差最小化,即误差 $(f-r)^2$ 尽可能小。这是因为可能无法准确地知道实际的退化函数,并且对随机过程的噪声也无法准确建模。取两边的傅里叶变换并使用卷积定理,我们可以将上面的内容改写为如下形式:

$$G(u,v) = F(u,v) \cdot H(u,v) + N(u,v)$$

卷积定理本质上指出,空域中的卷积运算等效于频域中的乘法运算,反之亦然。傅里叶变换(FT)和频域将在1.7节中讨论。一个恢复滤波器,如图1.80所示,试图实现两个目标:减少或消除噪声,称为**降噪**;逆转卷积效果,称为**反卷积**。对于降噪,可以应用前面已讨论的技术。在没有噪声的情况下,反卷积操作会逆转卷积的影响。在这种情况下,如果$N(u,v)=0$,则

$$G(u,v) = F(u,v) \cdot H(u,v)$$

$$F(u,v) = \frac{G(u,v)}{H(u,v)}$$

用于恢复原始图像的传递函数变为$T=1/H(u,v)$。在频域中,反卷积等效于PSF的倒数,因此也称为**逆滤波**。在例1.71中,通过首先用0填充30×30矩阵,然后有选择地用1填充其中的10×10矩阵来创建2-D阶跃函数f。创建大小为5×5的高斯滤波器h作为PSF。滤波器和图像之间的卷积操作创建了模糊图像g。计算核和模糊图像的傅里叶变换,并在频域中调整核的大小,使其与图像的大小相同。然后使用逐分量除法操作创建恢复图像R的FT。随后使用傅里叶反变换(IFT)生成恢复图像r(见图1.81)。

例1.71 编写一个程序,在频域中对2-D阶跃函数实现逆滤波。

```
clear; clc;
f = zeros(30,30);
f(10:20,10:20) = 1;
h = fspecial('gaussian',5,5);
g = imfilter(f,h,'conv');
F = fft2(f);
[rows, cols] = size(f);
H = fft2(h, rows, cols);
G = fft2(g, rows, cols);
R = G./H;
r = ifft2(R);
subplot(221), imshow(f); title('input image f');
subplot(222), imshow(h, []); title('gaussian filter h');
subplot(223), imshow(g); title('blurred image g');
subplot(224), imshow(r, []); title('restored image r');
```

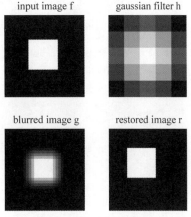

图1.81 例1.71的输出

如果退化和噪声都存在,则仅用逆滤波是不够的。在这种情况下使用的滤波器之一是由Norbert Wiener(Wiener,1949)提出的**维纳滤波器**。如前所述,逆滤波器的传递函数为$T=1/H$。然而,逆滤波器没有考虑处理噪声。维纳滤波器的目标是找到未损坏图像f的估计值e,以使它们之间的均方误差(即$(f-e)^2$)最小化。可以证明,最小误差在频域中由下式给出:

$$E(u,v) = \left\{ \frac{H^*(u,v)}{\left[|H(u,v)|^2 + \dfrac{S_n(u,v)}{S_f(u,v)}\right]} \right\} \cdot G(u,v)$$

该结果称为维纳滤波器,通常也称为MMSQ(最小均方误差)滤波器或最小平方误差滤波器。式中,$H(u,v)$是退化函数;$H^*(u,v)$是$H(u,v)$的复共轭;$S_n(u,v)$是噪声的功率谱;$S_f(u,v)$是未退化图像的功率谱,两者都需要估计。这为我们提供了如下式所示的维纳

滤波器的传递函数,式中,K 是噪声和原始信号的功率谱之比：

$$T = \frac{H^*}{H^2 + K}$$

如果噪声为零,则比率 K 消失,维纳滤波器简化为逆滤波器

$$T = \frac{1}{H}$$

IPT 函数 **wiener2** 用于通过使用局部 $M \times N$ 邻域估计噪声功率来对噪声图像 I 进行滤波,并生成输出图像 J。该函数使用指定的本地邻域估计每个像素周围的局部均值(μ)和标准差(σ)(Lim,1990):

$$\mu = \left(\frac{1}{NM}\right) \sum I(x,y)$$

$$\sigma^2 = \left(\frac{1}{NM}\right) \sum \{I^2(x,y) - \mu^2\}$$

然后使用这些估计值创建一个逐像素滤波器,如下式所示,式中,v^2 是估计的噪声方差。

$$J(x,y) = \mu + \left\{\frac{\sigma^2 - v^2}{\sigma^2}\right\} \{I(x,y) - \mu\}$$

如果未给出噪声方差,则滤波器使用所有局部估计方差的平均值。在例 1.72 中,图像首先被高斯噪声污染,然后应用维纳滤波器将其恢复。分别显示了原始图像 A、噪声图像 B 和恢复图像 C(见图 1.82)。

例 1.72 编写一个程序,实现维纳滤波器以恢复噪声图像。

```
clear; clc;
A = imread('coins.png');
m = 0.1;                        % noise mean
v = 0.05;                       % noise variance
B = imnoise(A,'gaussian', m, v);
M = 10; N = 10;                 % local neighborhood size
[C, V] = wiener2(B,[M N]);
subplot(131), imshow(A); title('A');
subplot(132), imshow(B); title('B');
subplot(133), imshow(C); title('C');
fprintf('Estimated noise variance: %f\n', V);
```

 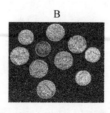 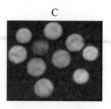

图 1.82 例 1.72 的输出

当 PSF 和噪声都存在时,IPT 函数 **deconvwnr** 用于使用已知的 PSF 和估计的噪声信号比(NSR)来实现**维纳反卷积**。在例 1.73 中,函数 **im2double** 用于将图像从 8 位无符号整数(uint8)转换为双精度数据类型(double)。此步骤是必要的,以避免在后续步骤中图像值被 PSF 和加性噪声修改时被截断为 255。PSF 是使用 5×5 高斯核创建的,该核与图像卷积以

生成图像 bl 的模糊版本。添加特定均值和方差的高斯噪声以创建模糊和有噪的图像 bn。为了在第一种情况下恢复图像，假设 NSR＝0 来应用逆滤波。在第二种情况下，使用估计的 NSR 通过维纳反卷积来生成原始图像的估计（见图 1.83）。

例 1.73　编写一个程序，使用已知的 PSF 和噪声参数来实现维纳反卷积以恢复模糊和有噪的图像。

```
clear; clc;
a = im2double(imread('cameraman.tif'));
psf = fspecial('gaussian',5,5);            % gaussian blur
bl = imfilter(a,psf,'conv');               % blurred image
n_mean = 0.5; n_var = 0.1;
bn = imnoise(bl, 'gaussian',n_mean,n_var); % blurred & noisy image
% Assuming no noise
nsr = 0;
wnr1 = deconvwnr(bn, psf, nsr);            % same as inverse filtering
% Assuming estimate of the noise
nsr = n_var / var(a(:));                   % noise to signal ratio
wnr2 = deconvwnr(bn, psf, nsr);
figure,
subplot(231), imshow(a, []); title('original image');
subplot(232), imshow(psf, []); title('PSF');
subplot(233), imshow(bl, []); title('blurred image');
subplot(234), imshow(bn, []); title('blurred noisy image');
subplot(235), imshow(wnr1, []); title('after inverse filtering');
subplot(236), imshow(wnr2, []); title('after wiener deconvolution');
```

图 1.83　例 1.73 的输出

注意：当图像是 double 类型时，函数 imshow 的期望值在[0,1]区间内才能正确显示。函数 double 和 im2double 都可将图像从 uint8 转换为 double 数据类型，但 im2double 将值缩放到可以正确显示的区间[0,1]内，而函数 double 将值保持在区间[0,255]，使用 imshow 将无法正确显示。

虽然维纳反卷积是一个非迭代频域过程，并且可以在 PSF 和噪声已知或可以估计时应用，但另一种称为**露西-理查森(Lucy-Richardson)反卷积(L-R)**的替代方法是空域中的迭代过程，它可以在仅 PSF 已知而噪声未知时应用。该方法以独立描述该方法的 Leon Lucy (Lucy,1974) 和 William Richardson(Richardson,1972) 命名。如前所述，当图像记录在传感器上时，由于 PSF 的作用，它会稍微模糊。假设退化图像 H 可以表示为 $H = W \otimes S$ 的形式，其中，W 是原始图像；S 是 PSF；$\otimes$ 表示卷积运算。为了在给定观察 H 的情况下估计 W，遵循一个迭代过程，其中，迭代次数为 r 时估计的 W 表示如下：

$$W_{i,r+1} = W_{i,r} \sum_k \frac{S_{i,k} \cdot H_k}{\sum_j S_{j,k} \cdot W_{j,r}}$$

式中，W_i、H_k 和 S_j 分别表示 W、H 和 S 的第 i 个、第 k 个和第 j 个元素。可以看出，该方程收敛于 W 的最大似然解。在例 1.74 中，使用高斯滤波器作为 PSF 并添加指定参数的噪声。IPT 函数 **deconvlucy** 用于仅使用已知的 PSF 而没有任何噪声估计来实现露西-理查森反卷积滤波器(见图 1.84)。

例 1.74 编写一个程序，使用已知的 PSF 来实现露西-理查森反卷积以恢复模糊和有噪的图像。

```
clear; clc;
a = im2double(imread('cameraman.tif'));
psf = fspecial('gaussian',5,5);           % gaussian blur
bl = imfilter(a,psf,'conv');              % blurred
n_mean = 0.1; n_var = 0.01;
bn = imnoise(bl, 'gaussian', n_mean, n_var);  % blurred & noisy
luc = deconvlucy(bn, psf);
figure,
subplot(221), imshow(a); title('Original Image')
subplot(222), imshow(psf, []); title('PSF')
subplot(223), imshow(bn); title('Blurred and Noisy Image')
subplot(224), imshow(luc); title('Restored Image')
```

原始图像

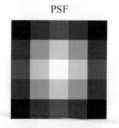
PSF

模糊噪声图像

恢复的图像

图 1.84 例 1.74 的输出

当 PSF 和噪声都不知道时,则采用第三种类型的解卷积方法,称为**盲解卷积**,该方法从对 PSF 的初始猜测开始,然后对它进行迭代细化以获得更好的恢复图像结果(Lam,2000)。在例 1.75 中,使用运动模糊 PSF p 对原始图像 a 进行模糊处理,以创建模糊图像 b。PSF 的初始猜测 $p1$ 被用作 IPT 函数 **deconvblind** 的参数,用于实现盲解卷积,它返回对恢复图像 $a2$ 和恢复 PSF $p2$ 的估计。PSF 通过去除一些中间值进行细化,并再次用作下一次盲解卷积迭代的输入参数 $p3$。返回的去模糊图像现在是 $a3$,恢复的 PSF 是 $p4$。重复此过程,直到获得所需的结果。BM 函数 **find** 用于找出所有小于 0.01 的 $p3$ 值,然后将这些值转换为 0,作为改进 PSF 初始猜测的步骤(见图 1.85)。

例 1.75 编写一个程序,在没有已知 PSF 的情况下,实现盲解卷积以恢复模糊图像。

```
clear; clc;
a = imread('cameraman.tif');
p = fspecial('motion',13, 45);
b = imfilter(a, p, 'circ', 'conv');
p1 = ones(size(p));                    % initial guess
[a2, p2] = deconvblind(b, p1, 30);
p3 = p2;
p3(find(p3 < 0.01)) = 0;               % refine the guess
[a3, p4] = deconvblind(b, p3, 50, []);
subplot(241), imshow(a, []); title('a: Original image');
subplot(242), imshow(p, []); title('p: Original PSF');
subplot(243), imshow(b); title('b: Blurred image');
subplot(244), imshow(a2); title('a2: Restored image');
subplot(245), imshow(p2, []); title('p2: Restored PSF');
subplot(246), imshow(p3, []); title('p3: Refined PSF');
subplot(247), imshow(a3); title('a3: New Restored image');
subplot(248), imshow(p4, []); title('p4: New Restored PSF');
```

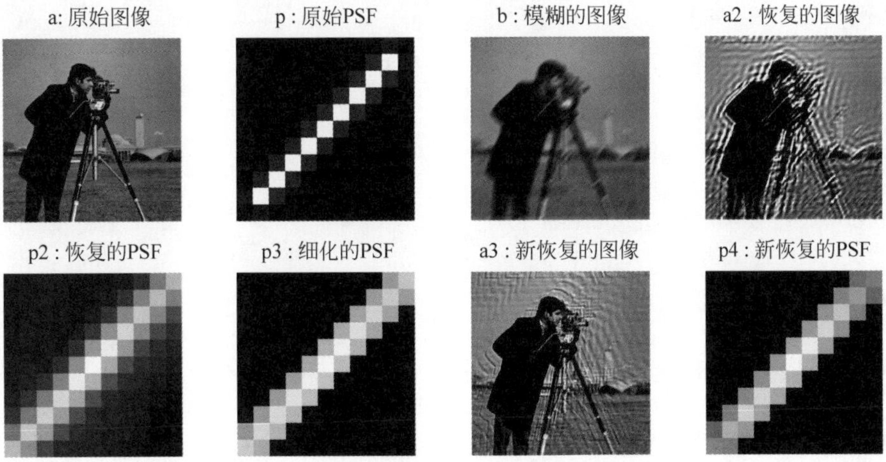

图 1.85 例 1.75 的输出

1.7 图像分割和分析

1.7.1 图像分割

图像分割是将数字图像划分为特征区域的过程,通常用于理解图像的内容。它根据彩色、纹理和形状等属性划分区域,使得每个区域内的像素共享一些与其他区域显著不同的共同特征。边缘检测经常为分割的第一步,以检测这些区域的边缘和轮廓。聚类算法和区域增长方法用于基于相似性标准对区域进行分割。基于四叉树分解的分裂合并技术可用于将较大的区域拆分为较小的部分,或将多个较小的部分合并为较大的区域。图像分割的目标是为每个像素分配一个标签,说明它们应该属于哪个区域。因此具有相同标签的像素共享某些特征。图像分割在目标检测、生物识别医学成像、机器学习、计算机视觉和基于内容的检索等应用中得到了广泛的应用(Belongie,et al.,1998)。

IPT 函数 **superpixels** 用于划分每个像素周围具有相似值的区域。对于给定输入图像 A 和所需区域数 N,该函数返回标签矩阵 L 和计算的实际区域数 n。标签矩阵为计算的每个区域指定不同的整数值,然后将它们用作 IPT 函数 **boundarymask** 的输入,该函数突出显示区域的边界线或边框。IPT 函数 **imoverlay** 将边界线覆盖或叠加到 2-D 图像上,通常是用于计算区域的原始图像。IPT 函数 **labeloverlay** 用于将标签矩阵覆盖或叠加到 2-D 图像上。IPT 函数 **grayconnected** 用于通过选择与图像中给定点的灰度相关的连续图像区域(由坐标(seedrow、seedcol)和容差值指定)从灰度区域生成二值图像。在例 1.76 中,从输入的彩色图像中计算出 5 个区域,然后将这些区域连同划分区域的边界叠加到原始图像上(见图 1.86)。

例 1.76 编写一个程序,通过识别边界线从背景中划分出图像的前景目标。

```
clear; clc;
A = imread('football.jpg');
N = 5;
[L, n] = superpixels(A,N);
BW = boundarymask(L);
B = imoverlay(A, BW, 'yellow');
C = labeloverlay(A, L);
D = rgb2gray(A);
seedrow = 100; seedcol = 200; tol = 50;
BB = grayconnected(D,seedrow,seedcol,tol);
figure,
subplot(241), imshow(A); title('A');
subplot(242), imshow(L, []); title('L');
subplot(243), imshow(BW); title('BW');
subplot(244), imshow(B); title('B');
subplot(245), imshow(C); title('C');
subplot(246), imshow(D); title('D'); hold on;
plot(seedrow, seedcol, 'yo'); hold off;
subplot(247), imshow(BB, []); title('BB');
```

1.7.2 目标分析

目标分析是一组过程,通常在图像分割之后,它试图提供有关图像中分割区域的一些有用信息。作为第一步,图像目标分割尝试将前景目标与背景区分开,并提取诸如大小、形状、位置和检测到的目标数量等属性。在更高级的层次上,目标分析将语义与检测到的目标相关联,以便将它们标记为一些已知的实体,如人、汽车、桌子、椅子、道路、房屋等。IPT 函数

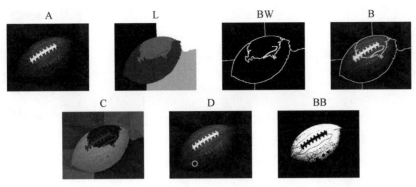

图 1.86 例 1.76 的输出

bwboundaries 用于跟踪二进制图像中的区域边界。它返回边界像素位置(B)、标签矩阵(L)和找到的目标数(N)的单元数组。在例 1.77 中,在找到的十个目标中,从左侧开始的第一个目标的边界被勾勒出来(见图 1.87)。

例 1.77 编写一个程序,在图像中勾勒出区域边界。

```
clear; clc;
D = imread('coins.png');
I = imbinarize(D, 0.4);
[B, L, N] = bwboundaries(I);
N                          % return number of objects
b = B{1};                  % consider the first object
y = b(:,1); x = b(:,2);    % boundary coordinates
figure,
subplot(121), imshow(D); title('D');
subplot(122), imshow(L); title('L');
hold on; plot(x,y, 'm','LineWidth', 2); hold off;
```

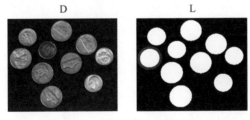

图 1.87 例 1.77 的输出

对于更复杂的形状,IPT 函数 **bwtraceboundary** 用于在给定边界上的一点和初始前进方向的二值图像中跟踪对象的边界。它返回区域边界像素的行和列坐标;它还需要指定初始方向,以找到连接到属于同一区域的指定点的下一个像素。前进方向用 N(北)、S(南)、E(东)、W(西)指定。在例 1.78 中,P 为指定点,初始前进的方向为"N"。该函数返回用于绘制实际图像上轮廓的边界点(B)的坐标。初始点显示为红色圆圈(见图 1.88)。

例 1.78 编写一个程序,在给定起点和前进方向的图像中跟踪复杂形状的边界。

```
clear; clc;
I = imread('circles.png');
```

```
x = 75; y = 132; P = [y x];
B = bwtraceboundary(I, P, 'N');
imshow(I); hold on;
plot(B(:,2),B(:,1),'g','LineWidth',2);
plot(x,y, 'ro'); hold off;
```

图 1.88 例 1.78 的输出

IPT 函数 **imfindcircles** 用于在图像中查找属于指定半径长度范围的圆。该函数返回所找到的圆的实际中心和半径。在例 1.79 中，该函数用于在输入图像中查找半径为 15～25 的所有圆。然后利用中心和半径绘制一组箭头，起点位于中心，长度等于相应的半径(见图 1.89)。函数 **arrow** 用于从具有指定长度和彩色的指定中心绘制箭头。此函数的描述可以在以下位置找到：https://in.mathworks.com/matlabcentral/fileexchange/278-arrow。

例 1.79 编写一个程序，在图像中找到圆并确定它们的中心和半径。

```
clear; clc;
A = imread('coins.png');
[centers, radii] = imfindcircles(A,[15 25]);
figure, imshow(A); hold on;
plot(centers(:,1), centers(:,2), 'r*');
arrow([centers(:,1), centers(:,2)], ...
    [centers(:,1) + radii(:), centers(:,2)], 'EdgeColor','r','FaceColor','g')
```

IPT 函数 **viscircles** 用于使用指定的中心和半径绘制圆。在例 1.80 中，函数 imfindcircles 用于在输入图像中查找半径为 15～25 的所有圆，它返回相关圆的中心和半径，然后利用它们在定位的目标周围绘制圆圈(见图 1.90)。

例 1.80 编写一个程序，在图像中绘制给定圆心和半径的圆。

```
clear; clc;
A = imread('coins.png');
[centers, radii] = imfindcircles(A,[15 25]);
imshow(A); hold on;
viscircles(centers, radii,'EdgeColor','b');
```

图 1.89 例 1.79 的输出

图 1.90 例 1.80 的输出

哈夫变换通过使用线 $r = x\cos(\theta) + y\sin(\theta)$ 的参数表示来检测图像中的线，其中，r 是线上从原点垂直投影的长度(也常用希腊字母 ρ 表示)；θ 是垂直投影与 x 轴正方向的夹角。因此，可以将每条线与 (r,θ) 对相关联，即 x-y 平面中的每条线对应于 r-θ 空间中的一个点，也称为哈夫空间(见图 1.91)。

x-y 平面中的点对应于 r-θ 平面中的正弦曲线,因为可以通过单个点绘制大量线。坐标为 (r,θ) 的哈夫空间中的 q 值意味着 x-y 平面中的 q 点位于由 r 和 θ 指定的直线上。IPT 函数 **hough** 用于从二值图像计算哈夫变换并返回哈夫空间矩阵。IPT 函数 **houghpeaks** 用于识别哈夫变换中的峰值。峰表示在 x-y 平面中存在线。IPT 函数 **houghlines** 用于提取与哈夫峰关联的线段。在例 1.81 中,大小为 100×100 的二值图像 I 中有两个点,图像 I 的下方为 **HI** 矩阵,该矩阵显示在 $r=(100\sqrt{2})/2=70.7$(半对角线长度)和 $\theta=45°$ 处有相交的两个正弦曲线。图像 I 的右边的图像 J 中有一条与 x 轴正方向倾斜 $-45°$ 的直线,图像 J 的下方相应的 **HJ** 矩阵显示了一组正弦曲线,对应于线上的所有点,相交于 $\theta=-45°$。最右边的第三幅图像是从 **HJ** 矩阵中提取的哈夫峰,相应的提取线显示在该图像下方的图中(图 1.92)。

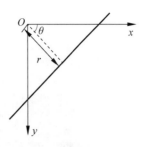

图 1.91 x-y 与 r-θ 的联系

例 1.81 编写一个程序,在图像中使用哈夫变换检测线。

```
clear; clc;
I = zeros(100);
I(30,70) = 1; I(70,30) = 1;
figure, subplot(231),imshow(I); title('I');
subplot(234),
[HI,T,R] = hough(I,'RhoResolution',0.5,'Theta',-90:0.5:89);
imshow(imadjust(rescale(HI)),'XData',T,'YData',R);
title('HI'); xlabel('\theta'), ylabel('\rho');
axis on, axis square;
subplot(232),
J = zeros(100);
for i = 30:70
    J(i,i) = 1;
end
imshow(J); title('J');
subplot(235),
[HJ,T,R] = hough(J,'RhoResolution',0.5,'Theta',-90:0.5:89);
imshow(imadjust(rescale(HJ)),'XData',T,'YData',R);
title('HJ'); xlabel('\theta'), ylabel('\rho');
axis on, axis square;
subplot(233)
P = houghpeaks(HJ,5,'threshold',ceil(0.3*max(HJ(:))));
imshow(imadjust(rescale(HJ)),'XData',T,'YData',R)
xlabel('\theta'), ylabel('\rho'); title('HJ');
axis on, axis square, hold on;
p = plot(T(P(:,2)),R(P(:,1)),'o');
set(p,'MarkerSize', 10, 'MarkerEdgeColor','b','MarkerFaceColor', 'r')
subplot(236)
lines = houghlines(J,T,R,P,'FillGap',5,'MinLength',7);
imshow(J), hold on; title('J');
max_len = 0;
```

```
for k = 1:length(lines)
    xy = [lines(k).point1; lines(k).point2];
    plot(xy(:,1),xy(:,2),'LineWidth',2,'Color','green');
end
```

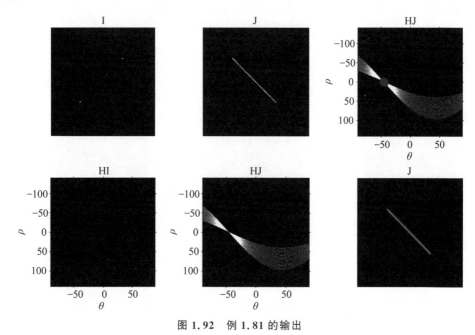

图 1.92 例 1.81 的输出

四叉树分解(QT) 是一种以紧凑形式表示灰度或二值图像的数据结构。它将图像分成四个象限,并检查每个象限的像素是否包含相同彩色(同质)或不同彩色(异质)。对于同质象限,整个象限由单个像素值表示(因为象限中的所有像素具有相同的值),而异质象限被进一步划分为子象限,直到它们变得同质。IPT 函数 **qtdecomp** 用于实现 QT,将 QT 结构 S 作为稀疏矩阵返回。如果 $S(x,y)$ 非零,则 (x,y) 是大小为 $S(x,y)$ 的块的左上角。BM 函数 **disp** 用于显示稀疏矩阵 S 中的 QT 结构。IPT 函数 **qtgetblk** 用于返回指定维度的所有块及其行、列位置。从空白矩阵 J 开始,IPT 函数 **qtsetblk** 用于排列分解函数返回的块并返回原始矩阵。BM 函数 **zeros** 用于生成包含所有元素为零的指定维度的矩阵。例 1.82 给出了 8×8 二进制图像区域 I 的 QT 结构,并从 QT 块中重建出图像区域 J(见图 1.93)。关于分解和重构的详细讨论在示例之后给出。

例 1.82 编写一个程序,使用四叉树分解对图像部分进行编码和解码。

```
clear; clc;
I = [
    1 1 1 1 1 1 1 1
    1 1 1 1 1 1 1 1
    1 1 1 1 0 0 0 1
    1 1 1 1 0 0 1 1
    0 0 0 0 0 0 1 1
    0 0 0 0 0 0 1 1
    0 0 0 0 1 1 1 1
    0 0 0 0 1 1 1 0
```

```
];
S = qtdecomp(I); disp(full(S));
dim1 = 4; [blocks1, r, c] = qtgetblk(I, S, dim1)
dim2 = 2; [blocks2, r, c] = qtgetblk(I, S, dim2)
dim3 = 1; [blocks3, r, c] = qtgetblk(I, S, dim3)
J = zeros(8,8);
J = qtsetblk(J, S, dim1, blocks1);
J = qtsetblk(J, S, dim2, blocks2);
J = qtsetblk(J, S, dim3, blocks3);
subplot(121), imshow(I, []); title('I');
subplot(122), imshow(J, []); title('J');
```

显示函数生成四叉树结构,显示包含块大小的同构块的左上角:

```
4 0 0 0 2 0 2 0
0 0 0 0 0 0 0 0
0 0 0 0 2 0 1 1
0 0 0 0 0 0 1 1
4 0 0 0 2 0 2 0
0 0 0 0 0 0 0 0
0 0 0 0 2 0 1 1
0 0 0 0 0 0 1 1
```

图 1.93　例 1.82 的输出

在第一种情况下,第 4 维的块与行号和列号一起显示,指示它们在原始矩阵 I 中的位置:

```
#      blocks         row         column
-----------------------------------------------------------------
1      1  1  1  1     1           1
       1  1  1  1
       1  1  1  1
       1  1  1  1
2      0  0  0  0     5           1
       0  0  0  0
       0  0  0  0
       0  0  0  0
```

在第二种情况下,第 2 维的块与行号和列号一起显示,指示它们在原始矩阵 I 中的位置:

```
#    blocks    row    column
------------------------------------
1     1  1     1      5
      1  1
2     0  0     3      5
      0  0
3     0  0     5      5
      0  0
4     1  1     7      5
      1  1
5     1  1     1      7
      1  1
```

类似地，在第三种情况下，将返回 8 个大小为 1 的矩阵及其位置。最后，从一个空白矩阵 J 开始，所有这些块都被插入它们指定的位置以返回原始矩阵 I。

1.7.3 区域和图像特性

一旦在图像中检测到基于目标的边界，可能需要提取基于形状的特征，如质心、半径、面积、周长和边界框，以进一步表征形状。边界框是包含该区域的最小矩形。质心是区域质心的坐标。长轴长度是具有与区域相同的归一化二阶中心矩的椭圆长轴的像素长度。短轴长度是具有与区域相同的归一化二阶中心矩的椭圆短轴的长度（以像素为单位）。IPT 函数 **regionprops** 用于测量二值图像中目标的属性，如面积、质心、长轴长度、短轴长度、边界框、偏心率、方向、凸包等。在例 1.83 中，灰度小于 100 的背景（暗背景）首先被提取出来，并使用它们的中心和半径信息来追踪它们的边界。然后，提取灰度大于 200 的物体（明亮物体）并描绘出它们的边界（见图 1.94）。

例 1.83 编写一个程序，测量二值图像中区域的质心和平均半径。

```
clear; clc;
I = imread('circlesBrightDark.png');
figure,
subplot(131), imshow(I);
BW = I < 100;                            % detect regions of low intensity
s = regionprops('table',BW, 'all');
c = s.Centroid;
d = mean([s.MajorAxisLength s.MinorAxisLength],2);
r = d/2;
subplot(132), imshow(BW); hold on;
viscircles(c,r, 'Color', [0.7 0.4 0]);
hold off;
BW = I > 200;                            % detect regions of high intensity
s = regionprops('table',BW, 'all');
c = s.Centroid;
d = mean([s.MajorAxisLength s.MinorAxisLength],2);
r = d/2;
subplot(133), imshow(BW); hold on;
viscircles(c,r, 'Color', [0 0.5 0]);
hold off;
```

 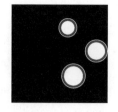 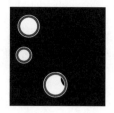

图 1.94 例 1.83 的输出

区域的面积是该区域内包含的像素数。边界框是包含该区域的最小矩形。面积值可用于识别图像中的最大和最小区域，然后可以使用边界框进行划分。例 1.84 说明了如何使用面积值识别图像中的最大和最小区域，然后使用边界框突出显示这些区域。灰度图像 I 使用 120 的阈值进行二值化得到图像 J，并使用 IPT 函数 imfill 通过泛洪填充操作填充区域中的任何孔洞得到图像 K。IPT 函数 bwlabel 用于生成标签矩阵 L，指定每个目标和找到的目标总数 n。使用 IPT 函数 regionprops 计算每个区域的面积，从中识别出面积最大和最小的区域，该函数还返回区域边界框的位置和大小。BM 函数 rectangle 用于通过使用 regionprops 函数返回的边界框的位置和大小在这些区域周围绘制矩形边界（见图 1.95）。

例 1.84 编写一个程序，识别一组图像区域中面积最大和最小的区域，并使用边界框划分它们。

```
clear; clc;
I = imread('coins.png');
J = I > 120;
K = imfill(J, 'holes');
[L, n] = bwlabel(K);
r = regionprops(L, 'all');
for i = 1:n, A(i) = r(i).Area; end
[xv, xi] = max(A);
[nv, ni] = min(A);
subplot(221), imshow(I); title('I');
subplot(222), imshow(J); title('J');
subplot(223), imshow(K); title('K');
subplot(224), imshow(I); hold on;
rectangle('Position',r(xi).BoundingBox,'Edgecolor','g','Linewidth', 2);
rectangle('Position',r(ni).BoundingBox,'Edgecolor','r','Linewidth', 2);
title(['\fontsize{13} {\color{red}smallest \color{green}largest}']);
```

图 1.95 例 1.84 的输出

面积是该区域的实际像素数。周长是围绕目标边界的距离，以像素数衡量。欧拉数是图像中目标的总数减去这些目标中孔的总数。IPT 函数 bwarea 用于估计二值图像中目标的面积。IPT 函数 bwperim 用于返回一个包含图像中目标周长的二值图像。IPT 函数 bweuler 用于返回二值图像的欧拉数。在例 1.85 中，对于二值图像 b1，白色部分被认为是目标，三个黑色圆圈被认为是孔，欧拉数计算为 $1-3=-2$。对于二值图像 b2，三个白色区域被认为是不包含任何孔洞的目标，因此欧拉数计算为 $3-0=3$。最后勾勒出检测到的区域的周长（见图 1.96）。

例 1.85 编写一个程序，测量二值图像中区域的面积、周长和欧拉数。

```
clear; clc;
```

```
I = imread('circlesBrightDark.png');
b1 = im2bw(I, 0.5);
a1 = bwarea(b1);
p1 = bwperim(b1);
e1 = bweuler(b1);
b2 = im2bw(I, 0.7);
a2 = bwarea(b2);
p2 = bwperim(b2);
e2 = bweuler(b2);
subplot(231), imshow(I); title('I');
subplot(232),imshow(b1);title(strcat('a = ',num2str(a1),',e = ',num2str(e1)));
subplot(233),imshow(b2);title(strcat('a = ',num2str(a2),',e = ',num2str(e2)));
subplot(2,3,[4,6]),imshowpair(p1, p2, 'montage')
```

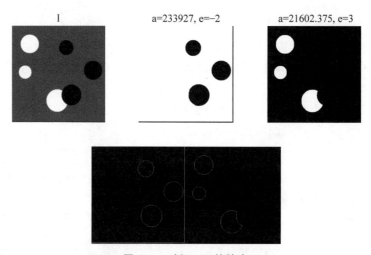

图 1.96　例 1.85 的输出

像素连接是一种识别图像中哪些像素与其相邻像素相连的方案,这对于分析由连接像素组成的图像对象和模式是必要的。主要有两种类型的连接方案:4 路和 8 路(见图 1.97)。在 **4 路**连接中,像素与相邻像素共享一条边。对于像素 P,它在 4 路连接方案中的邻居是 P2、P4、P6 和 P8。通常,对于坐标 (x,y) 处的像素 P,其 4 个连接的相邻像素分别位于 $(x+1,y)$、$(x-1,y)$、$(x,y+1)$、$(x,y-1)$。它们中的每一个都与 P 相距一个单位距离。在 **8 路**连接中,像素与相邻像素共享边或角。因此,除了它的 4 个边连接的相邻像素之外,像素 P 在 P1、P3、P5 和 P7 处还有四个相邻像素。一般来说,对于坐标 (x,y) 处的像素 P,它的 8 个连接的

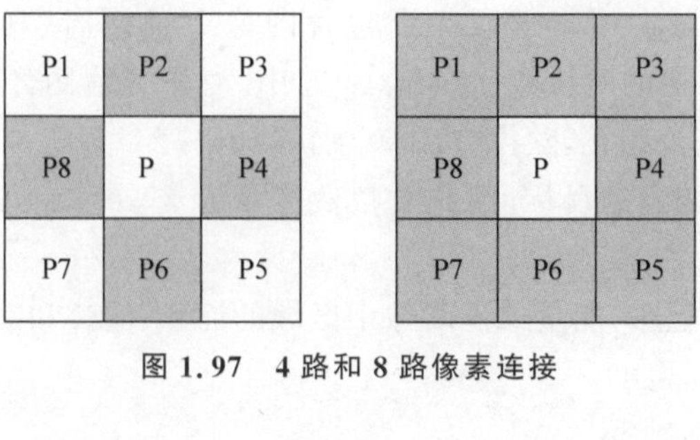

图 1.97　4 路和 8 路像素连接

相邻像素包括$(x\pm 1,y)$、$(x,y\pm 1)$处的 4 个相邻像素以及$(x+1,y+1)$、$(x+1,y-1)$、$(x-1,y+1)$、$(x-1,y-1)$处的像素。对角线像素与中心像素的欧氏距离为$\sqrt{2}$。请注意，棋盘距离度量为一个像素的所有 8 个相邻像素分配了相同的值 1。

IPT 函数 **bwconncomp** 用于在二值图像中查找连通组元，它返回使用指定的 4 路或 8 路连接得到的图像中所有连通组元的矩阵。在例 1.86 中，根据选择的是 4 路连接还是 8 路连接，对检测到的对象数量及其质心以不同形式显示。当指定 4 路连接时，沿水平或垂直方向由边连接的像素被视为单个对象的一部分，而沿对角线方向由顶点连接的像素被视为属于不同对象。总共检测到 6 个对象，并将它们的质心绘制在相应的对象上。当指定 8 路连接时，由顶点沿对角线连接的像素也被视为同一对象的一部分。总共检测到 3 个对象，它们的质心绘制在相应的对象上（见图 1.98）。

例 1.86 编写一个程序，证明检测到的对象数量及其质心取决于是 4 路还是 8 路连接。

```
clear; clc;
I = [
      0 0 0 0 0 0 0;
      0 0 0 1 1 0 0;
      0 1 1 0 0 0 0;
      0 1 0 0 1 0 0;
      0 0 0 1 0 0 0;
      0 0 1 0 0 1 0;
      0 0 0 0 0 0 0;
    ];
subplot(131), imshow(I); title('I')
c1 = bwconncomp(I,4);
s1 = regionprops(c1,'Centroid');
n1 = cat(1, s1.Centroid);
subplot(132), imshow(I); title('J (4 路)'); hold on;
plot(n1(:,1), n1(:,2), 'b*'); hold off;
c2 = bwconncomp(I,8);
s2 = regionprops(c2,'Centroid');
n2 = cat(1, s2.Centroid);
subplot(133), imshow(I); title('K (8 路)'); hold on;
plot(n2(:,1), n2(:,2), 'r*'); hold off;
```

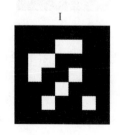
I
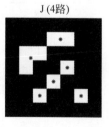
J (4路)
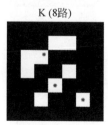
K (8路)

图 1.98　例 1.86 的输出

在二值图像中检测到的对象可以通过在其上绘制每个对象的质心和边界框来划分。然而，当灰度图像被转换为二值图像时，检测到的对象数量取决于所使用的二值化阈值。在例 1.87 中，使用两个特定阈值将灰度图像 I 转换为二进制图像。在第一种情况下，白色背景被视为单个对象，其质心和边界框绘制在白色背景上。在第二种情况下，有三个独立的对象和三个不同的质心，它们的质心和边界框分别绘制在它们上面（见图 1.99）。

例 1.87 编写一个程序，使用不同的阈值将灰度图像转换为二进制图像，并使用边界框划分不同的对象。

```
clear; clc;
I = imread('circlesBrightDark.png');
figure,
subplot(131)
imshow(I);
subplot(132)
b1 = im2bw(I, 0.5);
c1 = bwconncomp(b1);
s1 = regionprops(c1,'all');
n1 = cat(1, s1.Centroid);
bb = s1.BoundingBox;
c1 = insertShape(double(b1), 'Rectangle', bb, 'Color', 'red');
imshow(c1); title('b1'); hold on;
plot(n1(:,1),n1(:,2),'b*');
subplot(133)
b2 = im2bw(I, 0.7);
c2 = bwconncomp(b2);
s2 = regionprops(c2,'all');
n2 = cat(1, s2.Centroid);
[bb1, bb2, bb3] = s2.BoundingBox;
bb = [bb1;bb2;bb3];
c2 = insertShape(double(b2), 'Rectangle', bb, 'Color', 'green');
imshow(c2);
title('b2'); hold on;
plot(n2(:,1),n2(:,2),'r*');
```

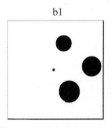
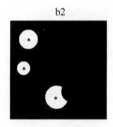

图 1.99　例 1.87 的输出

IPT 函数 **bwdist** 用于使用各种度量计算二值图像中对应每个像素的距离。对于每个像素，该函数分配一个数字，表示该像素与最近的非零像素之间的距离，函数返回包含这些距离的矩阵。例 1.88 显示了与像素的欧氏、棋盘和城市街区距离被可视化为灰度强度，即距离越大，点越亮（见图 1.100）。其中，chessboard 度量为一个像素的所有 8 个相邻像素分配相同的值 1；Euclidean 度量将值 1 分配给 4 个连接的相邻像素，将 $\sqrt{2}$ 分配给对角线像素；而 Cityblock 或 Manhattan 度量将值 1 分配给 4 个连接的相邻像素，将值 2 分配给对角线像素。一个像素的 8 个相邻像素的实际距离为：

$$\text{Euclidean} = \begin{bmatrix} \sqrt{2} & 1 & \sqrt{2} \\ 1 & 0 & 1 \\ \sqrt{2} & 1 & \sqrt{2} \end{bmatrix}$$

$$\text{Chessboard} = \begin{bmatrix} 1 & 1 & 1 \\ 1 & 0 & 1 \\ 1 & 1 & 1 \end{bmatrix}$$

$$\text{Cityblock} = \begin{bmatrix} 2 & 1 & 2 \\ 1 & 0 & 1 \\ 2 & 1 & 2 \end{bmatrix}$$

例 1.88 编写一个程序,使用各种度量将与像素的距离描述为灰度强度。

```
clear; clc;
a = zeros(8);
a(2,2) = 1; a(4,6) = 1; a(6,5) = 1;
d1 = bwdist(a, 'euclidean');
d2 = bwdist(a, 'chessboard');
d3 = bwdist(a, 'cityblock');
figure,
subplot(221), imshow(a); title('I');
subplot(222), imshow(d1, []); title('euclidean');
subplot(223), imshow(d2, []); title('chessboard');
subplot(224), imshow(d3, []); title('cityblock');
```

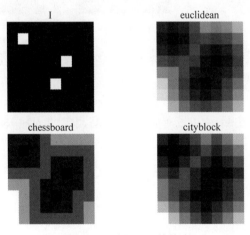

图 1.100 例 1.88 的输出

一组点 X 的凸包是包含 X 的所有点的最小凸区域。IPT 函数 **bwconvhull** 用于计算二值图像中所有目标的凸包。例 1.89 说明了不同二进制目标组的凸包的显示。图像 H1 显示了图像 B1 中二值目标的凸包,图像 H2 显示了图像 B2 中二值目标的凸包。B1 来自 I1,B2 来自 I2,使用阈值为 200。I2 通过图像求反从 I1 导出(见图 1.101)。

例 1.89 编写一个程序,显示一组二元目标的凸包。

```
clear; clc;
I = imread('circlesBrightDark.png');
```

```
figure,
subplot(231), imshow(I); title('I1');
B = I > 200;
subplot(232), imshow(B); title('B1');
H = bwconvhull(B);
subplot(233), imshow(H); title('H1')
I = 255 - I;
subplot(234), imshow(I); title('I2');
B = I > 200;
subplot(235), imshow(B); title('B2');
H = bwconvhull(B);
subplot(236), imshow(H); title('H2')
```

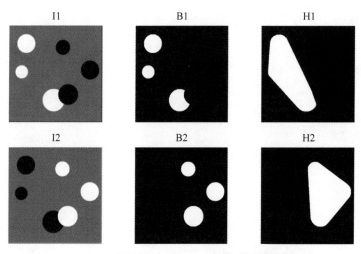

图 1.101　例 1.89 的输出

IPT 函数 bwlabel 用于生成标签，即为在二进制图像中找到的使用 4 路或 8 路连接的每个对象生成一个唯一整数。在例 1.90 中，从图像的左侧开始用标签 1、2、3 指定三个目标，用 0 指定背景。然后使用[0,1]范围内的灰度强度对应标签索引号来显示这些目标，即索引 0 对应 RGB 0，索引 1 对应 RGB 0.33，索引 2 对应 RGB 0.66，索引 3 对应 RGB 1（见图 1.102）。

例 1.90　编写一个程序，使用与标签索引号相对应的灰度级别来显示图像目标。

```
clear; clc;
I = imread('circlesBrightDark.png');
B = im2bw(I, 0.7);
L = bwlabel(B);
subplot(121), imshow(I); title('I');
subplot(122), imshow(L, []); title('L');
```

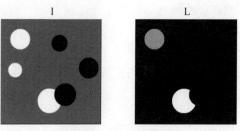

图 1.102　例 1.90 的输出

1.7.4 纹理分析

纹理分析是指通过纹理内容对图像中的区域进行表征/刻画。纹理是指空间模式或像素排列,它可以产生粗糙、光滑、粗、细等视觉感知。使用纹理可以轻松地识别多种类型的物体,如草、木头、石头和布料等,因此基于纹理的分析是模式识别和计算机视觉的重要组成部分。纹理分析中的重要方法之一是 Haralick 等(Haralick,1973)提出的**灰度共生矩阵**(**GLCM**)。GLCM 定义了在偏移距离 d 和角度 θ 处灰度级 j 的邻域中出现灰度级 i 的概率,即

$$G = P(i, j \mid d, \theta)$$

可以通过改变 θ 以各种角度考虑 GLCM:水平($0°$和$180°$)、垂直($90°$和$270°$)、右对角线($45°$和$225°$)、左对角线($135°$和$315°$)。考虑具有四个灰度强度 1、2、3、4 的图像的 4×4 部分 I。该图像可以由数据矩阵 $\boldsymbol{A}$ 表示:

$$\boldsymbol{A} = \begin{bmatrix} 0 & 0 & 1 & 1 \\ 0 & 0 & 1 & 1 \\ 0 & 2 & 2 & 2 \\ 2 & 2 & 3 & 3 \end{bmatrix}$$

为简单起见,如果我们考虑偏移量 $d=1$,那么 GLCM $\boldsymbol{g}$ 可以沿 $\theta=0°$(即沿正 x 轴)计算如下,注意到 0 接 0 出现了 2 次,0 接 1 出现了 2 次,0 接 2 出现了 1 次,0 接 3 出现了 0 次,以此类推。

$$\boldsymbol{g} = \begin{bmatrix} 2 & 2 & 1 & 0 \\ 0 & 2 & 0 & 0 \\ 0 & 0 & 3 & 1 \\ 0 & 0 & 0 & 1 \end{bmatrix}$$

对于 $\theta=180°$(沿负 x 轴),GLCM 将是转置矩阵 $\boldsymbol{g}^{\mathrm{T}}$。因此,转置被添加到原始矩阵中,使其对称,以考虑两个方向。

$$\boldsymbol{g} + \boldsymbol{g}^{\mathrm{T}} = \begin{bmatrix} 2 & 2 & 1 & 0 \\ 0 & 2 & 0 & 0 \\ 0 & 0 & 3 & 1 \\ 0 & 0 & 0 & 1 \end{bmatrix} + \begin{bmatrix} 2 & 0 & 0 & 0 \\ 2 & 2 & 0 & 0 \\ 1 & 0 & 3 & 0 \\ 0 & 0 & 1 & 1 \end{bmatrix} = \begin{bmatrix} 4 & 2 & 1 & 0 \\ 2 & 4 & 0 & 0 \\ 1 & 0 & 6 & 1 \\ 0 & 0 & 1 & 2 \end{bmatrix} = \boldsymbol{S}_0$$

为了使 GLCM 独立于图像大小,通过除以所有元素的总和进行归一化:$\boldsymbol{G}_0 = (1/24)\boldsymbol{S}_0$。对其他方向,GLCM 遵循相同的过程,即可以获得一组**对称归一化方向** GLCM,如下所示:

$$\boldsymbol{G}_0 = \frac{1}{24} \begin{bmatrix} 4 & 2 & 1 & 0 \\ 2 & 4 & 0 & 0 \\ 1 & 0 & 6 & 1 \\ 0 & 0 & 1 & 2 \end{bmatrix}$$

$$\boldsymbol{G}_{45} = \frac{1}{18} \begin{bmatrix} 4 & 1 & 1 & 0 \\ 1 & 2 & 2 & 0 \\ 0 & 2 & 4 & 1 \\ 0 & 0 & 1 & 0 \end{bmatrix}$$

$$G_{90} = \frac{1}{24} \begin{bmatrix} 6 & 0 & 2 & 0 \\ 0 & 4 & 2 & 0 \\ 2 & 2 & 2 & 2 \\ 0 & 0 & 2 & 0 \end{bmatrix}$$

$$G_{135} = \frac{1}{18} \begin{bmatrix} 2 & 1 & 3 & 0 \\ 1 & 2 & 1 & 0 \\ 3 & 1 & 0 & 2 \\ 0 & 0 & 2 & 0 \end{bmatrix}$$

IPT 函数 **graycomatrix** 用于在给定数据矩阵、偏移距离、灰度级数以及最小和最大灰度强度的情况下计算 GLCM。例 1.91 显示了如何沿四个方向计算对称的 GLCM。BM 函数 **min** 和 **max** 用于计算向量的最小值和最大值。对于 2-D 矩阵，每个函数重复两次，第一次沿每列计算其值，第二次沿每行计算其值（见图 1.103）。

例 1.91 编写一个程序，从灰度图像区域计算对称方向的 GLCM。

```
clear; clc;
I = [0 0 1 1; 0 0 1 1; 0 2 2 2; 2 2 3 3];
d = 1; lev = 4;
minI = min(min(I));
maxI = max(max(I));
glcm0 = graycomatrix(I, 'Offset',[0 d], 'NumLevels', lev, …
    'Symmetric', true, 'GrayLimits', [minI, maxI]);
glcm45 = graycomatrix(I, 'Offset',[-d d], 'NumLevels', lev, …
    'Symmetric', true, 'GrayLimits', [minI, maxI]);
glcm90 = graycomatrix(I, 'Offset',[-d 0], 'NumLevels', lev, …
    'Symmetric', true, 'GrayLimits', [minI, maxI]);
glcm135 = graycomatrix(I, 'Offset',[-d -d], 'NumLevels', lev, …
    'Symmetric', true, 'GrayLimits', [minI, maxI]);
subplot(231), imshow(I,[]); title('I');
subplot(233), imshow(glcm0,[]); title('G0');
subplot(234), imshow(glcm45,[]); title('G45');
subplot(235), imshow(glcm90,[]); title('G90');
subplot(236), imshow(glcm135,[]); title('G135');
```

GLCM 的维度取决于图像中灰度级的总数。由于对于典型的灰度图像，灰度级总数可以达到 256，因此 GLCM 成为一个高维矩阵，无法有效地直接合并到应用程序中。因此，传统的做法是从 GLCM 计算一些标量统计特性，并将这些数据纳入计算而不是 GLCM 本身。典型特征包括对比度、相关性、能量、均匀性。如果用 $G(i,j)$ 表示方向归一化对称 GLCM 的第 (i,j) 个元素，N 表示灰度级数，则特征对比度 C、均匀性 H、能量 E 和相关性 R 的定义如下：

$$C = \sum_{i=1}^{N} \sum_{j=1}^{N} G(i,j) \cdot (i-j)^2$$

$$H = \sum_{i=1}^{N} \sum_{j=1}^{N} \frac{G(i,j)}{1 + |i-j|}$$

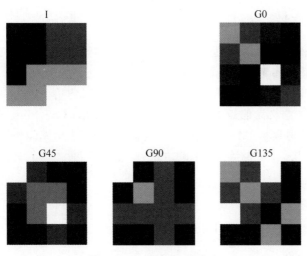

图 1.103 例 1.91 的输出

$$E = \sum_{i=1}^{N}\sum_{j=1}^{N}\{G(i,j)\}^2$$

$$R = \sum_{i=1}^{N}\sum_{j=1}^{N}G(i,j)\frac{(i-\mu_i)(j-\mu_j)}{\sigma_i \cdot \sigma_j}$$

式中，μ 和 σ 分别表示沿下标指示的特定方向的均值和标准方差。IPT 函数 **graycoprops** 用于从 GLCM 计算上述统计属性。例 1.92 说明了例 1.91 的 0 度 GLCM 的特征计算。

例 1.92 编写一个程序，计算来自 GLCM 的统计标量值。

```
clear; clc;
G = glcm0;
s = graycoprops(G);
C = s.Contrast
E = s.Energy
H = s.Homogeneity
R = s.Correlation
```

熵是随机性的统计量度，可用于表征输入图像的纹理。熵定义为 $E = -\Sigma p \log_2 p$，其中，p 包含从函数 imhist 返回的归一化直方图计数(Gonzalez, et al., 2003)。IPT 函数 **entropy** 用于计算灰度图像的熵值。IPT 函数 **entropyfilt** 用于返回一个数组，其中每个输出像素包含输入图像中相应像素周围 9×9 邻域的熵值。在例 1.93 中，原始图像中的每个像素都被其 9×9 邻域的熵值替换(见图 1.104)。

例 1.93 编写一个程序，用从像素邻域计算的局部熵值来表示每个像素。

```
clear; clc;
I = imread('coins.png');
E = entropy(I);
J = entropyfilt(I);
imshowpair(I,J,'montage');
```

图 1.104 例 1.93 的输出

1.7.5 图像质量

图像经过采集和处理(如噪声处理和压缩)，**图像质量**可能会下降。为了测量退化量，将退化图像与没有退化的参考图像进行比较，并且使用指标计算变化量。两个最常用的指标是**信噪比**(SNR)和**峰值 SNR**(PSNR)。SNR 是信号 I 的平均功率 P_I 与噪声 N 的平均功率 P_N 的比值，而 PSNR 定义为信号 P 与噪声 N 的峰值比值(对于 uint8 灰度图像是 255)与信号和噪声之间的**均方误差**(MSE)的比值，这里用 m 和 n 表示图像的维度。平均功率也与幅度的平方成正比，其中，A 表示 RMS(均方根)幅度

$$\mathrm{SNR} = \frac{P_I}{P_N} = \left(\frac{A_I}{A_N}\right)^2$$

$$\mathrm{PSNR} = 10\log_{10}\frac{P^2}{\mathrm{MSE}}$$

$$\mathrm{MSE} = \frac{1}{mn}\sum_{i=1}^{m}\sum_{j=1}^{n}\{I(i,j) - N(i,j)\}^2$$

IPT 函数 **psnr** 用于计算给定噪声图像相对于没有噪声的参考图像的 PSNR，并返回以分贝为单位的 SNR 值。在例 1.94 中，使用椒盐噪声和高斯噪声生成了两种类型噪声的图像。得到的 SNR/PSNR 值对第一幅图像为 15.22/21.98，对第二幅图像为 10.51/17.26 (见图 1.105)。

例 1.94 编写一个程序，通过计算噪声图像的 SNR 和 PSNR 值来估计图像质量的退化。

```
clear; clc;
I = imread('coins.png');
A = imnoise(I,'salt & pepper', 0.02);
B = imnoise(I,'gaussian', 0, 0.02);
[peaksnr, snr] = psnr(A, I);
fprintf('\n The Peak - SNR value is % 0.4f', peaksnr);
fprintf('\n The SNR value is % 0.4f \n', snr);
[peaksnr, snr] = psnr(B, I);
fprintf('\n The Peak - SNR value is % 0.4f', peaksnr);
fprintf('\n The SNR value is % 0.4f \n', snr);
montage({I,A,B}, 'Size', [1 3]); title('I, A, B');
```

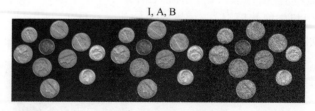

图 1.105 例 1.94 的输出

结构相似性(SSIM)指标用于测量两幅图像 x 和 y 的相似性，旨在改进 PSNR 和 MSE。SSIM 为以下三项的乘积：亮度 $L(x,y)$、对比度 $C(x,y)$ 和结构 $S(x,y)$，定义如下(Zhou, et al.,2004)，其中，c_1、c_2 和 c_3 是常数：

$$L(x,y) = \frac{2\mu_x\mu_y + c_1}{\mu_x^2 + \mu_y^2 + c_1}$$

$$C(x,y) = \frac{2\sigma_x\sigma_y + c_2}{\sigma_x^2 + \sigma_y^2 + c_2}$$

$$S(x,y) = \frac{\sigma_{xy} + c_3}{\sigma_x\sigma_y + c_3}$$

式中，μ_x、μ_y、σ_x、σ_y 和 σ_{xy} 分别是图像 x 和 y 的局部均值、标准方差和互协方差。在例 1.95 中，IPT 函数 **ssim** 用于计算噪声图像相对于参考图像的 SSIM，它返回一个全局值 sg，是整幅图像的标量，以及为每个像素计算的局部值集 sl。IPT 函数 **immse** 用于计算噪声图像和参考图像之间的 MSE，它返回的全局值为 0.8464，而局部值已被可视化为灰度图像，返回的 MSE 值为 0.0121。显示的图像是原始图像 I、噪声图像 A 和局部 SSIM 值图像 sl（见图 1.106）。

例 1.95 编写一个程序，估计噪声图像相对于参考图像的结构相似性。

```
clear; clc;
I = checkerboard(8);
A = imnoise(I,'gaussian', 0, 0.02);
[sg, sl] = ssim(A,I);
montage({I,A, sl}, 'Size', [1 3]); title('I, A, sl');
m = immse(A, I);
fprintf('\n The SSIM value is % 0.4f', sg);
fprintf('\n The MSE value is % 0.4f\n', m);
```

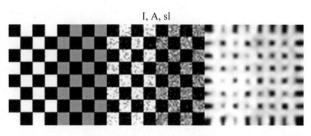

图 1.106　例 1.95 的输出

1.7.6　图像变换

到目前为止，所有执行的滤波操作都是在空域中执行的，即图像的 X-Y 平面。另一种处理形式称为频域处理，如使用**傅里叶变换**（FT）将图像从空域变换到频域。根据傅里叶定理，任何信号都可以表示为正弦和余弦分量的加权和。由于正在处理离散信号，因此使用**离散傅里叶变换**（**DFT**），其中，使用求和符号而不是用于模拟信号的标准 FT 中的积分符号。考虑具有 N 个样本的 1-D 时域信号 x，第 i 个样本表示为 $x(i)$。该信号被转换为同样具有 N 个值的频域信号 X。第 k 个频域值由 $X(k)$ 表示。前向 **DFT** 用时域值表示频域值：

$$X(k) = \sum_{i=0}^{N-1} x(i) e^{-j\frac{2\pi ki}{N}}$$

式中，$j = \sqrt{-1}$；e 是指数算子，$e = \lim_{n \to \infty}\left(1 + \frac{1}{n}\right)^n \approx 2.718$。

我们还从欧拉公式知道：$e^{jx} = \cos(x) + j \cdot \sin(x)$。

将上两式结合起来，得到：

$$X(k) = \sum_{i=0}^{N-1} x(i) \left(\cos \frac{2\pi ki}{N} - j \cdot \sin \frac{2\pi ki}{N} \right)$$

反向 DFT 用 $X(k)$ 表示 $x(i)$：

$$x(i) = \frac{1}{N} \sum_{i=0}^{N-1} X(k) e^{j\frac{2\pi ki}{N}}$$

执行 DFT 后的信号值本质上是复数，由实部和虚部组成。这些值称为系数，它们充当一系列称为基函数的单位幅度正弦和余弦分量的缩放因子。如果 $A(k)$ 和 $B(k)$ 分别是 $X(k)$ 的实部和虚部，那么：

$$A(k) = \text{Re}\{X(k)\} = \sum_{i=0}^{N-1} x(i) \cos \frac{2\pi ki}{N}$$

$$B(k) = \text{Im}\{X(k)\} = \sum_{i=0}^{N-1} x(i) \sin \frac{2\pi ki}{N}$$

收集 k 为 $0 \sim (N-1)$ 的所有项，得到：

$$A = \{A(0), A(1), A(2), \cdots, A(N-1)\}$$
$$B = \{B(0), B(1), B(2), \cdots, B(N-1)\}$$

现在，原始信号 X 可以表示为：$X = A - jB$。绝对值提供频域信号的幅度 $|X(k)|$，**相位角** $\varphi(k)$ 提供频域信号的方向，合称为**频谱**：

$$|X(k)| = \sqrt{\{A(k)\}^2 + \{B(k)\}^2}$$

$$\varphi(k) = \arctan \left\{ \frac{B(k)}{A(k)} \right\}$$

默认情况下，频谱的零频率分量显示在图的左上角，为了更好地观看，习惯上将其移到图的中心。在例 1.96 中，BM 函数 **fft** 用于生成阶跃函数的 DFT。用 FFT 代表**快速傅里叶变换**，它是一种用于计算 DFT 的快速且计算效率高的算法。BM 函数 **fftshift** 用于将零频率分量移动到图的中心。BM 函数 **real** 和 **imag** 用于计算频域信号复数值的实部和虚部。例 1.96 显示了 1-D 阶跃输入信号的移位频谱及其相位（见图 1.107）。

例 1.96　编写一个程序，绘制 1-D 离散阶跃函数频谱的幅度和相位。

```
clear; clc;
a = zeros(1,1024);
a(1:10) = 1;
b = fft(a);
c = fftshift(b);
M = abs(b);
N = abs(c);
R = real(c); I = imag(c); P = atan(I./R);
subplot(221), plot(a); axis tight; title('input signal')
subplot(222), plot(M); axis tight; title('Spectrum')
subplot(223), plot(N); axis tight; title('Shifted Spectrum')
subplot(224), plot(P); axis tight; title('Phase')
```

由于图像是 2-D 信号，因此需要将 DFT 的 1-D 版本扩展到适用于图像的 2-D 版本，在

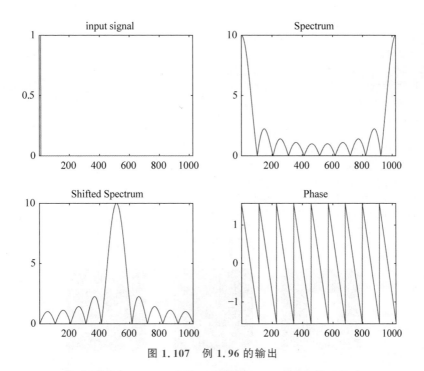

图 1.107 例 1.96 的输出

这种情况下，$x(i)$ 被图像函数 $f(x,y)$ 替换，$X(k)$ 被 $F(u,v)$ 替换，元素个数 N 被两个维度 M（图像列数）和 N（图像行数）替换。这样，**正向 2-D DFT** 和**反向 2-D DFT** 由以下两式给出：

$$F(u,v) = \sum_{x=0}^{M-1} \sum_{y=0}^{N-1} f(x,y) \exp\left\{-j2\pi\left(\frac{ux}{M} + \frac{vy}{n}\right)\right\}$$

$$f(x,y) = \sum_{u=0}^{M-1} \sum_{v=0}^{N-1} F(u,v) \exp\left\{j2\pi\left(\frac{ux}{M} + \frac{vy}{n}\right)\right\}$$

一种称为 DFT 运算符的快捷方式可用于表示正向和反向操作，如下所示：

$$F(u,v) = \mathcal{F}\{f(x,y)\}$$
$$f(x,y) = \mathcal{F}^{-1}\{F(u,v)\}$$

为了分析 2-D 图像的傅里叶变换，可将它显示为图像，因为它是一个 2-D 系数矩阵。然而，由于这些值本质上是复数，我们计算了它的绝对值。将零频率分量移动到图的中心以获得更好的可视化效果，如同 1-D 情况。DFT 系数通常跨越 10^6 级的大范围值。为了以图像的形式显示这些系数，需要将它们压缩到 0~255 区间内，这是通过使用对数函数来实现的。为避免出现 0 值的可能性，在进行对数计算之前将数值加 1。IPT 函数 **fft2** 用于对图像应用 2-D 傅里叶变换，并计算系数的绝对值以避免处理虚数值。由于原始矩阵的大小仅为 30×30，为了更好地可视化，系数矩阵的大小通过填充零增加到 200×200。IPT 函数 **ifft2** 用于计算反向 DFT 并从其频谱返回空域图像。例 1.97 显示了一个 2-D 阶跃输入信号及其移位频谱的对数值，同时使用反向 DFT 将频谱转换回空域（见图 1.108）。

例 1.97 编写一个程序，显示 2-D 阶跃函数的傅里叶频谱。

```
clear; clc;
dim = 30; f = zeros(dim, dim);
```

```
h = size(f,1); w = size(f,2);
f(h/3:2 * h/3, w/3:2 * w/3) = 1;
F = fft2(f);
F1 = fft2(f, 200, 200);
F2 = fftshift(F1);
F3 = log(1 + abs(F2));
g = ifft2(F);
figure,
subplot(231), imshow(f); title('f');
subplot(232), imshow(abs(F), []); title('|F|');
subplot(233), imshow(abs(F1), []); title('|F1|');
subplot(234), imshow(abs(F2), []); title('|F2|');
subplot(235), imshow(F3, []); title('F3');
subplot(236), imshow(g, []); title('g');
```

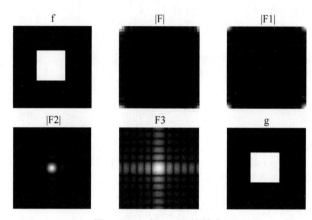

图 1.108 例 1.97 的输出

离散余弦变换（**DCT**）是 DFT 的替代方法，使用它可以仅使用实分量将信号转换到频域，从而避免复数运算。基函数仅由单位幅度的余弦波形组成。考虑具有 N 个样本的 1-D 时域信号 x，第 i 个样本表示为 $x(i)$。该信号被转换为同样具有 N 个值的频域信号 X，第 k 个频域值由 $X(k)$ 表示。**前向 DCT** 用时域值表示频域值：

$$X(k) = \alpha \sum_{i=0}^{N-1} x(i) \cos\left\{\frac{(2i+1)\pi k}{2N}\right\}$$

其中

$$\alpha = \sqrt{\frac{1}{N}}, k=0; \quad \alpha = \sqrt{\frac{2}{N}}, k \neq 0$$

反向 DCT 用 $X(k)$ 表示 $x(i)$：

$$x(i) = \sum_{i=0}^{N-1} \alpha X(k) \cos\left\{\frac{(2i+1)\pi k}{2N}\right\}$$

其中

$$\alpha = \sqrt{\frac{1}{N}}, k=0; \quad \alpha = \sqrt{\frac{2}{N}}, k \neq 0$$

信号处理工具箱（SPT）函数 **dct** 用于从 1-D 信号计算 DCT，并返回与输入数组大小相同的系数输出数组。SPT 函数 **idct** 用于根据系数计算反向 DCT。在例 1.98 中，方波脉冲首先使用 DCT 进行变换，然后程序计算有多少个 DCT 系数代表信号中 99% 的能量，然后使用这些数量的系数重建信号并与将所有系数都用于重建的情况进行比较。该示例表明，仅 4.1992% 的排序系数就足以重建 99% 的信号能量（见图 1.109）。

例 1.98 编写一个程序，使用 DCT 将 1-D 信号转换到频域，并使用足以表示 99% 信号能量的系数子集将其转换回来。

```
clear; clc;
x = zeros(1,1024);
x(1:100) = 1;
X = dct(x);
[val, idx] = sort(abs(X),'descend');
i = 1;
while norm(X(idx(1:i)))/norm(X) < 0.99
    i = i + 1;
end
n = i;                  % no. of coefficients for 99 % of energy
perc = n * 100/numel(X) % percentage of coefficients
val(idx(n + 1:end)) = 0;
xx = idct(val);
y = idct(X);
figure,
subplot(131), plot(x); title('Original'); axis tight; axis square;
subplot(132), plot(xx); axis tight; axis square;
title('Reconstructed with 99 % energy');
subplot(133), plot(y); axis tight; axis square;
title('Reconstructed with 100 % energy');
```

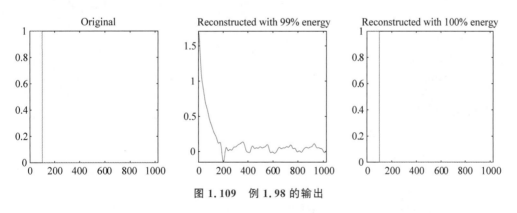

图 1.109 例 1.98 的输出

由于图像是 2-D 信号，需要 2-D 版本的 DCT 以应用于图像。如果 $f(x,y)$ 是图像上第 (x,y) 个点，其维度为 M 列乘 N 行，$F(u,v)$ 是第 (u,v) 个频域分量，则**前向 2-D DCT** 由下式给出：

$$F(u,v) = \alpha_u \alpha_v \cdot \sum_{x=0}^{M-1} \sum_{y=0}^{N-1} f(x,y) \cos\left\{\frac{(2x+1)\pi u}{2M}\right\} \cos\left\{\frac{(2y+1)\pi v}{2N}\right\}$$

其中

$$\alpha_u = \sqrt{\frac{1}{M}}, u=0; \quad \alpha_u = \sqrt{\frac{2}{M}}, u \neq 0$$

$$\alpha_v = \sqrt{\frac{1}{N}}, v=0; \quad \alpha_v = \sqrt{\frac{2}{N}}, v \neq 0$$

反向 2-D DCT 由下式给出：

$$f(x,y) = \sum_{x=0}^{M-1}\sum_{y=0}^{N-1}\alpha_u\alpha_v F(u,v)\cos\left\{\frac{(2x+1)\pi u}{2M}\right\}\cos\left\{\frac{(2y+1)\pi v}{2N}\right\}$$

其中

$$\alpha_u = \sqrt{\frac{1}{M}}, u=0; \quad \alpha_u = \sqrt{\frac{2}{M}}, u \neq 0$$

$$\alpha_v = \sqrt{\frac{1}{N}}, v=0; \quad \alpha_v = \sqrt{\frac{2}{N}}, v \neq 0$$

IPT 函数 **dct2** 用于返回输入数据矩阵的 2-D DCT，IPT 函数 **idct2** 用于返回反向 2-D DCT。在例 1.99 中，首先读取灰度图像并计算 2-D DCT（J）。然后将 DCT 系数用对数形式显示，以将大范围的显示值压缩到 0～255 区间内，显示图像（JL）。在第一种情况下，删除所有值小于 10 的系数，并显示生成的 DCT 矩阵（J1）。这些系数被转换回空域，并显示结果图像（K1）。在第二种情况下，删除所有值小于 50 的系数，并显示生成的 DCT 矩阵（J2）。这些系数被转换回空域，并显示结果图像（K2）。在第二种情况下，由于删除了大量系数，导致图像质量下降更多，伪影更多（见图 1.110）。

例 1.99 编写一个程序，使用 DCT 将灰度图像转换到频域，并用系数的子集将其转换回来，以证明图像质量的差异。

```
clear; clc;
I = imread('coins.png');
J = dct2(I);
JL = log(abs(J));
J(abs(J) < 10) = 0;        % remove coefficients less than 10
J1 = log(abs(J));
K1 = idct2(J);
J(abs(J) < 50) = 0;        % remove coefficients less than 50
J2 = log(abs(J));
K2 = idct2(J);
Figure,
subplot(231), imshow(I); title('I');
subplot(232), imshow(JL,[]); title('JL');
subplot(233), imshow(J1,[]); title('J1');
subplot(234), imshow(K1, []); title('K1');
subplot(235), imshow(J2, []); title('J2');
subplot(236), imshow(K2, []); title('K2');
```

注意：IPT 还包括一个函数 **dctmtx**，它返回一个变换矩阵，需要与图像相乘以计算图像矩阵的 2-D DCT。变换矩阵的计算仅取决于图像 I 的大小，即 $D = $ dctmtx(size(I,1))。然后可以使用以下公式计算图像 DCT：dct $= DID'$。这种计算有时比使用函数 dct2 更快，尤其是在需要计算大量相同尺寸的小图像块的 DCT 时，因为 D 只需要计算一次，这将比为每

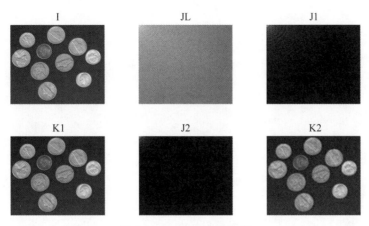

图 1.110 例 1.99 的输出

个单独的块重复调用函数 dct2 更快。

离散小波变换(DWT) 是一种类似于 DFT 的变换,因为两者都将原始信号表示为缩放基函数的组合。但 DFT 基函数是频率变化和无限持续时间的正弦波,而 DWT 基函数是波形样的振荡,称为**小波**,持续时间有限(Mallat,1989),原始函数以母小波的缩放和平移副本表示,主要用于信号为非周期性且具有不连续性的情况。DWT 可用于通过连续低通和高通滤波来分析不同频段的信号。低通输出称为**近似系数**,而高通输出称为**细节系数**。当应用于如图像 I 这样的 2-D 信号时,2-D 小波变换操作可以用以下方案表示,称为 1 级或**单级分解**,其中,W 是 2-D 小波变换矩阵:

$$WIW^T \rightarrow \begin{bmatrix} LL & LH \\ HL & HH \end{bmatrix} \rightarrow \begin{bmatrix} A & H \\ V & D \end{bmatrix}$$

在这里,LL 表示沿图像的列和行进行低通滤波,产生近似系数 A,它是原始图像的副本,但沿宽度和高度都缩小了一半。LH 表示沿列进行低通滤波,沿行进行高通滤波,产生水平系数 H,该水平系数是沿宽度求平均、沿高度求差的图像,因此能够识别水平边缘。HL 表示沿列的高通滤波和沿行的低通滤波,产生垂直系数 V,即沿高度求平均、沿宽度求差的图像,因此能够识别垂直边缘。HH 表示沿行高通滤波和沿列高通滤波,产生对角系数 D,即沿高度差分和沿宽度差分产生的图像,因此能够识别对角线边缘。以上步骤统称为分解或分析步骤。通过再次通过低通和高通滤波器,可以将近似系数和细节系数组合在一起以重建原始图像,这称为重建或合成步骤。小波工具箱(WT)函数 **dwt2** 用于使用指定的小波名称计算单级 2-D 小波变换,并返回近似值、水平、垂直和对角线系数。在例 1.100 中,计算了单级 DWT 并显示近似系数和细节系数。选项 sym4 用于指定小波的类型,即符号阶数 4。WT 函数 **idwt2** 用于通过从系数重建原始图像来执行反向小波变换(见图 1.111)。

例 1.100 编写一个程序,执行 2-D 离散小波变换并显示近似系数、水平系数、垂直系数和对角系数。从分析组元重建图像并计算它与原始图像的差异。

```
clear; clc;
X = checkerboard(10);
wname = 'sym4';
```

```
[cA, cH, cV, cD] = dwt2(X, wname);
subplot(2,2,1)
imagesc(cA)
colormap gray
title('Approximation')
subplot(2,2,2)
imagesc(cH)
colormap gray
title('Horizontal')
subplot(2,2,3)
imagesc(cV)
colormap gray
title('Vertical')
subplot(2,2,4)
imagesc(cD)
colormap gray
title('Diagonal')
A0 = idwt2(cA, cH, cV, cD, wname, size(X));
Figure,
subplot(121), imshow(X); title('original');
subplot(122), imshow(A0); title('reconstructed');
max(max(abs(X – A0)))
```

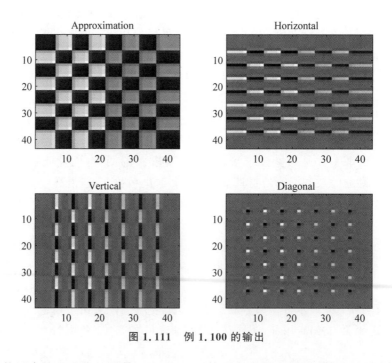

图 1.111　例 1.100 的输出

　　DFT 只使用余弦和正弦基函数,而 DWT 可使用各种基函数,具体取决于振荡小波的波形。**waveletAnalyzer** 应用程序可用于生成不同类型小波的可视化显示。细化菜单允许选择计算小波函数的点数。各种小波类型使用许多家族名称进行组织,例如 haar、daubechies(db)、symlet(sym)、meyer(meyr)、gaussian(gaus)、coiflets(coif) 等。图 1.112 显示了 sym4 小波。

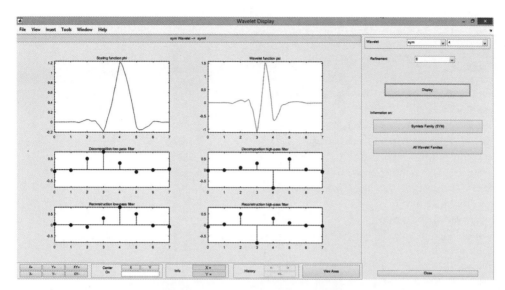

图 1.112　WaveletAnalyzer 交互界面

每个小波都与一组低通和高通滤波器相关联。每种类型的滤波器又可以分为分解滤波器和重建滤波器。例 1.100 说明了单级分解，也可以通过使用上一层的近似图像作为下一层的起始图像来进行**多级分解**。WT 函数 **wavedec2** 可用于执行多级分解。例 1.101 显示了 2 级分解，并显示了两级的近似系数和细节系数。其中，X 为 80×80 大小的图像，第一级组件 A1、H1、V1、D1 的大小为 41×41，第二级组件 A2、H2、V2、D2 的大小为 22×22。输出是分解向量 C 和相应的记录矩阵 S。向量 C 包含按以下顺序矢量化的分量：[A2, H2, V2, D2, H1, V1, D1]，因此大小为 $(22\times22\times4+41\times41\times3)=6979$，它由 $(3N+1)$ 个元素组成，其中，N 表示分解级别，在本例中有 $3\times2+1=7$ 个元素。矩阵 S 包含细节系数的大小，顺序为 [size(A2,1), size(A2,2), size(H2,1), size(H2,2), size(H1,1), size(H1,2), size(X)]，因此在这种情况下是一个 4×2 矩阵 [22,22;22,22;41,41;80,80]，即大小为 $(N+2\times2)$。WT 函数 **appcoef2** 用于计算指定级别的近似系数，而 WT 函数 **detcoef2** 用于计算指定级别的细节系数。随后显示两个级别的 8 个系数（见图 1.113）。所有矩阵按照以下方案排列。

```
C = [A2 | H2 | V2 | D2 | H1 | V1 | D1]
S = [A2(1), A2(2)]
    [H2(1), H2(2)]
    [H1(1), H1(2)]
    [X(1), X(2)]
```

例 1.101　编写一个程序，对图像进行二级离散小波变换，并显示两级的近似系数和细节系数。

```
clear; clc;
X = checkerboard(10);
[C, S] = wavedec2(X,2,'db2');
A1 = appcoef2(C, S, 'db2', 1);
[H1, V1, D1] = detcoef2('all', C, S, 1);
A2 = appcoef2(C, S, 'db2', 2);
[H2, V2, D2] = detcoef2('all', C, S, 2);
```

```matlab
subplot(4,2,1);
imagesc(A1); colormap gray;
title('Approximation Coef. of Level 1');
subplot(4,2,2);
imagesc(H1); colormap gray;
title('Horizontal detail Coef. of Level 1');
subplot(4,2,3);
imagesc(V1); colormap gray;
title('Vertical detail Coef. of Level 1');
subplot(4,2,4);
imagesc(D1); colormap gray;
title('Diagonal detail Coef. of Level 1');
subplot(4,2,5);
imagesc(A2); colormap gray;
title('Approximation Coef. of Level 2');
subplot(4,2,6);
imagesc(H2); colormap gray;
title('Horizontal detail Coef. of Level 2');
subplot(4,2,7);
imagesc(V2); colormap gray;
title('Vertical detail Coef. of Level 2');
subplot(4,2,8);
imagesc(D2); colormap gray;
title('Diagonal detail Coef. of Level 2');
```

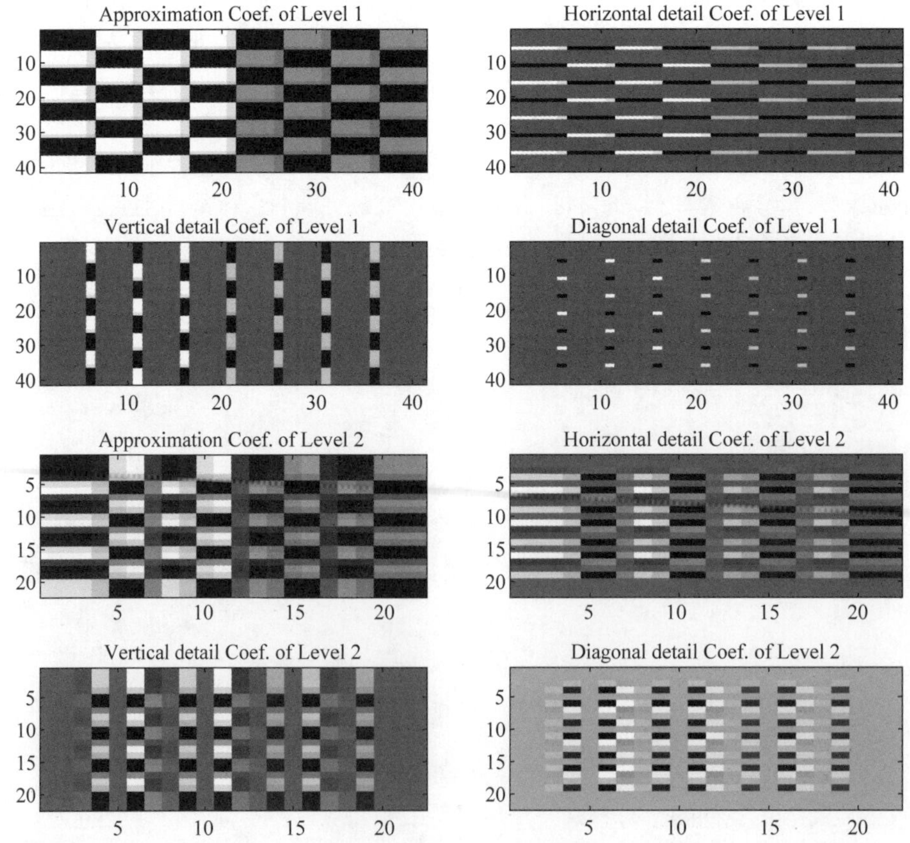

图 1.113　例 1.101 的输出

与 DFT 和 DCT 一样，DWT 也能够将信号分解为其频率分量，因此它已被应用于噪声去除和压缩。由于噪声经常与高频分量相关，而且人类视觉系统对高频信号相对不敏感，因此 DWT 的应用涉及从信号中去除高频分量并仅使用低频分量重构信号。WT 函数 **waverec2** 用于从分解分量重建信号。默认情况下，通过使用所有组件进行重建。也可以有选择地使一些分量为零，在这种情况下，则使用分解分量的子集进行重构。在例 1.102 中，向量 **C** 的结构如下所示，即 A2 为 1~484，H2 为 485~968，以此类推：

```
C = [ A2 (1:484) | H2 (485:968) | V2 (969:1452) | D2 (1453:1936) |
      H1 (1937:3617) | V1 (3618:5298) | D1 (5299:6979) ]
```

为了有选择地删除组元，**C** 中的相应值被转换为零。这还使系统能够生成具有不同质量的同一幅图像的多个副本。对于 X0，使用所有分量重建；对于 X1，重建前删除对角系数 D1；对于 X2，删除所有第一级系数；对于 X3，删除所有第二级系数；对于 X4，删除两个对角系数。另外，还计算了原始图像和重建图像之间的绝对差值，以显示退化量（见图 1.114）。

例 1.102 编写一个程序，通过选择性地去除一些系数，重建离散小波分解后的图像。

```
clear; clc;
X = checkerboard(10);
wname = 'db2';
[C, S] = wavedec2(X,2,wname);
X0 = waverec2(C,S,wname);
max(max(abs(X - X0)))
C1 = C; C1(5299:6979) = 0;                  % D1 removed
X1 = waverec2(C1,S,wname);
max(max(abs(X - X1)))
C2 = C; C2(1937:6979) = 0;                  % H1, V1, D1 removed
X2 = waverec2(C2,S,wname);
max(max(abs(X - X2)))
C3 = C; C3(485:1936) = 0;                   % H2, V2, D2 removed
X3 = waverec2(C3,S,wname);
max(max(abs(X - X3)))
C4 = C; C4(1453:1936) = 0; C4(5299:6979) = 0;  % D1, D2 removed
X4 = waverec2(C4,S,wname);
max(max(abs(X - X4)))
subplot(231), imagesc(X); colormap gray; title('X');
subplot(232), imagesc(X0); colormap gray; title('X0');
subplot(233), imagesc(X1); colormap gray; title('X1');
subplot(234), imagesc(X2); colormap gray; title('X2');
subplot(235), imagesc(X3); colormap gray; title('X3');
subplot(236), imagesc(X4); colormap gray; title('X4');
```

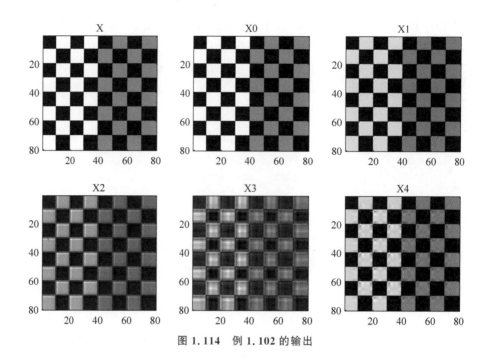

图 1.114 例 1.102 的输出

1.8 在频域中处理

在频域中处理图像基于称为**卷积定理**的定理，该定理建立了卷积运算和傅里叶变换之间的关系。根据该定理，图像 $f(x,y)$ 和核函数 $h(x,y)$ 之间的卷积运算等价于它们的傅里叶变换的乘积。如果 $\otimes$ 表示卷积算子，并且 $F(u,v)$ 和 $H(u,v)$ 分别是 $f(x,y)$ 和 $h(x,y)$ 的傅里叶变换，则以下情况成立：

$$h(x,y) \otimes f(x,y) \Leftrightarrow H(u,v) \cdot F(u,v)$$

如果 $\mathcal{F}$ 代表前向傅里叶变换算子，$\mathcal{F}^{-1}$ 代表反向傅里叶变换算子，那么我们可以写成：

$$F(u,v) = \mathcal{F}\{f(x,y)\}$$
$$H(u,v) = \mathcal{F}\{h(x,y)\}$$
$$f(x,y) = \mathcal{F}^{-1}\{F(u,v)\}$$
$$h(x,y) = \mathcal{F}^{-1}\{H(u,v)\}$$

这样做的主要优点是加快计算速度。卷积涉及在图像的宽度和高度上移动核并计算每个位置的乘积总和，这很耗时，尤其是对于大图像。如果简单地计算它们的傅里叶变换的乘积，则可以在更短的时间内获得相同的结果。当然，我们需要计算信号的反变换以切换回空域。在例 1.103 中，图像读取和转换为灰度的功能已结合在一起。创建了索贝尔滤波器并与图像卷积以生成空域结果。图像的大小用于调整核的 FT 的大小，因为这两个矩阵需要相乘。最后，IFFT 用于将信号带回空域（见图 1.115）。

例 1.103 编写一个程序，使用空域和频域的索贝尔算子执行边缘检测。

```
clear; clc;
% Spatial domain
```

```
f = rgb2gray(imread('peppers.png'));
h = fspecial('sobel');
sd = imfilter(f, h,'conv');
subplot(121), imshow(sd);
title('spatial domain');
% Freq domain
h = fspecial('sobel');
[rows, cols] = size(f);
F = fft2(f);
H = fft2(h, rows, cols);
G = H .* F;
fd = ifft2(G);
subplot(122), imshow(abs(fd),[]);
title('frequency domain');
```

图 1.115 例 1.103 的输出

低通滤波器(LPF) 允许图像中的低频保持完整并阻止高频。LPF 对图像有模糊效果。**理想 LPF** 从变换的原点(中心)开始对大于固定截止值 D_0 的高频进行衰减。理想 LPF 的传递函数由下式给出，其中，$D(u,v)$ 是点 (u,v) 到频率矩形中心的距离：

$$H(u,v)=1, \quad 如果 \ D(u,v) \leqslant D_0$$
$$H(u,v)=0, \quad 如果 \ D(u,v) > D_0$$

函数 $H(u,v)$ 作为理想 LPF 的 3-D 透视图和 2-D 图像图显示在图 1.116(a)中。理想意味着半径 D_0 圆内的所有频率完全通过而没有任何衰减，而该圆外的所有频率都完全衰减，这在物理上是无法通过使用电子元件实现的。

(a) 理想LPF　　　　　　(b) 高斯LPF

图 1.116

高斯 LPF 具有如下所示的传递函数，它是通过将 $\sigma = D_0$ 设置为高斯曲线的扩展而获得的：

$$H(u,v)=e^{-\frac{D^2(u,v)}{2D_0^2}}$$

高斯 LPF 的 3-D 透视图和 2-D 图像如图 1.116(b)所示。

在例 1.104 中，彩色图像首先转换为灰度图像，接着进行 DFT，然后将其零频率分量移动到图的中心。为了压缩其动态范围,计算频率分量加 1 的对数以避免出现零误差情况。这会生成原始信号的频谱。高斯滤波器的标准方差任意选择在图像高度的 10% 处。用户定义函数 **lpf** 用于直接在频域中创建具有指定大小和截止频率的高斯 LPF。与图像一样,也将滤波器组件居中,将其动态范围使用对数压缩。然后将图像和滤波器的频域表示相乘以产生滤波图像的频域表示。最后,使用 IDFT 将其带回空域(见图 1.117)。

例 1.104 编写一个程序,在频域中实现高斯低通滤波器。

```
clear; clc;
a = rgb2gray(imread('football.jpg'));
[M, N] = size(a);
F = fft2(a);
F1 = fftshift(F);
S1 = log(1 + abs(F1));
D0 = 0.1 * min(M, N);
H = lpf(M, N, D0);
G = H .* F;
F2 = fftshift(G);
S2 = log(1 + abs(F2));
g = real(ifft2(G));
subplot(221), imshow(a); title('original image');
subplot(222), imshow(S1, []); title('spectrum of original image');
subplot(223), imshow(S2, []); title('spectrum of filtered image');
subplot(224), imshow(g, []); title('Filtered image');
function H = lpf(M, N, D0)
    u = 0:(M-1);
    v = 0:(N-1);
    idx = find(u > M/2);
    u(idx) = u(idx) - M;
    idy = find(v > N/2);
    v(idy) = v(idy) - N;
    [V, U] = meshgrid(v, u);
    D = sqrt(U.^2 + V.^2);
    H = exp(-(D.^2)./(2 * (D0^2)));
end
```

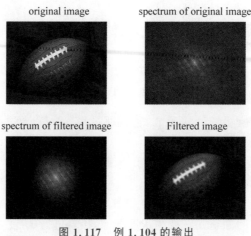

图 1.117 例 1.104 的输出

高通滤波器（HPF）允许图像中的高频保持完整并阻止低频。**理想 HPF** 允许高于固定截止值的高频，而高斯 HPF 使用高斯曲线作为传递函数。HPF 对图像具有锐化效果。由于 HPF 具有与 LPF 相反的功能，因此它们的传递函数与 LPF 的传递函数之间存在以下关系：

$$H_{\text{HPF}}(u,v) = 1 - H_{\text{LPF}}(u,v)$$

理想 HPF 从变换的原点（中心）对小于固定截止值 D_0 的低频进行衰减。理想 HPF 的传递函数由下式给出，其中，$D(u,v)$ 是点 (u,v) 到频率矩形中心的距离：

$$H(u,v) = 0, \quad 如果\ D(u,v) \leqslant D_0$$
$$H(u,v) = 1, \quad 如果\ D(u,v) > D_0$$

函数 $H(u,v)$ 作为理想 HPF 的 3-D 透视图和 2-D 图像图显示在图 1.118(a) 中。理想意味着半径 D_0 圆内的所有频率都完全衰减，而该圆外的所有频率完全通过而没有任何衰减，这在物理上是无法通过使用电子元件实现的。

(a) 理想HPF　　　　(b) 高斯HPF

图　1.118

高斯 HPF 具有如下所示的传递函数，它是通过将 $\sigma = D_0$ 设置为高斯曲线的扩展而获得的：

$$H(u,v) = 1 - e^{-\frac{D^2(u,v)}{2D_0^2}}$$

高斯 HPF 的 3-D 透视图和 2-D 图像如图 1.118(b) 所示。

在例 1.105 中，彩色图像首先转换为灰度图像，接着进行 DFT，然后将其零频率分量移动到图的中心。为了压缩其动态范围，计算频率分量加 1 的对数以避免出现零误差情况。这会生成原始信号的频谱。理想 HPF 的截止频率选择在图像高度的 5%。函数 **hpf** 用于直接在频域中创建具有指定大小和截止频率的 HPF。与图像一样，滤波器组件居中，其动态范围使用对数运算符进行压缩。然后将图像和滤波器的频域表示相乘以产生滤波图像的频域表示。最后，使用 IDFT 将其带回空域（见图 1.119）。

例 1.105　编写一个程序，在频域中实现理想高通滤波器。

```
clear; clc;
a = rgb2gray(imread('football.jpg'));
[M, N] = size(a);
F = fft2(a);
F1 = fftshift(F);
S1 = log(1 + abs(F1));
D0 = 0.05 * min(M, N);
H = hpf(M, N, D0);
G = H .* F;
F2 = fftshift(G);
S2 = log(1 + abs(F2));
```

```
g = real(ifft2(G));
subplot(221), imshow(a); title('original image');
subplot(222), imshow(S1, []); title('spectrum of original image');
subplot(223), imshow(S2, []); title('spectrum of filtered image');
subplot(224), imshow(g, []); title('Filtered image');
function H = hpf(M, N, D0)
    u = 0:(M-1);
    v = 0:(N-1);
    idx = find(u > M/2);
    u(idx) = u(idx) - M;
    idy = find(v > N/2);
    v(idy) = v(idy) - N;
    [V, U] = meshgrid(v, u);
    D = sqrt(U.^2 + V.^2);
    Hlp = double(D <= D0);
    H = 1 - Hlp;
end
```

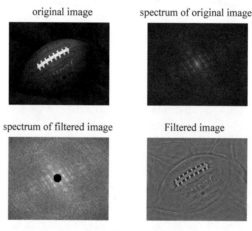

图 1.119 例 1.105 的输出

1.9 Simulink 图像处理

Simulink 是包含在 MATLAB 中的图形环境，使用它无须编写代码即可执行编程任务。它包含用于通过定义特定功能块之间的数据流来建模系统的预定义模块库。它提供了一个图形编辑器和查看器来查看算法执行的最终结果。

要创建 Simulink 模型，请在命令提示符下输入 **simulink** 或选择 Simulink→Blank Model→Library Browser→Computer Vision System Toolbox(CVST)。视频源文件位于(matlab-root)/toolbox/images/imdata/文件夹中。在 CVST 工具箱中，包含以下用于图像和视频处理的库和模块。

1. 来源：来自文件的图像、来自工作区的图像、来自多媒体文件；
2. 接收器：视频查看器，多媒体文件；
3. 分析增强：对比度调整、直方图均衡、边缘检测、中值滤波器；

4. 转换：自动阈值化、色彩空间转换、图像补充、图像数据类型转换；
5. 滤波：二维卷积，中值滤波器；
6. 几何变换：平移、旋转、缩放、剪切、仿射、扭曲；
7. 形态学操作：膨胀、腐蚀、开启、闭合、高帽、低帽；
8. 统计：2-D 自相关、2-D 相关、2-D 均值、2-D 标准、Blob 分析、PSNR；
9. 文字与图形：合成、插入文字；
10. 变换：2-D DCT、2-D IDCT、2-D FFT、2-D IFFT、哈夫变换、哈夫线；
11. 实用程序：块处理。

将块从浏览器拖到编辑器，并通过用鼠标从一个块的输出端口拖动到另一个块的输入端口来连接。要分支数据行，请将光标放在该行上，按 Ctrl 并拖动。要复制块，请按 Ctrl 并拖动该块。连接所有模块后，单击编辑器窗口顶部的"运行"按钮执行。为每个块指定的非默认参数写在块旁边的括号中见例 1.106。在 Simulink 中创建的模型可以使用.SLX 扩展名进行保存。如果将 Simulink 模型保存为 MODEL.SLX，则可以使用以下命令序列将其打印为图形文件：

print('-smodel', '-dpng', 'mymodel.png').

例 1.106 创建一个 Simulink 模型，查看 RGB 图像。

- CVST > Sources > Image from File ("peppers.png")
- CVST > Sinks > Video Viewer (Figure 1.120)

例 1.106 的输出如图 1.120 所示。

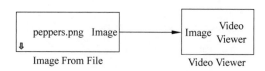

图 1.120　例 1.106 的输出

例 1.107 创建一个 Simulink 模型，用于灰度图像对比度调整。

- CVST > Sources > Image from File ("pout.tif")
- CVST > Sinks > Video Viewer
- CVST > Analysis & Enhancement > Contrast Adjustment (Figure 1.121)

例 1.107 的输出如图 1.121 所示。

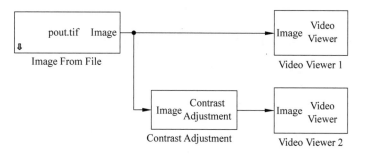

图 1.121　例 1.107 的输出

例1.108 创建一个Simulink模型,用于将彩色图像转换为灰度图像和二值图像。

- CVST > Sources > Image from File ("peppers.png")
- CVST > Sinks > Video Viewer
- CVST > Conversions > Color Space Conversion (RGB to Intensity)
- CVST > Conversions > Autothreshold (Figure 1.122)

例1.108的输出如图1.122所示。

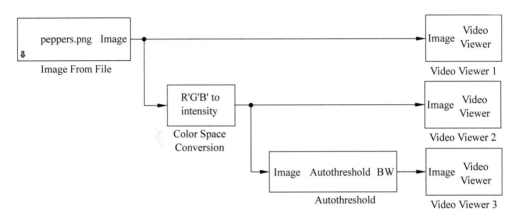

图1.122 例1.108的输出

例1.109 创建一个Simulink模型,用于实现图像滤波器。

- CVST > Sources > Image from File ("coins.png")
- CVST > Sinks > Video Viewer
- CVST > Filtering > Median Filter (Neighbourhood size: [7 7]) (Figure 1.123)

例1.109的输出如图1.123所示。

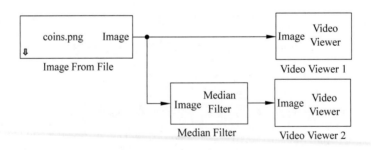

图1.123 例1.109的输出

例1.110 创建一个Simulink模型,用于几何变换图像。

- CVST > Sources > Image from File ("coins.png")
- CVST > Sinks > Video Viewer
- CVST > Geometric Transformation > Translate (Offset: [1.5 2.3])
- CVST > Geometric Transformation > Rotate (Angle: pi/6)
- CVST > Geometric Transformation > Resize (Resize factor: [200 150]) (Figure 1.124)

例1.110的输出如图1.124所示。

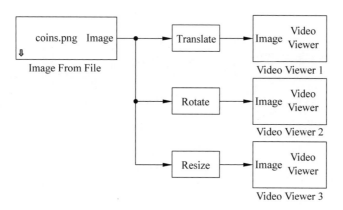

图 1.124　例 1.110 的输出

例 1.111　创建一个 Simulink 模型，用于实现形态学操作。

- CVST > Sources > Image from File ("circles.png")
- CVST > Sinks > Video Viewer
- CVST > Morphological Operations > Dilation (Structuring element: [1 1 ; 1 1])
- CVST > Morphological Operations > Erosion (Structuring element: strel('square', 10))
- CVST > Morphological Operations > Opening (Structuring element: strel('disk', 10)) (Figure 1.125)

例 1.111 的输出如图 1.125 所示。

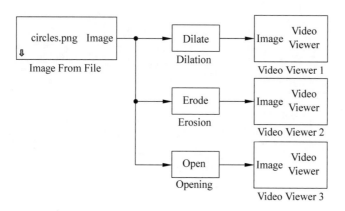

图 1.125　例 1.111 的输出

例 1.112　创建一个 Simulink 模型，用于执行边缘检测和直方图均衡化。

- CVST > Sources > Image from File (Filename: cameraman.tiff, Output data type: double)
- CVST > Sinks > Video Viewer
- CVST > Analysis & Enhancement > Edge Detection (Method: Canny)
- CVST > Analysis & Enhancement > Histogram Equalization (Figure 1.126)

例 1.112 的输出如图 1.126 所示。

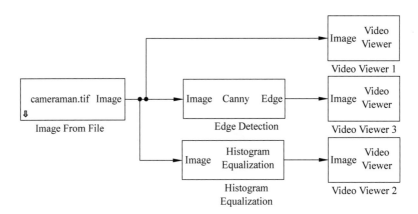

图 1.126 例 1.112 的输出

例 1.113 创建一个 Simulink 模型,用于在图像上执行彩色空间转换和文本叠加。

- CVST > Sources > Image from File (Filename: peppers.png, Output Data Type: double)
- CVST > Sinks > Video Viewer
- CVST > Conversions > Color Space Conversion (Conversion: RGB to $L^* a^* b^*$)
- CVST > Conversions > Color Space Conversion (Conversion: RGB to HSV)
- CVST > Text and Graphics > Insert Text (change parameters like text, color value, location, font etc.) (Figure 1.127)

例 1.113 的输出如图 1.127 所示。

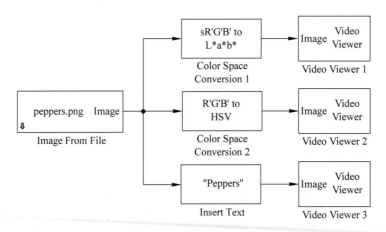

图 1.127 例 1.113 的输出

例 1.114 创建一个 Simulink 模型,用于显示图像统计值。

- CVST > Sources > Image from File (Filename: eight.tif, Output data type: double)
- Simulink > Sinks > Display
- CVST > Statistics > 2 – D Mean
- CVST > Statistics > 2 – D Standard Deviation
- CVST > Statistics > 2 – D Minimum
- CVST > Statistics > 2 – D Maximum (Figure 1.128)

例 1.114 的输出如图 1.128 所示。

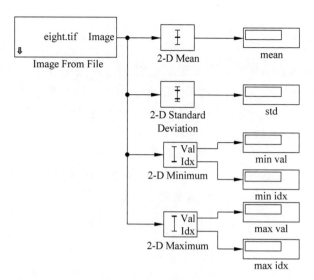

图 1.128　例 1.114 的输出

例 1.115　创建一个 Simulink 模型,用于实现用户定义的函数。

- CVST > Sources > Image from File > (Filename: circles.png)
- CVST > Sinks > Video Viewer
- Simulink > User-defined functions > MATLAB function ("function 1", "function 2") (Figure 1.129)

```
% Function 1: Color to grayscale:
function y = fcn(u)
    y = rgb2gray(u);
end
% Function 2: Grayscale to Binary:
function y = fcn(u)
    y = imbinarize(u, 0.5);
end
```

例 1.115 的输出如图 1.129 所示。

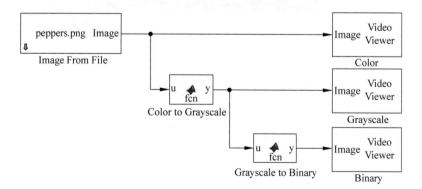

图 1.129　例 1.115 的输出

1.10 关于二维绘图函数的注记

由于可视化是 MATLAB 的一个重要方面,我们专门用一节介绍 2-D 图形和 **2-D 绘图函数**。2-D 绘图可以是线图、直方图、饼图、散点图、条形图、极坐标图、等高线图、向量场和其他相似类型。这些函数还可用于指定图形窗口、轴外观、标题、标签、图例、网格、彩色查找表、背景等的属性。每个函数都使用一个或多个示例来说明其选项和参数。

- **area:填充区域 2-D 绘图**

本示例将变量 Y 中的数据绘制为面积图。Y 的每个后续列都堆叠在先前数据的顶部。用图形彩色查找表控制各个区域的着色(见图 1.130)。

```
Y = [  1, 5, 3;
       3, 2, 7;
       1, 5, 3;
       2, 6, 1];
area(Y);
grid on;
colormap summer;
set(gca,'Layer','top');
title 'Stacked Area Plot'
```

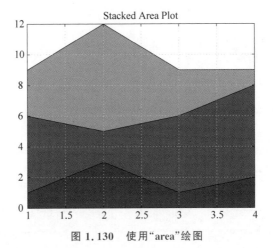

图 1.130 使用"area"绘图

- **axes:指定轴的外观和行为**

使用 axes 函数,位置从图形窗口的左下角开始计算,而不是双亲轴(见图 1.131)。

```
axes; grid;
rect = [0.3 0.3 0.5 0.5];
h = axes('position', rect);
% rect = [left, bottom, width, height]
```

- **axis:设置轴限和纵横比**

使用 axis tight 用于将轴限制设置为数据范围;axis([$x\min\ x\max\ y\min\ y\max$])用于设置值的最小和最大范围;axis equal 用于设置纵横比,以便在 x 轴和 y 轴上绘制大小相等

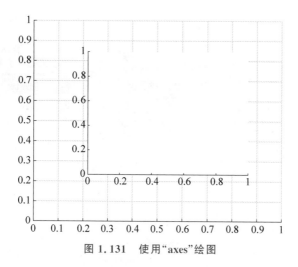

图 1.131 使用"axes"绘图

增量的刻度线；axis image 用于使绘图框紧紧围绕数据；axis square 用于使当前轴框的大小成为正方形（见图 1.132）。

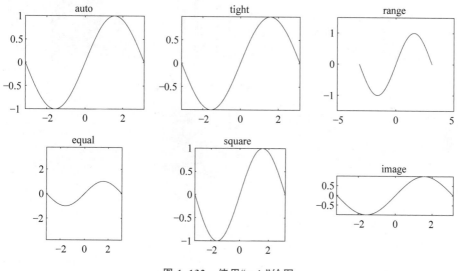

图 1.132 使用"axis"绘图

- **bar：条形图**

bar 用于创建条形图。在默认方向中，向量中的每个数字都显示一个条形。对于矩阵，为矩阵的每一行创建一个组。在堆叠条形图中，为矩阵的每一行显示一个条形，每个条形的高度是该行中元素的总和（见图 1.133）。

```
a = [1 2 3 4; 2 5 1 6; 3 6 0 7]
subplot(131), bar(a, 0.8);
subplot(132), bar(a, 'stack'); title('stacked');
subplot(133), barh(a, 'stack'); title('horizontal stacked');
```

每个条形的默认宽度为 0.8。如果宽度减小，条形将变细。如果宽度增加，则会导致条形重叠（图 1.134）。

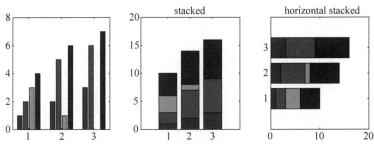

图 1.133　使用"bar"的各种选项绘图

```
a = [1 2 3 4; 2 5 1 6; 3 6 0 7]
subplot(131), bar(a, 0.8); title('width 0.8');
subplot(132), bar(a, 0.5); title('width 0.5');
subplot(133), bar(a, 1.6); title('width 1.6');
```

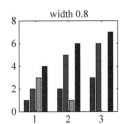
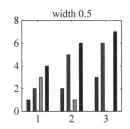
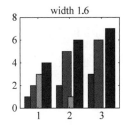

图 1.134　使用"bar"的各种选项绘图

将条形图的基线转换为红色虚线并指定条形边缘的彩色(图 1.135)。

```
subplot(121),
a = bar(randn(10,1));
b = get(a,'BaseLine');
set(b,'LineStyle','--','Color','red');
subplot(122),
a = bar(randn(10,1));
set(a,'EdgeColor','red');
```

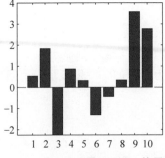
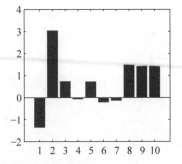

图 1.135　使用"bar"的各种选项绘图

- colorbar：在彩色图中显示色标

默认情况下,在当前轴的右侧显示一个垂直彩色条,但可以使用选项指定位置(见图 1.136)。

```
colormap jet
surf(peaks)
colorbar % default eastoutside
colorbar('south')
colorbar('westoutside')
colorbar('northoutside')
```

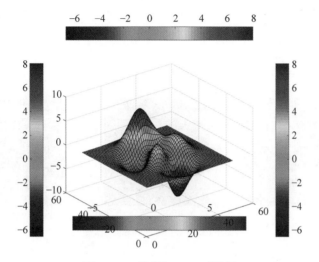

图 1.136　使用"colorbar"绘图

彩色条的方向可以反转,并且可以沿它指定文本标签(见图 1.137)。

```
colormap jet;
contourf(peaks);
c = colorbar('westoutside','Direction','reverse');
c.Label.String = 'Height in 1000 feet';
colorbar('Ticks',[-5, -2, 1, 4, 7],...
        'TickLabels',{'bottom','low','surface','high','peak'});
```

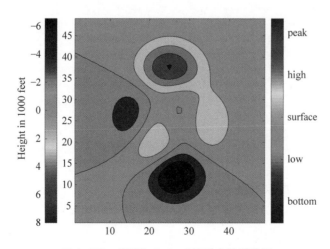

图 1.137　使用"colorbar"的用户选项绘图

- **colormap**：彩色查找表

内置彩色查找表包括：parula、jet、hsv、hot、cool、spring、summer、autumn、winter、gray、bone、copper、pink、lines、colorcube、prism、flag、white。BM 函数 **magic** 用于返回一个行和列总和相等的矩阵(见图 1.138)。

```
ax1 = subplot(131); map1 = prism;
I = magic(4); imagesc(I); colormap(ax1, map1)
ax2 = subplot(132); map2 = jet;
load flujet; imagesc(X); colormap(ax2, map2)
ax3 = subplot(133); map3 = autumn;
load spine ; imagesc(X); colormap(ax3, map3)
```

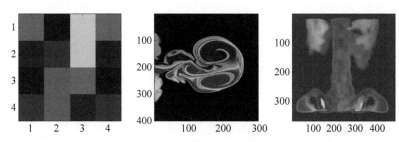

图 1.138　使用"colormap"绘图

- **comet**：二维彗星图

二维彗星图为一个动画图形,其中一个圆圈在屏幕上跟踪数据点(见图 1.139)。

```
x = -pi:.1:pi;
y = tan(sin(x)) - sin(tan(x));
comet(x,y)
```

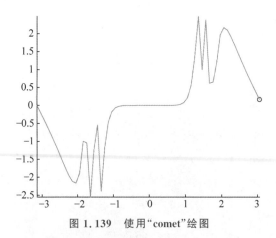

图 1.139　使用"comet"绘图

- **compass**：绘制从原点发出的箭头

罗盘图将带有分量(x,y)的矢量显示为从原点发出的箭头(见图 1.140)。

```
rng(0);
a = randn(1,20); A = fft(a);
rng(0);
```

```
b = randn(20,20); B = eig(b);
figure,
subplot(121), compass(A)
subplot(122), compass(B)
```

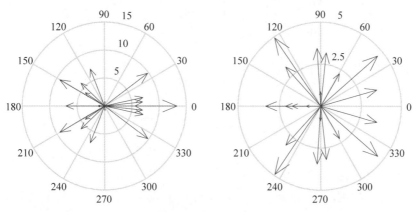

图 1.140　使用"compass"绘图

- **contour，contourf：矩阵的等高线图**

矩阵的等高线图通过连接相等值的线来显示。contourf 可生成等高线图的填充版本（见图 1.141）。

```
a = [1 1 1 1 1;1 2 2 2 1;1 2 3 2 1;1 2 2 2 1;1 1 1 1 1];
subplot(121), contour(a); axis square;
subplot(122), contourf(a); axis square;
```

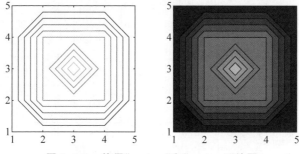

图 1.141　使用"contour"和"contourf"绘图

- **datetick：日期格式的刻度标签**

使用日期标记轴的刻度线。标签格式基于指定轴的最小和最大限。BM 函数 **datenum** 用于创建一个数值数组，将每个时间点表示为从 0000 年 1 月 0 日开始的天数（见图 1.142）。

```
clear;
rng(0);
t = [1:0.1:10]; x = rand(1,length(t));
subplot(121), plot(t,x); axis square;
datetick('x'); datetick('y');
t = (1900:10:1990)';                    % Time interval
p = [ 76 92 106 123 132 151 179 203 227 250]';   % Population
```

```
subplot(122), plot(datenum(t,1,1),p)        % Convert years to date numbers
datetick('x','yyyy'); axis square;
```

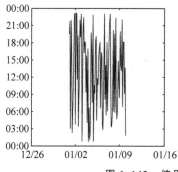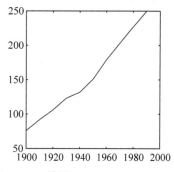

图 1.142　使用"datetick"绘图

- **errorbar**：带有误差条的线图

创建 y 中数据的线图，并在每个数据点绘制垂直误差条。误差向量中的值决定了数据点上方和下方每条误差线的长度，因此总误差线长度是误差值的两倍（见图 1.143）。

```
x = 1:10;
y = sin(x);
f = std(y) * ones(size(x));
e = abs(y - f);
subplot(121), plot(x, y, x, f); axis square; axis tight;
subplot(122), errorbar(y, e); axis square; axis tight;
```

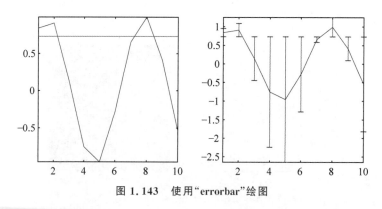

图 1.143　使用"errorbar"绘图

- **ezplot**：绘制符号表达式

符号表达式可以是一个或多个变量的表达式和方程、参数方程和函数（见图 1.144）。

```
clear;
syms x y t;
subplot(221), ezplot(sin(2*x)./x);
subplot(222), ezplot(x^2 - 2*x == y^3 - 3*y);
subplot(223), f(x, y) = sin(2*x + y) * sin(2*x*y); ezplot(f(x,y));
subplot(224), x = t + t*sin(3*t); y = t - t*cos(3*t); ezplot(x, y);
```

- **feather**：绘制速度向量

羽化图显示从沿水平轴等距点发出的向量（见图 1.145）。

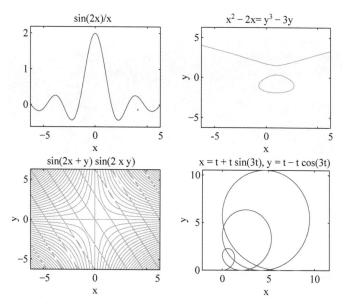

图 1.144　使用"ezplot"绘图

```
t = -2*pi:.2:2*pi; x = cos(t); y = sin(t); feather(x, y);
```

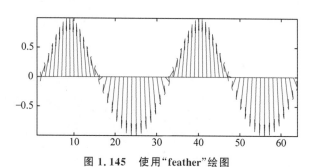

图 1.145　使用"feather"绘图

- **figure**：创建图形窗口

图形窗口的默认属性可以借助使用彩色、位置、名称等构成的"名称-值"对进行修改（见图 1.146）。

```
f = figure;
whitebg([0 0 0.5]);
f.Color = [0.5 0.5 0];
f.Position = [100 100 600 200];
f.Name = 'Sine Curve';
f.MenuBar = 'none'
t = 0:0.1:2*pi ;
x = sin(t);
plot(t,x); axis tight;
```

- **gca**：获取当前轴

gca 用于修改轴的特性（见图 1.147）。

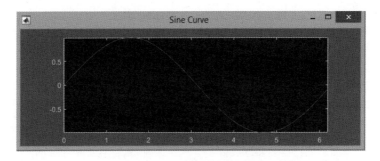

图 1.146　使用"figure"绘图

```
x = -pi:0.1:pi;
y = sin(x);
plot(x,y); grid;
h = gca;
h.XTick = [-pi, -pi/2, 0, pi/2, pi];
h.XTickLabel = {'-\pi','-\pi/2','0','\pi/2','\pi'};
h.YTick = [-1, -0.8, -0.1, 0, 1/2, 0.9];
h.YTickLabel = {'-H','-0.8H','-H/10','0','H/2','0.9H'};
```

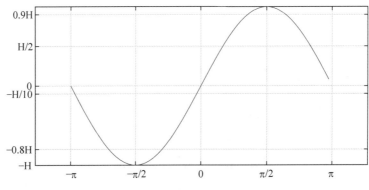

图 1.147　使用"gca"绘图

- **gcf：当前图形句柄**

gcf 用于指定图形属性，如背景彩色、菜单栏、工具栏等。BM 函数 **whitebg** 用于更改轴背景彩色（默认为白色），函数 **figure** 用于指定图形标题。要将背景改回白色，请使用 whitebg([1 1 1])（见图 1.148）。

```
x = -pi:.1:pi;
y = sin(x);
figure('Name','Sine Curve');
p = plot(x, y, '-yo', 'LineWidth', 2);
whitebg([0.2 0.7 0.2])
set(gcf, 'Color', [1, 0.4, 0.6])
set(gcf, 'MenuBar', 'default')
set(gcf, 'ToolBar', 'none')
set(gcf, 'WindowState', 'maximized');
```

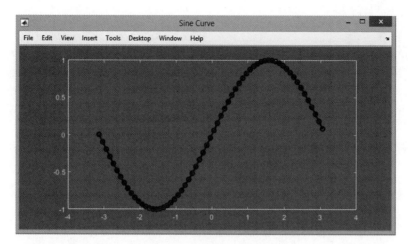

图 1.148　使用"gcf"绘图

- **grid**：显示网格线

grid 用于切换主要和次要网格线的显示（见图 1.149）。

```
clear;
t = -10:0.1:10;
x = sin(t)./t;
y = sec(x)./x;
subplot(121), plot(t, x); grid on;
subplot(122), plot(t, y); grid on; grid minor;
```

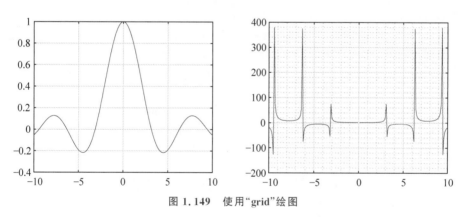

图 1.149　使用"grid"绘图

- **histogram**：直方图

histogram 用于根据出现频率将数据分组到直方条中来显示条形图。可选参数包括面色、边色、线型等（见图 1.150）。

```
a = [3 3 1 4 0 0 1 1 0 1 2 4];
subplot(121)
h = histogram(a); axis square
subplot(122)
h = histogram(a,'Normalization','probability'); axis square
h.FaceColor = [0.8 0.5 0.1];
```

```
h.EdgeColor = [1 0 0]
h.LineStyle = '-.'
h.LineWidth = 1.5
```

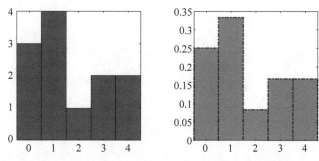

图1.150　使用具有各种选项的"histogram"绘图

一旦直方图生成后,其参数将列在结构 h 中。如果直方图绘图窗口关闭,则结构 h 被删除。可以使用 h.Data 列出创建直方图的数据,使用 h.Values 列出直方图的频率值,使用 h.NumBins 列出 bin 的数量,使用 h.BinEdges 列出 bin 的边缘,使用 h.BinWidth 列出 bin 的宽度,使用 h.BinLimits 列出 bin 的限。所有这些参数都可以更改以修改直方图(见图1.151)。

```
rng(0);
x = randn(1000,1);
subplot(221), h1 = histogram(x); title('h1');
subplot(222), h2 = histogram(x); h2.NumBins = 10; title('h2');
subplot(223), h3 = histogram(x); h3.BinEdges = [-2:2]; title('h3');
subplot(224), h4 = histogram(x); h4.BinWidth = 0.5; title('h4');
```

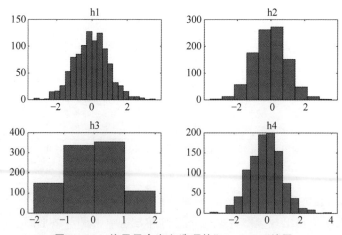

图1.151　使用用户定义选项的"histogram"绘图

- **hold：保持当前绘图**

hold 用于保留当前绘图,以便后续命令可以添加到其中,在切换模式下工作(见图1.152)。

```
ezplot('sin(x)');
hold on;
ezplot('0.5*sin(2*x)');
```

```
ezplot('0.25 * sin(4 * x)');
ezplot('0.125 * sin(8 * x)');
axis([-2 * pi 2 * pi -1 1])
title('')
hold off;
```

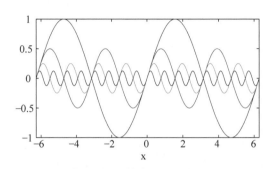

图 1.152　使用"hold"绘图

- **image，imagesc**：显示数组中的图像

image 用于将矩阵显示为图像。矩阵的元素用作当前彩色查找表的索引。第二个版本（imagesc）用于缩放值以覆盖彩色图中的整个值范围（见图 1.153）。

```
a = [1 3 4; 2 6 0; 3 5 5];
colormap jet
subplot(121), image(a); colorbar;
subplot(122), imagesc(a); colorbar;
```

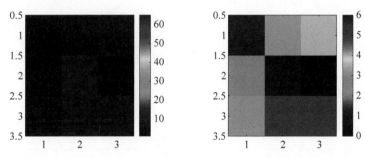

图 1.153　使用"image"和"imagesc"绘图

- **legend**：为轴添加图例

legend 用于为每个绘制的数据系列创建描述性标签（见图 1.154）。

```
x = linspace(0, 2 * pi);
y1 = sin(x);
y2 = (1/2) * sin(2 * x);
y3 = (1/3) * sin(3 * x);
subplot(121), plot(x, y1, x, y2, x, y3, 'LineWidth', 2)
legend('sin(x)', '(1/2)sin(2x)', '(1/3)sin(3x)'); axis square;
subplot(122),
plot(x, y1 + y2, x, y2 + y3, x, y3 + y1, 'LineWidth', 2)
g = legend('y1 + y2', 'y2 + y3', 'y3 + y1', 'Location', 'southwest');
axis square;
title(g, 'Sum of Sine Curves')
```

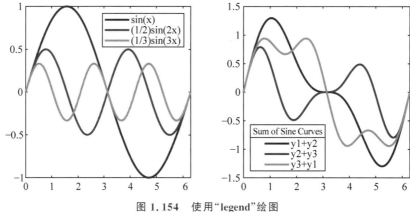

图 1.154 使用"legend"绘图

- **line**：创建线

line 用于使用指定的彩色和样式绘制一条连接指定数据点的线（见图 1.155）。

```
x = [2 6 9];
y = [3 8 4];
figure
subplot(121)
plot(x,y)
line(x,y)
axis([0 10 0 10])
axis square
subplot(122)
plot(x,y)
p = line(x,y)
p.Color = [0.6 0.3 0.1]
p.LineStyle = ':'
p.LineWidth = 2
p.Marker = 'x'
p.MarkerSize = 8
axis([0 10 0 10])
axis square
```

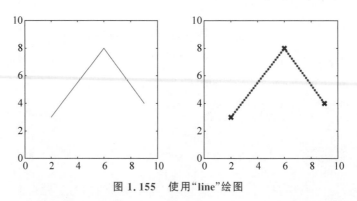

图 1.155 使用"line"绘图

- **linspace**：生成线性间隔的向量

linspace 用于返回指定端点或指定数量点之间的 100 个均匀间隔点（默认）的行向量（见图 1.156）。

```
y1 = linspace(-10,10); subplot(121), plot(y1, 'o-');
y2 = linspace(-10,10,5); subplot(122), plot(y2, 'o-');
```

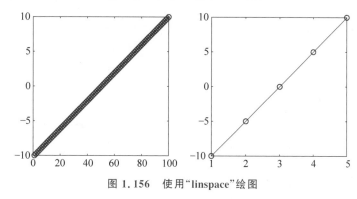

图 1.156 使用"linspace"绘图

- **pie：饼图**

pie 用于为指定数据绘制饼图，使得饼图的切片代表数据的一个元素。饼图的总面积表示所有元素的总和，每个切片的面积表示为总面积的百分比（见图 1.157）。

```
x = [1 7 2 5 3];
subplot(121), pie(x);
y = 1:4;
ax = subplot(122), explode = [0 0 1 0];
labels = {'north','south','east','west'};
pie(y, explode, labels);
title('Directions'); colormap(ax, autumn);
```

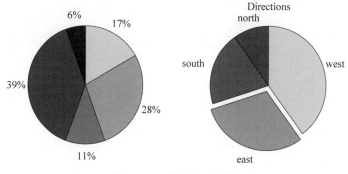

图 1.157 使用"pie"绘图

- **plot：二维线图**

plot 用于生成向量或矩阵的二维线图。可以为线宽、标记类型、标记边缘彩色、标记面彩色、标记大小指定选项（见图 1.158）。

```
x = -pi:.1:pi;
y = tan(sin(x)) - sin(tan(x));
plot(x, y, '--rs', ...
    'LineWidth', 2, ...
    'MarkerEdgeColor', 'k', ...
    'MarkerFaceColor', 'g', ...
    'MarkerSize', 10);
```

- **plotyy：使用两个 y 轴标签绘图**

plotyy 用于使用显示在图左侧和右侧的两个不同 y 轴标签进行绘图（见图 1.159）。

```
x = 1:10;
y = x.^2;
z = x.^3;
plotyy(x, y, x, z)
legend('y', 'z')
```

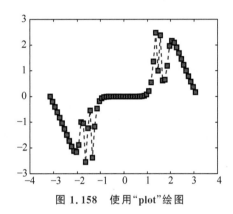
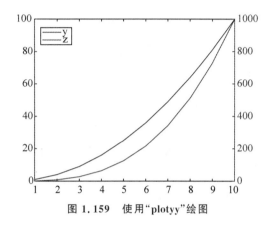

图 1.158　使用"plot"绘图　　　　图 1.159　使用"plotyy"绘图

- **polar：极坐标图**

polar 用于使用指定的角度和半径生成极坐标图（见图 1.160）。

```
theta = 0:0.01:2 * pi;
subplot(121),
polar(theta, sin(theta));
hold on;
polar(theta, cos(theta));
subplot(122),
polar(theta, sin(2 * theta), '--r');
hold on;
polar(theta, cos(2 * theta), '--b');
```

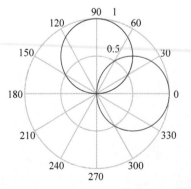
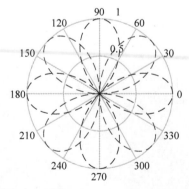

图 1.160　使用"polar"绘图

- **polarhistogram：极坐标直方图**

polarhistogram 用于将向量中介于 1°～360° 的值生成到 bin 数量指定的极坐标直方图中（见图 1.161）。

```
rng(0);
r = randi([1 360], 1, 50);    % generate 50 random integers between 1 and 360
bins = 12;
polarhistogram(r, bins)
```

- **quiver：箭头图**

quiver 用于将矢量显示为具有指定起点以及指定宽度和高度的箭头。BM 函数 **humps** 使用以下内置函数：$y = \dfrac{1}{(x-0.3)^2+0.01} + \dfrac{1}{(x-0.9)^2+0.04} - 6$，$x$ 使用默认范围为 0∶0.05∶1（见图 1.162）。

```
quiver(1:length(humps), humps)
```

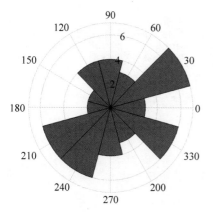

图 1.161　使用"polarhistogram"绘图

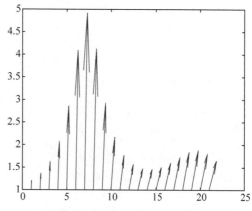

图 1.162　使用"quiver"绘图

- **scatter：散点图**

scatter 用于在指定位置显示具有指定大小和彩色的圆圈（见图 1.163）。

```
clear;
x = 0:0.1:2*pi;
y = sin(x);
sz = 30;
subplot(121),
s = scatter(x,y, sz, 'filled')
s.LineWidth = 0.6;
s.MarkerEdgeColor = 'b';
s.MarkerFaceColor = [0 0.5 0.5];
axis square
subplot(122),
r = rand(100,100);
x = r(:,1); y = r(:,2);
c = linspace(1,10,length(x));
```

```
sz = linspace(1,50,length(x));
scatter(x,y,sz,c,'filled')
axis square
colormap jet
```

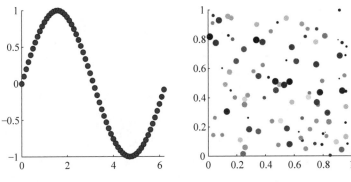

图 1.163　使用"scatter"绘图

- **set**：设置图形对象属性

set 用于使用格式 set(h,name,value)指定 h 标识的对象上的属性名称的值，如图 1.164 所示。

```
x = -pi:.1:pi;
y = sin(x);
p = plot(x, y, '-o');
set(gca, 'XTick', -pi:pi/2:pi)
set(gca, 'XTickLabel', {'-pi', '-pi/2', '0', 'pi/2', 'pi'});
set(p, 'Color', [1 1 0]);
set(p, 'LineWidth', 5);
set(p, 'MarkerSize', 10);
set(p, 'MarkerIndices', 1:3:length(y));
set(p, 'MarkerEdgeColor', 'b', 'MarkerFaceColor', [0.5, 0.5, 0.5]);
```

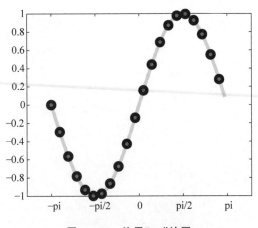

图 1.164　使用"set"绘图

- **stairs**：阶梯图

stairs 用于绘制向量元素的阶梯图（见图 1.165）。

```
X = linspace(0,4*pi,50)';
Y = [0.5*cos(X), 2*cos(X)];
subplot(121),
stairs(X, Y); axis square;
subplot(122),
X = linspace(0,4*pi,20);
Y = sin(X);
stairs(X, Y, 'LineWidth', 2,'Marker', 'd', 'MarkerFaceColor', 'c');
axis square;
```

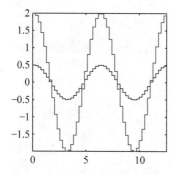 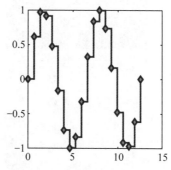

图 1.165　使用"stairs"绘图

- **stem**：茎图

stem 用于将数据序列绘制为从基线沿 x 轴延伸并以圆圈终止的茎（见图 1.166）。

```
x1 = linspace(0,2*pi,50)';
x2 = linspace(pi,3*pi,50)';
y1 = cos(x1);
y2 = 0.5*sin(x2);
stem(x1, y1); hold on;
stem(x2, y2, 'filled');
```

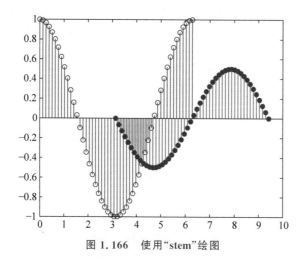

图 1.166　使用"stem"绘图

- **subimage：单个图中的多个图像**

subimage 用于使用不同的彩色查找表显示每幅图像（见图 1.167）。

```
load trees;
subplot(2,2,1), subimage(X, map);
subplot(2,2,2), subimage(X, winter);
subplot(2,2,3), subimage(X, autumn);
subplot(2,2,4), subimage(X, summer);
```

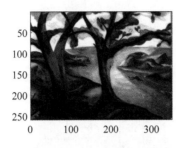
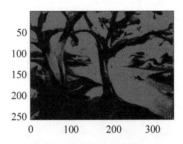
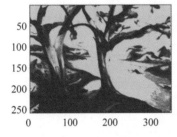
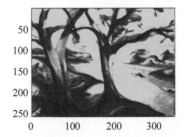

图 1.167　使用"subimage"绘图

- **text：文字说明**

text 用于在图形中的指定位置插入文本描述（见图 1.168）。

```
x = linspace(0,2*pi);
y = sin(x);
plot(x, y);
text(pi, 0,'\leftarrow sin(x)');
text(3,0.6,'Sinusoidal Curve', 'Color', 'red', 'FontSize', 14);
v1 = sin(pi/2);
```

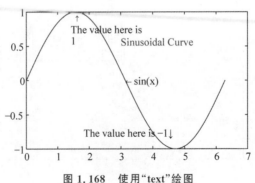

图 1.168　使用"text"绘图

```
str1 = {'\uparrow', 'The value here is ', num2str(v1)};
v2 = sin(3 * pi/2);
str2 = ['The value here is - 1', '\downarrow'];
text(pi/2, v1 - 0.2, str1);
t = text(3 * pi/2, v2 + 0.2, str2);
t.Color = 'blue';
t.FontName = 'Cambria';
t.FontSize = 15;
t.Position = [2, - 0.8];
```

其他选项可以包括插入具有指定边缘彩色和背景彩色的文本框(见图 1.169)。

```
x = 0: 0.1: 2 * pi;
y1 = sin(x);
y2 = cos(x);
plot(x, y1, 'k - '); hold on;
plot(x, y2, 'k - .');
set(gca, 'XTick', 0:pi/2:2 * pi)
set(gca, 'XTickLabel', {'0', 'pi/2', 'pi', '3pi/2', '2pi'});
text(1.1 * pi, 0, '\leftarrow sin(\theta)', 'EdgeColor', 'red', ...
'FontSize', 15, 'HorizontalAlignment', 'left');
text(0.65 * pi, - 0.7,'cos(\theta)\rightarrow','EdgeColor',[0 .5 0], ...
'FontSize', 15, 'HorizontalAlignment', 'right', ...
'BackgroundColor', [.7 .9 .7], 'LineWidth', 2);
```

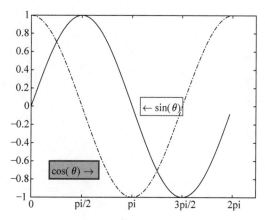

图 1.169　使用带有附加选项的"text"绘图

- **title：绘制标题**

title 用于为当前绘图添加标题(见图 1.170)。

```
syms c f;
c = (f - 32)/9;
ezplot(f, c); grid;
f1 = 5; c1 = double(subs(c, f, 5));
hold on;
scatter(f1, c1, 30, 'r', 'filled');
xlabel('F'); ylabel('C');
t = title(['F vs C: at F_1 = 5, C_1 = ', num2str(c1)]);
t.Color = [0 0.5 0];
```

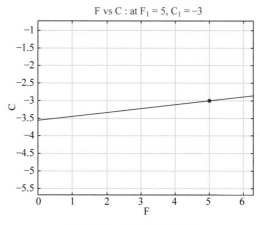

图 1.170　使用"title"绘图

- **xlabel、ylabel**：标记 *x* 轴和 *y* 轴

xlabel 和 ylabel 分别用于给绘图的 x 轴和 y 轴添加描述性文本标签（见图 1.171）。

```
x = linspace( - 2 * pi, 2 * pi);
y = exp(sin(x));
plot(x, y)
xl = xlabel({'-2\pi \leq x \leq 2\pi', 'angles in radians'});
yl = ylabel('e^{sin(x)}')
xl.Color = 'red';
yl.FontSize = 15;
yl.Rotation = 60;
```

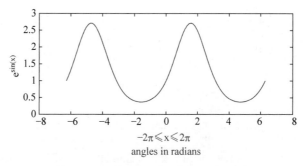

图 1.171　使用"xlabel"和"ylabel"绘图

1.11　关于三维绘图函数的注记

本节介绍 **3-D 绘图函数**。3-D 绘图可以包括曲面、网格、3-D 线图、3-D 饼图、3-D 条形图、立体几何图形（如球体、圆柱体等）。每个函数都使用一个或多个示例来说明其选项和参数。

- **bar3**：**3-D 条形图**

bar3 用于生成指定格式的 3-D 条形图（见图 1.172）。

```
a = [1 2 3 4; 2 5 1 6; 3 6 0 7];
ax = subplot(131), bar3(a); colormap(ax, autumn);
bx = subplot(132), bar3(a, 'Stacked'); colormap(bx, summer);
cx = subplot(133), bar3(a, 'Grouped'); colormap(cx, winter);
```

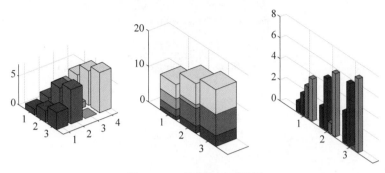

图 1.172　使用"bar3"绘图

- **cylinder**：3-D 圆柱体

cylinder 用于使用指定的半径或定义函数创建 3-D 圆柱体（见图 1.173）。

```
subplot(121), cylinder(3,10);        % radius 3 with 10 points around circumference
ax = subplot(122);
t = 0:pi/10:2 * pi;
cylinder(2 + sin(t));                % defining function
colormap(ax, autumn)
```

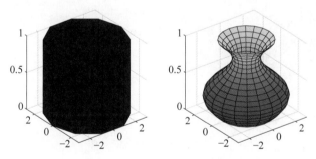

图 1.173　使用"cylinder"绘图

- **ellipsoid**：3-D 椭球体

ellipsoid 用于使用指定的中心坐标和沿三个轴的半径长度以及沿圆周的指定点数创建 3-D 椭球，默认点数为 20（见图 1.174）。

```
ellipsoid(0,0,0, 12,6,3, 40);
% center (0,0,0), radii (12,6,3), number of points 4
```

- **fmesh**：3-D 网格

fmesh 用于通过在默认区间 $[-5,5]$ 或指定区间内将 $z=f(x,y)$ 绘制为 x 和 y 的指定函数来创建 3-D 网格，每个方向生成的点数（网格密度）默认为 35（见图 1.175）。

```
subplot(121), fmesh(@(x,y) x^2 + y^2);        % uses default interval [-5,5]
```

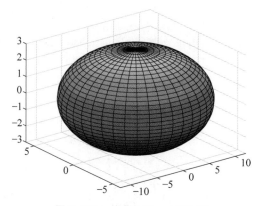

图 1.174 使用"ellipsoid"绘图

```
axis square;
subplot(122),                           % uses interval [-pi, pi]
fmesh(@(x,y) cos(y), [-pi, 0, -pi, pi]);
% uses interval [-pi, 0] for first function
hold on;
fmesh(@(x,y) sin(x), [0, pi, -pi, pi]);
% uses interval [0, pi] for second function
hold off; axis square; colormap jet;
```

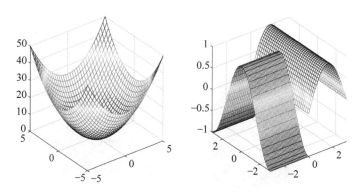

图 1.175 使用"fmesh"绘图

- **fsurf：3-D 表面**

fsurf 用于通过在默认区间$[-5,5]$或指定区间内将 $z=f(x,y)$ 绘制为 x 和 y 的指定函数来创建 3-D 表面，每个方向生成的点数（网格密度）默认为 35（见图 1.176）。

```
subplot(121), fsurf(@(x,y) x^2 + y^2); axis square;
% uses default interval [-5,5]
subplot(122),    % uses interval [-pi, pi]
fsurf(@(x,y) cos(y), [-pi, 0, -pi, pi]);
% uses interval [-pi, 0] for first function
hold on;
fsurf(@(x,y) sin(x), [0, pi, -pi, pi]);
% uses interval [0, pi] for second function
hold off; axis square; colormap jet;
```

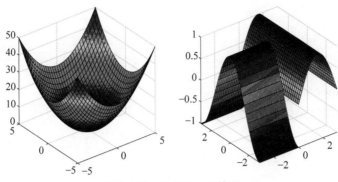

图 1.176　使用"fsurf"绘图

- **meshgrid**：矩形网格

meshgrid 用于从两个指定的向量 $x(1×m)$ 和 $y(n×1)$ 生成点的二维网格。返回两个矩阵 X 和 Y，它们都有 $n×m$ 个元素。X 的每一行都是 x 的一个副本，并且有 n 个这样的行。Y 的每一列都是 y 的副本，并且有 m 个这样的列。使用函数 F 将 X 和 Y 的值组合成一个 $n×m$ 矩阵。矩阵 F 可以绘制为一个表面以进行可视化（见图 1.177）。

```
x = -1:3
y = 2:4; y = y'
[X, Y] = meshgrid(x,y)
F = X.^2 + Y.^2
subplot(121), surf(F); title('surf');
subplot(122), mesh(F); title('mesh');
x =
      -1    0    1    2    3
y =
       2
       3
       4
X =
      -1    0    1    2    3
      -1    0    1    2    3
      -1    0    1    2    3
Y =
       2    2    2    2    2
       3    3    3    3    3
       4    4    4    4    4
```

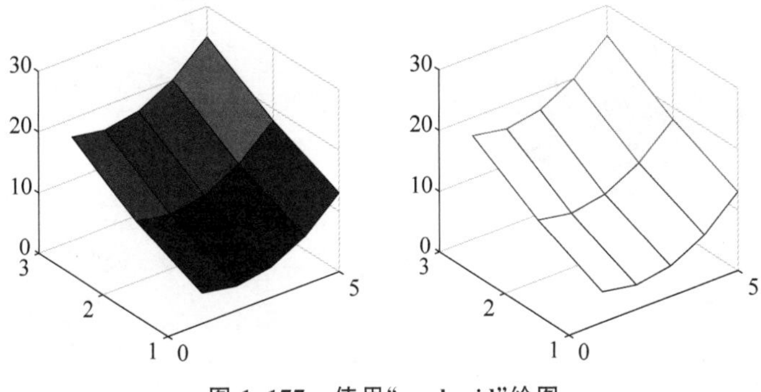

图 1.177　使用"meshgrid"绘图

```
F =
    5    4    5    8   13
   10    9   10   13   18
   17   16   17   20   25
```

- **mesh、meshc：网格绘图**

mesh 用于创建网格图以可视化网格。网格图可以与使用'meshc'的等高线图相结合（见图 1.178）。

```
[X, Y] = meshgrid(-3*pi:.5:3*pi);
R = sqrt(X.^2 + Y.^2) + eps;
F = sin(R)./R;
subplot(121), mesh(F); title('mesh'); axis square;
subplot(122), meshc(F); title('meshc'); axis square;
```

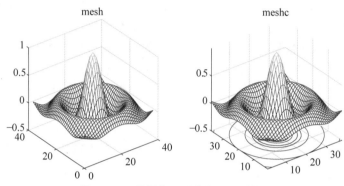

图 1.178　使用"mesh"和"meshc"绘图

- **peaks：两个变量的示例函数**

peaks 用于默认情况下，使用 49×49 网格沿 z 轴绘制两个变量 x 和 y 的函数（见图 1.179）：

$$f = \{3(1-x)^2 \cdot \exp[-(x^2)-(y-1)^2]\} - \left[10\left(\frac{x}{5}-x^3-y^5\right) \cdot \exp(-x^2-y^2)\right] - \left\{\left(\frac{1}{3}\right) \cdot \exp[-(x+1)^2-y^2]\right\}$$

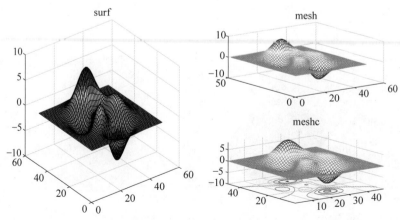

图 1.179　使用"peaks"绘图

```
f = peaks;
subplot(2,2,[1,3]), surf(f); title('surf');
subplot(222), mesh(f); title('mesh');
subplot(224), meshc(f); title('meshc');
colormap jet
```

- **pie3：3-D 饼图**

pie3 用于为向量生成 3-D 饼图。向量的每个元素都表示为饼图的一个切片（见图 1.180）。

```
x = [2 4 3 5];
explode = [0 1 0 0];
pie3(x, explode, {'North', 'South', 'East', 'West'});
colormap cool
```

- **plot3：3-D 线图**

plot3 用于生成沿 x、y 和 z 方向的三个向量的 3-D 线图（见图 1.181）。

```
N = 200;
x = linspace(0,8 * pi, N);
x = sin(x);
y = linspace(0,8 * pi, N);
y = cos(y);
z = linspace(0,1,N);
plot3(x, y, z, 'rs:');
xlabel('x'); ylabel('y'); zlabel('z');
title('Spiral');
```

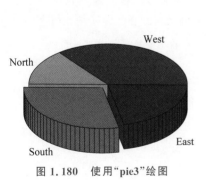

图 1.180　使用"pie3"绘图　　　　图 1.181　使用"plot3"绘图

- **view：视点规范**

3-D 图形视点：view(AZ,EL)，其中 AZ(方位角)指示水平旋转（默认 $-37.5°$），EL(仰角)指示垂直旋转（默认 $30°$）（见图 1.182）。

```
t = 0:pi/50:10 * pi;
subplot(221),plot3(sin(t),cos(t),t);title('View(-37.5,30):default');
subplot(222),plot3(sin(t),cos(t),t);view(50, 50);title('View(50,50)');
subplot(223),plot3(sin(t), cos(t),t);view(-37.5,0);title('View(-37.5,0)');
subplot(224),plot3(sin(t),cos(t),t);view 0,30);title('View(0,30)');
```

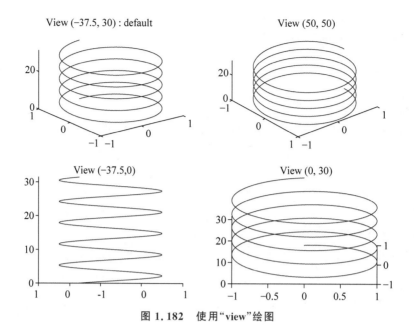

图 1.182　使用"view"绘图

复习问题

1. 如何区分 BM 函数和用于图像处理的 IPT 函数？
2. 如何区分二进制、灰度和彩色图像及其内部矩阵表示？
3. 二值化需要什么阈值？如何用大津方法确定阈值？
4. 如何使用彩色查找表(CLUT)显示索引图像？什么是内置彩色查找表？
5. 什么是 RGB、CMY、HSV 和 $L^*a^*b^*$ 彩色模型？它们之间的彩色转换是如何进行的？
6. 什么是彩色三色值？它们如何用于生成 CIE 色度图？
7. 如何在图像中添加和去除噪声？
8. 解释在系统中读取和显示多幅图像的不同方式。
9. 什么是图像的几何变换？这种变换在什么情况下是仿射的和投影的？
10. 如何衡量图像之间的相似度？如何使用它来识别匹配区域？
11. 如何使用伽马曲线、核和直方图增强图像？
12. 空域和频域中有哪些不同类型的图像滤波器？
13. 解释边缘检测的不同方法。如何在边缘检测的上下文中定义图像梯度？
14. 如何将算术、逻辑和形态学运算符应用于图像？
15. 解释提到 PSF 重要性的退化-恢复模型。什么是图像质量？
16. 什么是卷积和反卷积？如何区分各种反卷积技术？
17. 什么是图像分割？它是如何实现的？
18. 什么是感兴趣区域和区域边界？它们如何用于目标分析？
19. 什么是纹理分析？如何表示纹理特征？
20. 如何使用 DFT、DCT 和 DWT 将图像转换到频域？

第2章

音 频 处 理

2.1 引言

声音是一种类似于热和光的能量形式,它借助物体介质从一个位置传播到另一个位置。当振动物体振动的动能流经介质层直至到达我们的耳朵时,就会产生声音,这会使我们的耳膜产生类似的振动,我们的大脑将其识别为声音的感觉。**声学**是研究声音的产生、传输和接收的科学分支。**心理声学**是声学的一个分支,它研究人类如何感知声音并为设计音频设备提供重要指导。当声音通过空气或任何其他气态介质传播时,它会导致压缩和稀疏的交替区域,可用图表示为波。**声波**在数学上使用 $y = a\sin(bt - \theta)$ 形式的正弦波方程表示,其中,a 是振幅,b 是频率,θ 是相位差。波的**振幅**是波传播路径中振动粒子从其平均位置产生的最大位移,表示波的能量含量。对于声波,振幅对应于**响度**。响度以**分贝**(dB)为单位进行测量。波的**频率**是单位时间内粒子在波的路径上振动的次数,其物理表现是声音的**音高**。像哨子这样的高音比像鼓那样的低音具有更高的频率。频率以**赫兹**(Hz)为单位进行测量。

为了处理声音,需要将环境声波转换为电信号。有三种类型的组件可用于此目的,即麦克风、放大器和扬声器。**麦克风**将环境声波转换为电信号,而**放大器**则增强这些电信号的幅度,以更方便地使用它们。**扬声器**将电能转换回声能,使我们的耳朵可以听到。人类听觉范围的响度为 0~120dB,频率为 20Hz~20kHz。音频录制和播放系统的设计考虑了这些值的范围。单个扬声器单元通常分为三个子单元,以忠实地再现不同频率范围的声音,即**低音扬声器**用于低频值,**中频扬声器**用于中频值,**高音扬声器**用于高频值。通常,当使用录音系统录制和播放声音时,将使用多个麦克风捕获的多个声源使用**音频混合器**组合成一个或两个音频通道。具有单声道的声音称为**单声道**声音,可以使用单个扬声器播放,而具有两个声道的声音称为**立体声**,需要左右两个扬声器。**环绕声**系统使用多个扬声器,通常为五个或七个,放置在房间周围的不同位置以产生 3-D 音频效果。环绕声系统通常使用一个称为**低音炮**的单元来重现非常低频的声音。也可以使用磁偶极子的局部极化将电音频信号记录到磁带上。

模拟音频通过采样、量化和码字生成过程转换为数字形式。数字音频信号的结构单元称为**样本**，类似于数字图像的像素。采样率是指每秒生成的样本数。数字信号处理中经常用于确定采样率的一个重要定理是以 Harry Nyquist 命名的**奈奎斯特采样定理**。该定理指出，为了忠实地再现输入信号，采样频率需要是信号最高频率的两倍。该条件通常被称为奈奎斯特准则。如果采样频率低于此阈值，则信号的重建会出现缺陷或伪影，称为**混叠缺陷**。如果 f 是模拟音频信号的最高频率，那么根据奈奎斯特假设，采样频率需要为 $F=2f$。如果 b 是样本的位深度，c 是音频通道的数量，则数字音频的数据速率 D 等于 Fbc。如果 T 是音频的持续时间（以 s 为单位），则样本数 $N=FT$，数字音频的文件大小为 DT。计算机内的**声卡**是负责音频信号数字化的设备，它具有输入端口，允许将来自麦克风或外部盒式磁带播放器的模拟音频馈送到卡中的模数转换器（ADC），并将转换后的数字信号作为文件通过总线连接器存储在硬盘上。在播放过程中，数字文件从磁盘反馈到卡，并使用卡中的数模转换器（DAC）转换为模拟形式，最后将模拟信号馈送到与卡连接的扬声器并通过输出端口进行音频播放。

要对人类听觉的整个 20kHz 频率范围进行编码，采样率需要在 40kHz 左右。然而，在实际系统中，采用了稍高的 44.1kHz 用于产生高质量的数字音频，例如音频 CD 质量。选择此数值的原因与为了使其兼容流行的电视广播标准 NTSC 和 PAL 相关，将在下一章中提及。如今，**CD 品质**的声音等同于 44.1kHz 的采样率、16 位深度和 2 声道立体声。这意味着 1 分钟立体声 CD 质量声音的文件大小约为 10MB[(44 100×16×2×60)/(8×1024×1024)]，尽管在实际应用中使用压缩算法可以减少这个数据量。对于具有较小频率范围的声音的数字化，可以使用较低的采样率和位深度，例如人类语音可以以 11kHz、8 位深度、单通道编码。

音频滤波是音频处理应用中的一个重要步骤，音频信号中的特定频率通过滤波被衰减或增强。三种常见的滤波器类型是低通、高通和带通。**低通**滤波器允许低于某个阈值的频率通过但阻止更高的频率，**高通**滤波器允许高于某个阈值的频率通过但阻止较低的频率，而**带通滤波器**允许在指定的最小值和最大值范围内的频率通过但阻止所有其他频率。滤波器是通过使用傅里叶变换将音频信号从时域转换为频域来实现的，**傅里叶变换**以法国数学家让-巴蒂斯特·约瑟夫·傅里叶（Fourier,1822）的名字命名。傅里叶变换使信号能够表示为频率分量的加权和，然后可以选择性地处理这些分量以满足特定要求。另一类需要基于频率调制的数字音频应用称为 MIDI。**MIDI** 是乐器数字接口的简称，是一种将数字乐器（如合成器）连接到计算机的协议。合成器大致有两种类型：**FM 合成器**结合基本音调来构建具有所需波形的复合音符，而**波表合成器**则使用滤波器来操纵实际乐器存储的数字录音的幅度和频率。

与图像一样，称为 CODEC（编码器/解码器）的压缩方案可用于减小数字音频文件的大小。无损压缩算法操纵样本值，以便可以使用更少的空间来存储它们，而无须对文件进行永久性更改。有损压缩算法是从文件中删除信息以减小其大小，虽然降低了质量，但提供了更高的压缩量。保存音频的**文件格式**取决于所使用的压缩方案。Windows 本机音频文件格式是 WAV，通常未压缩。无损压缩算法可以将数字音频保存为 FLAC（免费无损音频编解码器）、ALAC（Apple 无损音频编解码器）和 MPEG-4 SLS（可扩展无损）等文件格式，而有损压缩算法则与 MP3（MPEG 音频层 3）、WMA（窗口媒体音频）和 RA（真实音频）相结合。

2.2 工具箱和函数

MATLAB 中的音频处理函数可以分为两类：基本 MATLAB(BM)函数和音频系统工具箱(AST)函数。BM 函数是一组用于执行初步数学矩阵运算和图形绘制操作的基本工具。AST 函数为音频处理系统的设计、仿真和桌面原型设计提供算法和工具，并包括一组更高级的工具，用于专门的处理任务，如压缩器、扩展器、噪声门、频谱分析仪和合成器。另外还从其他两个工具箱中提取了少量函数：**DSP 系统工具箱**(DSPST)，提供用于设计、仿真和分析信号处理系统的算法、应用程序和范围；以及**信号处理工具箱**(SPT)，提供函数和应用程序来分析、预处理以及从均匀和非均匀采样的信号中提取特征。然而，一些功能，如导入/导出和基本播放，对于 BM 集和工具箱集都是通用的。为了解决某些特定任务，还可能需要 BM 集和工具箱集的函数。这些函数的来源在本书中用于说明示例时相应地会被提及。在本章中，对用于音频处理任务的 MATLAB 函数作为特定示例的解决方案进行了说明。本书使用 MATLAB 2018b 版编写，但是，大部分功能都可以在 2015 及其后的版本中使用，几乎没有更改。MATLAB 支持的音频文件格式包括 WAVE(.wav)、OGG(.ogg)、FLAC(.flac)、AIFF(.aif)、MP3(.mp3)和 MPEG-4 AAC(.m4a、.mp4)。示例中使用的大部分音频文件都包含在 MATLAB 软件包中，不需要用户提供。本书中使用的音频样本位于以下文件夹中：(matlab-root)/toolbox/audio/samples/。

2.2.1 基本 MATLAB(BM)函数

本章中使用的 BM 函数分为五个不同的类别：语言基础、数学、图形、数据导入和分析以及编程脚本和函数。下面提供了这些函数的列表及其层次结构以及对每个函数的单行描述。BM 集由数千个函数组成，考虑到本书的范围和内容，本章使用了其中的一个子集。

1. 语言基础

(1) **cell**：create cell array，创建元胞数组

(2) **clc**：clear command window，清除命令窗口

(3) **floor**：round toward negative infinity，向负无穷大舍入

(4) **length**：length of largest array dimension，最大数组维度的长度

(5) **linspace**：generate vector of evenly spaced values，生成均匀间隔值的向量

(6) **numel**：number of array elements，数组元素的数量

(7) **ones**：create array of all ones，创建所有元素为 1 的数组

(8) **zeros**：create array of all zeros，创建所有元素为 0 的数组

2. 数学

(1) **abs**：absolute value，绝对值

(2) **cos**：cosine of argument in radians，以弧度为参数的余弦

(3) **fft**：fast Fourier transform，快速傅里叶变换

(4) **filter**：1-D digital filter，1-D 数字滤波器

(5) **imag**：imaginary part of complex number，复数的虚部

(6) **magic**：magic square with equal row and column sums，行与列之和相等的幻方

(7) **real**：real part of complex number，复数的实部

(8) **rng**：control random number generation，控制随机数生成

(9) **sin**：sine of argument in radians，以弧度为参数的正弦

(10) **sum**：sum of elements，元素之和

3．图形

(1) **axis**：set axis limits and aspect ratios，设置轴限和纵横比

(2) **figure**：create a figure window，创建一个图形窗口

(3) **gca**：get current axis for modifying axes properties，获取当前轴以修改轴特性

(4) **grid**：display grid lines，显示网格线

(5) **legend**：add legend to axes，给轴添加图例

(6) **plot**：2-D line plot，2-D 线图

(7) **subplot**：multiple plots in a single figure，单个图中的多个绘图

(8) **title**：plot title，绘图标题

(9) **xlabel**，**ylabel**：label x-axis，y-axis，x 轴标签、y 轴标签

4．数据导入和分析

(1) **audioinfo**：information about audio files，有关音频文件的信息

(2) **audiodevinfo**：information about audio device，有关音频设备的信息

(3) **audioplayer**：create object for playing audio，创建用于播放音频的对象

(4) **audioread**：read audio files，读取音频文件

(5) **audiorecorder**：create object for recording audio，创建用于录制音频的对象

(6) **audiowrite**：write audio files，写入音频文件

(7) **clear**：remove items from workspace memory，从工作区内存中删除项目

(8) **disp**：display value of variable，显示变量值

(9) **getaudiodata**：store recorded audio in array，将录制的音频存储在数组中

(10) **max**：maximum value，最大值

(11) **min**：minimum value，最小值

(12) **play**：play audio，播放音频

(13) **recordblocking**：record audio holding control until recording completes，保持控制直到完成音频录制

(14) **sound**：convert matrix to sound，将矩阵转换为声音

5．程序脚本和函数

(1) **if … end**：execute statements if condition is true，如果条件为真，则执行语句

(2) **continue**：pass control to next iteration of loop，将控制传递给循环的下一个迭代

(3) **for … end**：for loop to repeat specified number of times，为循环重复指定次数

(4) **pause**：stop MATLAB execution temporarily，暂时停止 MATLAB 执行

(5) **while … end**：loop while until condition is true，循环直到条件为真

6．高级软件开发

(1) **tic**：start stopwatch timer，启动秒表计时器

(2) **toc**：read elapsed time from stopwatch，从秒表读取经过时间

(3) **for … end**：for loop to repeat specified number of times,为循环重复指定次数

(4) **pause**：stop MATLAB execution temporarily,暂时停止 MATLAB 执行

(5) **release**：release resources,释放资源

(6) **while … end**：loop while until condition is true,循环直到条件为真

2.2.2　音频系统工具箱(AST)函数

AST 为音频处理系统的设计、模拟和桌面原型设计提供算法和工具。AST 包括用于修改数字音频信号的音频处理算法库。它们分为多个类别：(a)音频 I/O 和波形生成；(b)音频处理算法设计；(c)测量和特征提取；(d)模拟、调整和可视化；(e)MIDI。下面列出了本章中讨论的 AST 中一些最常用的函数：

1. 音频 I/O 和波形生成

(1) **getAudioDevices**：list available audio devices,列出可用的音频设备

(2) **audioPlayerRecorder**：simultaneously play and record using an audio device,使用音频设备同时播放和录音

(3) **audioDeviceReader**：record from sound card,从声卡录制

(4) **audioDeviceWriter**：play to sound card,播放到声卡

(5) **audioOscillator**：generate sine, square, and sawtooth waveforms,生成正弦波、方波和锯齿波

(6) **wavetableSynthesizer**：generate a periodic signal with tunable properties,生成具有可调属性的周期信号

(7) **dsp.AudioFileReader**：stream from audio file,来自音频文件的流

(8) **dsp.AudioFileWriter**：stream to audio file,流式传输到音频文件

2. 音频处理算法设计

(1) **compressor**：dynamic range compressor,动态范围压缩器

(2) **expander**：dynamic range expander,动态范围扩展器

(3) **noiseGate**：dynamic range noise gate,动态范围噪声门

(4) **reverberator**：add reverberation to audio signal,为音频信号添加混响

(5) **crossoverFilter**：audio crossover filter,音频分频滤波器

(6) **graphicEQ**：standard-based graphic equalizer,基于标准的图形均衡器

3. 测量和特征提取

(1) **integratedLoudness**：measure integrated loudness,测量综合响度

(2) **mfcc**：extract Mel frequency cepstral coefficient(MFCC) from audio signal,从音频信号中提取梅尔频率倒谱系数(MFCC)

(3) **pitch**：estimate fundamental frequency of audio signal,估计音频信号的基频

(4) **loudnessMeter**：standard-compliant loudness measurements,符合标准的响度测量

(5) **voiceActivityDetector**：detect the presence of speech in audio signal,检测音频信号中语音的存在

(6) **cepstralFeatureExtractor**：extract cepstral features from audio segment,从音频片段中提取倒谱特征

4. 模拟、调整和可视化

（1）**dsp.SpectrumAnalyzer**：display frequency spectrum of time-domain signals，显示时域信号的频谱

（2）**dsp.TimeScope**：time-domain signal display and measurement，时域信号显示与测量

（3）**dsp.ArrayPlot**：display vectors or arrays，显示向量或数组

5. 乐器数字接口（MIDI）

（1）**getMIDIConnections**：get MIDI connections，获取 MIDI 连接

（2）**configureMIDI**：configure MIDI connections，配置 MIDI 连接

（3）**mididevice**：send and receive MIDI messages，发送和接收 MIDI 信息

（4）**mididevinfo**：MIDI device information，MIDI 设备信息

（5）**midimsg**：greate MIDI message，创建 MIDI 信息

（6）**midiread**：return most recent value of MIDI controls，返回 MIDI 控件的最新值

2.2.3 信号处理系统工具箱（DSPST）函数

（1）**dsp.AudioFileReader**：stream from audio file，来自音频文件的流

（2）**dsp.AudioFileWriter**：stream to audio file，流式传输到音频文件

（3）**dsp.TimeScope**：time-domain signal display and measurement，时域信号显示与测量

（4）**dsp.SineWave**：generate discrete sine wave，生成离散正弦波

（5）**dsp.SpectrumAnalyzer**：display frequency spectrum of time-domain signals，显示时域信号的频谱

（6）**dsp.ArrayPlot**：display vectors or arrays，显示向量或数组

（7）**fvtool**：visualize frequency response of DSP filters，可视化 DSP 滤波器的频率响应

2.2.4 信号处理工具箱（SPT）函数

（1）**designfilt**：design digital filters，设计数字滤波器

（2）**spectrogram**：spectrogram using short-time Fourier transform，使用短时傅里叶变换的频谱图

（3）**chirp**：swept-frequency cosine，扫频余弦

（4）**dct**：discrete cosine transform，离散余弦变换

（5）**idct**：inverse discrete cosine transform，逆离散余弦反变换

（6）**window**：create a window function of specified type，创建指定类型的窗口函数

2.3 声波

如前所述，在数学上**声波**使用 $y=a\sin(bt-\theta)$ 形式的正弦方程表示，其中，a 是振幅，b 是频率，θ 是相位差。单一频率的声音称为**音调**，而具有多个频率的复合声音称为**音符**。可以通过添加具有不同幅度、频率和相位的多个音调来创建音符。**相位**是在周期波的一个完

整周期内 0~360°或 0~2πrad 的角度。相位差是两个波的起点之间的相位角,用于衡量一个波相对于另一个波的偏移量。虽然音调由正弦波表示,但音符可以具有不同的波形,具体取决于音调分量的参数,如幅度、频率和相移。**波形**是音频信号的图形表示,并在物理上指示声音的音色,使我们能够区分来自不同乐器的声音。通过组合不同比例的正弦音调可以产生不同的波形。在例 2.1 中,将振幅为 1 和频率为 1 的正弦音调添加到另一个振幅为 0.3 和频率为 3 的音调中,所得复合音符并没有正弦波形。当使用 π 的相位差添加相同的音调分量时,又得到不同波形(见图 2.1)。

例 2.1 编写一个程序,显示正弦音调和复合音符。

```
clear; clc;
t = 1 : 0.1 : 50;
subplot(411),plot(t, sin(t)); ylabel('sin(t)');
subplot(412),plot(t, 0.3 * sin(3 * t)); ylabel('0.3sin(3t)'); axis([0, 50, -1, 1]);
subplot(413),plot(t, sin(t) + 0.3 * sin(3 * t)); ylabel('sin(t) + 0.3sin(3t)');
subplot(414),plot(t, sin(t) + 0.3 * sin(3 * t - pi));ylabel('sin(t) + 0.3sin(3t - \pi)');
```

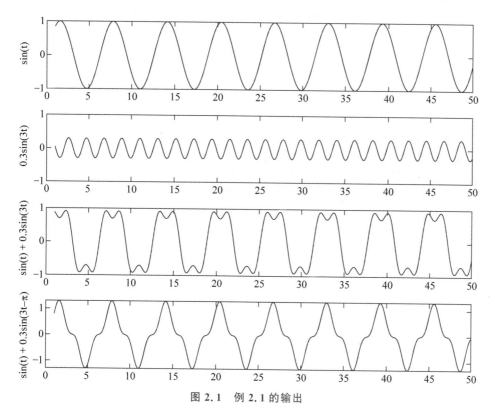

图 2.1 例 2.1 的输出

数字信号处理中经常使用的一个重要定理是以 Harry Nyquist 命名的**奈奎斯特采样定理**,他在研究通过电报信道传输信息的带宽要求时提出了该定理(Nyquist,1928)。**采样**是通过检查特定时间或空间点的信号幅度将连续模拟信号转换为一组离散值的步骤。每秒采样的次数称为**采样率**。该定理指出:"将模拟信号转换为数字形式时,所使用的采样频率必须至少是输入信号带宽的两倍,以便能够从采样版本准确地重建原始信号。"对于基带信号,由于带宽与最高频率分量相同,因此定理常被表述为采样频率需要是输入信号最高频率的两倍。这种条件通常被称为奈奎斯特准则。如果采样频率低于此阈值,则信号的重建会出现缺陷或伪影,称为**混叠**缺陷。例 2.2 通过在低频下逐步采样正弦波形以生成阶梯波形说明了奈奎斯特定理,所得波形见图 2.2。如图 2.2 所示,第一行的图是原始波形;第二行的图是每个周期采样十次以上得到的波形;第三行的图描述了对原始波形以两倍频率采样三个周期或 6π 周期时的极限情况,即每个周期在 $\pi/2$、$3\pi/2$、$5\pi/2$、$7\pi/2$、$9\pi/2$ 和 $11\pi/2$ 采样,由于采样在每个周期的正半部分和负半部分各进行一次,因此生成的阶梯波形至少具有一些信息来表示这两个半部分,即它们的近似持续时间和近似值;第四行的图描述了采样率等于波的频率的情况,即每个周期进行一次采样。产生的波是低频平坦波,不包含原始波的信息。这种失真就是混叠,当采样率低于波的频率的两倍时就会发生,从而说明了奈奎斯特定理。例 2.2 中,BM 函数 **stairs** 用于通过将采样点连接在一起来绘制楼梯波形。

例 2.2 编写一个程序,演示奈奎斯特采样定理。

```
clear; clc;
t0 = 0:0.1:6*pi;
t1 = 0:0.5:6*pi;
t2 = [pi/2, 3*pi/2, 5*pi/2, 7*pi/2, 9*pi/2, 11*pi/2];
t3 = [pi, 3*pi, 5*pi];
y1 = sin(t1);
y2 = sin(t2);
y3 = sin(t3);
subplot(411), plot(t0, sin(t0)); ylabel('sin(t)'); grid;
h = gca;
h.XTick = [0, pi/2, pi, 3*pi/2, 2*pi, 5*pi/2, 3*pi, ...
    7*pi/2, 4*pi, 9*pi/2, 5*pi, 11*pi/2, 6*pi];
h.XTickLabel = {'0', '\pi/2', '\pi', '3\pi/2', '2\pi', ...
    '5\pi/2', '3\pi', '7\pi/2', '4\pi', '9\pi/2', '5\pi', ...
    '11\pi/2', '6\pi'}
axis tight; axis ([0 6*pi -1.2 1.2]);
subplot(412), stairs(t1, y1); grid;
h = gca;
h.XTick = [0, pi/2, pi, 3*pi/2, 2*pi, 5*pi/2, 3*pi, ...
    7*pi/2, 4*pi, 9*pi/2, 5*pi, 11*pi/2, 6*pi];
h.XTickLabel = {'0', '\pi/2', '\pi', '3\pi/2', '2\pi', ...
    '5\pi/2', '3\pi', '7\pi/2', '4\pi', '9\pi/2', '5\pi', ...
    '11\pi/2', '6\pi'}
axis tight; axis ([0 6*pi -1.2 1.2]);
subplot(413), stairs(t2, y2, 'o-', 'LineWidth', 2); grid;
h = gca;
h.XTick = [0, pi/2, pi, 3*pi/2, 2*pi, 5*pi/2, 3*pi, ...
    7*pi/2, 4*pi, 9*pi/2, 5*pi, 11*pi/2, 6*pi];
h.XTickLabel = {'0', '\pi/2', '\pi', '3\pi/2', '2\pi', ...
    '5\pi/2', '3\pi', '7\pi/2', '4\pi', '9\pi/2', '5\pi', ...
    '11\pi/2', '6\pi'}
axis tight; axis ([0 6*pi -1.2 1.2]);
subplot(414), stairs(t3, y3, 'o-', 'LineWidth', 2); grid;
h = gca;
h.XTick = [0, pi/2, pi, 3*pi/2, 2*pi, 5*pi/2, 3*pi, ...
    7*pi/2, 4*pi, 9*pi/2, 5*pi, 11*pi/2, 6*pi];
h.XTickLabel = {'0', '\pi/2', '\pi', '3\pi/2', '2\pi', ...
    '5\pi/2', '3\pi', '7\pi/2', '4\pi', '9\pi/2', '5\pi', ...
    '11\pi/2', '6\pi'}
axis tight; axis ([0 6*pi -1.2 1.2]);
```

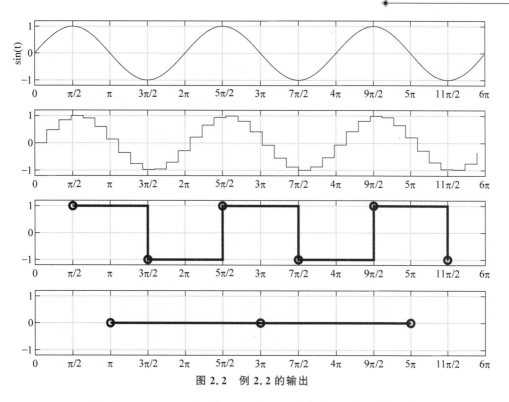

图 2.2 例 2.2 的输出

信号处理中经常使用的另一个重要定理是以法国数学家让-巴蒂斯特·约瑟夫·傅里叶命名的**傅里叶定理**(Fourier,1822)。该定理提出,任何周期信号都可以表示为正弦分量的加权和。将已知加权分量求和以推导出任意函数称为**傅里叶综合**,而推导出用于描述给定函数的权重的过程称为**傅里叶分析**。加权正弦项的集合称为傅里叶级数。下面给出了一些常见的周期函数及其傅里叶级数。

- 方波:$\cos(t) - (1/3)\cos(3t) + (1/5)\cos(5t) - (1/7)\cos(7t) + \cdots$
- 三角波:$\cos(t) + (1/9)\cos(3t) + (1/25)\cos(5t) + \cdots$
- 锯齿波:$\sin(t) - (1/2)\sin(2t) + (1/3)\sin(3t) - (1/4)\sin(4t) + \cdots$
- 半整流波:$1 + (\pi/2)\cos(t) + (2/3)\cos(2t) - (2/15)\cos(4t) + (2/35)\cos(6t)$
- 全整流波:$1 + (2/3)\cos(2t) - (2/15)\cos(4t) + (2/35)\cos(6t)$
- 脉冲波:$1 + 2(f_1 \cdot \cos(t) + f_2 \cdot \cos(2t) + f_3 \cdot \cos(3t) + f_4 \cdot \cos(4t))$

其中,$f_1 = \sin(\pi k)/(\pi k)$,$f_2 = \sin(2\pi k)/(2\pi k)$,$f_3 = \sin(3\pi k)/(3\pi k)$,$f_4 = \sin(4\pi k)/(4\pi k)$,$k < 1$。

例 2.3 说明了使用上面给出的关系从加权正弦分量对一些常见波形进行傅里叶合成,输出结果见图 2.3。

例 2.3 编写一个程序,使用傅里叶级数生成一些常见的波形。

```
clear; clc;
t = 0:0.1:30;
% part a
figure,
a = cos(t) - (1/3)*cos(3*t) + (1/5)*cos(5*t) - (1/7)*cos(7*t) ;
b = cos(t) + (1/9)*cos(3*t) + (1/25)*cos(5*t) + (1/49)*cos(7*t);
```

```
c = sin(t) - (1/2)*sin(2*t) + (1/3)*sin(3*t) - (1/4)*sin(4*t);
subplot(311), plot(t, a); title('Square wave'); grid;
subplot(312), plot(t, b); title('Triangular wave'); grid;
subplot(313), plot(t, c); title('Sawtooth wave'); grid;
% part b
figure,
k = 0.3; f1 = (sin(pi*k))/(pi*k); f2 = (sin(2*pi*k))/(2*pi*k);
f3 = (sin(3*pi*k))/(3*pi*k); f4 = (sin(4*pi*k))/(4*pi*k);
d = 1 + (pi/2)*cos(t) + (2/3)*cos(2*t) - (2/15)*cos(4*t) + (2/35)*cos(6*t);
e = 1 + (2/3)*cos(2*t) - (2/15)*cos(4*t) + (2/35)*cos(6*t);
f = 1 + 2*(f1*cos(t) + f2*cos(2*t) + f3*cos(3*t) + f4*cos(4*t));
subplot(311), plot(t, d); title('Half rectified wave'); grid;
subplot(312), plot(t, e); title('Full-rectified wave'); grid;
subplot(313), plot(t, f); title('Pulse wave'); grid;
```

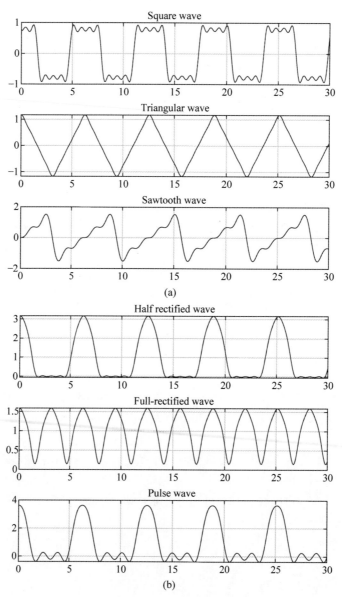

图 2.3　例 2.3 的输出

随着更多项添加到级数中，信号的准确性逐渐提高。因此，可以将循环设计为包含任意数量的项，如例2.4中锯齿波所示。例2.4通过将级数中的分量数量从3增加到5再到10，最后增加到50来绘制波形，包含交替项的负号用于反转锯齿的方向（见图2.4）。

例2.4 编写一个程序，说明生成的波形的准确性取决于傅里叶级数中包含的项数。

```
clear; clc;
t = 0:0.1:30;
sum = 0; n = 3;
for i = 1:n, sum = sum - ((-1)^i)*(1/i)*sin(i*t); end;
subplot(411), plot(t, sum); title('sawtooth : n = 3');
sum = 0; n = 5;
for i = 1:n, sum = sum - ((-1)^i)*(1/i)*sin(i*t); end;
subplot(412), plot(t, sum); title('sawtooth : n = 5');
sum = 0; n = 10;
for i = 1:n, sum = sum - ((-1)^i)*(1/i)*sin(i*t); end;
subplot(413), plot(t, sum); title('sawtooth : n = 10');
sum = 0; n = 50;
for i = 1:n, sum = sum - ((-1)^i)*(1/i)*sin(i*t); end;
subplot(414), plot(t, sum); title('sawtooth : n = 50');
```

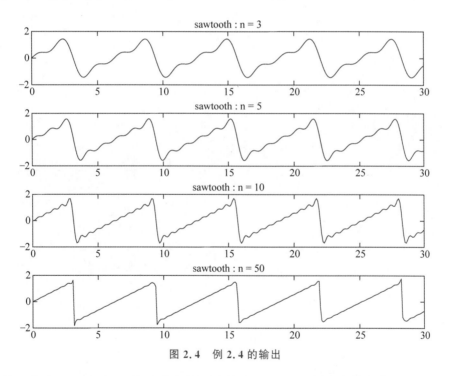

图2.4 例2.4的输出

在第1章中已经讨论过，使用**离散傅里叶变换（DFT）**可将时域数字信号 x 转换为频域形式 X，输出表示为一组复数 **DFT 系数**，这些系数是一组单位幅度余弦波和正弦波的缩放因子，称为基函数。如果 $A(k)$ 和 $B(k)$ 表示第 k 个系数的实部和虚部，则它们的大小由以下表达式给出（其中，N 是样本总数）：

$$A(k) = \mathrm{Re}\{X(k)\} = \sum_{i=0}^{N-1} x(i) \cdot \cos\left(\frac{2\pi k i}{N}\right)$$

$$B(k) = \text{Im}\{X(k)\} = \sum_{i=0}^{N-1} x(i) \cdot \sin\left(\frac{2\pi ki}{N}\right)$$

收集 k 范围为 $0\sim(N-1)$ 的所有项,可得到:

$$A = \{A(0), A(1), A(2), \cdots, A(N-1)\}$$
$$B = \{B(0), B(1), B(2), \cdots, B(N-1)\}$$

DFT 基函数是具有预定义频率的正弦波。第 k 个余弦波 $C(k)$ 和第 k 个正弦波 $S(k)$ 是由以下表达式表示的项的集合:

$$C(k) = \bigcup_{i=0}^{N-1} \cos\left(\frac{2\pi ki}{N}\right)$$

$$S(k) = \bigcup_{i=0}^{N-1} \sin\left(\frac{2\pi ki}{N}\right)$$

收集 k 范围为 $0\sim(N-1)$ 的所有项,可得到:

$$C = \{C(0), C(1), C(2), \cdots, C(N-1)\}$$
$$S = \{S(0), S(1), S(2), \cdots, S(N-1)\}$$

需要注意的是,余弦项和正弦项的幅度为 $+1\sim-1$,它们的频率取决于 N 的值。所以基函数本质上与原始时域信号 x 无关,只取决于 x 中的样本总数 N(但不是 x 的数据值)。图 2.5 显示了 $N=8$ 的基函数,其中,C 项描述了余弦函数,S 项描述了正弦函数。请注意,$C(0)$ 的常数值为 1,$S(0)$ 的常数值为 0。此外,$C(k)$ 和 $S(k)$ 在 $0\sim N-1$ 个样本内完成了波的 k 个周期(见图 2.5)。

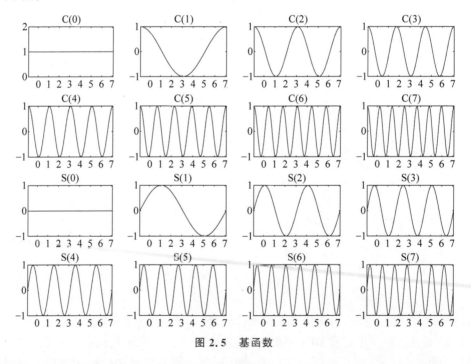

图 2.5 基函数

在例 2.5 中,方波使用了 200 个样本进行数字化,并使用 DFT 将其转换到频域。系数 A 和 B 的实部和虚部被提取并与信号波形一起绘制。然后,计算余弦和正弦基函数,因为有 200 个样本,所以每个函数都有 200 个分量,图 2.6 中显示了 8 个分量:1、2、3、4、5、10、50、100。

例 2.5 编写一个程序,将信号分解为其系数和基函数。

```
clear; clc;
t = 0 : 0.1 : 20;
x = sin(t) + (1/3) * sin(3 * t) + (1/5) * sin(5 * t) + (1/7) * sin(7 * t);
% square wave
N = numel(x);
X = fft(x);
A = real(X);
B = - imag(X);
figure,
subplot(311), plot(x, 'LineWidth', 2); axis tight; title('x');
subplot(312), plot(A); axis tight; title('A');
subplot(313), plot(B); axis tight; title('B');
C = cell(1,N);
for k = 0:N - 1
    for i = 0:N - 1
        C{k + 1} = [C{k + 1}, cos(2 * pi * i * k/N)];
    end
end
S = cell(1,N);
for k = 0:N - 1
    for i = 0:N - 1
        S{k + 1} = [S{k + 1}, sin(2 * pi * i * k/N)];
    end
end
figure,
subplot(441), plot(C{1}); axis tight; title('C (1)');
subplot(442), plot(C{2}); axis tight; title('C (2)');
subplot(443), plot(C{3}); axis tight; title('C (3)');
subplot(444), plot(C{4}); axis tight; title('C (4)');
subplot(445), plot(C{5}); axis tight; title('C (5)');
subplot(446), plot(C{10}); axis tight; title('C (10)');
subplot(447), plot(C{50}); axis tight; title('C (50)');
subplot(448), plot(C{100}); axis tight; title('C (100)');
subplot(449), plot(S{1}); axis tight; title('S (1)');
subplot(4,4,10), plot(S{2}); axis tight; title('S (2)');
```

傅里叶定理指出,原始时域信号可以表示为正弦项的加权和。前文已经提到,系数可充当基函数的缩放因子。这意味着如果系数的实部(A 项)与余弦基函数(C 项)相乘,而系数的虚部(B 项)与正弦基函数(S 项)相乘,并且将这两个乘积加在一起并通过除以项的总数 N 进行归一化,那么结果应该与原始信号 x 的数据相同。数学上表示为:

$$xr = \left(\frac{1}{N}\right)AC^{\mathrm{T}} = \left(\frac{1}{N}\right)\{A(0)C(0) + \cdots + A(N-1)C(N-1)\}$$

$$xi = \left(\frac{1}{N}\right)BS^{\mathrm{T}} = \left(\frac{1}{N}\right)\{B(0)S(0) + \cdots + B(N-1)S(N-1)\}$$

$$x = xr + xi$$

在例 2.6 中,系数与基函数相乘并相加,然后归一化以生成估计的重建波。由于每个正

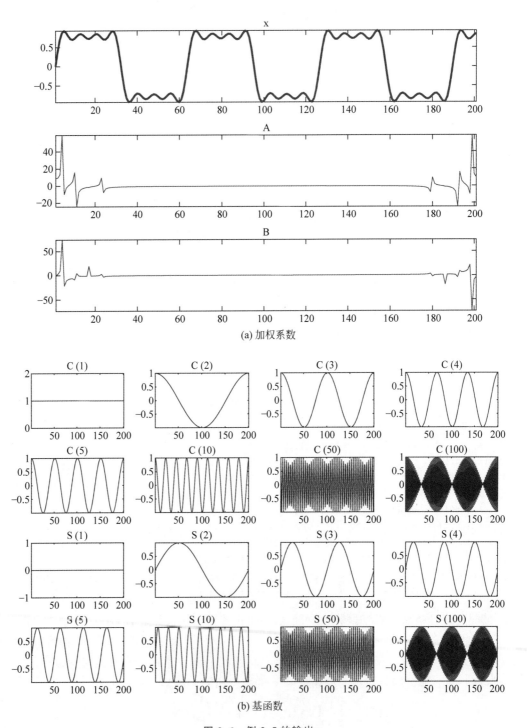

图 2.6 例 2.5 的输出

弦波由多个值组成,因此使用单元结构来存储它们。通过从原始信号中减去估计的重建信号来计算误差以显示它们之间的差异。红线表明误差实际为零(见图 2.7)。

例 2.6 编写一个程序,说明对于前面的示例,可以通过将其加权傅里叶分量相加来重建信号。

```
clear; clc;
t = 0 : 0.1 : 20;
x = sin(t) + (1/3)*sin(3*t) + (1/5)*sin(5*t) + (1/7)*sin(7*t);
% square wave
N = numel(x);
X = fft(x);            % Fourier transform
A = real(X);           % Real coefficients
B = -imag(X);          % Imaginary coefficients
% cosine basis functions
C = cell(1,N);
for k = 0:N-1
    for i = 0:N-1
        C{k+1} = [C{k+1}, cos(2*pi*i*k/N)];
    end
end
% sine basis functions
S = cell(1,N);
for k = 0:N-1
    for i = 0:N-1
        S{k+1} = [S{k+1}, sin(2*pi*i*k/N)];
    end
end
% sum of weighted real components
xr = cell(1,N); sumxr = 0;
for i = 0:N-1
    xr{i+1} = A(i+1)*C{i+1};
    sumxr = sumxr + xr{i+1};
end
% sum of weighted imaginary components
xi = cell(1,N); sumxi = 0;
for i = 0:N-1
    xi{i+1} = B(i+1)*S{i+1};
    sumxi = sumxi + xi{i+1};
end
xe = (1/N)*(sumxr + sumxi); % estimated reconstruction
err = (x - xe);        % error
figure,
subplot(411), plot(x, 'LineWidth', 2); title('x'); axis tight;
subplot(412), plot(sumxr, 'LineWidth', 2); title('xr'); axis tight;
subplot(413), plot(sumxi, 'LineWidth', 2); title('xi'); axis tight;
subplot(414), plot(xe, 'LineWidth', 2);
hold on; plot(err); title('xe'); axis tight; hold off;
```

在例 2.6 中,原始信号和重建信号之间的误差被视为零,这是正确的,因为所有系数和基函数都已用于重建。然而,如果重建分量的数量减少,则信号之间的差异会增加,这反映在波形以及计算的平方和误差中。在例 2.7 中,使用可变分量数量 3、10、50、100、201 重建了例 2.6 的波形,并显示了波形图以及打印在波形图顶部的平方和误差(见图 2.8)。

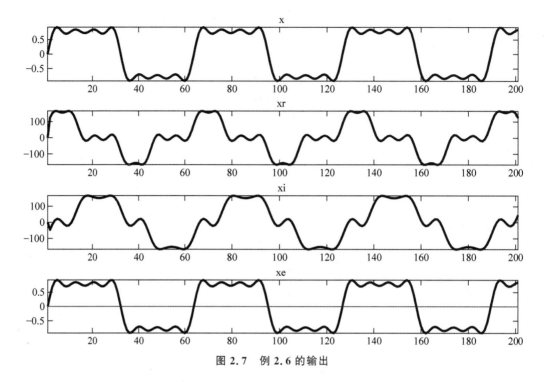

图 2.7 例 2.6 的输出

例 2.7 编写一个程序,说明对于前面的示例,可以通过使用可变分量数量来重建信号并计算每种情况下的误差。

```
clear; clc;
t = 0 : 0.1 : 20;
x = sin(t) + (1/3) * sin(3 * t) + (1/5) * sin(5 * t) + (1/7) * sin(7 * t);  % square wave
N = numel(x);
X = fft(x);                      % Fourier transform
A = real(X);                     % Real coefficients
B = - imag(X);                   % Imaginary coefficients
% cosine basis functions
C = cell(1,N);
for k = 0:N - 1
    for i = 0:N - 1
        C{k + 1} = [C{k + 1}, cos(2 * pi * i * k/N)];
    end
end
% sine basis functions
S = cell(1,N);
for k = 0:N - 1
    for i = 0:N - 1
        S{k + 1} = [S{k + 1}, sin(2 * pi * i * k/N)];
    end
end
% sum of weighted real components
xr = cell(1,N); sumxr = 0;
for i = 0:N - 1
```

```
    xr{i + 1} = A(i + 1) * C{i + 1};
    sumxr = sumxr + xr{i + 1};
end
% sum of weighted imaginary components
xi = cell(1,N); sumxi = 0;
for i = 0:N - 1
    xi{i + 1} = B(i + 1) * S{i + 1};
    sumxi = sumxi + xi{i + 1};
end
figure,
ac = 0; bs = 0; nc = 3;      % number of components
for i = 1:nc
ac = ac + xr{i};
bs = bs + xi{i};
end
xe = (1/N) * (ac + bs);      % estimated reconstruction
se = sumsqr(x - xe);         % error
subplot(531), plot(ac/N); axis tight; title('AC (1:3)');
subplot(532), plot(bs/N); axis tight; title('BS (1:3)');
subplot(533), plot(xe); axis tight; title(se);
ac = 0; bs = 0; nc = 10;     % number of components
for i = 1:nc
    ac = ac + xr{i};
    bs = bs + xi{i};
end
xe = (1/N) * (ac + bs);      % estimated reconstruction
se = sumsqr(x - xe);         % error
subplot(534), plot(ac/N); axis tight; title('AC (1:10)');
subplot(535), plot(bs/N); axis tight; title('BS (1:10)');
subplot(536), plot(xe); axis tight; title(se);
ac = 0; bs = 0; nc = 50;     % number of components
for i = 1:nc
    ac = ac + xr{i};
    bs = bs + xi{i};
end
xe = (1/N) * (ac + bs);      % estimated reconstruction
se = sumsqr(x - xe);         % error
subplot(537), plot(ac/N); axis tight; title('AC (1:50)');
subplot(538), plot(bs/N); axis tight; title('BS (1:50)');
subplot(539), plot(xe); axis tight; title(se);
ac = 0; bs = 0; nc = 100;    % number of components
for i = 1:nc
    ac = ac + xr{i};
    bs = bs + xi{i};
end
xe = (1/N) * (ac + bs);      % estimated reconstruction
se = sumsqr(x - xe);         % error
subplot(5,3,10), plot(ac/N); axis tight; title('AC (1:100)');
subplot(5,3,11), plot(bs/N); axis tight; title('BS (1:100)');
subplot(5,3,12), plot(xe); axis tight; title(se);
ac = 0; bs = 0; nc = 201;    % number of components
```

```
for i = 1:nc
    ac = ac + xr{i};
    bs = bs + xi{i};
end
xe = (1/N)*(ac + bs);      % estimated reconstruction
se = sumsqr(x - xe);        % error
subplot(5,3,13), plot(ac/N); axis tight; title('AC (1:201)');
subplot(5,3,14), plot(bs/N); axis tight; title('BS (1:201)');
subplot(5,3,15), plot(xe); axis tight; title(se);
```

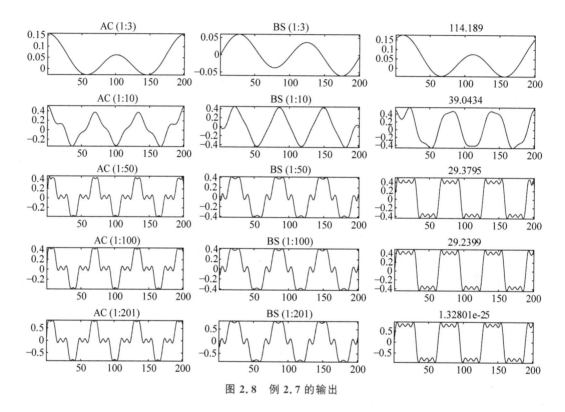

图 2.8 例 2.7 的输出

2.4 音频 I/O 和波形生成

数字音频处理的第一步是读取音频文件并播放。BM 函数 **audioread** 用于从指定文件中读取音频,并返回音频的数据矩阵和采样率。BM 函数 **sound** 用于通过指定数据矩阵和采样率来播放音频。BM 函数 **audioinfo** 用于显示有关音频文件的信息,例如采样率、样本总数、持续时间(以秒为单位)、每个样本的位数、通道数和压缩方法。要绘制音频波形,可以使用 BM 函数 **plot**,该函数根据样本数绘制数据。例 2.8 是将一个音频文件读入系统,显示有关它的信息,播放它,并绘制音频波形(见图 2.9)。

例 2.8 编写一个程序,读取音频文件,显示有关它的信息,播放它并绘制它的波形。

```
clear; clc;
f = 'Counting-16-44p1-mono-15secs.wav';
[x, fs] = audioread(f);
```

```
sound(x, fs);
audioinfo(f)
figure, plot(x);
xlabel('Samples'); ylabel('Amplitude'); axis tight;
```

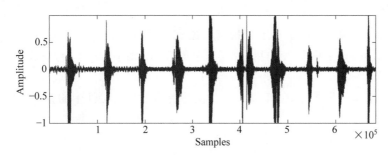

图 2.9　例 2.8 的输出

默认情况下,波形是根据样本数绘制的。要绘制随时间变化的波形,应用样本数除以采样率。通过从样本中减去最小值并将这些值除以最大值和最小值之间的差值,可以在[0,1]范围内对音频样本的幅度进行归一化(如例 2.9,输出见图 2.10)。

例 2.9　编写一个程序,归一化范围[0,1]内的音频样本的值,并根据持续时间绘制音频波形(以 s 为单位)。

```
clear; clc;
f = 'JetAirplane-16-11p025-mono-16secs.wav';
[x, fs] = audioread(f);
subplot(211), plot(x);
xlabel('Samples'); ylabel('Amplitude'); axis tight;
t = [1:length(x)]/fs;                    % converting samples to secs
xn = (x - min(x))/abs(max(x) - min(x));  % normalize sample values
subplot(212), plot(t,xn);
xlabel('Seconds'); ylabel('Normalized Amplitude'); axis tight;
```

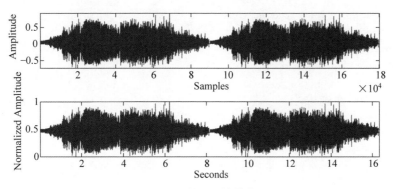

图 2.10　例 2.9 的输出

可以使用 BM 函数 **audiodevinfo** 列出可用于读取和写入音频的输入和输出设备。

```
clear; clc;
d = audiodevinfo;
fprintf('\n Input Devices : \n');
```

```
d.input(1)
d.input(2)
fprintf('\n Output Devices : \n');
d.output(1)
d.output(2)
```

BM 函数 **audioplayer** 用于在给出指定数据和采样率的情况下创建播放音频的播放器对象。BM 函数 **play** 用于播放来自播放器对象的数据。在例 2.10 中,播放器对象用于播放音频文件。

例 2.10 编写一个程序,创建播放器对象并使用它播放文件中的音频。

```
clear; clc;
f = 'Counting-16-44p1-mono-15secs.wav';
[x, fs] = audioread(f);
player = audioplayer(x, fs);
play(player);
```

BM 函数 **audiorecorder** 用于使用指定的采样率、位深度和通道数来创建用于录制声音的音频对象。BM 函数 **recordblocking** 用于控制 audiorecorder 对象在指定的持续时间(以 s 为单位)内录制音频。BM 函数 **getaudiodata** 用于将录制的音频信号存储在数字数组中。默认情况下,数字数组的数据类型为 double 数据类型,音频样本的值为 $-1 \sim +1$。BM 函数 **audiowrite** 用于使用指定的采样率将音频数据写入指定的文件名。2.1 节介绍了支持的文件格式。在例 2.11 中,创建了一个 audiorecorder 对象,以记录来自麦克风的 5s 语音,播放声音并绘制其波形。

例 2.11 编写一个程序,从输入设备录制音频并将其存储在文件中。

```
clear; clc;
fs = 44100; bs = 16; ch = 1;
ar = audiorecorder(fs, bs, ch);
get(ar);
% Record your voice for 5 seconds.
disp('Start speaking.')
recordblocking(ar, 5);
disp('End of Recording.');
pause(10);
% Play back the recording.
play(ar);
% Plot the waveform.
r = getaudiodata(ar);
plot(r);
% Write audio to file
audiowrite('myrec.mp4', r, fs);
```

除了 BM 函数外,AST 还提供读取和写入数字音频文件的函数。AST 函数 **audioDeviceReader** 用于调用系统对象从音频输入设备读取音频样本。AST 函数 **audioDeviceWriter** 用于调用系统对象将音频样本写入音频输出设备。AST 函数 **getAudioDevices** 用于列出所有可用的音频设备。

```
r = audioDeviceReader;
rdevices = getAudioDevices(r)
w = audioDeviceWriter;
wdevices = getAudioDevices(w)
```

上述函数的输出应类似于如下所示：

```
rdevices =
    {'Default'}
    {'Primary Sound Capture Driver'}
    {'Microphone (High Definition Audio Device)'}
wdevices =
    {'Default'}
    {'Primary Sound Driver'}
    {'Headphones (High Definition Audio Device)'}
```

数字信号处理系统工具箱（DSPST）函数 **dsp. AudioFileReader**（也包含在 AST 中）用于从音频文件中读取音频样本。DSPST 函数 **dsp. AudioFileWriter** 用于将音频样本写入音频文件。在例 2.12 中，音频从默认输入设备（麦克风）录制 10s 并写入文件。然后读取文件，并将音频写入默认输出设备（扬声器）。

例 2.12 编写一个程序，使用 DeviceReader 从麦克风读取音频，使用 FileWriter 将音频写入文件，使用 FileReader 从文件中读取音频，使用 DeviceWriter 将音频发送到扬声器进行播放。

```
clear; clc;
dr = audioDeviceReader;                                 % create device reader
fn = 'myaudio.wav';
fw = dsp.AudioFileWriter(fn, 'FileFormat', 'WAV');      % create file writer
setup(dr);                                              % initialize reader
disp('Speak into microphone now');
tic;
while toc < 10
    fw(record(dr));                                     % record from mic and write to file
end
release(dr);                                            % release device reader
release(fw);                                            % release file writer
disp('Recording complete');
fr = dsp.AudioFileReader(fn);                           % create file reader
f = audioinfo(fn);
dw = audioDeviceWriter('SampleRate', f.SampleRate);     % create device writer
setup(dw, zeros(fr.SamplesPerFrame, f.NumChannels));    % initialize writer
while ~isDone(fr)
    audioData = fr();                                   % read audio from file
    dw(audioData);                                      % write audio to speakers
end
release(fr);                                            % release file reader
release(dw);                                            % release device writer
```

振荡器是一种产生指定幅度和频率的周期性振荡信号的电子设备。音频振荡器产生频率在音频范围内的信号，即 20Hz～20kHz。生成的常见波形通常是正弦波或方波。AST

函数 audioOscillator 用于在时间范围显示指定信号。在例 2.13 中,将频率为 1000 的方波和频率为 100 的正弦波相加产生了一个新的波形并将其显示(见图 2.11)。

例 2.13 编写一个程序,创建一个 audioOscillator 对象来显示一个正弦波和一个方波以及它们的组合。

```
clear; clc;
osc1 = audioOscillator('square',1000);
w1 = osc1();
osc2 = audioOscillator('sine',100);
w2 = osc2();
w3 = w1 + w2;
figure,
subplot(311), plot(w1); title('w1'); axis tight;
subplot(312), plot(w2); title('w2'); axis tight;
subplot(313), plot(w3); title('w3'); axis tight;
```

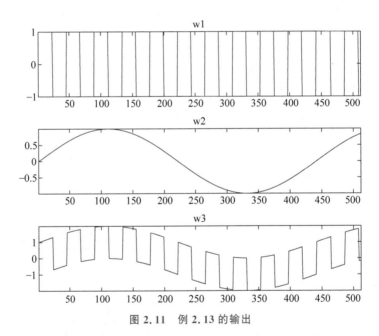

图 2.11 例 2.13 的输出

合成器是一种电子乐器,通过用滤波器、包络和振荡器调制声波来产生各种声音。合成器大致可以分为两种类型:**FM 合成器**有选择地添加音调分量以产生复杂的波形,而**波表合成器**使用预先录制的声音库,其幅度和频率可以使用振荡器进行控制。此外,可以在不同波形之间使用数字插值技术,以在生成声音的音高和音色方面产生平滑和动态的变化。AST 函数 wavetableSynthesizer 可用于修改音频信号的频率。在例 2.14 中,syn 是 wavetableSynthesizer 的对象,用于生成一个音频波形,其频率先增加然后减小(见图 2.12)。

例 2.14 编写一个程序,创建一个用于修改声音频率的 wavetableSynthesizer 对象。

```
clear; clc;
fn = 'RockGuitar - 16 - 44p1 - stereo - 72secs.wav';
[x,fs] = audioread(fn);
y = x(1:441000);
```

```
t = numel(y)/fs;
freq = 1/t;
syn = wavetableSynthesizer('Wavetable',y,'SampleRate',fs,...
    'Frequency',freq);
w = audioDeviceWriter('SampleRate',fs);
for i = 1:.01:10
    audioWave = syn();
    w(audioWave);
end
figure,
subplot(311),plot(audioWave); title('original'); axis tight;
freq1 = freq + 0.1;
syn = wavetableSynthesizer('Wavetable',y,'SampleRate',fs,...
    'Frequency',freq1);
for i = 1:.01:1/freq1
    audioWave = syn();
    w(audioWave);
end
subplot(312),plot(audioWave); title('increased freq'); axis tight;
freq2 = freq - 0.05;
zsyn = wavetableSynthesizer('Wavetable',y,'SampleRate',fs,...
    'Frequency',freq2);
for i = 1:.01:1/freq2
    audioWave = syn();
    w(audioWave);
end
subplot(313),plot(audioWave); title('decreased freq'); axis tight;
```

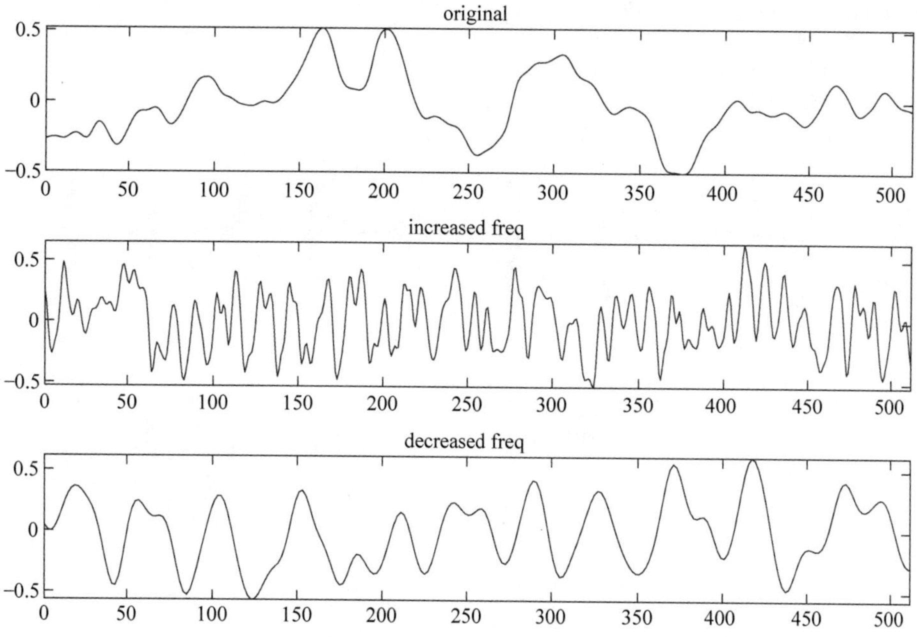

图 2.12 例 2.14 的输出

2.5 音频处理算法设计

由于音频信号的特性会随时间变化,因此音频处理的第一步为将整个音频信号分割成音频帧,然后单独处理每一帧。例 2.15 将音频文件拆分为每个持续时间为 0.5s 的非重叠帧,并显示第一帧、最后一帧和中间帧。样本数除以采样率(f_s)以返回以 s 为单位的持续时间(t_1),然后四舍五入为整数(t_2)。新计算的样本数 len_x 用于将相关样本 new_x 从原始文件中分离出来。每个音频帧中的样本数 e 用于计算音频帧数 f(见图 2.13)。

例 2.15 编写一个程序,将音频信号划分为若干帧,每帧持续 0.5s。显示第一帧、中间帧和最后一帧。

```
clear; clc;
fn = 'Counting-16-44p1-mono-15secs.wav';
[x, fs] = audioread(fn);
t1 = length(x)/fs;
t2 = floor(t1);
len_x = t2 * fs;
new_x = x(1:len_x);
e = 0.5 * fs;                    % samples per audio frame
f = floor(len_x/e);              % Total no. of audio frames/file
t = [1:len_x]/fs;
for c = 0 : f-1                  % do for all frames
    seg{c+1} = new_x(c*e+1:(c+1)*e);
% x represents collection of samples in each frame
end
subplot(2,3,[1:3]), plot(t,new_x);
xlabel('Seconds'); ylabel('Amplitude'); axis tight;
subplot(234), plot(seg{1}), axis tight; title('frame : 1');
subplot(235), plot(seg{round(f/2)}), axis tight;
title(['frame : ', num2str(round(f/2))]);
subplot(236), plot(seg{f}), axis tight;
title(['frame : ', num2str(f)]);
```

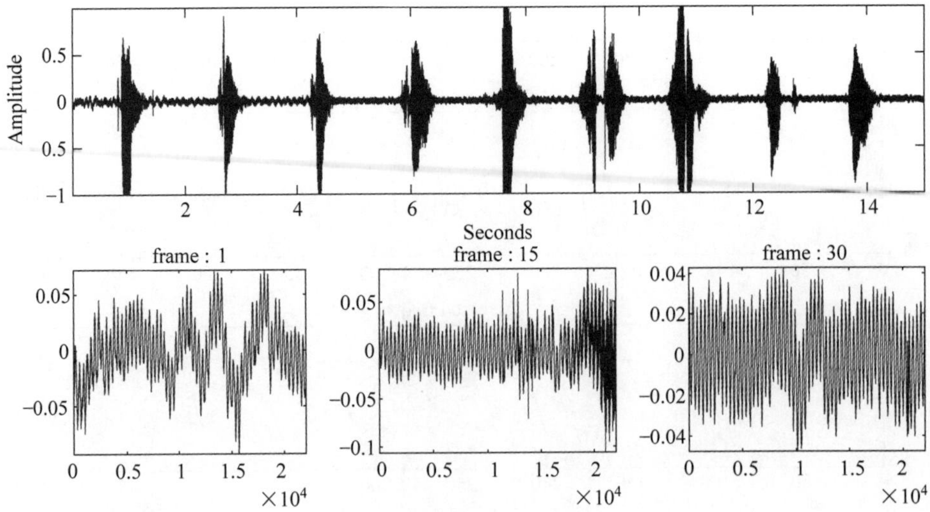

图 2.13 例 2.15 的输出

混响是原声多次反射或回声而产生的声学现象。它是在声音或信号被多次反射,然后在一段时间内逐渐衰减时产生的。在音乐生成中,混响的声音通过电子的方式到歌手的人声和乐器的原始声音中,以创造出深度和空间的效果。混响中的衰减因子决定了反射减弱或变为零的速度。AST 函数 **reverberator** 用于为单声道或立体声音频信号添加混响。在例 2.16 中,将指定衰减因子的混响添加到音频信号中,并绘制了修改前后的波形(见图 2.14)。

例 2.16 编写一个程序,生成音频信号的混响并绘制它们的波形。

```
clear; clc;
fn = 'Counting-16-44p1-mono-15secs.wav';
r = dsp.AudioFileReader(fn);
fs = r.SampleRate;
w = audioDeviceWriter('SampleRate',fs);
while ~isDone(r)
    audio = r();
    w(audio);
end
release(r)
reverb = reverberator('DecayFactor',0.1);
while ~isDone(r)
    audio = r();
    audior = reverb(audio);
    w(audior);
end
release(r)
figure,
subplot(211), plot(audio); axis tight; title('original');
subplot(212), plot(audior); axis tight; title('after reverb');
```

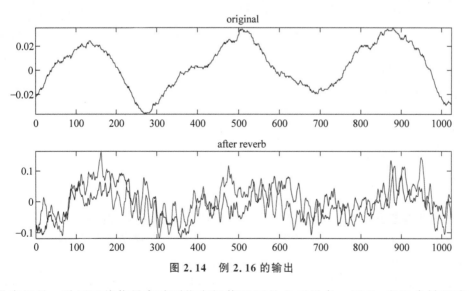

图 2.14 例 2.16 的输出

噪声门是一种用于将信号衰减到指定阈值以下的电子设备。因此,它经常被用来通过 closing the gate 阻挡低于阈值的不需要的噪声,并通过 opening the gate 仅允许高于噪音水平的主要声音通过。用于控制门打开和关闭的参数包括:attack time 是门从关闭状态变为完全打开状态所需的时间；hold time 是信号下降低于阈值后门保持打开状态的时间；release time 是门从打开状态变为完全关闭状态所需的时间。AST 函数 **noiseGate** 用于通过抑制低于给定阈值的信号来实现动态门控对象，其默认值为－10dB。在例 2.17 中，音频信号首先因添加噪声而被破坏，然后通过使用噪声门来降低噪声（见图 2.15）。

例 2.17 编写一个程序，使用噪声门从信号中去除噪声。

```
clear; clc;
fn = 'Counting-16-44p1-mono-15secs.wav';
r = dsp.AudioFileReader(fn, 'SamplesPerFrame',1024);
fs = r.SampleRate;
w = audioDeviceWriter('SampleRate',fs);
while ~isDone(r)
    x = r();
    w(x);
end
release(r)
while ~isDone(r)
    x = r();
    xc = x + (0.015)*randn(1024,1); % corrupted
    w(xc);
end
release(r)
g = noiseGate(-25, ...
    'AttackTime',0.01, ...
    'ReleaseTime',0.02, ...
    'HoldTime',0, ...
    'SampleRate',fs);
while ~isDone(r)
    x = r();
    xc = x + (0.015)*randn(1024,1); % corrupted
    y = g(xc);
    w(y);
end
release(r)
release(g)
release(w)
figure,
subplot(311), plot(x); axis tight; title('original');
subplot(312), plot(xc); axis tight; title('corrupted');
subplot(313), plot(y); axis tight; title('noise-gated');
```

信号的**动态范围**是指最大值和最小值之间的比率。使用动态范围压缩（DRC）过程，可以将具有大动态范围的信号放入更窄范围的记录介质中。**动态范围压缩器**或简单的压缩器可降低高音量并放大低音。向下压缩会降低超过某个阈值的声音响度，而向上压缩会增加低于某个阈值的声音响度。阈值以 dB 为单位指定，较低的阈值意味着更多的变化，较高的阈值意味着更少的变化。变化量由比率指定，例如 3∶1 的比率意味着如果输入电平高于阈值 3dB，则输出电平将降低到高于阈值 1dB。AST 函数 **compressor** 用于实现动态范围压缩器，它衰减超过指定阈值的响亮声音的音量，阈值以 dB 为单位指定（默认为－10），压缩量

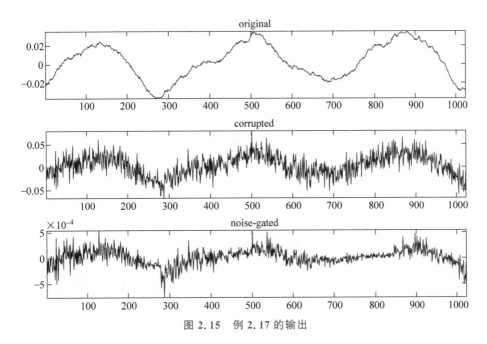

图 2.15 例 2.17 的输出

由压缩比指定（默认为 5），给定输入音频信号时，该函数返回输出压缩信号和应用压缩器的增益（以 dB 为单位）。AST 函数 **visualize** 用于以图形方式显示压缩机的 I/O 特性。在例 2.18 中，使用指定的阈值和比率定义动态范围压缩器，将其传递函数可视化，然后应用于音频信号。修改前后的音频信号图说明了变化（见图 2.16）。

例 2.18 编写一个程序，使用指定的阈值和比率实现音频信号的动态范围压缩。

```
clear; clc;
frameLength = 1024; threshold = -30; cratio = 10;
fn = 'RockDrums-44p1-stereo-11secs.mp3';
r = dsp.AudioFileReader('Filename', fn, 'SamplesPerFrame', ...
    frameLength);
w = audioDeviceWriter('SampleRate',r.SampleRate);
c = compressor(threshold, cratio,'SampleRate',r.SampleRate);
visualize(c);
gg = zeros(1024,1); xx = zeros(1024,1); yy = zeros(1024,1);
while ~isDone(r)
    x = r();
    [y,g] = c(x);
    w(y);
    gg = [gg g(:,1)];
    xx = [xx x(:,1)];
    yy = [yy y(:,1)];
end
release(c)
release(w)
figure,
subplot(211), plot(xx(:)); hold on; plot(yy(:)); axis tight;
title('original & compressed signal');
subplot(212), plot(gg(:)); axis tight;
title('gain in dB');
```

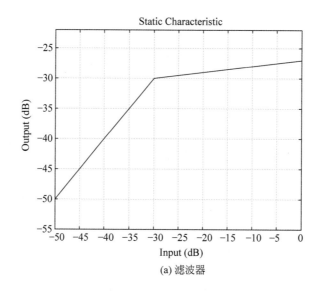

(a) 滤波器

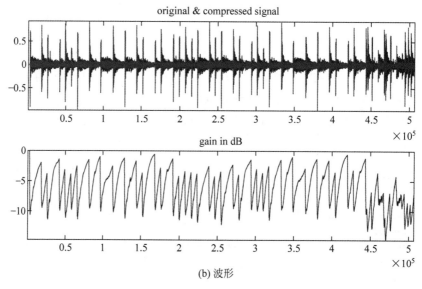

(b) 波形

图 2.16　例 2.18 的输出

动态范围扩展器执行压缩器的相反过程，即增加指定阈值以下的音频信号的电平。除了阈值和比率，压缩器和扩展器常用的其他参数是启动时间和释放时间。启动时间 attack time 是压缩器降低增益或扩展器增加增益以达到比率指定的最终值的时间段。释放时间 release time 是当输入电平低于阈值时压缩器增加增益或扩展器减少增益的时间段。AST 函数 expander 用于实现动态范围扩展器，它衰减低于指定阈值的安静声音的音量。阈值以 dB 为单位指定（默认为 −10），扩展量由扩展比率指定（默认为 5），给定输入音频信号时，该函数返回输出扩展信号和扩展器应用的增益（以 dB 为单位）。在例 2.19 中，低于 −40dB 阈值的信号增益增加了 10 倍，即当输入覆盖 10dB(−50〜−40)范围时，输出覆盖 100dB(−140〜−40)（见图 2.17）。

例 2.19 编写一个程序,使用指定的阈值和比率实现音频信号的动态范围扩展。

```
clear; clc;
frameLength = 1024; threshold = -40; cratio = 10;
fn = 'Counting-16-44p1-mono-15secs.wav';
r = dsp.AudioFileReader('Filename', fn, 'SamplesPerFrame',frameLength);
w = audioDeviceWriter('SampleRate',r.SampleRate);
while ~isDone(r)
    x = r();
    xc = x + (1e-2/4) * randn(frameLength,1);
    w(xc);
end
release(r)
e = expander(-40,10, ...
    'AttackTime',0.01, ...
    'ReleaseTime',0.02, ...
    'HoldTime',0, ...
    'SampleRate',r.SampleRate);
    visualize(e)
gg = zeros(1024,1); xx = zeros(1024,1); yy = zeros(1024,1);
while ~isDone(r)
    x = r();
    xc = x + (1e-2/4) * randn(frameLength,1);
    [y,g] = e(xc);
    w(y);
    gg = [gg g(:,1)];
    xx = [xx xc(:,1)];
    yy = [yy y(:,1)];
end
release(e)
release(w)
figure
subplot(211), plot(xx(:)); hold on; plot(yy(:)); axis tight;
title('original & expanded signal');
subplot(212), plot(gg(:)); axis tight;
title('gain in dB');
```

音频**分频滤波器**是一种电子滤波器,用于将音频信号分成两个或多个频率范围。分频滤波器通常是两路或三路,具体取决于频率范围的数量。三路分频滤波器的常见应用是在扬声器电路中使用,音频频带分别被路由到处理低频的低音单元、处理中频的中音单元和处理高频的高音单元,因为单个扬声器驱动器无法以可接受的质量覆盖整个音频频谱。二路分频滤波器由低通和高通滤波器组成,而三路分频滤波器由低通、带通和高通滤波器组成。分频滤波器的参数包括分频频率(发生分裂的位置)以及滤波器增益增加或减少的斜率。AST 函数 **crossoverFilter** 用于实现一个音频分频滤波器,该滤波器将音频用于两个或多个频段。例 2.20 创建了一个三频段分频滤波器,分频频率为 100Hz 和 1000Hz,斜率为 18dB/八度音程,然后将其应用于音频信号。原始信号与三个频段一起被回放并绘制以显

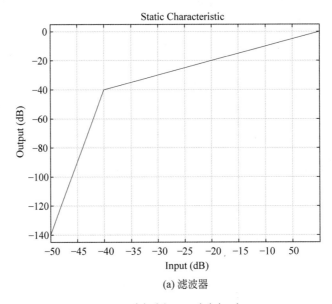

(a) 滤波器

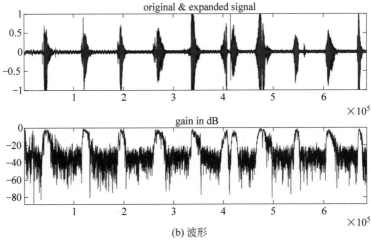

(b) 波形

图 2.17 例 2.19 的输出

示结果(见图 2.18)。

例 2.20 编写一个程序,实现具有指定分频频率和斜率的三路音频分频滤波器。

```
clear; clc;
sf = 128; % Samples Per Frame
fn = 'RockGuitar-16-44p1-stereo-72secs.wav';
r = dsp.AudioFileReader(fn,'SamplesPerFrame',sf);
fs = r.SampleRate;
w = audioDeviceWriter('SampleRate',fs);
fps = fs/sf; % frames per second
setup(r)
setup(w,ones(sf,2))
cf = crossoverFilter( ...
    'NumCrossovers',2, ...
```

```
        'CrossoverFrequencies',[100,1000], ...
        'CrossoverSlopes',18, ...
        'SampleRate',fs);
setup(cf,ones(sf,2))
visualize(cf)
fprintf('Original signal\n');
count = 0;
while count < fps * 10
    x = r();
    w(x);
    count = count + 1;
end
pause(5);
fprintf('Band 1\n');
count = 0;
while count < fps * 10
    x = r();
    [band1,band2,band3] = cf(x);
    w(band1);
    count = count + 1;
end
pause(5);
fprintf('Band 2\n');
count = 0;
while count < fps * 10
    x = r();
    [band1,band2,band3] = cf(x);
    w(band2);
    count = count + 1;
end
pause(5);
fprintf('Band 3\n');
count = 0;
while count < fps * 10
    x = r();
    [band1,band2,band3] = cf(x);
    w(band3);
    count = count + 1;
end
release(r)
release(cf)
release(w)
b1 = band1(:,1);
b2 = band2(:,1);
b3 = band3(:,1);
figure,
plot(x(:,1), 'b-'); hold on; plot(b1, 'r--');
plot(b2, 'r.'); plot(b3, 'r-.');
legend('x', 'b1', 'b2', 'b3'); axis tight;
```

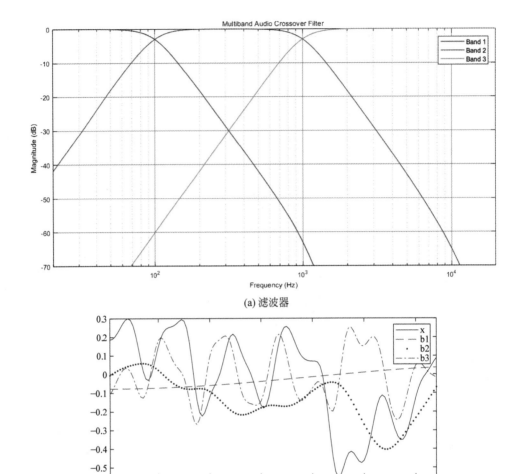

图 2.18 例 2.20 的输出

2.6 测量和特征提取

音高是声音的感知特性，取决于声音的频率。像鼓这样的低音是低频的，而像哨子这样的高音则是高频的。音高是根据基频和泛音、谐波或其他方式的数量来量化的。AST 函数 **pitch** 用于估计音频信号的基频，该函数返回估计值及其位置。例 2.21 说明了如何使用该函数来估计音频信号的基频 f_0，然后绘制该信号以显示结果（见图 2.19）。

例 2.21 编写一个程序，估计音频信号中的音高。

```
clear; clc;
[a,fs] = audioread('SpeechDFT-16-8-mono-5secs.wav');
[f0, idx] = pitch(a, fs);
subplot(211), plot(a); ylabel('Amplitude');
subplot(212), plot(idx, f0); ylabel('Pitch (Hz)'); xlabel('Sample Number')
```

语音活动检测（**VAD**）是一种用于语音处理的技术，可检测音频信号中是否存在人类语音。

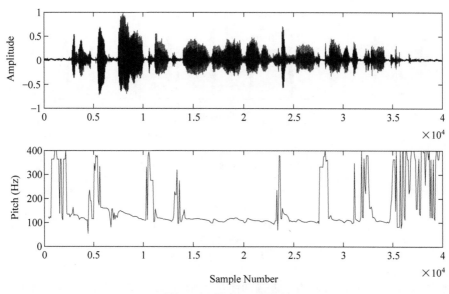

图 2.19 例 2.21 的输出

为了分析特征随时间变化的音频信号,音频被划分为称为音频帧的片段,对每个片段都单独分析是否存在语音部分。VAD 系统通常从每个音频帧中提取特征,然后根据分类规则将每个片段分类为是否包含语音。VAD 系统的典型应用是语音/说话人识别和语音激活系统。AST 函数 **voiceActivityDetector** 用于检测音频段中是否存在语音,该函数返回语音出现的概率。输入音频信号被窗口化为音频帧,然后转换到频域。基于对数似然比和隐马尔可夫模型(HMM)的方案用于确定当前音频帧包含语音的概率(Sohn, et al., 1999)。在例 2.22 中,计算了每个音频帧包含语音的概率,该帧由 441 个样本组成,持续时间为 10ms,并绘制成图(见图 2.20)。

例 2.22 编写一个程序,检测音频信号中人类语音片段的存在。

```
clear; clc;
r = dsp.AudioFileReader('Counting-16-44p1-mono-15secs.wav');
fs = r.SampleRate;
r.SamplesPerFrame = ceil(10e-3*fs);
v = voiceActivityDetector;
w = audioDeviceWriter('SampleRate',fs);
aa = zeros(441, 1); pp = [];
nf = 0;                              % number of frames
while ~isDone(r)
    nf = nf + 1;
    x = r();
    probability = v(x);
    aa = [aa x];
    pp = [pp probability];
    w(x);
end
subplot(211), plot(aa(:)); axis tight;
xlabel('samples'); ylabel('amplitude');
subplot(212), plot(pp); axis([0 nf 0 1.2]);
xlabel('audio frames'); ylabel('probability');
```

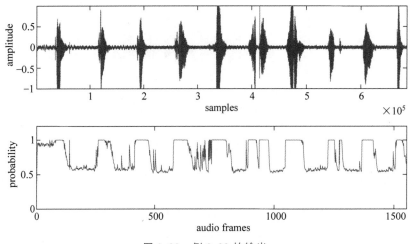

图 2.20 例 2.22 的输出

响度是声音的感知特性,取决于声音的能量或压力,以**分贝**为单位。声压是施加在表面(例如隔膜)上的压力声波的量,并提供了一种计算它所含能量的方法。声压是测量与大气压力的偏差,并以帕斯卡($1Pa = 1N/m^2$)为单位表示。声压级(SPL)是基于 $20\mu Pa$ 的参考声压以分贝表示的声压,通常被认为是人类听力的阈值。为了解决基于音频信号峰值电平的标准化导致的差异问题,欧洲广播联盟(EBU,2014)于 2014 年以及国际电信联盟的无线电通信部门于 2015 年(ITU-R,2015)提出了标准 EBU R 128 和 ITU-R BS 1770,以采用响度单位 LU、响度单位全标度 LUFS,其中,1LU 对应于数字标度上的 1dB 相对测量值,0LU = −23LUFS,并且响度范围(LRA)是描述节目响度变化的统计确定值。R 128 标准建议在−23LUFS 的目标级别对音频进行归一化,并且在广播频道上传输节目的整个持续时间内计算测量值,这称为"综合响度"。为确保不同制造商开发的响度计提供一致的读数,EBU 定义了如何通过三种不同的方法进行测量:①瞬时响度,使用 400ms 的滑动时间窗口来描述瞬时响度;②短期响度,用 3s 的滑动时间窗口来描述短时平均响度;③综合响度,用于描述整个节目持续时间的平均响度。AST 函数 **LoudnessMeter** 用于计算音频信号的瞬时响度、短期响度、积分响度、LRA 和真峰值。这些数值以相对于满量程(LUFS)的响度单位表示。峰值以 dB 为单位。例 2.23 计算了音频信号的瞬时、短期和综合响度,并绘制了可视化结果(见图 2.21)。

例 2.23 编写一个程序,计算音频信号的瞬时、短期和综合响度。

```
clear; clc;
fn = 'RockDrums-44p1-stereo-11secs.mp3';
[a, sr] = audioread(fn);
r = dsp.AudioFileReader(fn);
lm = loudnessMeter('SampleRate',r.SampleRate);
momentary = [];
shortTerm = [];
integrated = [];
nf = 0;                              % number of frames
sf = r.SamplesPerFrame;
```

```
fs = r.SampleRate;
while ~isDone(r)                    % do for each frame
    nf = nf + 1;
    x = r();
    [m,s,i,n,p] = lm(x);
    momentary = [momentary; m];
    shortTerm = [shortTerm; s];
    integrated = [integrated; i];
end
release(r)
ns = nf * sf;                       % number of samples
td = ns/fs;                         % time duration
t = linspace(0,td,length(momentary));
subplot(211), plot(a); axis tight;
subplot(212),
plot(t,[momentary,shortTerm,integrated])
title('Loudness Measurements')
legend('Momentary','Short-term','Integrated')
xlabel('Time (seconds)')
ylabel('LUFS')
axis tight;
```

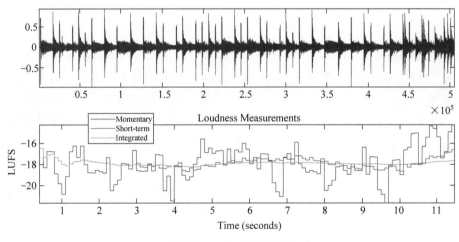

图 2.21 例 2.23 的输出

AST 函数 **integratedLoudness** 也可用于计算一组音频样本的综合响度。例 2.24 计算了文件中每个音频帧的综合响度，并绘制了相应的图（见图 2.22）。

例 2.24 编写一个程序，计算由 20000 个样本组成的每个音频帧的综合响度。

```
clear; clc;
fn = 'RockDrums-44p1-stereo-11secs.mp3';
[xs, fs] = audioread(fn);
x = xs(:,1);                        % isolate a single channel
sf = 20000;                         % no. of samples per frame
nf = floor(length(x)/sf);           % total no. of frames/file
for i = 0 : nf-1                    % do for all frames
```

```
        frame{i + 1} = x(i * sf + 1:(i + 1) * sf);
    end
    for i = 0 : nf - 1              % do for all frames
        x1 = frame{i + 1};          % samples in a frame
        ld(i + 1) = integratedLoudness(x1,fs);
    end
    subplot(211), plot(x); axis tight;
    subplot(212), plot(ld); axis tight;
```

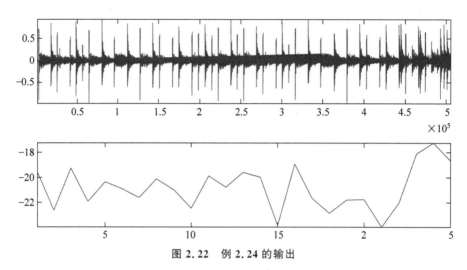

图 2.22 例 2.24 的输出

梅尔频率倒谱系数(MFCC)表示从以非线性梅尔频率表示的声音功率谱中导出的音频特征。这些特征广泛用于语音识别、说话人识别和音乐识别等应用中。它们在 20 世纪 80 年代首次引入(Davis and Mermelstein,1980),用于近似人类声道的形状,从而估计人类声道产生的声音。**倒谱**(通过反转"频谱"的前四个字母形成的词)是取信号频谱对数的倒数的结果,即信号 $\xrightarrow{\text{DFT}}$ 频谱 $\xrightarrow{\text{log}}$ 对数频谱 $\xrightarrow{\text{IDFT}}$ 倒谱。功率倒谱是倒谱的平方幅度。**梅尔音阶**(Stevens,et al.,1937)是人类听众感知到的一组彼此均匀分开的音频音高。研究表明,对于普通的人类听众来说,相同的频率差异不会产生相同的音高差异。因此,梅尔标度是非线性的,并且梅尔值 m 与频率值 f 使用以下关系式相关联:

$$m = 2595\log_{10}\left(1+\frac{f}{700}\right) = 1127\ln\left(1+\frac{f}{700}\right)$$

$$f = 700(10^{\frac{m}{2595}} - 1) = 700(e^{\frac{m}{1127}} - 1)$$

尽管存在变化,但计算 MFCC 的一般过程可以用以下步骤概括:

- 信号被分成重叠的帧;
- 每个帧都有窗口,通常使用汉明窗口;
- 每个窗口帧都使用 DFT 转换到频域;
- 通过 DFT 系数的平方幅度计算每帧的功率谱;
- 计算一组 20～40 个三角形梅尔间隔滤波器组;
- 将每个滤波器组与功率谱相乘并将系数相加以获得能量项;
- 取每个能量项的对数以生成对数滤波器组能量;

- 计算对数滤波器组能量的 DCT 以生成 MFCC；
- 通常前 12~13 个系数被保留，其余的被丢弃。

AST 函数 **mfcc** 用于返回音频输入的 MFCC，该函数将语音划分为 1551 帧并计算每帧的倒谱特征。系数向量中的第一个元素是对数能量值，其余元素是函数计算的 13 个倒谱系数。该函数还计算 frameloc，它是每帧中最后一个样本的位置。每个音频帧的对数能量 E 的计算公式如下，其中，$x(i)$ 是帧中的第 i 个音频样本

$$E = \log \sum \{x(i)\}^2$$

倒谱系数的计算方法是通过 FFT 将输入音频转换到频域，然后使用滤波器组计算每个频段的能量。计算滤波器输出的对数值，然后使用 DCT 运算计算系数值。汉明窗口用于加窗操作（见图 2.23）。窗口函数将在 2.9 节中讨论。

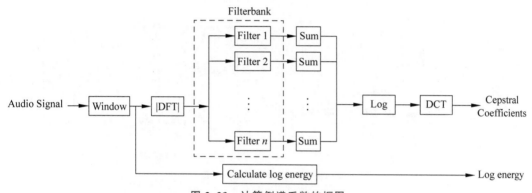

图 2.23　计算倒谱系数的框图

在例 2.25 中，音频文件中的音频样本总数为：size(A)=685056，分为 1551 帧，没有重叠，整个文件可以分为 floor(size(A,1)/1551)=441 个样本大小的帧。默认重叠量：round(fs*0.02)=882。所以第一帧中的总样本数 441+882=1323 等于 frameloc 变量中的第一个值 frameloc(1)=1323。第二帧为 1323+441=1764 等于 frameloc 变量中的第二个值 frameloc(2)=1764。第三帧的终点为 1764+441=2205 等于 frameloc 变量中的第三个值 frameloc(3)=2205。图 2.24 显示了对数能量和前三个 MFCC 的图。

例 2.25　编写一个程序，从文件的每个音频帧计算 MFCC。

```
[A,fs] = audioread('Counting-16-44p1-mono-15secs.wav');
[coeffs,d,dd,frameloc] = mfcc(A,fs);
nf = numel(frameloc);
c1 = coeffs(:,2);
c2 = coeffs(:,3);
c3 = coeffs(:,4);
subplot(121), plot(coeffs(:,1)); title('log-energy');
xlabel('frame index'); ylabel('magnitude');
subplot(122), plot(1:nf, c1, 1:nf, c2, 1:nf, c3); title('coeffs 1 2 3');
legend('c1', 'c2', 'c3');
xlabel('frame index'); ylabel('magnitude');
```

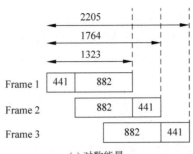

(a) 对数能量

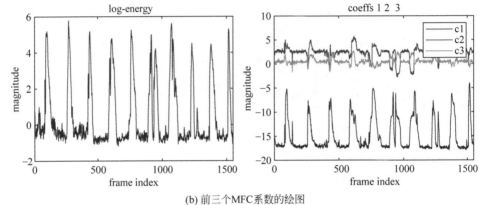

(b) 前三个MFC系数的绘图

图 2.24 例 2.25 的输出

2.7 仿真、调整和可视化

示波器是一种以 2-D 图形显示信号电压（通常为时间函数）的设备。可以通过分析波形以得到各种信号特征，如振幅、频率、时间周期、峰值等。示波器的核心是振荡器，振荡器实际产生波形，而显示器产生视觉感知信号的图形表示。给定波形的类型和频率时，DSPST 函数 dsp.TimeScope 用于时域信号的显示和测量，它提供参数以指定绘图的 X 和 Y 方向上的显示限制。例 2.26 说明了具有指定参数的方波、正弦波和锯齿波的时间范围显示（见图 2.25）。

例 2.26 编写一个程序，使用时间范围显示正弦波、方波和锯齿波。

```
clear; clc;
osc1 = audioOscillator('square', 1000);
osc2 = audioOscillator('sine', 100);
osc3 = audioOscillator('sawtooth', 500);
scope = dsp.TimeScope(3, ...
'SampleRate',osc1.SampleRate, ...
'TimeSpan',0.01, ...
'YLimits',[-1.2, 1.2], ...
'TimeSpanOverrunAction', 'Scroll', ...
```

```
'ShowGrid',true);
scope.LayoutDimensions = [3,1];
scope(osc1(), osc2(), osc3());
```

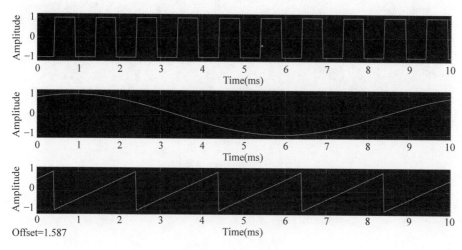

图 2.25 例 2.26 的输出

DSPST 函数 **dsp.SineWave** 还可用于生成具有变化幅度、频率、相位的正弦波,并可与时间范围结合使用以显示曲线。例 2.27 说明了时间范围的参数如 TimeSpan 和 TimeDisplayOffset 可用于指定波形的持续时间和起点(见图 2.26)。

例 2.27 编写一个程序,使用时间示波器显示具有指定幅度、频率、相位偏移和延迟偏移的正弦波形。

```
clear; clc;
sine1 = dsp.SineWave('Amplitude', 1, 'Frequency',100,'SampleRate',1000);
sine1.SamplesPerFrame = 10;
sine2 = dsp.SineWave('Amplitude', 4,'Frequency',50,'SampleRate',1000);
sine2.SamplesPerFrame = 10;
sine3 = dsp.SineWave('Amplitude', 6, 'Frequency',150,...
    'SampleRate',3000, 'PhaseOffset', pi/2);
sine3.SamplesPerFrame = 10;
scope = dsp.TimeScope(3, ...
    'SampleRate',1000,'TimeSpan',0.1, ...
    'TimeDisplayOffset',[0 0 0.05], ...
    'ShowLegend', true);
for ii = 1:10
    x1 = sine1();
    x2 = sine2();
    x3 = sine3();
    scope(x1, x2, x3);
end
```

信号的频谱表示信号的频率分量。频谱分析仪用于直观地显示频谱并检查成分的特性,如基频、泛音、谐波以及起音、释放、衰减等时间参数。DSPST 函数 **dsp.SpectrumAnalyzer**

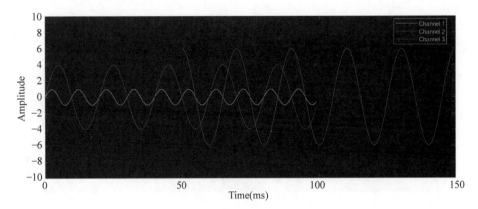

图 2.26　例 2.27 的输出

用于显示时域信号的频谱。例 2.28 显示了锯齿波的波形和频谱分量(见图 2.27)。

例 2.28　编写一个程序,使用频谱分析仪显示复合波形及其频率分量。

```
clear; clc;
sine1 = dsp.SineWave('Amplitude',6,'Frequency',30, 'SampleRate', 1000);
sine1.SamplesPerFrame = 1000;
sine2 = dsp.SineWave('Amplitude',3,'Frequency',60,'SampleRate', 1000);
sine2.SamplesPerFrame = 1000;
sine3 = dsp.SineWave('Amplitude',2,'Frequency',90,'SampleRate', 1000);
sine3.SamplesPerFrame = 1000;
sine4 = dsp.SineWave('Amplitude',1.5,'Frequency',120,'SampleRate',1000);
sine4.SamplesPerFrame = 1000;
sine5 = dsp.SineWave('Amplitude',1.2,'Frequency',150,'SampleRate',1000);
sine5.SamplesPerFrame = 1000;
scope = dsp.TimeScope(1, 'SampleRate',1000,'TimeSpan',0.1);
for ii = 1:10
    x1 = sine1() - sine2() + sine3() - sine4() + sine5();
    scope(x1);
end
Fs = 1000;         % Sampling freq
fs = 5000;         % Frame size
scope1 = dsp.SpectrumAnalyzer;
scope1.SampleRate = Fs;
scope1.ViewType = 'Spectrum';
scope1.SpectralAverages = 1;
scope1.PlotAsTwoSidedSpectrum = false;
scope1.RBWSource = 'Auto';
scope1.PowerUnits = 'dBW';
for idx = 1:1e2
    scope1(x1);
end
```

DSPST 函数 **dsp.ArrayPlot** 用于将向量或数组显示为茎图。例 2.29 说明了如何使用

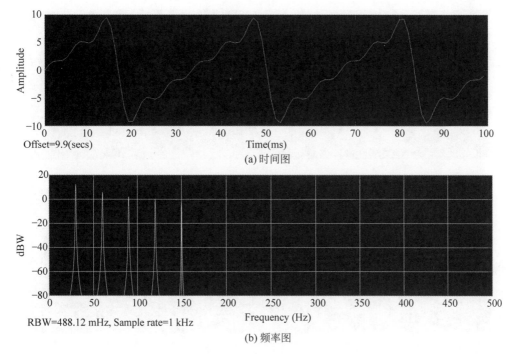

图 2.27 例 2.28 的输出

该函数可视化向量和数组。向量是函数$[\sin(x)+\tan(x)]$的图,数组是如下所示的3×3矩阵,由 BM 函数 magic 生成,这样每行和每列的总和都是相同的:

$$\begin{bmatrix} 8 & 1 & 6 \\ 3 & 5 & 7 \\ 4 & 9 & 2 \end{bmatrix}$$

使用的彩色编码是通道 1(第 1 列)的"黄色",即 8、3、4;通道 2(第 2 列)的"蓝色",即 1、5、9;以及通道 3(第 3 列)的"红色",即 6、7、2(见图 2.28)。

例 2.29 编写一个程序,将向量和矩阵显示为茎图。

```
clear; clc;
scope = dsp.ArrayPlot;
scope.YLimits = [-5 5];
scope.SampleIncrement = 0.1;
scope.Title = 'sin(x) + tan(x)';
scope.XLabel = 'X';
scope.YLabel = 'f(X)';
r = 0:.1:2 * pi;
fx = sin(r) + tan(r);
scope(fx')
scope1 = dsp.ArrayPlot;
f = magic(3);
scope1(f)
scope1.ShowLegend = 1;
```

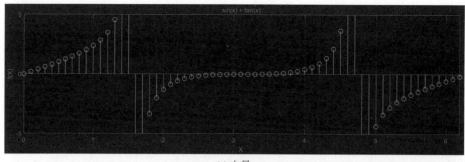

(a) 向量

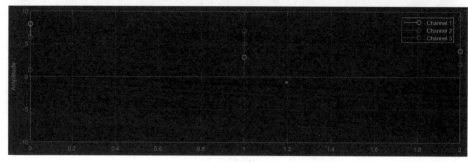

(b) 矩阵

图 2.28 例 2.29 的输出

2.8 乐器数字接口（MIDI）

MIDI 是一种协议的名称，它提供了一组用于将数字乐器（如合成器）连接到数字计算机的规则。MIDI 协议具有三个主要部分：硬件、消息和文件格式。第一部分称为硬件规范，概述了将一个 MIDI 设备连接到另一个设备所需的电缆、连接器、信号格式和引脚布局。MIDI 控制器是一种类似键盘的设备，当通过按键播放时，它会生成一组定义如何播放声音的数字指令。声音模块解释指令并使用 FM 合成方法或波表方法生成声音。FM 合成方法通过组合简单的正弦音调生成复杂的音符波形，而波表方法从存储库中提取预先录制的数字声音，并使用滤波器来修改它们的响度和音调。这些指令通过 MIDI 输出端口从控制器传输到通过 MIDI 输入端口的声音模块。I/O 端口使用 5 针同轴电缆和连接器，以 31.25Kbits/s 的异步模式传输 MIDI 流。第二部分称为消息格式，定义了从一个设备传输到另一个设备的音乐信息需要如何编码。消息格式使用 3 字节结构，其中，第一个字节定义要播放的实际音符，而其余两个字节定义其他相关信息，如音符编号和力度（压力）。这些消息使用 16 通道逻辑结构同时激活多个音符，每个通道可以播放不同的音符。第三部分称为文件格式，定义了 MIDI 指令如何存储在 MIDI 文件中。数字计算机的声卡可以解释来自 MIDI 文件的指令并从波表芯片产生声音。技术问题和更新由 MIDI 制造商协会 MMA（www.midi.org）处理。

AST 函数 mididevinfo 用于显示一个表格，其中包含有关连接到系统的 MIDI 设备列表的信息。AST 函数 mididevice 用于创建一个或多个列出的 MIDI 设备的接口。AST 函数 midimsg 用于向列出的一个或多个 MIDI 设备发送和接收 MIDI 消息。AST 函数 **midisend**

用于向一个或多个列出的设备发送 MIDI 消息。例 2.30 说明了通过发送消息在 MIDI 设备上播放音符。

例 2.30 编写一个程序，识别可用的 MIDI 设备并在其中一个设备上播放一系列音符。

```
clear; clc;
mididevinfo
device = mididevice('Microsoft MIDI Mapper');
channel = 1; velocity = 64; duration = 1; timestamp = 1;
note = 60;
msg = midimsg('Note', channel, note, velocity, duration, timestamp)
midisend(device, msg);
note = 61;
msg = midimsg('Note', channel, note, velocity, duration, timestamp)
midisend(device, msg);
note = 62;
msg = midimsg('Note', channel, note, velocity, duration, timestamp)
midisend(device, msg);
note = 63;
msg = midimsg('Note', channel, note, velocity, duration, timestamp)
midisend(device, msg)
note = 64;
msg = midimsg('Note', channel, note, velocity, duration, timestamp)
midisend(device, msg);
note = 65;
msg = midimsg('Note', channel, note, velocity, duration, timestamp)
midisend(device, msg);
note = 66;
msg = midimsg('Note', channel, note, velocity, duration, timestamp)
midisend(device, msg);
note = 67;
msg = midimsg('Note', channel, note, velocity, duration, timestamp)
midisend(device, msg);
note = 68;
msg = midimsg('Note', channel, note, velocity, duration, timestamp)
midisend(device, msg);
```

除了单独播放每个音符之外，还可以使用数组结构循环播放用音符编号指定的音符。函数 midimsg 的 ProgramChange 选项可用于更改乐器的声音。通用 MIDI（GM1）标准定义了一组 128 个声音，每个声音都有一个唯一的编号来识别它。乐器的名称表示对于特定的程序更改编号 PC♯ 将听到什么样的声音。乐器按系列分组，如下所示：

PC♯	组　名　称	PC♯	组　名　称
1-8	钢琴	65-72	簧片
9-16	打击乐器	73-80	竖笛
17-24	风琴	81-88	合成领奏
25-32	吉他	89-96	合成音色
33-40	低音吉他	97-104	合成效果
41-48	弦乐器	105-112	民族的
49-56	合奏	113-120	打击乐
57-64	铜管乐	121-128	音效

例 2.31 使用了不同的乐器在循环中向前和向后播放一组八个音符。GM1 没有定义每种声音的实际特征,括号中的名称仅用作指南：6(竖琴)、8(琴弦琴)、14(钟声)、18(风琴)、48(弦乐)、55(管弦乐队)、61(铜管)、73(长笛)、76(吹瓶)等。音效包括 122(海边)、123(鸟鸣)、124(电话铃声)、126(掌声)、127(枪声)等。

例 2.31 编写一个程序,说明如何使用各种乐器声音演奏音符。

```
clear; clc;
device = mididevice('Microsoft GS Wavetable Synth');
melody = [61,62,63,64,65,66,67,68];
channel = 5;
velocity = 120;
duration = 1;
timestamp = 1;
n = numel(melody);
pc = [6,8,14,18,48,55,61,73,76,80,91,98,100,102,112,117,118,115,122,123, 124,126,127];
counter = 1;
for count = 1:numel(pc)
    programChangeMessage = midimsg('ProgramChange',1, pc(counter));
    midisend(device,programChangeMessage);
    for i = 1:n
        idx = (2 * i - 1):(2 * i);
        msgArray1(idx) = midimsg('Note',1,melody(i),velocity,duration,i);
        msgArray2(idx) = midimsg('Note',1,melody(9 - i),velocity,duration,i);
    end
    midisend(device,msgArray1)
    midisend(device,msgArray2)
    counter = counter + 1;
end
```

2.9 时间滤波器

时间滤波器用于接收时域信号,修改频率内容,并返回一个新的时域信号,通常用于去除高频噪声。从功能上讲,滤波器有四种类型：高通、低通、带通和带阻。高通滤波器用于去除低于指定阈值的低频,低通滤波器用于去除高于指定阈值的高频,**带通滤波器**用于允许下限和上限阈值内的频率通过,**带阻滤波器**在下限和上限阈值内阻止一系列频率。在结构上,滤波器可以有两种类型：**有限脉冲响应(FIR)** 和**无限脉冲响应(IIR)**。

FIR 滤波器是一种对脉冲输入的响应具有有限的持续时间,且之后变为零的滤波器。它由关系式 $y = H(b,x)$ 表示,采用 n-元素输入信号 x,即 $x = [x(1),\cdots,x(n)]$,并使用 m-元素滤波器系数 b,$b = [b(1),\cdots,b(m)]$。产生的 n-元素输出信号 $y = [y(1),\cdots,y(n)]$ 是输入信号和滤波器系数的线性组合,因此第 i 个输出元素由下式给出：

$$y(i) = b(1)x(i) + b(2)x(i-1) + \cdots + b(m)x(i-m-1) = \sum_{k=1}^{m} b(k)x(i-k+1)$$

IIR 滤波器是一种对脉冲输入的响应不会在有限时间内完全变为零,而是以衰减幅度无限期地持续下去的滤波器。由于内部反馈机制,部分输出被反馈到输入并使其无限响应,这是可能的。它表示为 $y=H(b,a,x)$，采用 n-元素输入信号 x，即 $x=[x(1),\cdots,x(n)]$，并使用 m-元素滤波器系数 a 和 b 即 $a=[a(1),\cdots,a(m)]$ 和 $b=[b(1),\cdots,b(m)]$。生成的 n-元素输出信号 $y=[y(1),\cdots,y(n)]$ 是输入信号和滤波器系数的非线性组合，由下式给出：

$$a(1)y(1)+a(2)y(i-1)+\cdots+a(m)y(i-(m-1))$$
$$=b(1)x(i)+b(2)x(i-1)+\cdots+b(m)x(i-(m-1))$$

可以写成紧凑形式，其中，按照惯例 $a(1)=1$：

$$y(i)=\sum_{k=1}^{m}b(k)x(i-k+1)-\sum_{k=2}^{m}a(k)y(i-k+1)$$

BM 函数 **filter** 用于对 1-D 信号实现 1-D 滤波。移动平均滤波器是用于平滑噪声数据的常用方法。例 2.32 通过滑动宽度为 ω 的窗口并计算每个窗口中所包含数据的平均值来计算沿数据向量的平均值：$y(i)=(1/\omega)\{x(i)+x(i-1)+\cdots+x(i-(\omega-1))\}$。数据是被随机噪声破坏的正弦曲线(见图 2.29)。

例 2.32　编写一个程序，使用 FIR 和 IIR 滤波器从信号中去除噪声。

```
clear; clc;
t = linspace(-pi,pi,100);
rng default                         % initialize random number generator
x = sin(t) + 0.25 * rand(size(t));  % add noise to signal
% FIR filter
a1 = 1;
w = 10; b = (1/w) * ones(1,w);
y1 = filter(b,a1,x);
figure,
subplot(211),
plot(t,x); hold on; plot(t,y1);
legend('Input Data','Filtered Data')
title('FIR filter'); hold off;
% IIR filter
a2 = [1, -0.2];
y2 = filter(b,a2,x);
subplot(212),
plot(t,x); hold on; plot(t,y2);
legend('Input Data','Filtered Data')
title('IIR filter'); hold off;
```

窗函数是提取和分析一小部分信号的函数。通常窗口外的信号值为零或迅速趋于为零。下面讨论了一些最常用的宽度为 N 的窗：

最简单的窗是**矩形窗**，其宽度为 1，其他地方为 0，定义为：

$$\omega(x)=\begin{cases}1, & 0\leqslant x\leqslant N\\0, & x<0,\ x>N\end{cases}$$

Bartlett 窗是一个三角形窗，定义如下：

$$\omega(x)=\begin{cases}\dfrac{2x}{N}, & 0\leqslant x\leqslant \dfrac{N}{2}\\2-\dfrac{2x}{N}, & \dfrac{N}{2}\leqslant x\leqslant N\end{cases}$$

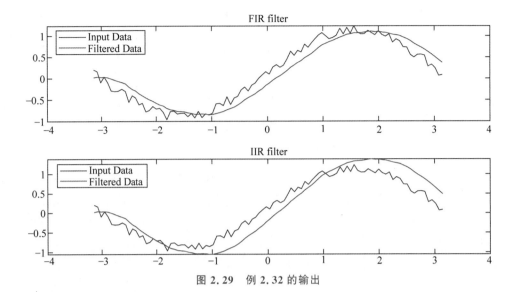

图 2.29 例 2.32 的输出

高斯窗定义如下，其中，σ 为高斯曲线的标准方差：

$$\omega(x) = \exp\left(-\frac{x^2}{2\sigma^2}\right), \quad \frac{-(N-1)}{2} \leqslant x \leqslant \frac{(N-1)}{2}$$

布莱克曼窗定义如下，其中，对偶数 N，有 $M = N/2$；对奇数 N，有 $M = (N+1)/2$：

$$\omega(x) = 0.42 - 0.5\cos\left(\frac{2\pi x}{N-1}\right) + 0.08\cos\left(\frac{4\pi x}{N-1}\right), \quad 0 \leqslant x \leqslant M-1$$

平顶窗定义如下：

$$\omega(x) = 0.215 - 0.417\cos\left(\frac{2\pi x}{N-1}\right) + 0.277\cos\left(\frac{4\pi x}{N-1}\right) - 0.084\cos\left(\frac{6\pi x}{N-1}\right) + 0.007,$$

$0 \leqslant x \leqslant N-1$

汉明窗定义如下：

$$\omega(x) = 0.54 - 0.46\cos\left(\frac{2\pi x}{N}\right), \quad 0 \leqslant x \leqslant N$$

SPT 函数 window 用于生成指定类型和宽度的窗口。例 2.33 显示了许多窗口函数的图（见图 2.30）。

例 2.33 编写一个程序，绘制不同的窗函数。

```
clear; clc;
t = 0:500;
y = sin(2*pi*t/100);
h1 = window(@rectwin,300);
h1(1:100) = 0; h1(451:501) = 0; y1 = y.*h1';
h2 = window(@hamming,501); y2 = y.*h2';
h3 = window(@bartlett,501); y3 = y.*h3';
h4 = window(@flattopwin,501); y4 = y.*h4';
h5 = window(@blackman,501); y5 = y.*h5';
figure,
subplot(341), plot(t,y);
```

```
axis([0 500 -1.2 1.2]);
title('Original Waveform');
subplot(343), plot(h1); title('Rectangular Window'); axis tight;
subplot(344), plot(y1); title('Windowed Waveform'); axis tight;
subplot(345), plot(h2); title('Hamming Window'); axis tight;
subplot(346), plot(y2); title('Windowed Waveform'); axis tight;
subplot(347), plot(h3); title('Bartlett Window'); axis tight;
subplot(348), plot(y3); title('Windowed Waveform'); axis tight;
subplot(349), plot(h4); title('Flat-top Window'); axis tight;
subplot(3,4,10), plot(y4); title('Windowed Waveform'); axis tight;
subplot(3,4,11), plot(h5); title('Blackman Window'); axis tight;
subplot(3,4,12), plot(y5); title('Windowed Waveform'); axis tight;
```

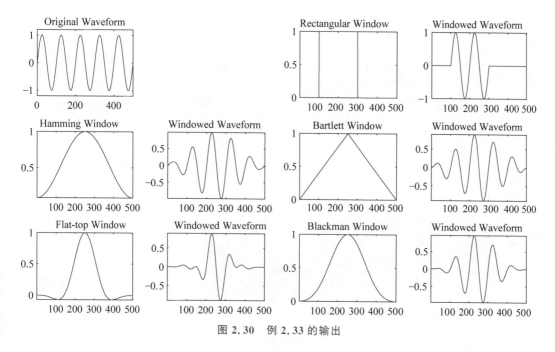

图 2.30 例 2.33 的输出

2.10 频域滤波器

在第 1 章中已经讨论过，前向 DFT 用时域值 $x(i)$ 表示频域值 $X(k)$：

$$X(k) = \sum_{i=0}^{N-1} x(i) \mathrm{e}^{-\mathrm{j}\frac{2\pi ki}{N}}$$

式中，$\mathrm{j}=\sqrt{-1}$；e 是一个指数运算符：$\mathrm{e} = \lim_{n \to \infty}\left(1+\frac{1}{n}\right)^n \approx 2.718$。

反向 DFT 用频域值 $X(k)$ 表示时域值 $x(i)$：

$$x(i) = \frac{1}{N}\sum_{k=0}^{N-1} X(k) \mathrm{e}^{\mathrm{j}\frac{2\pi ki}{N}}$$

BM 函数 **fft** 和 **ifft** 用于实现前向 DFT 和反向 DFT。例 2.34 显示了通过添加 3 个频率分别为 50Hz、120Hz 和 150Hz，振幅分别为 0.6、0.4 和 0.2 的正弦音调来生成复合音符。

再使用前向 DFT 将复合音符转换到频域,并提取其频率分量,然后使用反向 DFT 将其转换回时域(见图 2.31)。

例 2.34　编写一个程序,使用离散傅里叶变换显示复合音符的频率分量。

```
clear; clc;
k = 1000;
Fs = k;                              % Sampling frequency
T = 1/Fs;                            % Sampling period
L = 1500;                            % Length of signal
t = (0:L-1)*T;                       % Time vector
x1 = 0.6*sin(2*pi*50*t);             % First component
x2 = 0.4*sin(2*pi*120*t);            % Second component
x3 = 0.2*sin(2*pi*150*t);            % Third component
figure,
subplot(321),
plot(x1(1:k/10)); axis([1, k/10, -1, 1]); grid; title('x1');
subplot(323),
plot(x2(1:k/10)); axis([1, k/10, -1, 1]); grid; title('x2');
subplot(325),
plot(x3(1:k/10)); axis([1, k/10, -1, 1]); grid; title('x3');
subplot(322),
X = [x1+x2+x3];
plot(t(1:k/10),X(1:k/10)); grid; title('X');
subplot(324),
Y = fft(X);
P2 = abs(Y/L);
P1 = P2(1:L/2+1);
P1(2:end-1) = 2*P1(2:end-1);
f = Fs*(0:(L/2))/L;
plot(f,P1); grid; title('Y');
xlabel('f (Hz)')
ylabel('|P1(f)|')
subplot(326),
y = ifft(Y);
plot(t(1:k/10),y(1:k/10)); grid; title('y');
```

频谱图是信号频率的直观表示。具体来说,它描述了频率如何随时间变化,即在什么时刻出现什么频率。通常,频谱图表示为 3-D 图,x 轴描绘时间,y 轴描绘频率,z 轴描绘频率的幅度,即在特定时刻发生的特定频率的幅度是多少。当显示为 2-D 图时,幅度通过改变像素的亮度或彩色值来表示,更亮的值表示更大的幅度值。在数字信号分析中,频谱图是使用 DFT 生成的。

在为每一帧计算 DFT 之前,音频信号通常被分段或窗口化为音频帧。生成的窗口可以是非重叠矩形类型或是使用汉明或高斯函数的重叠类型。为每一帧计算的 DFT 称为短时傅里叶变换(STFT)。窗口的大小(持续时间)可以根据特定应用而变化。较小(较短)的窗口可以生成具有高时间精度(即在特定时刻)但低频率精度的结果,因为窗口内的少量样本不能用于准确计算信号的频率。另一方面,较大(较长)的窗口可以产生高频率精度但低时间精度的结果。这遵循不确定性原理,即不能同时实现高时间分辨率和高频率分辨率。

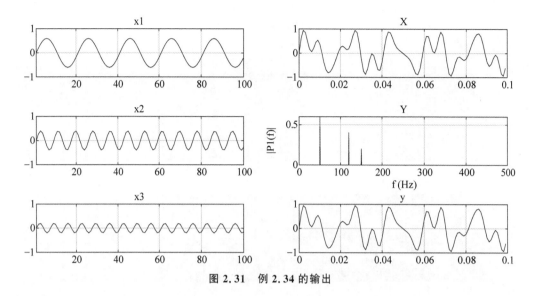

图 2.31 例 2.34 的输出

SPT 函数 **spectrogram** 用于绘制输入信号的频率与时间的关系,方法是将输入信号分成重叠的段并对每个段使用 STFT。一般句法如下:spectrogram(x,window,noverlap,fft),其中,x 是输入信号;window 指定窗口大小;noverlap 指定音频帧之间的重叠量;fft 指定计算 DFT 的采样点数。

除了用于瞬时频率外,频谱图还广泛用于具有可变频率的信号。**啁啾信号**具有随时间以线性或非线性方式变化的频率。对于给定时间 t_0 的瞬时频率 f_0 和给定时间 t_1 的瞬时频率 f_1,变化可以是线性的、二次的、对数的,等。对于线性变化,任何指定时间的频率由下式给出:

$$f_i = f_0 + \left(\frac{f_1 - f_0}{t_1 - t_0}\right) t$$

对于二次变化,任何指定时间的频率由下式给出:

$$f_i = f_0 + \left\{\frac{f_1 - f_0}{(t_1 - t_0)^2}\right\} t^2$$

如果 $f_1 > f_0$,则频率随时间增加并且频谱图的形状为凹形;如果 $f_0 > f_1$,则频率随时间减小且频谱图的形状为凸形。SPT 函数 **chirp** 用于生成频率可变的波形。一般句法如下:chirp(t, f_0, t_1, f_1,'method'),其中,f_0 是 t_0 时刻的瞬时频率;f_1 是 t_1 时刻的瞬时频率;method 指定插值类型。在例 2.35 中,X 是例 2.34 中的复合波形,而 c_1 和 c_2 是可变频率的信号,生成的频谱图是二次的(见图 2.32)。

例 2.35 编写一个程序,生成频域信号的频谱图。

```
clear; clc;
figure,
t = 0:1/1e3:2;
y1 = chirp(t,0,1,250);
subplot(311),spectrogram(y1,256,250,256,1e3,'yaxis')
y2 = chirp(t,100,1,200,'quadratic');
subplot(312),spectrogram(y2,256,250,256,1e3,'yaxis')
```

```
y3 = chirp(t,400,1,300,'quadratic');
subplot(313),spectrogram(y3,256,250,256,1e3,'yaxis')
```

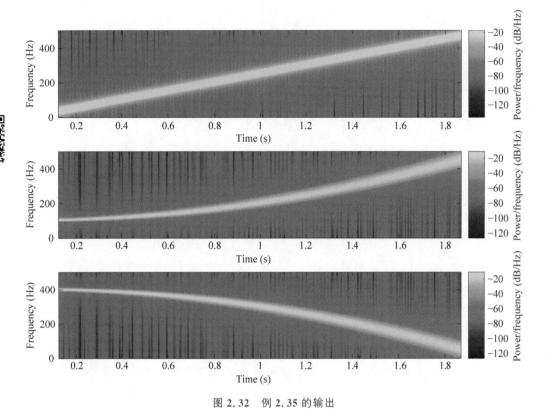

图 2.32 例 2.35 的输出

滤波器设计意味着找到满足特定要求的滤波器阶数和系数。回顾之前定义的 FIR 和 IIR 滤波器特性并使用稍微不同的符号，如果 $x(n)$ 是输入信号，$y(n)$ 是输出信号，M 是滤波器阶数，那么对于 FIR 滤波器，有以下表达式（b 表示系数）：

$$y(n) = \sum_{k=0}^{M} b(k)x(n-k)$$

为了找到滤波器的传递函数，对等式两边进行 Z 变换并重新排列：

$$H(z) = \sum_{k=0}^{M} b(k)z^{-k}$$

对于 IIR 滤波器，输出由下式给出（其中 a 和 b 是系数）：

$$a(0)y(n) = \sum_{k=0}^{M} b(k)x(n-k) - \sum_{k=1}^{N} a(k)y(n-k)$$

对等式两边进行 Z 变换并假设 $a(0)=1$，得到：

$$H(z) = \frac{\sum_{k=0}^{M} b(k)z^{-k}}{\sum_{k=1}^{N} a(k)z^{-k}}$$

如果 $H_d(z)$ 是滤波器所需的频率响应，那么我们通过迭代过程最小化当前滤波器和所

需滤波器之间的均方误差,即$|H(z)-H_d(z)|^2$。SPT 函数 **designfilt** 用于通过指定幅度和频率约束来设计各种类型的数字滤波器。可以通过指定选项 lowpassfir 并且指定通带频率和阻带频率来设计**低通 FIR 滤波器**。**通带**是滤波器应该将其输入传递到输出的频带区域,**阻带**是滤波器不打算传输其输入的频带区域。DSPST 函数 **fvtool** 用于可视化设计滤波器的频率响应。例 2.36 说明了两个低通 FIR 滤波器的设计,在第一种情况下,通过频率和阻止频率之间的差异很小(100Hz);在第二种情况下,差异较大(600Hz);另外,也可看到对有噪正弦曲线滤波的效果(见图 2.33)。

例 2.36 编写一个程序,设计一个低通 FIR 滤波器。

```
clear; clc;
% part 1
lpfir1 = designfilt('lowpassfir', ...
    'PassbandFrequency',300, ...
    'StopbandFrequency',400, ...
    'SampleRate',2000)
fvtool(lpfir1)
% part 2
lpfir2 = designfilt('lowpassfir', ...
    'PassbandFrequency',100, ...
    'StopbandFrequency',700, ...
    'SampleRate',5000)
fvtool(lpfir2)
% part 3
t = 0:500;
dataIn = sin(2*pi*t/500) + rand(1,501);
dataOut1 = filter(lpfir1,dataIn);
dataOut2 = filter(lpfir2,dataIn);
figure,
subplot(121), plot(dataIn); hold; plot(dataOut1, 'r');
axis tight; legend('Input', 'Output');
subplot(122), plot(dataIn); hold; plot(dataOut2, 'r');
axis tight; legend('Input', 'Output');
```

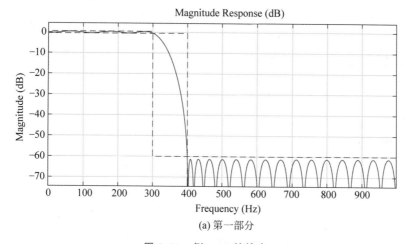

(a) 第一部分

图 2.33 例 2.36 的输出

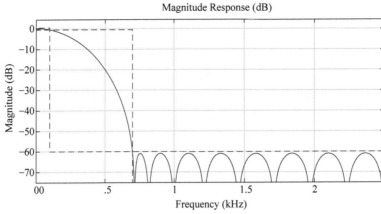

(b) 第二部分

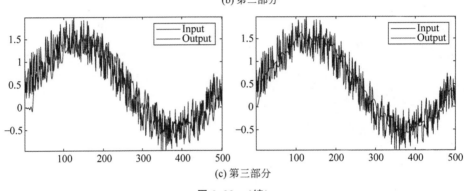

(c) 第三部分

图 2.33 （续）

可以通过指定选项 lowpassiir 并指定通带频率和阻带频率来设计**低通 IIR 滤波器**。例 2.37 说明了两个低通 IIR 滤波器的设计，在第一种情况下，通过频率和阻止频率之间的差异很小（100Hz）；在第二种情况下，差异较大（600Hz）；另外，也可看到对有噪正弦曲线滤波的效果（见图 2.34）。

例 2.37 编写一个程序，设计一个低通 IIR 滤波器。

```
clear; clc;
% part 1
lpiir1 = designfilt('lowpassiir', ...
    'PassbandFrequency',300, ...
    'StopbandFrequency',400, ...
    'SampleRate',2000)
fvtool(lpiir1)
% part 2
lpiir2 = designfilt('lowpassiir', ...
    'PassbandFrequency',100, ...
    'StopbandFrequency',700, ...
    'SampleRate',5000)
fvtool(lpiir2)
% part 3
t = 0:500;
dataIn = sin(2*pi*t/500) + rand(1,501);
dataOut1 = filter(lpiir1,dataIn);
dataOut2 = filter(lpiir2,dataIn);
```

```
figure,
subplot(121), plot(dataIn); hold; plot(dataOut1, 'r');
axis tight; legend('Input', 'Output');
subplot(122), plot(dataIn); hold; plot(dataOut2, 'r');
axis tight; legend('Input', 'Output');
```

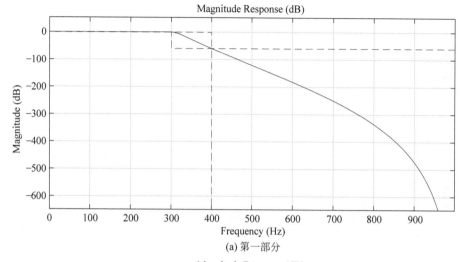

(a) 第一部分

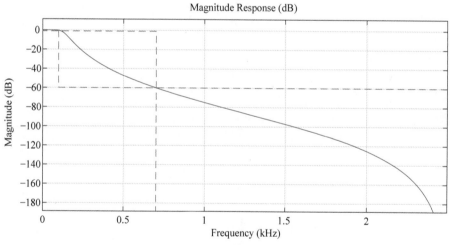

(b) 第二部分

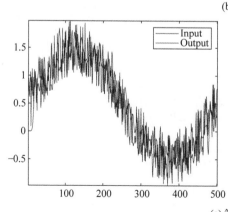 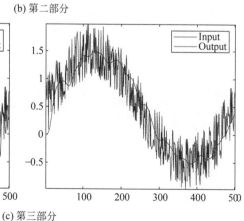

(c) 第三部分

图 2.34　例 2.37 的输出

可以通过指定选项 highpassfir 并指定通带频率和阻带频率来设计**高通 FIR 滤波器**。例 2.38 说明了两个高通 FIR 滤波器的设计,在第一种情况下,通过频率和阻止频率之间的差异很小(100Hz);在第二种情况下,差异较大(600Hz);另外,也可看到对有噪正弦曲线滤波的效果(见图 2.35)。

例 2.38 编写一个程序,设计一个高通 FIR 滤波器。

```
clear; clc;
% part 1
hpfir1 = designfilt('highpassfir', ...
    'PassbandFrequency',400, ...
    'StopbandFrequency',300, ...
    'SampleRate',2000)
fvtool(hpfir1)
% part 2
hpfir2 = designfilt('highpassfir', ...
    'PassbandFrequency',700, ...
    'StopbandFrequency',100, ...
    'SampleRate',5000)
fvtool(hpfir2)
% part 3
t = 0:500;
dataIn = sin(2*pi*t/500) + rand(1,501);
dataOut1 = filter(hpfir1,dataIn);
dataOut2 = filter(hpfir2,dataIn);
figure,
subplot(121), plot(dataIn); hold; plot(dataOut1, 'r');
axis tight; legend('Input', 'Output');
subplot(122), plot(dataIn); hold; plot(dataOut2, 'r');
axis tight; legend('Input', 'Output');
```

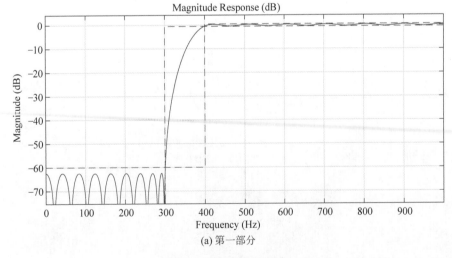

(a) 第一部分

图 2.35 例 2.38 的输出

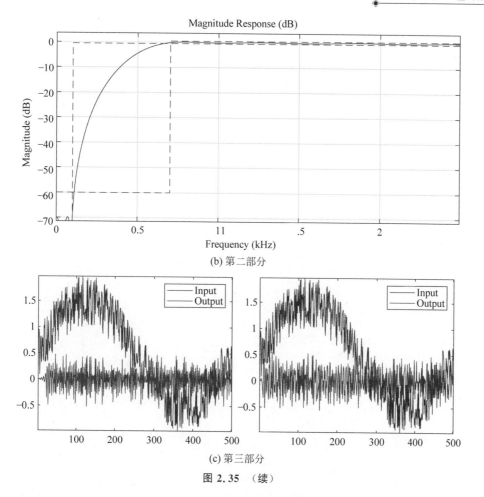

图 2.35 （续）

可以通过指定选项 highpassiir 并指定通带频率和阻带频率来设计**高通 IIR 滤波器**。例 2.39 说明了两个高通 IIR 滤波器的设计，在第一种情况下，通过频率和阻止频率之间的差异很小（100Hz），在第二种情况下，差异较大（600Hz）；另外，也可看到对有噪正弦曲线滤波的效果（见图 2.36）。

例 2.39 编写一个程序，设计一个高通 IIR 滤波器。

```
clear; clc;
% part 1
hpiir1 = designfilt('highpassiir', ...
       'PassbandFrequency',400, ...
       'StopbandFrequency',300, ...
       'SampleRate',2000)
fvtool(hpiir1)
% part 2
hpiir2 = designfilt('highpassiir', ...
       'PassbandFrequency',700, ...
       'StopbandFrequency',100, ...
       'SampleRate',5000)
fvtool(hpiir2)
% part 3
t = 0:500;
dataIn = sin(2*pi*t/500) + rand(1,501);
```

```
dataOut1 = filter(hpiir1,dataIn);
dataOut2 = filter(hpiir2,dataIn);
figure,
subplot(121), plot(dataIn); hold; plot(dataOut1, 'r');
axis tight; legend('Input', 'Output');
subplot(122), plot(dataIn); hold; plot(dataOut2, 'r');
axis tight; legend('Input', 'Output');
```

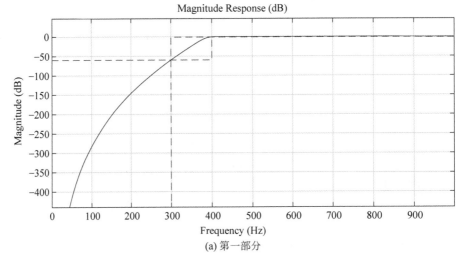

(a) 第一部分

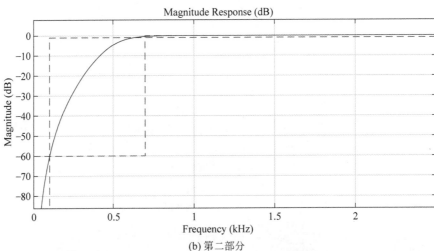

(b) 第二部分

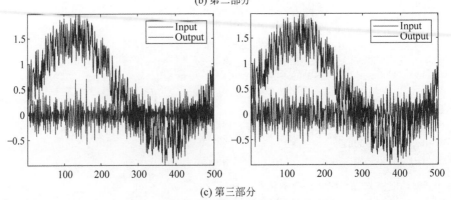

(c) 第三部分

图 2.36 例 2.39 的输出

可以通过指定选项 bandpassfir 并指定下截止频率和上截止频率来设计**带通 FIR 滤波器**。可以通过指定选项 bandpassiir 并指定下截止频率和上截止频率来设计**带通 IIR 滤波器**。例 2.40 说明了带通 FIR 和带通 IIR 滤波器的设计及其对噪声正弦波的滤波作用(见图 2.37)。

例 2.40 编写一个程序,设计一个带通 FIR 滤波器和一个带通 IIR 滤波器。

```
clear; clc;
% part 1
bpfir = designfilt('bandpassfir', 'FilterOrder',20, ...
    'CutoffFrequency1',500,'CutoffFrequency2',560, ...
    'SampleRate',2000)
fvtool(bpfir)
% part 2
bpiir = designfilt('bandpassiir', 'FilterOrder',20, ...
    'HalfPowerFrequency1',500,'HalfPowerFrequency2',560, ...
    'SampleRate',2000)
fvtool(bpiir)
% part 3
t = 0:500;
dataIn = sin(2 * pi * t/500) + rand(1,501);
dataOut1 = filter(bpfir,dataIn);
dataOut2 = filter(bpiir,dataIn);
figure,
subplot(121), plot(dataIn); hold; plot(dataOut1, 'r');
axis tight; legend('Input', 'Output');
subplot(122), plot(dataIn); hold; plot(dataOut2, 'r');
axis tight; legend('Input', 'Output');
```

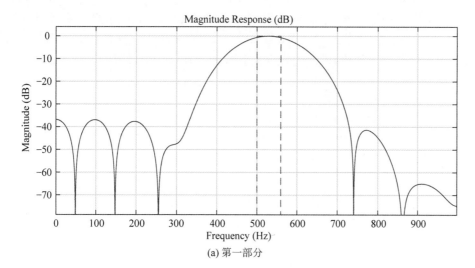

(a) 第一部分

图 2.37 例 2.40 的输出

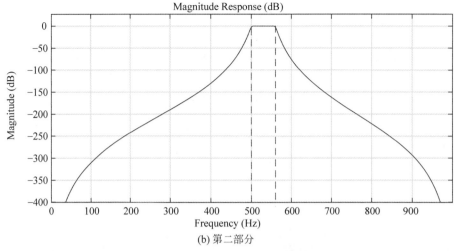

(b) 第二部分

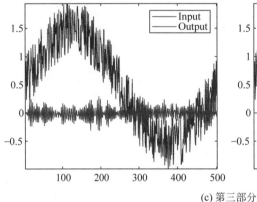
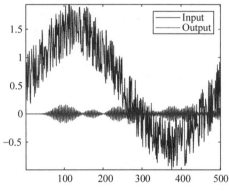

(c) 第三部分

图 2.37 例 2.40 的输出

可以通过指定选项 bandstopfir 并指定下截止频率和上截止频率来设计**带阻 FIR 滤波器**。可以通过指定选项 bandstopiir 并指定下截止频率和上截止频率来设计**带阻 IIR 滤波器**。例 2.41 说明了带阻 FIR 和带阻 IIR 滤波器的设计及其对噪声正弦波的滤波作用(见图 2.38)。

例 2.41 编写一个程序,设计一个带阻 FIR 滤波器和一个带阻 IIR 滤波器。

```
clear; clc;
% part 1
bsfir = designfilt('bandstopfir', 'FilterOrder',20, ...
    'CutoffFrequency1',500,'CutoffFrequency2',600, ...
    'SampleRate',2000)
fvtool(bsfir)
% part 2
bsiir = designfilt('bandstopiir', 'FilterOrder',20, ...
    'HalfPowerFrequency1',500,'HalfPowerFrequency2',600, ...
    'SampleRate',2000)
fvtool(bsiir)
% part 3
t = 0:500;
dataIn = sin(2 * pi * t/500) + rand(1,501);
dataOut1 = filter(bsfir,dataIn);
```

```
dataOut2 = filter(bsiir,dataIn);
figure,
subplot(121), plot(dataIn); hold; plot(dataOut1, 'r');
axis tight; legend('Input', 'Output');
subplot(122), plot(dataIn); hold; plot(dataOut2, 'r');
axis tight; legend('Input', 'Output');
```

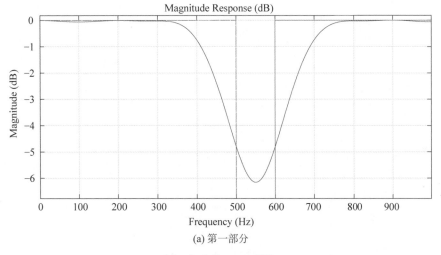

(a) 第一部分

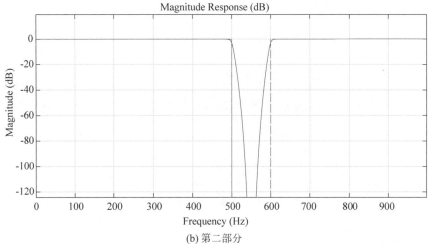

(b) 第二部分

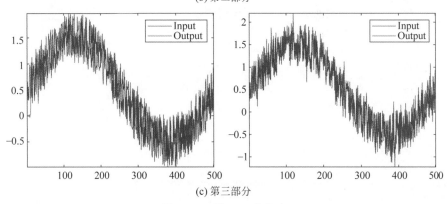

(c) 第三部分

图 2.38　例 2.41 的输出

2.11　Simulink 音频处理

要创建 Simulink 模型，请在命令提示符下输入 simulink 或选择 Simulink→Blank Model→Library Browser→AST。音频源文件位于（matlabroot）/toolbox/audio/samples 文件夹中。在 AST 工具箱中，包含以下用于音频处理的库和模块：

1. 动态范围控制：压缩器、扩展器、限制器、噪声门；
2. 效果：混响器；
3. 滤波器：分频滤波器、图形均衡器、八度滤波器、参数均衡器滤波器、加权滤波器；
4. 测量：倒谱特征、响度计、语音活动检测器；
5. 接收器：音频设备写入器、频谱分析器、多媒体文件；
6. 来源：音频设备阅读器、多媒体文件、MIDI 控件。

例 2.42　创建 Simulink 模型，生成音频混响效果（见图 2.39）。

- AST > Sources > From multimedia file
- AST > Sinks > Audio Device writer
- AST > Effects > Reverberator (Figure 2.39).

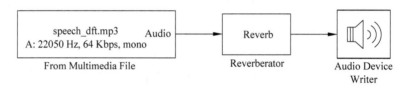

图 2.39　例 2.42 的输出

例 2.43　创建 Simulink 模型，实现交叉滤波器（见图 2.40）。

- AST > Sources > From multimedia file (Filename：RockGuitar-16-44p1-stereo-72secs.wav)
- AST > Sinks > Audio Device writer
- AST > Filters > Crossover filter (Number of crossover：2, crossover frequency: [100, 1000], crossover order：[3, 3] (18 dB/octave)) > Visualize Response
- Simulink > Signal Routing > Manual Switch (Figure 2.40).

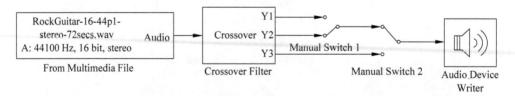

图 2.40　例 2.43 的输出

例 2.44　创建 Simulink 模型，实现语音活动检测器（见图 2.41）。

- AST > Sources > From multimedia file (Filename：Counting-16-44p1-mono-15secs.wav)
- AST > Sinks > Audio Device writer
- DSPST > Sinks > Time Scope (File > Number of Input Ports > 2)
- AST > Measurements > VAD (Figure 2.41).

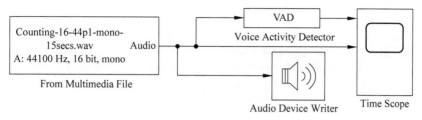

图 2.41　例 2.44 的输出

例 2.45　创建 Simulink 模型，实现响度计（见图 2.42）。

- AST > Sources > From multimedia file (Filename : RockDrums - 44p1 - stereo - 11secs.mp3)
- AST > Sinks > Audio Device writer
- AST > Measurements > Loudness meter
- DSPST > Sinks > Time Scope (File > Number of Input Ports > 2)
- DSPST > Math Functions > Matrices & Linear Algebra > Matrix Operations > Matrix Concatenate (Figure 2.42).

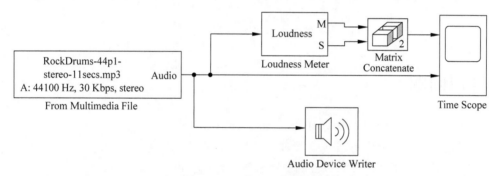

图 2.42　例 2.45 的输出

例 2.46　创建 Simulink 模型，汇总多个正弦波并显示结果波形（见图 2.43）。

- DSPST > Sources > Sine wave
- DSPST > Sinks > Time Scope (File > Number of Input Ports > 2)
- DSPST > Sinks > Time Scope (File > Number of Input Ports > 1)
- Simulink > Commonly Used Blocks > Sum (Figure 2.43).

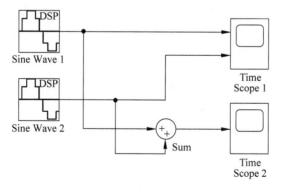

图 2.43　例 2.46 的输出

例 2.47 创建 Simulink 模型,实现噪声门(见图 2.44)。

- AST > Sources > From multimedia file (Filename : Counting – 16 – 44p1 – mono – 15secs.wav)
- AST > Sinks > Audio Device writer
- DSPST > Sinks > Time Scope (File > Number of Input Ports > 1)
- DSPST > Math Functions > Matrices & Linear Algebra > Matrix Operations > Matrix Concatenate
- Simulink > Signal Routing > Manual Switch
- Simulink > Commonly Used Blocks > Sum
- DSPST > Sources > Random Source (Source Type : Gaussian, Mean : 0, Variance: 1/1000) (Figure 2.44).

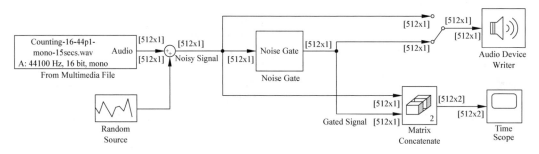

图 2.44 例 2.47 的输出

复习问题

1. 区分用于音频处理的 BM 函数和 AST 函数。
2. 讨论奈奎斯特采样定理的假设如何与数字音频处理相关。
3. 指定如何使用傅里叶级数控制数字音频波形的精度。
4. 解释如何从 DFT 系数和基函数重建时域信号。
5. 如何将数字音频文件读入系统并绘制它随时间变化的波形?
6. 讨论用于音频处理任务的 AST 和 DSPST 工具箱的主要函数。
7. 如何使用 AST 函数在时间范围显示器上显示复合波形?
8. 如何将音频信号拆分为指定持续时间的非重叠音频帧?
9. 如何在音频信号上实现噪声门滤波器和交叉滤波器?
10. 响度计如何测量瞬时响度、短期响度和综合响度?
11. MFCC 的用途是什么?如何从音频信号中计算出它?
12. 如何使用 MIDI 信息产生不同乐器的声音?
13. 如何使用 FIR 和 IIR 滤波器从音频信号中去除噪声?
14. 如何在频域中实现频谱滤波器?
15. 如何使用 Simulink 环境完成音频处理任务?

第3章

视 频 处 理

3.1 引言

  视频是图像和音频的组合,因此一般而言,只要对图像和音频有效的理论和应用,通常也对视频有效。视频由一组称为**帧**的静止图像组成,这些图像以称为**帧率**的特定速度一个接一个地显示给用户,以每秒帧数为单位,缩写为 fps。如果以足够快的速度显示,人眼无法将单幅图像区分为单独的实体,而是将连续图像合并在一起,从而产生活动图像的错觉,这种现象称为**视觉暂留**(PoV)。已经观察到帧率应该在 25~30fps,以便让人眼感知没有间隙或抖动的平滑运动。添加音频并与图像的活动同步可以创建完整的视频序列。因此,一个视频文件是由多个图像帧和一个或多个音轨组成。同时处理如此多信息的一个缺点是文件大小增加,需要大量处理资源来处置它们。例如,一个一分钟的视频文件由 30 帧组成,每帧大小为 640×480 像素,并使用 24 位彩色信息,则占用的空间超过 1582MB。以 44 100Hz 采样的音频每分钟为文件增加 10MB。此外,播放视频文件需要大约 30MB/s 的带宽。因此,压缩方案对于视频处理如此大的开销非常重要。

  为了创建数字视频,我们首先需要将视觉和音频信息以电信号的形式记录在磁带或磁盘上。用于指定这种表示形式的术语是**运动视频**,以将其与电影院中使用的另一种称为**运动图片**的表示形式区分开,后者在电影院中使用光化学过程将视频帧记录到赛璐珞胶片上。电子信号形式的运动视频由**模拟摄像机**生成并存储在磁带(如录像带)中,然后使用录像带播放器(VCP)进行播放。电视传输也是运动视频显示的流行示例。早期的模拟摄像机使用称为**阴极射线管**(CRT)的真空管来生成这些信号,然后可以将这些信号馈送到监视器以显示视频,而音频则使用麦克风单独录制并馈送到扬声器以生成声音。单色或灰度视频需要来自摄像机的单个强度信号作为视觉信息以及一两个音频信号,具体取决于播放的声音是单声道还是立体声。为了在 CRT 监视器屏幕上显示图像,来自阴极的电子束被激活并聚焦在涂有荧光粉的屏幕上发光。**磷光体**是一种化学物质,当它与电子等带电粒子接触时会发出光芒。为了在屏幕上生成图像,电子束从屏幕的左上角开始,从左到右依次扫描第一行荧光点。在每条水平线的末尾,光束对角移动到下一行的开头并开始跟踪操作。在右下角,光束对角移动到左上角的起点,并再次重复该操作。这个过程称为**光栅扫描**,通常每秒需完成大约 60 次以获得屏幕上稳定的画面,这称为显示器的刷新率,屏幕上产生的每幅图像称为**一帧**。支持 60 帧/秒的监视器会产生不闪烁的图像,称为**逐行扫描监视器**。另一种技术,主要用于刷新率较低的监视器,称为**隔行扫描**,相应的监视器称为**隔行扫描监视器**。在该情况下,一帧被分成两半,每一半称为一个**场**。第一个由奇数行组成的场称为奇数场,第二个由偶数行组成的场称为偶数场。每个场只包含一半的行数,每秒扫描 60 次,从而将有效刷新率降低到 30 帧/秒。由于 PoV,这种处理可使每个场中的行平滑混合,并有助于在低刷新率下生成不闪烁的图像。字母"p"和"i"用于区分逐行扫描和**隔行扫描**监视器,例如 720p 和 1080i,数字表示监视器中水平行的总数。

新一代摄像机用称为**电荷耦合器件**(CCD)的电子光电传感器取代 CRT,CCD 产生的电信号大致与落在 CRT 上的光强度成正比。将来自 CCD 阵列的信号按顺序收集并发送到监视器进行显示。现代显示器使用**液晶显示器**(LCD)器件代替 CRT 和电子束。LCD 器件是一种小的透明块,填充有由长棒状分子组成的液态有机化学物质,具有操纵光线通过该物质的方向的特性。LCD 器件和一对偏振滤光片允许光线从背光源(如 LED)流向前方的观察者,从而产生发光像素的感觉。流过 LCD 器件的电流可改变分子的方向,阻止光线到达观察者。打开和关闭特定点有助于在屏幕上创建图像。对于彩色摄像机,三个单独的 **RGB 信号**对应于红色、绿色和蓝色这三种基色,用于在屏幕上创建合成彩色,这些信号通过三条单独的电缆馈送到彩色监视器,这一方案被称为**分量视频**。在显示器内部,这些信号用于激活彩色生成系统,如 CRT 电子枪或用于彩色再现的 LCD 器件。

用于彩色再现的 RGB 信号在短距离传输时效果很好,典型情况是若干米。然而,当这些信号需要像**电视传输**那样跨越几千米的远距离传输时,工程师遇到了一些问题。首先,三根独立的铜缆运行数千米,使系统成本高昂。其次,即使忽略成本,由于衰减系数不同,沿三根电缆传输的三个独立信号也不会完全在同一时刻到达接收端,经常导致图像不同步和扭曲。再次,当彩色电视刚开始在几个国家传输时,早期的黑白(B/W)电视的单色系统也还在继续使用,因此工程师不得不想出一个系统,以便相同的传输信号可以满足同时连接到黑白电视机和彩色电视机,这是使用现有的 RGB 信号格式无法实现的。为了解决所有这些问题,开发了一种称为**复合视频**的新信号格式,它使用一种形式不同的称为 YC 的信号,这里,Y 表示**亮度**或强度信号,C 表示**色度**或彩色信号。这种格式相对于 RGB 格式的优点为 Y 和 C 都可以通过单个电缆或通道传输,因此可在同一时刻到达接收端。YC 信号是通过将电视频道的典型 6MHz 带宽分成两部分来实现的,0~4MHz 分配给 Y,1.5MHz 分配给 C,其余 0.5MHz 用于音频。这种不均匀分布背后的原因是人眼对 Y 信息更敏感,而对 C 信息不太敏感。YC 信号格式的另一个优点是,可以只将 Y 信号送给黑白电视机,而将 Y 和 C 信号都送给彩色电视机。这意味着只需要一个单一的传输系统,并且在接收端只需要一个滤波器就可以去除彩色信号以进行单色观看。由于使用单根传输电缆,还可以降低系统成本。

可以使用 RGB 信号的线性组合来计算代表灰度强度的 Y 信号。在尝试了多种组合并考虑人眼对色谱的绿色部分更敏感后,最终决定 Y 由 60% 的 G、30% 的 R 和 10% 的 B 组成,得到关系式为

$$Y = 0.2989R + 0.5870G + 0.1140B$$

彩色信息使用圆形刻度而不是线性刻度表示,需要两个组件来将特定彩色值标识为平

面上的一个点,即色轮。两个彩色子成分分别称为 C_b 和 C_r,定义如下:
$$C_b = B - Y$$
$$C_r = R - Y$$
因此,需要单一电缆或通道进行传输的复合视频格式特指使用 **YC_bC_r** 信号格式。当今用于传输视频信号的大多数模拟视频设备使用复合视频电缆和连接器作为接口,例如在 VCP 和 TV 之间。

RGB 到 YC 信号格式的转换还有另一个重要优势:通过减少彩色信息可以使用更少的带宽。研究表明,人眼对亮度信息比对色度信息更敏感。这一发现被用来减少视频传输过程中的彩色信息,该过程被称为**色度子采样**。彩色信息的减少由一组三个数字表示,表示为 $A:B:C$。数字表示屏幕上窗口内的亮度和色度信息量,通常为 4 像素宽和 2 像素高。常见的值包括 4:2:2,这意味着在一个滑动的 4×2 窗口中,第一行有 4 个包含 Y 信息的像素,有 2 个包含 C 信息的像素,第二行有 2 个包含 C 信息的像素。本质上,这意味着虽然所有像素都包含亮度信息,但彩色信息沿水平方向减少了一半。其他常用的值为 4:1:1 和 4:2:0。第一组表示水平方向的四分之一彩色信息,而第二组表示沿水平和垂直方向的半色信息。显然,4:4:4 的值表示彩色信息没有减少。

与图像和音频一样,称为 CODEC(编/解码器)的压缩方案可用于减小数字视频文件的大小。由于视频文件比较大,无损算法用得不多。常采用有损压缩算法从图像和音频组件中删除信息以减小视频文件的大小。保存视频的**文件格式**取决于所使用的压缩方案。Windows 本机音频文件格式是 AVI,通常未压缩。有损压缩算法与用于移动平台的 MPEG(MPEG-1)、Window Media Video(WMV)、MPEG-4(MP4)、Apple Quicktime Movie(MOV)和第三代合作伙伴计划(3GPP)等文件格式相关联。

3.2 工具箱和函数

MATLAB 中的视频处理函数可以分为两类:基本 MATLAB(BM)函数和计算机视觉系统工具箱(CVST)函数。BM 函数是一组用于执行初步数学矩阵运算和图形绘制操作的基本工具。CVST 函数提供用于设计和模拟计算机视觉和视频处理系统的算法、函数和应用程序,包括一组更高级的工具,用于专门处理任务,如团点分析、目标检测和运动跟踪。有些函数,例如导入/导出和基本播放,对于 BM 集和 CVST 集都是通用的。为了解决某些特定任务,可能同时需要来自 BM 集和 CVST 集的函数。这些函数的来源在本书中用于说明示例时会相应地被提及。本章中,对用于视频处理任务的 MATLAB 特性,借助特定示例的解决方案进行了说明。本书使用 MATLAB 2018b 版编写,但是,大部分功能都可以在 2015 及其后的版本中使用,几乎没有更改。MATLAB 支持的视频文件格式包括 MPEG-1 (.mpg)、Windows Media Video(.wmv)、包括 H.264 编码的 MPEG-4 视频(.mp4、.m4v)、Apple QuickTime Movie(.mov)、3GPP 和 Ogg Theora(.ogg)。示例中使用的大部分视频文件都包含在 MATLAB 软件包中,不需要用户提供。内置媒体文件包含在以下文件夹中:(matlab-root)\toolbox\vision\visiondata。

3.2.1 基本 MATLAB(BM)函数

本章中使用的 BM 函数分为五个不同的类别:语言基础、图形、数据导入和分析、编程脚本和函数、高级软件开发。下面提供了这些函数的列表和它们的层次结构以及对每个函数的一行描述。BM 集由数千个函数组成,考虑本书的范围和内容,本章使用了其中的一个子集。

1. 语言基础

clc:clear command window,清除命令窗口

2. 图形

(1) **figure**:create a figure window,创建图形窗口

(2) **frame2im**:return image data associated with movie frame,返回与电影帧关联的图像数据

(3) **getFrame**:capture axes or figure as movie frame,捕获轴或图形作为电影帧

(4) **im2frame**:convert image to movie frame,将图像转换为电影帧

(5) **plot**:two-dimensional(2-D) line plot,二维(2-D)线图

(6) **subplot**:multiple plots in a single figure,单个图片中的多个绘图

(7) **title**:plot title,绘制标题

(8) **xlabel,ylabel**:label x-axis,y-axis,x 轴标签、y 轴标签

3. 数据导入和分析

(1) **clear**:remove items from workspace memory,从工作区内存中删除项目

(2) **hasFrame**:determine if frame is available to read,确定帧是否可供读取

(3) **mmfileinfo**:information about multimedia file,多媒体文件信息

(4) **readFrame**:read video frame from video file,从视频文件中读取视频帧

(5) **VideoReader**:read video files,读取视频文件

(6) **VideoWriter**:write video files,写入视频文件

4. 编程脚本和函数

(1) **for … end**:repeat statements specified number of times,重复语句指定次数

(2) **load**:load variables from file into workspace,将文件中的变量加载到工作区

(3) **pause**:stop MATLAB execution temporarily,暂时停止 MATLAB 执行

(4) **while … end**:execute statements while condition is true,条件为真时执行语句

5. 高级软件开发

(1) **release**:release resources,释放资源

(2) **step**:run system object algorithm,运行系统对象算法

3.2.2 计算机视觉系统工具箱(CVST)函数

CVST 提供用于设计和模拟计算机视觉和视频处理系统的算法、函数和应用程序。CVST 包括用于修改数字视频信号的视频处理算法库。它们分为三类:输入、输出和图形;目标检测和识别;目标跟踪和运动估计。下面列出了本章讨论的 CVST 中的一些最常用函数:

1. 输入、输出和图形

(1) **insertObjectAnnotation**:annotate image or video,注释图像或视频

(2) **insertText**:insert text in image or video,在图像或视频中插入文本

(3) **vision.VideoFileReader**:read video frames from video file,从视频文件中读取视频帧

（4）**vision. VideoPlayer**：play video or display image，播放视频或显示图像

（5）**vision. DeployableVideoPlayer**：display video，显示视频

（6）**vision. VideoFileWriter**：write video frames to video file，将视频帧写入视频文件

2．目标检测和识别

（1）**vision. BlobAnalysis**：properties of connected regions，连通区域的性质

（2）**vision. ForegroundDetector**：foreground detection using Gaussian mixture models（GMM），使用高斯混合模型（GMM）进行前景检测

（3）**vision. PeopleDetector**：detect upright people using histogram of oriented gradient（HOG）features，使用朝向梯度直方图（HOG）特征检测直立的人

（4）**vision. CascadeObjectDetector**：detect objects using the viola-Jones algorithm，使用Viola-Jones算法检测物体

（5）**ocr**：recognize text using optical character recognition（OCR），使用光学字符识别（OCR）识别文本

3．目标跟踪和运动估计

（1）**configureKalmanFilter**：create Kalman filter for object tracking，创建用于目标跟踪的卡尔曼滤波器

（2）**opticalFlowFarneback**：estimate optical flow using Farneback method，使用Farneback方法估计光流

（3）**opticalFlowHS**：estimate optical flow using Horn-Schunck method，使用Horn-Schunck方法估计光流

（4）**opticalFlowLK**：estimate optical flow using Lucas-Kanade method，使用Lucas-Kanade方法估计光流

（5）**opticalFlowLKDoG**：estimate optical flow using Lucas-Kanade derivative of Gaussian method，使用高斯方法的Lucas-Kanade导数估计光流

（6）**vision. BlockMatcher**：estimate motion between images or video frames，估计图像或视频帧之间的运动

（7）**vision. HistogramBasedTracker**：histogram-based object tracking，基于直方图的目标跟踪

（8）**vision. PointTracker**：track points in video using Kanade-Lucas-Tomasi（KLT）algorithm，使用Kanade-Lucas-Tomasi（KLT）算法跟踪视频中的点

（9）**vision. KalmanFilter**：Kalman filter for object tracking，用于目标跟踪的卡尔曼滤波器

3.3 视频输入输出和播放

播放视频文件最基本的方法是使用指定文件名的IPT函数**implay**。BM函数**mmfileinfo**用于提取有关文件的信息，例如音频和视频结构，见例3.1中为方法1。BM函数**VideoReader**用于读取视频文件，从而创建VideoReader对象。对象的属性可用于检索视频信息，如持续时间、帧高度和宽度、文件路径、帧速率、帧数、文件格式等。属性

getFileFormats 返回支持的视频文件格式。读取方法可用于读取存储在包含帧高度、帧宽度、彩色通道索引和帧索引的 4-D 数组中的视频数据。然后可以使用 IPT 函数 implay 来播放视频数据。为了播放帧的子集,可以指定开始帧和结束帧。结束帧为 Inf 表示播放视频直到结束,见例 3.1 中的方法 2(见图 3.1)。

例 3.1 编写一个程序,读取和播放视频文件。

```
clear; clc;
fv = 'rhinos.avi';
fa = 'RockDrums-44p1-stereo-11secs.mp3';
% method-1
implay(fv);
ia = mmfileinfo(fa); ia.Audio
iv = mmfileinfo(fv); iv.Video
% method-2
vr = VideoReader(fv);           % video reader object
d = vr.Duration
h = vr.Height
w = vr.Width
p = vr.Path
bp = vr.BitsPerPixel
fr = vr.FrameRate
nf = vr.NumberOfFrames
fo = vr.VideoFormat
ff = vr.getFileFormats
v = read(vr);                   % 4-D array containing video frames
implay(v)
sf = 11;                        % start frame
ef = 50;                        % end frame
cv1 = read(vr,[sf, ef]);
cv2 = read(vr,[50, Inf]);
implay(cv1)                     % Total frame numbers indicated in status bar
implay(cv2)                     % Total frame numbers indicated in status bar
```

图 3.1 例 3.1 的输出

另外，也可以使用 readFrame 方法单独读取每帧并使用循环播放它们。返回的每帧 (vf) 是一个关于彩色图像的 3-D 数组，根据要显示的总帧数重复该操作。可以从视频对象的属性 NumberOfFrames 中提取总帧数。视频帧在图形窗口中显示为一系列图像，每幅图像之间的停顿是帧率的倒数，即连续帧之间的时间间隔。计数器可用于在图像窗口的标题字段中显示相应的帧编号。当视频需要从指定的偏移时间而不是从开始播放时，将使用此句法。创建视频对象时，可以使用选项 CurrentTime 指定播放的开始时间。在这种情况下，由于不计算就无法知道要播放的总帧数，因此显示帧的循环需要使用 while 结构而不是 for 结构，并使用 hasFrame 方法来确定帧是否可用于播放。例 3.2 显示了视频的两个实例：一个用于播放所有帧；另一个用于播放距开头 2.5s 偏移量的视频。实际播放的帧数显示在每幅图像的顶部。在第一种情况下，所有 114 帧都被播放；而在第二种情况下，播放的帧数可以通过从总持续时间中减去偏移时间并将结果乘以帧速率来计算，并四舍五入到下一个整数，即在这种情况下变为 $(7.6-2.5)\times 15\approx 77$（见图 3.2）。

例 3.2 编写一个程序，使用起始时间偏移读取和播放视频帧的子集。

```
clear; clc;
fn = 'rhinos.avi';
vr = VideoReader(fn);       % video reader object
nf = vr.NumberOfFrames;     % number of frames
fr = vr.FrameRate;          % frame rate
du = vr.Duration;           % video duration
of = 2.5;                   % time offset in seconds from beginning
subplot(121)
vr = VideoReader(fn);
fi = 0;
for i = 1:nf
    vf = readFrame(vr);     % video frame
    fi = fi + 1;            % frame index number
    image(vf); title(fi); axis square;
    pause(1/fr);
end
subplot(122)
vr = VideoReader(fn, 'CurrentTime', of);
fi = 0;
while hasFrame(vr)
    vf = readFrame(vr);
    fi = fi + 1;
    image(vf); title(fi); axis square;
    pause(1/fr);
end
nof = (du - of) * fr;       % actual number of frames to be played
round(nof)
```

read 方法将视频存储在包含帧高度、帧宽度、彩色索引和帧索引的 4-D 数组中。可以操纵帧索引并选择总帧的子集进行显示和回放。例 3.3 显示了视频的每个 10 的倍数的帧并播放帧的子集。为了显示帧，创建了一个 3×3 的网格，其中，显示了第 10、20、30、40、50、

图 3.2 例 3.2 的输出

60、70、80、90 帧,这些帧被收集到一个新的 4-D 数组中并播放(见图 3.3)。

例 3.3 编写一个程序,显示每个 10 的倍数的帧并播放这些视频帧。

```
clear; clc;
vr = VideoReader('rhinos.avi');
v = read(vr);           % original video array
figure
f = 0;                  % frame index number
for r = 1:3             % row index of display grid
    for c = 1:3         % column index of display grid
        f = f + 10;
        subplot(3, 3, c + (r - 1) * 3), imshow(v(:,:,:,f)); title(f);
        w(:,:,:, c + (r - 1) * 3) = v(:,:,:,f);
    end
end
implay(w)               % new video array
```

图 3.3 例 3.3 的输出

IPT 函数 **implay** 也可用于播放不构成视频一部分的单个图像序列,而 IPT 函数 **immovie** 可用于根据帧序列创建电影。例 3.4 在内存中加载了一系列图像并播放它们。对于索引图像,要指定相应的彩色映射(见图 3.4)。

例 3.4 编写一个程序,播放一系列单幅图像并将一系列图像创建成电影。

```
clear; clc;
load mristack;
implay(mristack);
load mri;
mov = immovie(D,map);
implay(mov)
```

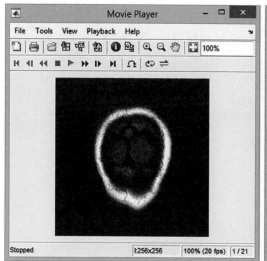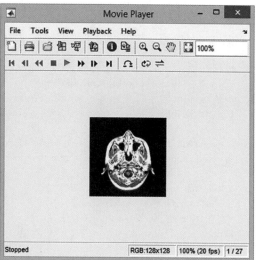

图 3.4　例 3.4 的输出

BM 函数 **getframe** 用于将当前图像捕获为视频帧。BM 函数 **movie** 用于将帧集合作为电影播放。例 3.5 根据 BM 函数 **peaks** 和 **surf** 创建了 3-D 表面,然后使用 BM 函数 **view** 通过将方位角和仰角从 1°更改为 360°来更改表面视图。这些视图中的每幅都被捕获为一个视频帧,然后按顺序播放(见图 3.5)。

例 3.5 编写一个程序,将一系列图像作为视频播放。

```
clear; clc;
for i = 1:360
j = 1;
surf(peaks); view(i,i); f(j) = getframe;
j = j+1;
end
movie(f)
```

read 方法会自动创建一个 4-D 结构来存储整个视频,而 readFrame 方法一次只读取一帧。要存储整个视频,可以使用 BM 函数 **struct** 通过指定帧尺寸、数据类型和彩色查找表(如果需要)显式创建结构。字段 cdata 包含 readFrame 返回的实际视频数据。例 3.6 说明了结构的创建,并显示了 BM 函数 **movie** 可用于通过指定帧速率和可选的重复值来播放存储在结构中的视频。BM 函数 **set** 用于根据屏幕坐标定位播放窗口(见图 3.6)。

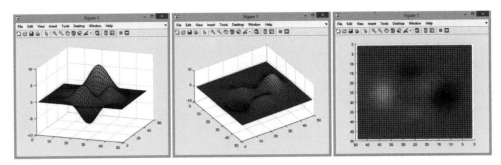

图 3.5　例 3.5 的输出

例 3.6　编写一个程序，创建电影结构并重复播放视频两次。

```
clear; clc;
vr = VideoReader('xylophone.mp4');
w = vr.Width;                       % frame width
h = vr.Height;                      % frame height
r = 2;                              % repeat playback
m = struct('cdata',zeros(h,w,3,'uint8'),'colormap',[]);
% read each frame and store in structure
k = 1;
while hasFrame(vr)
    m(k).cdata = readFrame(vr);
    k = k + 1;
end
hf = figure;                        % figure handle
x = 150; y = 200;                   % position of playback window
set(hf,'position', [x y w h]);
movie(hf, m, r, vr.FrameRate);      % playback r times
```

图 3.6　例 3.6 的输出

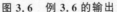

BM 函数 **VideoWriter** 可用于写入视频文件并创建 VideoWriter 对象。对象的属性可用于指定文件名、文件格式、压缩率、持续时间等。open 方法可以用来打开一个文件写入视频数据，close 方法可以用来写入视频数据后关闭文件，writeVideo 方法是将实际的视频数据写入文件。例 3.7 从随机数绘图创建视频帧并将这些帧写入视频文件。BM 函数

getframe 用于将当前图像捕获为视频帧。帧编号显示在图像的顶部。创建后,IPT 函数 **implay** 用于播放视频文件(见图 3.7)。

例 3.7 编写一个程序,从图形绘图创建视频帧。

```
clear; clc;
v = VideoWriter('newv.avi');
open(v);
for i = 1:15
plot(rand(10,5), 'o'); title(i);
f(i) = getframe;
writeVideo(v, f);
end;
close(v);
fps = 12;
implay('newv.avi', fps);
```

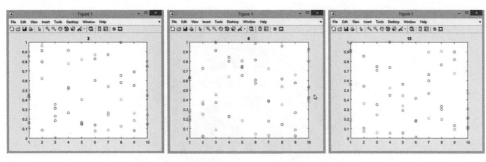

图 3.7 例 3.7 的输出

除了上面讨论的 BM 函数外,CVST 函数 **vision.VideoFileReader** 用于从文件中读取视频帧,CVST 函数 **vision.VideoPlayer** 用于顺序播放帧,CVST 函数 **vision.VideoFileWriter** 用于写入视频到一个文件。例 3.8 将视频文件的起始 50 帧写入指定名称的新文件。读取器创建一个 VideoReader 对象(vr),从中提取帧率(fr)。编写器通过指定文件名和帧率来创建 VideoWriter 对象(vw)。起始 50 帧从 vr 中读取,使用 step 方法一次一帧,并一次一帧写入 vw。操作完成后,使用 release 方法关闭读取器和编写器。请注意,创建的新 AVI 文件仅包含从共有 337 帧的原始视频读取的起始 50 帧。可以通过使用 IPT 函数 **implay** 调用电影播放器来验证,其中,总帧数显示在右下角(见图 3.8)。

例 3.8 编写一个程序,使用视频中的帧子集来创建新视频。

```
clear; clc;
fn = 'viplanedeparture.mp4';
vr = vision.VideoFileReader(fn);
fr = vr.info.VideoFrameRate;
vw = vision.VideoFileWriter('myFile.avi','FrameRate',fr);
for i = 1:50
    frame = step(vr);
    step(vw, frame);
end
release(vr);
```

```
release(vw);
clear;
fn = 'myFile.avi';
vr = vision.VideoFileReader(fn);
vp = vision.VideoPlayer;
fr = vr.info.VideoFrameRate;
while ~isDone(vr)
    frame = step(vr);
    step(vp, frame);
    pause(1/fr);
end
release(vr);
release(vp);
```

图 3.8 例 3.8 的输出

在结束本节之前,值得一提的是,还有另一种播放视频文件的方法是使用 CVST 函数 **vision.DeployableVideoPlayer**,与前面提到的其他函数不同,该函数可以生成 C 代码,并且能够以高清晰度显示高帧率视频。例 3.9 说明了此功能。利用该函数创建一个 DeployableVideoPlayer 对象,该对象一次从 VideoReader 对象读取一帧,并使用可调配视频播放器一次显示一帧,各帧之间的停顿等于帧率的倒数,即每个连续帧之间的时间间隔(见图 3.9)。

例 3.9 编写一个程序,使用可调配视频播放器播放视频。

```
clear; clc;
vr = vision.VideoFileReader('atrium.mp4');
vp = vision.DeployableVideoPlayer;
fr = vr.info.VideoFrameRate;
cont = ~isDone(vr);
while cont
frame = step(vr);
step(vp, frame);
pause(1/fr);
cont = ~isDone(vr) && isOpen(vp);
end
release(vr);
release(vp);
```

图 3.9 例 3.9 的输出

3.4 处理视频帧

由于视频帧是单幅图像,因此可以将图像处理技术应用于每一帧并将处理后的帧编译回视频。例 3.10 显示了修改(反转)视频中的指定帧然后写回另一个视频序列。使用视频读取器,读取帧并将其存储在 4-D 视频阵列中,每 5 帧从中读取一次,并应用图像调整算法来反转它们。修改后的帧被写回另一个 4-D 阵列,显示在图像网格中,然后播放(见图 3.10)。

例 3.10 编写一个程序,反转视频的每个第 5 帧。

```
clear; clc;
vr = VideoReader('rhinos.avi');
nf = vr.NumberOfFrames;
v = read(vr);
g = v;
for k = 1:5:nf
    g(:,:,:,k) = imadjust(v(:,:,:,k), [0, 1], [1, 0]);
end
k = 0;
for r = 1:5
    for c = 1:5
        k = k + 1;
        subplot(5, 5, c+(r-1)*5), imshow(g(:,:,:,k)); title(k)
    end
end
implay(g);
```

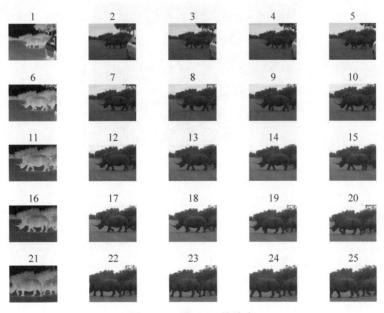

图 3.10 例 3.10 的输出

BM 函数 **im2frame** 用于将图像转换为视频帧，BM 函数 **frame2im** 用于将帧转换回图像。例 3.11 将 5 幅图像转换为视频帧并在电影播放器中进行播放。由于视频的帧通常都具有相同的尺寸，因此图像被调整为具有相同的宽度和高度；不过，这不是根本要求。像视频一样播放图像的另一种方法是在图形窗口中按顺序显示它们，中间有一个暂停（见图 3.11）。

例 3.11 编写一个程序，将一组图像转换为视频帧。

```
clear; clc;
h = 300; w = 400;
a = imread('peppers.png'); a = imresize(a, [h w]);
b = imread('coloredChips.png'); b = imresize(b, [h w]);
c = imread('pears.png'); c = imresize(c, [h w]);
d = imread('football.jpg'); d = imresize(d, [h w]);
e = imread('saturn.png'); e = imresize(e, [h w]);
f(1) = im2frame(a);
f(2) = im2frame(b);
f(3) = im2frame(c);
f(4) = im2frame(d);
f(5) = im2frame(e);
implay(f);
for i = 1:5
    imshow(frame2im(f(i)));
    pause(0.5)
end
```

图 3.11　例 3.11 的输出

CVST 函数 **insertText** 用于在图像和视频帧中插入文本。例 3.12 在视频的每一帧的右下角显示了帧编号。位置、彩色、不透明度和字体大小被指定为每个帧的参数，并且对循环结构中的所有帧重复该过程（见图 3.12）。

例 3.12 编写一个程序，在视频帧的特定位置插入文本。

```
clear; clc;
vr = VideoReader('xylophone.mp4');
nf = vr.NumberOfFrames;
```

```
fw = vr.Width;
fh = vr.Height;
v = read(vr);
position = [0.75 * fw, 0.75 * fh];
for k = 1:nf
    g(:,:,:,k) = insertText(v(:,:,:,k), position, num2str(k), ...
        'FontSize',20,'BoxColor','red',...
        'BoxOpacity',0.5,'TextColor','white');
end
implay(g);
```

图 3.12　例 3.12 的输出

可以按指定的帧速率选择性地播放视频的帧。例 3.13 仅显示奇数帧,而选择的偶数帧以原始 fps 的 10% 的帧速率进行播放。视频帧数反映了奇数集和偶数集(见图 3.13)。

例 3.13　编写一个程序,以指定的帧速率仅播放视频的奇数帧和偶数帧。

```
clear; clc;
vr = VideoReader('xylophone.mp4');
nf = vr.NumberOfFrames;
fw = vr.Width;
fh = vr.Height;
fr = vr.FrameRate;
v = read(vr);
position = [0.75 * fw, 0.75 * fh];
for k = 1:nf
    g(:,:,:,k) = insertText(v(:,:,:,k), position, num2str(k), ...
        'FontSize',20,'BoxColor','red',...
        'BoxOpacity',0.5,'TextColor','white');
end
j = 1;
for k = 1:2:nf              % select odd frames
    m(:,:,:,j) = g(:,:,:,k);
    j = j+1;
end
```

```
implay(m, fr/10);
j = 1;
for k = 2:2:nf              % select even frames
    m(:,:,:,j) = g(:,:,:,k);
    j = j+1;
end
implay(m, fr/10);
```

图 3.13　例 3.13 的输出

以类似的方式，任何类型的图像处理任务都可以应用于视频的每一帧，并且可以将处理过的帧写回到新的视频中。例 3.14 显示了一个彩色视频被转换为灰度帧，然后被转换为二进制帧，最后将边缘检测滤波器应用于二进制帧。接着，再将处理过的帧编译回视频结构（见图 3.14）。图 3.14 显示了每个版本的第 20 帧。

例 3.14　编写一个程序，将彩色视频转换为灰度和二进制版本，并对每一帧应用边缘检测滤波器。

```
clear; clc;
fn = 'viplanedeparture.mp4';
vr = VideoReader(fn);
nf = vr.NumberOfFrames;
v = read(vr);
for k = 1:nf
    w(:,:,:,k) = rgb2gray(v(:,:,:,k));
end
implay(w);
for k = 1:nf
    u(:,:,:,k) = im2bw(w(:,:,:,k));
end
implay(u);
for k = 1:nf
    x(:,:,:,k) = edge(u(:,:,:,k), 'sobel');
end
implay(x);
```

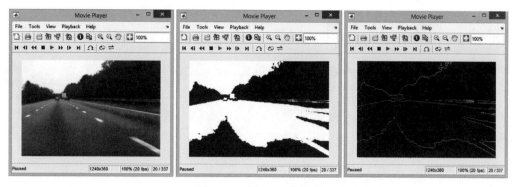

图 3.14 例 3.14 的输出

本节的最后一个示例,例 3.15 显示了如何将噪声加于视频的所有帧中,然后使用噪声滤波器去除噪声(见图 3.15)。

例 3.15 编写一个程序,对视频的每一帧应用中值滤波器以减少噪声。

```
clear; clc;
fn = 'vipbarcode.mp4';
r = VideoReader(fn);
nf = r.NumberOfFrames;
fps = r.FrameRate;
v = read(r);
for k = 1:nf
    x(:,:,:,k) = rgb2gray(v(:,:,:,k));
end
implay(x);
for k = 1:nf
    y(:,:,:,k) = imnoise(x(:,:,:,k), 'salt & pepper', 0.1);
end
implay(y);
for k = 1:nf
    z(:,:,:,k) = medfilt2(y(:,:,:,k));
end
implay(z);
```

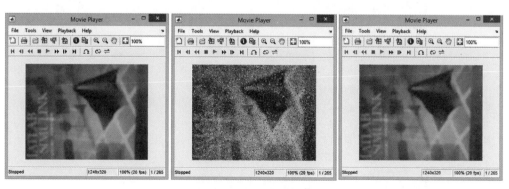

图 3.15 例 3.15 的输出

3.5 视频彩色空间

RGB 信号可以使用指定的彩色转换矩阵(Poynton,1996)转换到 YC_bC_r 彩色空间,如 3.1 节所述。Y、C_b 和 C_r 是用于表示数字视频帧的一系列彩色空间的组成部分。Y 是信号的亮度分量,C_b 和 C_r 是信号的色度(彩色)分量。考虑到人类视觉对光谱的绿色部分比红色或蓝色更敏感,YC_bC_r 与 RGB 具有以下相关关系:

$$Y = 0.2989R + 0.5870G + 0.1140B$$
$$C_b = B - Y$$
$$C_r = R - Y$$

将 Y 代入上面第二个和第三个方程中,可以得出以下结果:

$$Y = 0.2989R + 0.5870G + 0.1140B$$
$$C_b = -0.299R - 0.587G + 0.886B$$
$$C_r = 0.701R - 0.587G - 0.114B$$

逆关系推导如下:

$$R = Y + C_r$$
$$B = Y + C_b$$
$$G = \frac{Y - 0.299R - 0.114B}{0.587} = \frac{Y - 0.299(Y + C_r) - 0.114(Y + C_b)}{0.587}$$
$$= Y - 0.1942C_b - 0.5094C_r$$

IPT 函数 **rgb2ycbcr** 和 **ycbcr2rgb** 分别用于将 RGB 图像转换到 YC_bC_r 彩色空间和将 YC_bC_r 图像转换到 RGB 彩色空间。例 3.16 将 RGB 彩色图像转换到 YC_bC_r 彩色空间,并将其与各个彩色通道一起显示(见图 3.16)。要转换整个视频,需要以同样的方式转换所有帧。

例 3.16 编写一个程序,将 RGB 图像和视频转换到 YC_bC_r 彩色空间中并单独显示通道。

```
clear; clc;
RGB = imread('peppers.png');
R = RGB(:,:,1); G = RGB(:,:,2); B = RGB(:,:,3);
YCBCR = rgb2ycbcr(RGB);
Y = YCBCR(:,:,1); CB = YCBCR(:,:,2); CR = YCBCR(:,:,3);
figure,
subplot(241), imshow(RGB); title('RGB')
subplot(242), imshow(R, []); title('R')
subplot(243), imshow(G, []); title('G')
subplot(244), imshow(B, []); title('B')
subplot(245), imshow(YCBCR); title('YCbCr')
subplot(246), imshow(Y, []); title('Y')
subplot(247), imshow(CB, []); title('Cb')
subplot(248), imshow(CR, []); title('Cr')
vr = VideoReader('xylophone.mp4');
nf = vr.NumberOfFrames;
v = read(vr);
```

```
for k = 1:nf
    YCbCr(:,:,:,k) = rgb2ycbcr(v(:,:,:,k));
end
implay(YCbCr);
```

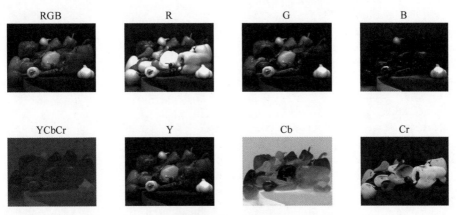

图 3.16　例 3.16 的输出

美国国家电视系统委员会（**NTSC**）成立于 1940 年，是美国、加拿大、韩国和日本等多个国家的模拟电视广播的世界标准机构。它指定了一个标准，即使用 525 条水平线、每秒 30 帧（fps）、每帧两个隔行扫描场、4∶3 的纵横比和音频信号的频率调制。1950 年，该委员会重新组建，以建立与现有黑白电视格式兼容的彩色电视传输标准。根据委员会的建议，由于存在与添加彩色副载波信号相关的技术问题，选择了 4∶2∶2 的色度子采样方案，将帧速率从 30fps 略微降低到 29.97fps。使用上面给出的 Y 方程从 RGB 信号计算亮度信息，而色度部分使用命名为 I（同相）和 Q（正交相位）的两个子分量表示。YIQ 与 RGB 根据以下关系相关：

$$\begin{bmatrix} Y \\ I \\ Q \end{bmatrix} = \begin{bmatrix} 0.299 & 0.587 & 0.114 \\ 0.597 & -0.274 & -0.321 \\ 0.211 & -0.523 & 0.311 \end{bmatrix} \begin{bmatrix} R \\ G \\ B \end{bmatrix}$$

$$\begin{bmatrix} R \\ G \\ B \end{bmatrix} = \begin{bmatrix} 1.000 & 0.956 & 0.621 \\ 1.000 & -0.272 & -0.647 \\ 1.000 & -1.106 & 1.706 \end{bmatrix} \begin{bmatrix} Y \\ I \\ Q \end{bmatrix}$$

目前，这些转换关系是 ITU-R BT.1700 标准（https://www.itu.int/rec/R-REC-BT.1700-0-200502-I/en）的一部分。

IPT 函数 **rgb2ntsc** 和 **ntsc2rgb** 分别用于将 RGB 图像转换到 NTSC 彩色空间和将 NTSC 图像转换到 RGB 彩色空间。例 3.17 说明了使用静止图像的转换，且每个通道被分离出来并单独显示（见图 3.17）。

例 3.17　编写一个程序，将 RGB 图像转换到 NTSC 彩色空间并单独显示通道；再将图像转换回 RGB 彩色空间。

```
clear; clc;
RGB = imread('peppers.png');
R = RGB(:,:,1); G = RGB(:,:,2); B = RGB(:,:,3);
```

```
YIQ = rgb2ntsc(RGB);
Y = YIQ(:,:,1); I = YIQ(:,:,2); Q = YIQ(:,:,3);
figure,
subplot(341), imshow(RGB); title('RGB')
subplot(342), imshow(R, []); title('R')
subplot(343), imshow(G, []); title('G')
subplot(344), imshow(B, []); title('B')
subplot(345), imshow(YIQ); title('YIQ')
subplot(346), imshow(Y, []); title('Y')
subplot(347), imshow(I, []); title('I')
subplot(348), imshow(Q, []); title('Q')
rgb = ntsc2rgb(YIQ);
subplot(349), imshow(rgb); title('RGB restored')
subplot(3,4,10), imshow(rgb(:,:,1)); title('R restored')
subplot(3,4,11), imshow(rgb(:,:,2)); title('G restored')
subplot(3,4,12), imshow(rgb(:,:,3)); title('B restored')
```

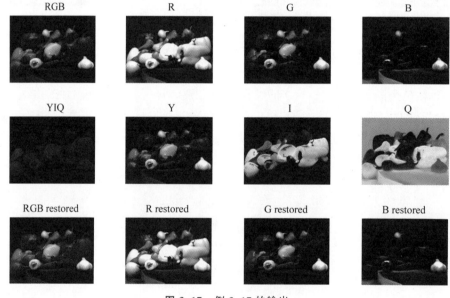

图 3.17 例 3.17 的输出

相位交替行(PAL)是欧洲、亚洲、非洲和澳大利亚使用的另一种主要电视传输标准。它建议采用每秒 25 帧的 625 条水平线、每帧两个隔行扫描场、4∶3 的纵横比和 4∶2∶2 的色度子采样方案。PAL 使用与 NTSC 相同的亮度定义，但其命名为 U 和 V 的色度子分量有所不同。YUV 与 RGB 具有如下关系：

$$\begin{bmatrix} Y \\ U \\ V \end{bmatrix} = \begin{bmatrix} 0.299 & 0.587 & 0.114 \\ -0.147 & -0.289 & 0.436 \\ 0.615 & -0.515 & -0.100 \end{bmatrix} \begin{bmatrix} R \\ G \\ B \end{bmatrix}$$

$$\begin{bmatrix} R \\ G \\ B \end{bmatrix} = \begin{bmatrix} 1.000 & 0 & 1.140 \\ 1.000 & -0.395 & -0.581 \\ 1.000 & 2.032 & 0 \end{bmatrix} \begin{bmatrix} Y \\ U \\ V \end{bmatrix}$$

目前，这些转换关系是 ITU-R BT.601 标准（https://www.itu.int/rec/R-REC-BT.601-7-201103-I/en）的一部分。由于没有内置函数将 RGB 转换到 PAL 彩色空间，因此例 3.18 使用了上述转换矩阵进行转换。还给出了 RGB 到 NTSC 的转换矩阵，以将结果与前面使用内置函数 rgb2ntsc 的示例进行比较。转换为 double 数据类型是必要的，因为数值计算可以将 R、G、B 分量的值更改为大于 255 或小于 0，如果使用默认数据类型 uint8，分量值将被截断。BM 函数 **cat** 用于沿第三维，即沿彩色通道连接三个矩阵（见图 3.18）。

例 3.18 编写一个程序，使用变换矩阵将 RGB 图像转换到 NTSC 和 PAL 彩色空间。

```
clear; clc;
RGB = imread('peppers.png');
RGB = double(RGB);
R = RGB(:,:,1); G = RGB(:,:,2); B = RGB(:,:,3);
Y = 0.299 * R + 0.587 * G + 0.114 * B;
I = 0.596 * R - 0.274 * G - 0.322 * B;
Q = 0.211 * R - 0.523 * G + 0.312 * B;
YIQ = cat(3,Y,I,Q);
Y = 0.29900 * R + 0.58700 * G + 0.11400 * B;
U = -0.14713 * R - 0.28886 * G + 0.43600 * B;
V = 0.61500 * R - 0.51499 * G - 0.10001 * B;
YUV = cat(3,Y,U,V);
figure
subplot(241), imshow(uint8(YIQ)); title('YIQ')
subplot(242), imshow(Y, []); title('Y')
subplot(243), imshow(I, []); title('I')
subplot(244), imshow(Q, []); title('Q')
subplot(245), imshow(uint8(YUV)); title('YUV')
subplot(246), imshow(Y, []); title('Y')
subplot(247), imshow(U, []); title('U')
subplot(248), imshow(V, []); title('V')
```

图 3.18　例 3.18 的输出

注意：为电视传输开发的 NTSC 和 PAL 标准在某种程度上负责在 20 世纪 70 年代后期为 CD 质量的数字音频创建 **44 100 Hz** 的标准采样率。这个 **44 100 Hz** 是根据以下推理得到的，被认为与这两个标准兼容。虽然 NTSC 建议每帧 525 条水平线，即每场 262 线，考虑到光栅扫描期间电子束的着陆区,实际上每场有 245 条有效线,加上每秒 30 帧,即每秒 60 场,则每条视频线编码三个音频样本,导致每秒总共 245×60×3＝44 100 个音频样本。再考虑 PAL,它提出每帧 625 行,即每场 312 行,其中 294 行是活动行,每秒 25 帧,即每秒 50 场,则每条视频线编码三个音频样本,导致每秒总共 294×50×3＝44 100 个音频样本。由于这些计算,44.1kHz 被认为是 20 世纪 70 年代与现有标准兼容的最佳可用值。

3.6 目标检测

3.6.1 团块检测器

在计算机视觉中,术语**目标检测**是指检测图像和视频中是否存在众所周知的语义实体,如汽车、椅子、桌子、人等(Dasiopoulou, et al., 2005),通常用于注释、分类和检索。每类目标都有一组独特的特征,可以训练机器学习算法(如神经网络)以在图像和视频帧中寻找这些特征(Zhang, 2018)。目标检测的第一步称为团点检测,团点是指数字图像中与其周围区域在强度或彩色上不同的区域。一旦检测到团点,就可以将其从图像的其余部分中分割出来,然后进一步处理以识别该区域所代表的目标的语义性质。最常见的**团点检测器**之一是高斯拉普拉斯算子(LoG)算子。输入图像 $f(x,y)$ 首先与高斯核 $g(x,y)$ 进行卷积

$$g(x,y) = \left(\frac{1}{2\pi\sigma}\right) \exp\left(-\frac{x^2+y^2}{2\sigma^2}\right)$$

$$L(x,y) = g(x,y) \otimes f(x,y)$$

拉普拉斯算子 ∇^2 是参数的二重导数,在这种情况下,将该算子应用于高斯卷积图像:

$$\nabla^2 L(x,y) = \frac{\partial^2 L(x,y)}{\partial x^2} + \frac{\partial^2 L(x,y)}{\partial y^2} = Lxx + Lyy$$

这通常会导致对黑暗区域的强烈正反应和对明亮区域的强烈负反应。然而,应用团点检测器的主要问题是算子响应强烈地依赖于团点区域的相对大小和高斯核的大小。由于任意图像的预期团点区域的大小是未知的,因此采用了多尺度方法,即使用多个不同大小的 LoG 核来观察哪个尺度产生最强的响应。这种不同大小或尺度的集合称为**尺度空间**。CVST 函数 vision.BlobAnalysis 用于检测二进制图像中的目标并分析每个目标的许多属性,例如面积、质心、边界框、长轴长度、短轴长度(与目标本身具有相同归一化二阶中心矩的椭圆)、朝向(长轴和 X 轴之间的角度)、偏心率、周长等。例 3.19 检测了黑暗背景上的明亮目标并计算了这些目标的一些形状属性。计算出的值在将目标包围在边界框内后显示在每个目标旁边(见图 3.19)。

例 3.19 编写一个程序,检测图像中团点的存在并计算它们的形状属性。

```
clear; clc
h = vision.BlobAnalysis;
I = imread('circlesBrightDark.png'); b = im2bw(I, 0.7);
h.MajorAxisLengthOutputPort = true;
h.MinorAxisLengthOutputPort = true;
h.OrientationOutputPort = true;
h.EccentricityOutputPort = true;
h.EquivalentDiameterSquaredOutputPort = false;
```

```
h.ExtentOutputPort = false;
h.PerimeterOutputPort = true;
[area, ctrd, bbox, maja, mina, orie, ecce, peri] = step(h, b)
c = insertShape(double(b), 'Rectangle', bbox, 'Color', 'green');
figure, imshow(c);
hold on;
for i = 1:3
    plot(ctrd(i,1), ctrd(i,2), 'r*');
end
x = [ctrd(1,1) + 100; ctrd(2,1) + 100; ctrd(3,1) + 60];
y = [ctrd(1,2); ctrd(2,2); ctrd(3,2)];
A1 = num2str(area(1)); A2 = num2str(area(2)); A3 = num2str(area(3));
M1 = num2str(maja(1)); M2 = num2str(maja(2)); M3 = num2str(maja(3));
P1 = num2str(peri(1)); P2 = num2str(peri(2)); P3 = num2str(peri(3));
S
s1 = strcat('A = ', A1, ', M = 0', M1, ', P = ', P1);
s2 = strcat('A = ', A2, ', M = ', M2, ', P = ', P2);
s3 = strcat('A = ', A3, ', M = ', M3, ', P = ', P3);
txt = [ s1; s2; s3];
text(x, y, txt, 'Color', 'yellow');
```

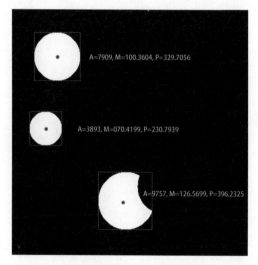

图 3.19　例 3.19 的输出

3.6.2　前景检测器

对视频中运动区域的实时分割涉及背景减法。对该区域的像素进行建模的一种常用方法是假设它们是从自适应混合高斯分布中导出的(Stauffer and Grimson,1999)。基于混合的每个高斯分布的持久性和方差,可以确定哪些高斯分布对应于背景,不符合背景分布的像素被认为是前景。特定像素随时间变化的值被视为时间序列,即在任何时间 t,视频 V 的特定像素(x_0, y_0)的状态由下式给出

$$\{X_1, \cdots, X_t\} = \{V(x_0, y_0, i), 1 \leqslant i \leqslant t\}$$

然后,使用每个帧的每个像素更新自适应分布以区分背景和前景。每个新的像素值 X_t

都使用 k-均值近似来检查 K 个高斯分布,直到找到匹配项。匹配被定义为分布在 2.5 个标准方差内的像素值。观察当前像素值的概率由下式给出,其中,$w_{i,t}$ 是权重的估计,它决定了在 t 时刻的混合中的第 i 个高斯分布占数据的哪一部分;$\mu_{i,t}$ 为 t 时刻第 i 个高斯分布的均值;$c_{i,t}$ 为 t 时刻第 i 个高斯分布的协方差矩阵;η 为高斯分布概率密度函数。

$$P(X_t) = \sum_{i=1}^{K} \omega_{i,t} \eta(X_t, \mu_{i,t}, c_{i,t})$$

上述方法能够识别每个新帧中的前景像素,随后可以通过两遍连通分量算法将其分割为多个区域。为了从灰度或彩色图像中识别团点,CVST 函数 **vision.ForegroundDetector** 用于通过确定单个像素是背景还是前景的一部分来计算前景模板。该函数使用指定数量的初始视频帧来训练背景模型并使用 GMM 来创建前景模板。前景模板用于创建边界框参数,CVST 函数 **insertShape** 根据该参数将具有指定彩色的指定形状绘制到视频帧上。例 3.20 显示了从视频的每一帧中检测一个前景目标,并插入一个边界框来划分它(见图 3.20)。

例 3.20 编写一个程序,检测视频中前景目标的存在,并在发现任何目标时绘制边界框。

```
clear; clc;
fn = 'visiontraffic.avi';
vr = vision.VideoFileReader(fn, 'VideoOutputDataType','uint8');
fd = vision.ForegroundDetector;
ba = vision.BlobAnalysis('CentroidOutputPort', false, ...
'AreaOutputPort', false, ...
'BoundingBoxOutputPort', true, ...
'MinimumBlobArea', 100);
vp = vision.VideoPlayer();
while ~isDone(vr)
frame = vr();
mask = fd(frame);
bbox = ba(mask);
out = insertShape(frame,'FilledRectangle', bbox, 'Color', 'white', 'Opacity',0.3);
vp(out);
end
release(vp);
release(vr);
```

图 3.20　例 3.20 的输出

3.6.3　人体检测器

为了识别处在直立位置的未被遮挡的人,**人体检测器**使用具有 HOG 特征和训练有素的支持向量机(SVM)分类器(Dalal and Triggs,2005)。该方法基于评估**图像梯度**方向的归一化局部直方图。对于位置(x,y)处强度为$I(x,y)$的像素,梯度幅度G和方向θ如下所示:

$$G_x = \frac{\partial I(x,y)}{\partial x} = \{I(x+1,y) - I(x-1,y)\}$$

$$G_y = \frac{\partial I(x,y)}{\partial y} = \{I(x,y+1) - I(x,y-1)\}$$

$$G = \sqrt{G_x^2 + G_y^2}$$

$$\theta = \arctan\left(\frac{G_y}{G_x}\right)$$

对一个直立的人(站立或行走)的图像,通常假设为 64×128 像素的尺寸。图像被分成矩形单元,每个单元的大小为 8×8 像素。因此,沿宽度将有 8 个单元,沿高度将有 16 个单元。2×2 个单元的集合构成一个块,即每个块的大小为 16×16 像素。块被认为有 50% 的重叠,并且在每个块内,像素方向被量化为 9 个区间,角度范围为 0°～180°,即具有 20°角度的间隔。直方图条的方度是梯度幅度。最终的特征向量是每个块中所有直方图条的串联。在例 3.21 中,CVST 函数 **vision.PeopleDetector** 可用于检测图像中的人体,并在其周围绘制边界框以及检测的分数。函数 **insertObjectAnnotation** 用于通过使用检测器返回的边界框的坐标在检测到的人体周围绘制矩形,并显示检测器返回的匹配的分数(见图 3.21)。

例 3.21 编写一个程序,检测视频中前景目标的存在,并在发现任何目标时绘制边界框。

```
clear ; clc;
I = imread('visionteam1.jpg');
[row, col, cch] = size(I);
I = imresize(I, [0.6 * row, 0.9 * col]);
pd = vision.PeopleDetector;
[bb, scores] = pd(I);
I = insertObjectAnnotation(I,'rectangle', bb, scores);
figure, imshow(I);
title('Detected people and detection scores');
```

图 3.21 例 3.21 的输出

3.6.4 人脸检测器

级联目标检测器使用 Viola-Jones 算法(Viola and Jones,2001)来检测人的脸、鼻子、眼睛、嘴巴或上半身。它最适合检测纵横比变化不大的目标类别。它使用滑动窗口来决定窗口里是否包含感兴趣的目标。窗口的大小可能会有所不同,以容纳不同比例的目标,但其纵横比保持固定。级联分类器由一组学习器组成,每个阶段都使用一种称为自举(boosting)的技术进行训练。每个学习器将当前窗口内的区域标记为正或负。如果标签为正,分类器将该区域传递到下一阶段,如果标签为负,则该区域的分类完成并将窗口移至下一个位置。当分类器的所有阶段都将该区域报告为正时,分类器报告在当前窗口位置找到的目标。级联分类器需要使用一组正样本和一组负样本进行训练。Viola-Jones 算法可以检测多种物体;然而,它的主要动机是检测人脸。对人脸检测的条件是面部应该是正面的、直立的和未被遮挡的。该算法使用从哈尔小波(Haar,1910)的概念发展而来的类哈尔特征,在检测窗口中的特定位置采用矩形区域的形式。特征包括不同区域中像素强度的总和以及这些总和之间的差异,然后用于对图像的子部分进行分类。例如,对于人脸,眼睛等区域比脸颊等相邻区域更暗,因此放置在眼睛上方的矩形内的像素强度总和将与放置在脸颊上方指定阈值的像素强度总和不同,如果为真,向系统发出信号,这可能是面部的哪个部分。由于类哈尔特征是分类率较低的弱学习器,因此将大量此类特征组织起来形成"级联"以实现良好的分类。当然,由于它们的简单性,计算速度相当高。此外,由于使用汇总表或**积分图像**(Crow,1984),因此可以在恒定时间内计算任意大小的类哈尔特征,具体取决于存在的矩形数量。积分图像是一个 2-D 查找表,采用矩阵形式,与原始图像大小相同,任意点的值都是位于原始图像左上区域的所有像素的总和。这允许仅使用四次查找来计算任何位置或比例的矩形区域。例如,要计算积分图像 I 的左上顶点 A、右上顶点 B、右下顶点 C 和左下顶点 D 所包围的矩形内的面积,我们可以执行 $\text{sum} = I(C) + I(A) - I(B) - I(D)$。Viola-Jones 在计算中使用了三种类型的特征:2-rectangle、3-rectangle 和 4-rectangle,它们分别需要 6、8 和 9 次查找来计算它们的总和。在例 3.22 中,级联对象检测器 fd 用于生成图像中检测到的人脸的边界框参数 bb,对这些人脸使用带有注释的矩形进行划分(见图 3.22)。

例 3.22 编写一个程序,使用级联分类器检测图像中的人脸。

```
clear; clc;
fd = vision.CascadeObjectDetector;
I = imread('visionteam.jpg');
bb = fd(I);
df = insertObjectAnnotation(I,'rectangle', bb,'Face');
figure,
imshow(df)
title('Detected faces');
```

图 3.22 例 3.22 的输出

3.6.5 光学文字识别(OCR)

OCR 是指将文本图像转换为实际可编辑文本的技术。图像通常从扫描文档或数码照片中获取,并且在将印刷文档(如书籍、收据、银行对账单、发票、名片、车牌等)输入为数据方面具有广泛的应用。经 OCR 处理后,文本变为计算机可识别的,且可以使用文字处理软件进行搜索和编辑。OCR 的主要挑战包括处理各种字体、样式、输入文本的大小以及手写文本中几乎无限的变化。文本识别的一般技术包括从文本流中识别每个字符或单词,并将孤立的字形与数据库中存储的模式进行匹配。CVST 函数 **ocr** 用于从图像中识别文本,该函数返回的结果包括从输入文档中识别出的单词列表以及边界框坐标形式的字符位置。在例 3.23 中,该函数返回一个 ocrText 对象 ot,其中包含检测到的实际单词、单词数和单词边界框。基于此,CVST 函数 **insertObjectAnnotation** 用于返回一个带注释的图像 ai,其中,单词用边界框矩形和每个顶部的实际单词进行划分(见图 3.23)。

例 3.23　编写一个程序,使用 OCR 识别文档中的文本。

```
clear; clc;
I = imread('businessCard.png');
ot = ocr(I);
nw = size(ot.Words, 1);
for i = 1:nw
bb(i,:) = ot.WordBoundingBoxes(i,:);
wd{i,:} = ot.Words{i};
end
ai = insertObjectAnnotation(I, 'rectangle', bb, wd);
imshow(ai)
```

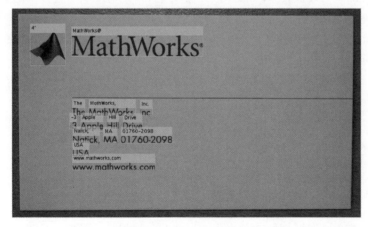

图 3.23　例 3.23 的输出

3.7　运动跟踪

3.7.1　基于直方图的跟踪器

基于直方图的跟踪器是利用初始视频帧中目标像素值的直方图,使用均值偏移算法在后续帧上跟踪目标。**均移**（均值偏移）算法（Comaniciu and Meer, 2002）是一种非参数技术（即不能从方程的参数计算），用于寻找特征点密度最高的特征空间区域。该过程从特征空间中的初始窗口开始，该窗口具有已知的中心和基于窗口区域内数据点分布而计算出的质心。通常这两个不会匹配，需要移动窗口以使中心与计算的质心重合。根据窗口内的新数据分布，重新计算质心并重新移动窗口。这个过程以迭代方式继续，直到当窗口被认为在最大密度区域上时窗口中心与质心重合。但是，该方法需要知道待跟踪目标的大小，这是由用户在初始化时通过指定窗口大小和位置来定义的。数据分布图是在对彩色模型进行反投影后获得的，彩色模型通常是需要识别目标的彩色直方图。一个例子是利用人脸的肤色在视频帧上跟踪人脸。彩色通常在 HSV 彩色空间中表示，基于色调饱和度(h,s)的皮肤直方图成为初始帧中的模型直方图。模型直方图描述了对应初始窗口中(h,s)对的每个值，像素出现的概率是多少，即初始窗口中有多少个像素具有(h,s)对的值。然后将此直方图应用于其他帧以查找包含相同色调和饱和度的区域。因此，对于测试帧，对每个像素找到(h,s)值，然后使用模型直方图进行查找以获取该彩色的概率值并将该值替换为像素值。这个过程称为**直方图反投影**。该过程完成后，测试帧中最亮的区域对应于在测试帧中找到初始帧目标概率最高的区域。然后使用均移算法将窗口移动到包含测试帧中最亮区域的新区域。对所有帧继续该过程。现在，均移算法的一个问题是窗口大小和方向在所有帧中保持不变，而被跟踪的实际目标可能会有大小（例如离相机更近或更远）和方向（例如直立或旋转）的变化。为了解决这个问题，已经提出了一种被称为**连续自适应均移**（CAMshift）算法的修改版本（Bradski, 1998），它通过计算长轴及其倾角来更新每一帧中窗口的大小和方向，以最佳地拟合椭圆与窗口。CVST 函数 **vision.HistogramBasedTracker** 结合了用于目标跟踪的 CAMShift 算法。例 3.24 显示了如何在输入视频的每一帧中跟踪人脸。基于初始帧和初始搜索区域的 HSV 等效值，initializeObject 方法生成一个有 16 个直方条的直方图，跟踪器使用该直方图返回视频每一帧中目标的边界框（bbox）坐标。这些坐标用于生成具有指定边框的彩色矩形形状并插入框架中，然后由视频播放器窗口中的播放器对象（vp）显示。每一帧都同样显示，中间有一个暂停（见图 3.24）。

例 3.24 编写一个程序，跟踪视频中目标的运动，并在任何找到的目标周围绘制一个边界框。

```
clear; clc;
vr = vision.VideoFileReader('vipcolorsegmentation.avi');
vp = vision.VideoPlayer();
si = vision.ShapeInserter('BorderColor','Custom', ...
    'CustomBorderColor',[1 0 0]);
objectFrame = vr();
objectHSV = rgb2hsv(objectFrame);
objectRegion = [40, 45, 25, 25];
tr = vision.HistogramBasedTracker;
initializeObject(tr, objectHSV(:,:,1) , objectRegion);
while ~isDone(vr)
    frame = vr();
    hsv = rgb2hsv(frame);
    bbox = tr(hsv(:,:,1));
    out = si(frame,bbox);
```

```
        vp(out);
        pause(0.1)
end
```

图 3.24　例 3.24 的输出

3.7.2　光流

光流是一种用于通过测量一组视频帧上像素强度的变化来确定视频中目标运动的技术。基本假设是，如果目标和观察者之间存在相对运动，则一个视频帧中位置 (x,y) 和时间 t 处的像素将在 Δt 处的某个其他帧中移动 Δx 和 Δy，但它的强度或亮度将保持不变。如果 $I(x,y,t)$ 是一帧中像素的强度，则亮度约束可以写为：

$$I(x,y,t) = I(x+\Delta x, y+\Delta y, t+\Delta t)$$

假设运动很小，使用泰勒级数展开并忽略高阶项：

$$I(x+\Delta x, y+\Delta y, t+\Delta t) = I(x,y,t) + \left(\frac{\partial I}{\partial x}\right)\Delta x + \left(\frac{\partial I}{\partial y}\right)\Delta y + \left(\frac{\partial I}{\partial t}\right)\Delta t$$

$$\left(\frac{\partial I}{\partial x}\right)\Delta x + \left(\frac{\partial I}{\partial y}\right)\Delta y + \left(\frac{\partial I}{\partial t}\right)\Delta t = 0$$

$$\left(\frac{\partial I}{\partial x}\right)\left(\frac{\Delta x}{\Delta t}\right) + \left(\frac{\partial I}{\partial y}\right)\left(\frac{\Delta y}{\Delta t}\right) + \left(\frac{\partial I}{\partial t}\right)\left(\frac{\Delta t}{\Delta t}\right) = 0$$

$$I_x \cdot V_x + I_y \cdot V_y + I_t = 0$$

式中，I_x、I_y 和 I_t 是图像的偏导数；V_x、V_y 是光流速度的分量。两个未知数 V_x 和 V_y 不能从一个方程求解，因此有许多方法引入了额外的约束来估计光流。Horn-Schunck 方法（Horn and Schunck，1981）假设光流在整个图像上是平滑的，并通过使用迭代过程最小化全局能量函数来估计速度 V_x 和 V_y。Farneback 方法（Farneback，2003）通过二次多项式逼近两个帧的每个邻域，然后推导出一种根据多项式展开系数估计位移场的方法。Lucas-Kanade 方法（Lucas and Kanade，1981）假设光流量在所考虑的每个像素的局部邻域中是恒定的，并使用最小二乘准则求解流量方程。普通最小二乘解决方案对邻域窗口内的所有像素提供相同的重要性。在某些情况下，通过使用高斯函数的导数和使用最小二乘解的加权版本可以获得更好的结果（Barron，et al.，1992）。CVST 函数 **opticalFlowFarneback**、**opticalFlowHS**、**opticalFlowLK** 和 **opticalFlowLKDoG** 用于使用高斯方法的 Farneback、Horn-Schunck、Lucas-Kanade 和 Lucas-Kanade 导数来估计从一个视频帧到另一个视频帧的目标移动方向和速度。estimateFlow 方法用于估计视频帧相对于前一帧的光流。例 3.25 显示了用上述每种方法创建光流目标并在每种情况下使用五个帧进行估计。CVST 函数 **plot** 用于将光流绘制为箭头图，其中，参数 DecimationFactor 控制箭头的数量，参数 ScaleFactor

控制箭头的长度(见图 3.25)。

例 3.25 编写一个程序,使用光流分析估计视频中移动物体的方向和速度。

```
clear; clc;
fn = 'visiontraffic.avi';
vr = VideoReader(fn);
v = read(vr);
for k = 155:160
    w(:,:,:,k-154) = rgb2gray(v(:,:,:,k));
end;
% Farneback method
figure,
off = opticalFlowFarneback;
for i = 1:5
    vf = w(:,:,:,i);
    of1 = estimateFlow(off,vf);
    subplot(221),
    imshow(vf); hold on; title('Farneback method');
    plot(of1,'DecimationFactor',[10 10],'ScaleFactor',2);
    hold off;
end;
% Horn-Schunck method
ofh = opticalFlowHS;
for i = 1:5
    vf = w(:,:,:,i);
    of2 = estimateFlow(ofh,vf);
    subplot(222),
    imshow(vf); hold on; title('Horn-Schunck method');
    plot(of2,'DecimationFactor',[2 2],'ScaleFactor',30);
    hold off;
end;
% Lucas-Kanade method
ofl = opticalFlowLK;
for i = 1:5
    vf = w(:,:,:,i);
    of3 = estimateFlow(ofl,vf);
    subplot(223),
    imshow(vf); hold on; title('Lucas-Kanade method');
    plot(of3,'DecimationFactor',[5 5],'ScaleFactor',10);
    hold off;
end;
% Lucas-Kanade DoG method
ofd = opticalFlowLKDoG;
for i = 1:5
    vf = w(:,:,:,i);
    of4 = estimateFlow(ofd,vf);
    subplot(224),
    imshow(vf);hold on; title('Lucas-Kanade DoG method');
    plot(of4,'DecimationFactor',[3 3],'ScaleFactor',25);
    hold off;
end;
```

图 3.25　例 3.25 的输出

3.7.3　点跟踪器

点跟踪器使用 KLT 算法来跟踪视频帧上的一组点(Lucas and Kanade,1981;Tomasi and Kanade,1991)。给定当前帧中的一组特征点,KLT 算法尝试在后续帧中找到对应的点,从而可以最小化它们之间的差异。特征点最初可以由哈里斯角点检测器等算法生成。对于每个点,在连续帧之间计算相应的几何变换。最后,使用光流生成运动矢量,以获得帧上每个点的轨迹。从光流方程,我们有以下关系式,其中,A^T 表示转置:

$$I_x \cdot V_x + I_y \cdot V_y = -I_t$$

$$[I_x, I_y] \cdot \begin{bmatrix} V_x \\ V_y \end{bmatrix} = -I_t$$

$$A \cdot V = B$$

$$A^T \cdot A \cdot V = A^T \cdot B$$

$$V = \text{inv}(A^T \cdot A) \cdot A^T \cdot B$$

CVST 函数 vision.PointTracker 用于使用 KLT 算法跟踪视频中的点。CVST 函数 **detectMinEigenFeatures** 用于使用最小特征值算法检测角点(有关最小特征值算法的详细信息,请参阅 4.5 节)。例 3.26 中,初始帧 vf 和指定的感兴趣区域 rg 用于返回特征点,点跟踪器 pt 使用该特征点跟踪后续帧中的相应点。这些点由每个帧中的标记指定并发送到播放器进行显示(见图 3.26)。

例 3.26　编写一个程序,跟踪视频中目标的角点。

```
clear; clc;
vr = vision.VideoFileReader('visionface.avi');
vp = vision.VideoPlayer('Position',[100,100,680,520]);
vf = vr();
rg = [264,122,93,93];
points = detectMinEigenFeatures(rgb2gray(vf),'ROI',rg);
pt = vision.PointTracker('MaxBidirectionalError',1);
initialize(pt,points.Location,vf);
while ~isDone(vr)
    frame = vr();
```

```
[points,validity] = pt(frame);
out = insertMarker(frame,points(validity, :),'+');
vp(out);
end
release(vp);
release(vr);
```

图 3.26　例 3.26 的输出

3.7.4　卡尔曼滤波器

卡尔曼滤波器用于通过使用随时间观察到的一系列测量值来跟踪目标,并通过计算每个时间范围内变量的联合概率分布来生成未知变量的估计值(Kalman,1960)。需要满足的约束是目标必须以恒定速度或恒定加速度移动。该算法包括两个步骤:预测和校正。第一步使用前面的步骤来预测目标的当前状态,而第二步使用目标位置的实际测量值来校正预测状态。CVST 函数 **vision.KalmanFilter** 用于使用卡尔曼滤波器跟踪视频中的目标。方法 predict 使用以前的状态来预测当前状态,而方法 correct 使用当前测量值(例如目标位置)来校正状态。CVST 函数 **configureKalmanFilter** 用于配置卡尔曼滤波器,通过设置滤波器来跟踪笛卡儿坐标系中以恒定速度或恒定加速度移动的物理目标。CVST 函数 **insertObjectAnnotation** 用于在指定位置注释带有指定文本的图像。在例 3.27 中,基于使用 ForegroundDetector 对象 fd 和 BlobAnalysis 对象 ba 生成的视频初始帧 vf 中检测到的目标位置 dloc 初始化 KalmanFilter 对象 kf。使用恒定加速度的运动模型和初始位置,卡尔曼滤波器用于预测和跟踪视频后续帧中的目标位置 tloc。如果在一帧中检测到目标,则校正其预测位置,否则假定预测位置是正确的。用一个圆圈和一个标签在框架上注释对象(见图 3.27)。

例 3.27　编写一个程序,使用卡尔曼滤波器跟踪视频中的移动目标。

```
clear; clc;
vr = vision.VideoFileReader('singleball.mp4');
vp = vision.VideoPlayer('Position',[100,100,500,400]);
fd = vision.ForegroundDetector('NumTrainingFrames',10,
    'InitialVariance',0.05);
ba = vision.BlobAnalysis('AreaOutputPort',false,'MinimumBlobArea',70);
kf = []; isTrackInitialized = false;
while ~isDone(vr)
    vf = step(vr);
    mask = step(fd, rgb2gray(vf));
    dloc = step(ba,mask);    % detected location
```

```
            isObjectDetected = size(dloc,1) > 0;
        if ~isTrackInitialized
            if isObjectDetected
                kf = configureKalmanFilter('ConstantAcceleration',...
                    dloc(1,:), [1 1 1] * 1e5, [25,10,10], 25);
                isTrackInitialized = true;
            end;
            label = ''; circle = zeros(0,3);
        else
            if isObjectDetected
                predict(kf);
                tloc = correct(kf, dloc(1,:)); % tracked location
                label = 'Corrected';
            else
                m tloc = predict(kf);
                label = 'Predicted';
            end;
            circle = [tloc, 5];
        end;
        vf = insertObjectAnnotation(vf,'circle',...
            circle,label,'Color','red');
        step(vp,vf);
        pause(0.2);
end;
release(vp);
release(vr);
```

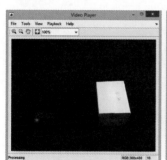

图 3.27　例 3.27 的输出

3.7.5　块匹配器

块匹配算法提供了一种在视频的不同帧中定位匹配块或模式的方法，从而可估计视频序列中目标和背景的运动。它涉及将帧划分为宏块并在连续帧之间进行比较。通过生成运动矢量以描述宏块在帧上的运动。一个宏块的典型大小是 $16×16$ 像素，并且对运动度量的搜索涉及前一个宏块所有四个边上大约 7~8 个像素的区域。匹配两个宏块的度量可以是平均绝对差（MAD）或均方误差（MSE），如下所示，其中，N 是宏块的每一侧边长；$A(i,j)$ 和 $B(i,j)$ 分别是属于当前和先前宏块的像素：

$$\mathrm{MAD} = \frac{1}{N^2} \sum_{i=0}^{N-1} \sum_{j=0}^{N-1} |A(i,j) - B(i,j)|$$

$$\mathrm{MSE} = \frac{1}{N^2} \sum_{i=0}^{N-1} \sum_{j=0}^{N-1} \{A(i,j) - B(i,j)\}^2$$

可以有许多可能的搜索方法来定位两个连续帧之间的匹配块。最佳结果可通过穷举搜索模式获得，其中，块在搜索区域上一次移动一个像素；然而，这在计算上是昂贵的，并且可能需要很多时间。另一种常用的快速匹配方法称为三步法，其步骤如下：(1)从中心的搜索位置开始；(2)将步长设置为 4，搜索区域设置为 7；(3)搜索中心周围的所有 8 个位置；(4)选择差异最小的位置；(5)将新的搜索原点设置为上述位置，且差值最小；(6)将新步长设置为上一个值的一半，并重复该过程；(7)继续，直到步长减小到 1。步长为 1 的结果位置是具有最佳匹配的位置。CVST 函数 **vision.BlockMatcher** 用于比较视频中两个不同帧里目标的位置，并绘制一个运动矢量来表示目标的运动(如果有)。在例 3.28 中，使用了默认选项，即块大小为 145 和穷举搜索方法(见图 3.28)。

例 3.28 编写一个程序，估计视频中目标的运动。

```
clear; clc;
vr = VideoReader('singleball.mp4');
v = read(vr);
frame1 = v(:,:,:,17);
frame2 = v(:,:,:,24);
figure,
subplot(131), imshow(frame1);
subplot(132), imshow(frame2);
img1 = rgb2gray(frame1);
img2 = rgb2gray(frame2);
k = 145;                    % blocksize
bm = vision.BlockMatcher('ReferenceFrameSource','Input port','BlockSize',[k k]);
bm.OutputValue = 'Horizontal and vertical components in complex form';
ab = vision.AlphaBlender;
motion = bm(img1,img2);
img12 = ab(img2,img1);
[X,Y] = meshgrid(1:k:size(img1,2),1:k:size(img1,1));
subplot(133),
imshow(img12); hold on;
quiver(X(:),Y(:),real(motion(:)),imag(motion(:)));
hold off;
```

图 3.28　例 3.28 的输出

3.8 Simulink 视频处理

要创建 Simulink 模型,请在命令提示符下键入 **simulink** 或选择 Simulink→Blank Model→Library Browser→Computer Vision System Toolbox（CVST）。视频源文件位于（matlab-root）/toolbox/vision/visiondata/文件夹中。在 CVST 工具箱中,包含以下用于图像和视频处理的库和模块:

1. 分析和增强:块匹配、对比度调整、角点检测、边缘检测、直方图均衡化、中值滤波器、光流、模板匹配、迹线边界;
2. 转换:自动阈值、色度重采样、彩色空间转换、图像填补、图像数据类型转换;
3. 滤波:2-D 卷积、2-D FIR 滤波器、中值滤波器;
4. 几何变换:调整大小、旋转、剪切、平移、扭曲、仿射;
5. 形态学操作:闭合、膨胀、腐蚀、开启、高帽、低帽;
6. 接收器:到多媒体文件,到视频显示,视频查看器,帧率显示,视频到工作区;
7. 来源:来自多媒体文件、来自文件的图像、来自工作区的图像、读取二进制文件、来自工作区的视频;
8. 统计:2-D 自相关、2-D 相关、2-D 直方图、2-D 均值、2-D 中值、2-DSTD、团块分析、PSNR;
9. 文本和图形:插入文本、绘制形状、绘制标记、合成;
10. 变换:2-D DCT、2-D FFT、2-D IDCT、2-D IFFT、哈夫变换、哈夫线、高斯金字塔;
11. 实用程序:块处理、图像板。

例 3.29 创建 Simulink 模型,用于视频文件中的边缘检测(见图 3.29)。

- CVST > Sources > From multimedia file (Filename : viplanedeparture.mp4)
- CVST > Sinks > Video viewer
- CVST > Conversions > Color Space Conversion (Conversion : RGB to intensity)
- CVST > Analysis & Enhancement > Edge Detection (Figure 3.29)

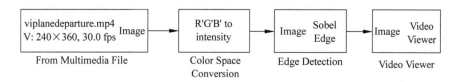

图 3.29 例 3.29 的输出

例 3.30 创建 Simulink 模型,转换视频的彩色空间(见图 3.30)。

- CVST > Sources > From multimedia file (Filename : visiontraffic.avi)
- CVST > Conversion > Color space conversion (RGB to YCbCr)
- CVST > Sinks > Video viewer (Figure 3.30)

例 3.31 创建 Simulink 模型,对视频文件进行几何变换(见图 3.31)。

- CVST > Sources > From multimedia file (Filename : visiontraffic.avi)
- CVST > Geometric Transformation > Resize (Resize Factor % : [150 120])

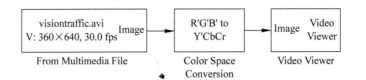

图 3.30　例 3.30 的输出

- CVST > Geometric Transformation > Rotate (Angles radians : pi/6)
- CVST > Sinks > Video viewer (Figure 3.31)

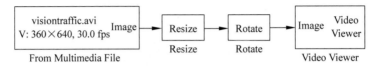

图 3.31　例 3.31 的输出

例 3.32　创建 Simulink 模型，演示光流（见图 3.32）。

- CVST > Sources > From multimedia file (Filename : visiontraffic.avi)
- CVST > Sinks > Video viewer
- CVST > Analysis & Enhancements > Optical Flow (Method : L-K, N = 5) (Figure 3.32)

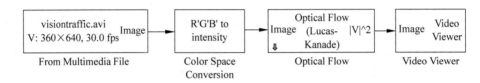

图 3.32　例 3.32 的输出

例 3.33　创建 Simulink 模型，演示团块分析（见图 3.33）。

- CVST > Sources > Image from file (Filename : circlesBrightDark.png)
- CVST > Sinks > Video viewer
- CVST > Conversions > Autothreshold (Thresholding operator : <=, Threshold scaling factor : 0.7)
- CVST > Statistics > Blob Analysis (Statistics : Area Centroid, Blob Properties: Output number of blobs found)
- Simulink > Sinks > Display (Figure 3.33)

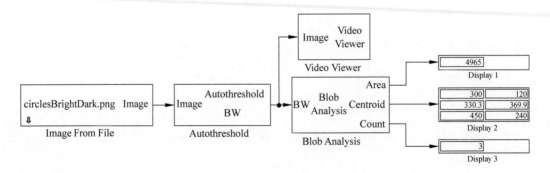

图 3.33　例 3.33 的输出

例3.34 创建Simulink模型,使用从工作区到Simulink的数据流计算视频帧数。

工作区中的变量需要发送到Simulink模型以传递以下参数值:视频帧数(nf)、帧率(fps)和视频持续时间(vd)。以下脚本从指定的视频文件中提取参数,将它们复制到工作区内存,并初始化名为ex030806.slx的Simulink模型,该模型利用这些变量来执行模型。此外,在运行模型之前,应将Simulink Project窗口工具栏中的Simulation Stop time字段设置为vd-1/fps,以便在对视频的所有帧进行计数后停止执行。

```
clear; clc;
fn = 'rhinos.avi';
r = VideoReader(fn);
nf = r.NumberOfFrames;
w = r.Width;
h = r.Height;
fps = r.FrameRate;
vd = nf/fps;
sim('ex030806')
```

- CVST > Sources > From Multimedia File (Filename : rhinos.avi, Number of times to play file : 1)
- HDL Coder > Sources HDL Counter (Initial value : 1, Count to value : nf, Sample time : 1/fps)
- CVST > Text & Graphics > Insert Text (Text : ['Frame count : % d'], Color value: [1,1,1], Location : [10,220])
- Sinks > Video viewer (Figure 3.34)

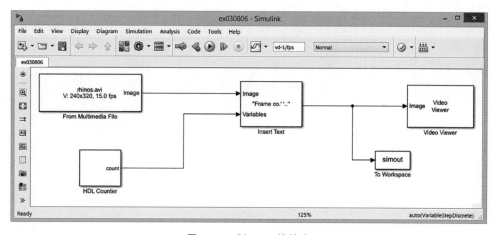

图3.34 例3.34的输出

为了将来自Simulink的输出捕获到上一个问题的工作区,一个名为simout的To Workspace模块被添加到模型中,其输入取自模型生成的输出。例如,要显示带有帧计数注释的视频的最后一帧,可以从工作区执行以下脚本:imshow(simout.Data(:,:,nf))。

复习问题

1. 如何使用特定的帧子集读取和播放视频文件?
2. 如何创建一个4-D结构来存储视频文件的帧?

3. 如何捕捉一系列图像并将它们写成视频的帧？
4. 如何在视频帧的特定位置插入文字说明？
5. 如何将图像处理滤波器应用于视频文件的选定帧？
6. 区分分量视频和复合视频。RGB 视频如何转换到 YC_bC_r 彩色空间？
7. 如何将 RGB 视频转换到 NTSC 和 PAL 彩色空间？
8. 什么是团点检测器？它如何用于检测视频帧中团点的存在？
9. 如何检测视频中前景物体的存在并用边界框划分它们？
10. 什么是 HOG？它如何用于检测视频文件中的人？
11. 如何使用基于直方图的跟踪器来跟踪目标在视频帧上的移动？
12. 什么是光流？如何用它来估计运动目标的方向和速度？
13. 如何使用卡尔曼滤波器来跟踪视频帧中被遮挡的目标？
14. 如何使用块匹配器为运动物体生成运动矢量？
15. 如何创建 Simulink 模型以对视频帧进行几何变换？
16. 如何使用 Simulink 模型将视频帧转换为二进制并进行边缘检测？
17. 如何使用点跟踪器在后续帧上跟踪初始帧中的特征点？
18. 如何使用 OCR 识别视频帧中的文字？
19. 如何检测视频帧中的人脸？
20. 如何去除视频帧中的噪声？

第4章

模 式 识 别

4.1 引言

  模式识别一词与使用计算机算法自动发现数据中的模式和规律以及利用这些模式将数据分为不同的类别有关。本章将讨论如何将前几章中描述的媒体处理技术应用于模式识别,并将图像、音频和视频分为多个类别,其中,每个类别都以底层数据模式的相似性为特征。模式识别算法目前广泛应用于机器学习、计算机视觉和数据挖掘等领域,如医学成像、语音激活系统、视频监控和生物特征识别等。模式识别与机器学习的概念密切相关,因为需要一个自动化系统来学习数据中的模式,使其能够将数据分组。基于学习过程,模式识别可分为两类:有监督和无监督。**无监督学习**是一种更为普遍的形式,数据仅根据数据的值进行分组,而没有任何关于数据的附加或先验信息。在这种情况下,分组通常称为**聚类**,这意味着将相似数据归为一个类,而将不同的数据区分为其他类。**监督学习**是一种特定的分组类型,数据伴随着关于每个类的特征的附加信息。在这种情况下,分组被称为**分类**,这意味着使用先验信息将相似数据分为一类,而将不同的数据分为其他类。实际上,有监督的系统学习经历两个阶段:**训练阶段**,系统被输入关于每个类的特征的信息(即每个类的特征数据模式)和随后的**测试阶段**,该阶段要求受过训练的系统根据在训练阶段学到的知识,将未知数据分类为预定义的类别。有关数据的模式被表示成称为**特征向量**的值的集合。术语**特征**是关于人类视听系统可感知的某些视觉或听觉特征的数学表示,通常用数字表示。如图像直方图,它是关于图像中彩色或强度级别分布的数字表示。术语**向量**是指以集合或 1-D 矩阵形式表示的值,向量中的值(或元素)的数量称为其**维度**。典型的灰度图像直方图具有 256 个元素,因为它使用 8 位编码,而 3-D 向量可用于表示分别指定单一彩色 R、G 和 B 的值。模式识别的基础是通过比较特征向量来确定哪些数据彼此相似,因为特征向量是数据属性的表示。为了比较两个 n-D 特征向量,假设每个向量都已绘制为 n-D 空间(称为**特征空间**)中的一个点。这两个 n-D 点之间的距离用于表示向量本身之间的差异。如果两个向量的值相似,它们之间的差异将很小,并且它们在特征空间中会更接近。另一方面,如果向量差别越大的,那么它们在特征空间中会相距更远。因此,距离是对相似性的度量,称为**相**

似性度量。有几种既定的计算距离度量或相似性度量的方法,将在4.4节中详细讨论。但是请注意,数据的特征向量表示不是唯一的,即可以使用不同的特征向量以多种方式表示相同的数据,根据特定的应用程序,有些方式可能比其他的方式更有效,这通常取决于研究人员找到最好的特征表示,通常是通过试错过程。有效性的数量是使用一些性能评估方法计算的,可以用来比较类似的研究工作。整个模式识别过程可以分为以下几个步骤:(1)数据采集,将数字数据读入系统;(2)预处理,包括使数据更适合特征计算和比较;(3)特征提取,包括生成特征向量及其维数;(4)比较特征向量以发现数据之间的相似性,从而产生聚类或分类;(5)性能评估,显示比较过程的有效性(Bishop,2006)。

4.2 工具箱和函数

计算机视觉系统工具箱 Computer Vision System Toolbox(CVST)提供用于设计和模拟特征提取和表示的算法、函数和应用程序,而统计和机器学习工具箱 Statistics and Machine Learning Toolbox(SMLT)提供用于描述、分析和比较数据的算法、函数和应用程序。在本章中,我们将讨论这两个工具箱的一些常用功能,作为与模式识别问题相关的具体示例的解决方案。此外,我们探索**神经网络工具箱**(NNT)中的一些功能,该工具箱提供算法、预训练模型和应用程序来创建、训练、可视化和模拟神经网络。本书是用2018b版MATLAB编写的,但是,大部分函数都可以在2015及其后的版本中使用,几乎没有更改。尽管这些工具箱中的每一个都包含大量函数,但考虑到本书的范围和内容,这里只描述了其中的一个子集,并且在下面列出了这些函数以及对每个函数的一行描述。

4.2.1 计算机视觉系统工具箱(CVST)函数

本节描述的 CVST 中的函数属于特征检测和提取类别,涉及用于聚类和分类的各种特征的检测、提取和表示。

1. **detectBRISKFeatures**:detect features using binary robust Invariant scalable keypoints(BRISK) algorithm,使用二元稳健不变可扩展关键点(BRISK)算法检测特征

2. **detectMinEigenFeatures**:detect corners using minimum eigenvalue algorithm,使用最小特征值算法检测角点

3. **detectHarrisFeatures**:detect corners using Harris-Stephens algorithm,使用哈里斯-斯蒂芬斯算法检测角点

4. **detectFASTFeatures**:detect corners using features from accelerated segment test(FAST) algorithm,使用来自加速分段测试(FAST)算法的特征检测角点

5. **detectMSERFeatures**:detect features using maximally stable extremal regions(MSER) algorithm,使用最大稳定极值区域(MSER)算法检测特征

6. **detectSURFFeatures**:detect features using speeded-Up robust features(SURF) algorithm,使用加速鲁棒特征(SURF)算法检测特征

7. **detectKAZEFeatures**:detect features using the KAZE algorithm,使用KAZE算法检测特征

8. **extractFeatures**:extract interest point descriptors,提取兴趣点描述符

9. **extractLBPFeatures**：extract local binary pattern(LBP) features，提取局部二进制模式(LBP)特征

10. **extractHOGFeatures**：extract histogram of oriented gradients(HOG) features，提取方向梯度(HOG)特征的直方图

4.2.2 统计和机器学习工具箱(SMLT)函数

本节描述的 SMLT 中的函数属于多个类别，即描述性统计、概率分布、聚类分析、回归、降维和分类。下面列出了这些函数以及对每个函数的一行描述。

1. 描述性统计和可视化

(1) **gscatter**：scatter plot by group，按组散点图

(2) **tabulate**：frequency table，频率表

2. 概率分布

(1) **mvnrnd**：multivariate normal random numbers，多元正态随机数

(2) **mahal**：Mahalanobis distance，马氏距离

(3) **fitgmdist**：fit Gaussian mixture model to data，将高斯混合模型拟合到数据

(4) **pdf**：probability density function for Gaussian mixture distribution，高斯混合分布的概率密度函数

3. 聚类分析

(1) **kmeans**：k-means clustering，k-均值聚类

(2) **kmedoids**：k-medoids clustering，k-中心点聚类

(3) **knnsearch**：find k-nearest neighbors(k-NN)，查找 k-最近邻(k-NN)

(4) **linkage**：hierarchical cluster tree，层次聚类树

(5) **cluster**：construct agglomerative clusters from linkages，从链接构建凝聚类

(6) **dendrogram**：dendrogram plot，树状图

(7) **pdist**：pairwise distance between pairs of observations，成对观测值之间的成对距离

(8) **silhouette**：silhouette plot，轮廓图

(9) **evalclusters**：evaluate clustering solutions，评估聚类解决方案

4. 回归

statset：create statistics options structure，创建统计选项结构

5. 降维

pca：principal component analysis(PCA)，主成分/分量分析(PCA)

6. 分类

(1) **fitctree**：fit binary classification decision tree for multiclass classification，拟合多类分类的二元分类决策树

(2) **fitcdiscr**：fit discriminant analysis classifier，拟合鉴别分析分类器

(3) **predict**：predict labels using classification model，使用分类模型预测标签

(4) **cvpartition**：data partitions for cross-validation，用于交叉验证的数据分区

(5) **training**：training indices for cross-validation，交叉验证的训练指数

(6) **test**：test indices for cross-validation，交叉验证的测试指标

（7）**fitcnb**：train multiclass naive Bayes model，训练多类朴素贝叶斯模型

（8）**fitcsvm**：train binary support vector machine(SVM) classifier，训练二元支持向量机(SVM)分类器

（9）**confusionmat**：confusion matrix，混淆矩阵

4.2.3 神经网络工具箱(NNT)函数

（1）**Feedforwardnet**：create a feedforward neural network，创建一个前馈神经网络

（2）**Patternnet**：create a pattern recognition network，创建模式识别网络

（3）**Perceptron**：create a perceptron，创建感知机

（4）**train**：train neural network，训练神经网络

（5）**view**：view neural network，查看神经网络

4.3 数据采集

数据采集涉及将数据读入系统。数据采集方法可以分为两大类：一种为直接读取字母数字特征；另一种为读取原始媒体，如图像、音频或视频。直接读取特征是一个更紧凑的过程，需要的时间更少，因为它只涉及字母数字数据，而读取媒体文件可能涉及稍后描述的其他步骤。数据采集获得的特征可以直接用于聚类或分类的计算，尽管在某些情况下进行降维形式的后处理可以提高性能或可视化。MATLAB 包括在软件包中构建的 30 多个数据集，可以使用 BM 函数 **load** 调用这些数据集，以将 .MAT 文件中的变量读入工作区。.MAT 文件是一个二进制文件，其中包含存储在变量中的数据，可以使用 BM 函数 **save** 创建，而新数据可以附加到现有的 .MAT 文件中。以上两个函数都可以在命令句法或函数句法中使用，如例 4.1 所示。BM 函数 **ones** 用于创建一个填充元素 1 的指定大小的矩阵。BM 函数 **whos** 可用于查看 .MAT 文件中的内容。

例 4.1 编写一个程序，在 .MAT 文件中保存和加载变量。

```
clear; clc;
a = rand(1,10);
b = ones(10);
save sample1.mat a b              % command syntax
save('sample2.mat','a','b')       % function syntax
load sample1                      % command syntax
load('sample2', 'b');             % function syntax
c = magic(10);
save('sample1.mat','c','-append') % append
whos('-file','sample1')           % view
```

可以使用以下导航获得包含在 MATLAB 中的示例数据集列表：

- Documentation Home > Statistics and Machine Learning Toolbox > Descriptive Statistics and Visualization > Managing Data > Data Import and Export > Sample Data Sets
- Documentation Home > Neural Network Toolbox > Getting Started with Neural Network Toolbox > Neural Network Toolbox Sample Data Sets for Shallow Network

第一种数据采集方法是直接从数据集中读取字母数字数据。我们将使用一个内置数据集来讨论这个问题，该数据集在后面的内容中被广泛使用，称为 **Fisher-Iris 数据集**。这个数据集由 Ronald Fisher 在 1936 年引入（Fisher，1936），包含来自三个类别/种类的鸢尾花（Iris setosa、Iris virginica 和 Iris versicolor）的 50 个样本。以厘米为单位测量每个样本的四个特征：萼片长度、萼片宽度、花瓣长度和花瓣宽度。在例 4.2 中，两个加载变量分别为：(a) 称为 meas 的 150×4 矩阵，其中，列出了 150 个样本的四个测量值；(b) 一个 150×1 的列表，称为物种，指定了花卉物种的类别。例 4.2 显示了数据集的可视化表示，每个类使用单独的彩色，类的质心用"×"表示。由于测量是 4-D 的，即具有四个参数，因此一次使用两个测量值来生成 2-D 图，见图 4.1。图 4.1 中，第一个图显示了使用第一个和第二个测量值（即萼片长度和萼片宽度）的类别图，第二个图显示了使用第三个和第四个测量值（即花瓣长度和花瓣宽度）的类别图。SMLT 函数 **gscatter** 用于使用分组变量生成散点图，在这种情况下是物种，即它使用不同的彩色显示每个物种的数据点。可以看出，第二个图比第一个图提供了更好的类别区分，这表明基于花瓣的特征是比基于萼片的特征更好的分类特征。在第 4 章中，我们将看到如何结合所有 4 个参数来使用主分量分析（PCA）生成 2-D 图。

例 4.2　编写一个程序，为每个类使用单独的彩色显示 Fisher-iris 数据集。找到并绘制三个类的质心。

```
load fisheriris;
x = meas(:,1:2);
c1x = mean(x(1:50,1)); c1y = mean(x(1:50,2));
c2x = mean(x(51:100,1)); c2y = mean(x(51:100,2));
c3x = mean(x(101:150,1)); c3y = mean(x(101:150,2));
c = [c1x, c1y ; c2x, c2y ; c3x, c3y];
figure;
subplot(121),
gscatter (x(:,1), x(:,2), species); hold on;
plot(c(:,1),c(:,2),'kx','MarkerSize',15,'LineWidth',3);
legend('setosa','versicolor','virginica','Centroids');
xlabel('sepal length'); ylabel('sepal width');
x = meas(:,3:4);
c1x = mean(x(1:50,1)); c1y = mean(x(1:50,2));
c2x = mean(x(51:100,1)); c2y = mean(x(51:100,2));
c3x = mean(x(101:150,1)); c3y = mean(x(101:150,2));
c = [c1x, c1y ; c2x, c2y ; c3x, c3y];
subplot(122),
gscatter (x(:,1), x(:,2), species); hold on;
plot(c(:,1),c(:,2),'kx','MarkerSize',15,'LineWidth',3);
legend('setosa','versicolor','virginica','Centroids');
xlabel('petal length'); ylabel('petal width');
```

第二种数据获取方法为读取原始媒体文件并使用特征提取算法来计算和存储特征。该方案涉及从文件夹中读取多个媒体文件并将它们存储在矩阵中以供后续处理。最简单的方法是分别指定每个图像文件的路径名以读取它们。但是，对于大量文件，可以使用许多更有效的技术，如例 4.3 所示。

方法一：如果图像文件位于当前文件夹中并且是指定的格式（如 JPG），则先说明如何

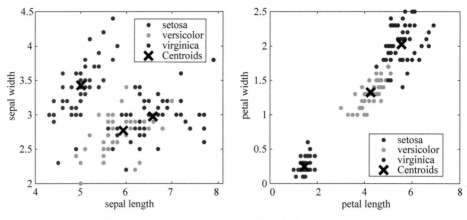

图 4.1　例 4.2 的输出

使用循环读取每个文件并将它们存储在结构中。然后可以通过在结构中指定下标来单独访问图像文件。例 4.3 显示了在图形窗口中单独显示的每幅图像。BM 函数 **dir** 用于使用文件扩展名等附加约束列出指定文件夹中的所有文件。BM 函数 **cell** 用于创建一个单元格数组,其中,每个单元格可以包含任何类型的数据。

方法二:如果图像位于任意文件夹中,则在读取图像时需要指定图像的完整路径名。然后通过使用行数和列数大致相等的子图网格将图像显示在图形窗口中,行数和列数都等于图像总数的平方根。图形窗口最终被放大以覆盖整个屏幕。BM 函数 **ceil** 用于向正无穷大舍入。

在例 4.3 中,多个图像文件被读取并存储在一个单元格结构中。可以通过使用大括号{ }为单元格变量 img 指定下标来访问每幅图像。在方法二中,使用完整路径名从指定文件夹读取文件。然后使用网格显示图像,网格的行和列来自读取的文件总数的平方根。可在放大以覆盖整个屏幕的图窗口中查看网格。BM 函数 **matlabroot** 用于返回安装 MATLAB 文件夹的完整路径,而 BM 函数 **fullfile** 用于从各部分构建完整路径名(见图 4.2)。

例 4.3　编写一个程序,从一个文件夹中读取多幅图像而不分别指定它们的文件名。

```
clear; clc;
% method-1
files = dir('*.jpg');
num = length(files);
img = cell(1,num);
for k = 1:num
    img{k} = imread(files(k).name);
end
% display images
for k = 1:num
    figure;
    imshow(img{k});
end
% method-2
clear;
folder = fullfile(matlabroot, 'toolbox', 'images', 'imdata', '*.png');
```

```
files = dir(folder);
num = length(files);
rows = ceil(sqrt(num));
% display images
for k = 1: num
    pathname = files(k).name;
    subplot(rows, rows, k), imshow(pathname);
    title(files(k).name);
end
% enlarge figure window to full screen.
pause(5)
set(gcf, 'Units', 'Normalized', 'OuterPosition', [0, 0, 1, 1]);
```

图 4.2 例 4.3 的输出

另外,还有其他方法,如例 4.4 所示。

方法三：对于分类方案,如果数据项根据句法 class(sample)命名,即 1(1),1(2),1(3),⋯是第一类的样本,2(1),2(2),2(3),⋯是第二类的样本,以此类推,然后图像可以存储在二维矩阵中,其中,行表示类而列表示每个类的样本。这里,NC 表示类数,NT 表示每个类的训练样本数。BM 函数 **strcat** 用于水平连接字符串,BM 函数 **num2str** 用于将数字转换为字符串。

方法四：对于非常大的图像集合,BM 函数 **imageDatastore** 提供了一种通过创建数据存储来管理指定位置的图像集合的方法。还可以使用其他滤波器(如文件扩展名)指定要包含在数据存储中的图像。在这种情况下,图像是从位于 MATLAB 根文件夹下的 toolbox/images/imdata 文件夹的 MATLAB 图像集合中读取的(见图 4.3)。

例 4.4　编写一个程序,读取多幅图像以创建训练数据集和图像数据存储区。

```
clear; clc
% method-3
path = 'data/train/'; ext = '.jpg';
NC = 3;                          % number of classes
```

```
NT = 5;                          % number of training samples per class
for CL = 1: NC
    for SA = 1: NT
        class = num2str(CL);
        sample = num2str(SA);
        I{CL,SA} = imread(strcat(path,class,'(',sample,')',ext));
    end;
    fprintf(' %d\n', CL)
end;
for i = 1:NC                     % do for all classes
    for j = 1:NT                 % do for all samples per class
        k = j+(i-1)*NT;
        subplot(NC, NT, k),imshow(I{i,j}), title(strcat(num2str(i),'-',num2str(j)));
    end;
end;
% method-4
clear;
loc = fullfile(matlabroot, 'toolbox', 'images', 'imdata');
imds = imageDatastore(loc,'FileExtensions',{'.jpg','.tif'});
montage(imds);
figure,
num = length(imds.Files);
rows = ceil(sqrt(num));
for k = 1: num
    subplot(rows, rows, k), imshow(imds.Files{k});
end;
set(gcf, 'Units', 'Normalized', 'OuterPosition', [0, 0, 1, 1]);
```

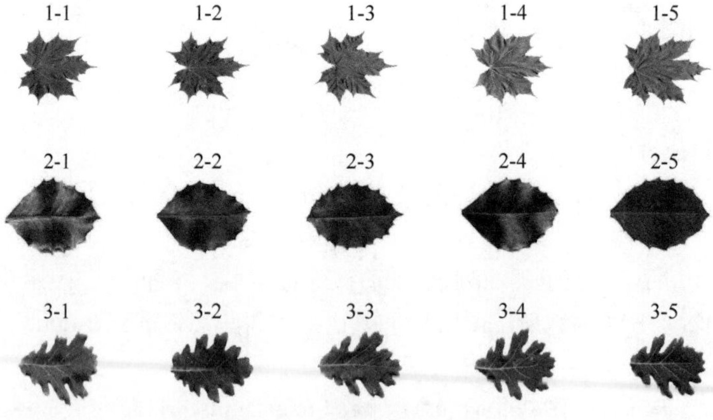

图 4.3 例 4.4 的输出

4.4 预处理

预处理不是单个操作,而是具有共同目标的不同活动的集合,目的是使媒体更适合模式识别。预处理意味着这些活动在特征提取阶段之前进行。对于不同的应用程序,所涉及的操作可能有所不同,但本节将讨论一些最常见的预处理,其中大部分已经在前面关于媒体处

理的章节中讨论过,包括以下内容:
- 媒体类型转换,可能包括将一个彩色通道拆分为多个彩色通道、从彩色到灰度或二进制的转换、彩色或灰度阴影的量化(1.3节);
- 彩色转换,可能包括 RGB 到 HSV 或 Lab 彩色空间的转换(1.3节);
- 几何变换,可能包括剪切、缩放和旋转(1.5节);
- 色调校正,可能包括对比度拉伸、伽马调整和直方图均衡(1.6节);
- 噪声滤除(1.6节);
- 形态学操作(1.6节);
- 边缘检测(1.6节);
- 感兴趣目标的分割(1.7节);
- 时间滤波(2.8节)和频谱滤波(2.9节)。

4.5 特征提取

如前所述,从图像计算出的特征向量提供了图像内容的视觉属性的数字表示。表征图像内容的第一步是区分背景和前景目标。前景目标通过定位边缘、角点和团点以划分它们的边界来识别,这些统称为**感兴趣点**,通常表示图像中强度相对于周围环境发生重大变化的点。由于这些感兴趣点是通过以重复的方式分析图像中小的部分来识别的,因此这些也称为**局部特征**,小图像部分称为**局部邻域**。使用局部特征使这些算法能够更好地处理尺度变化、旋转和遮挡。这些算法可以分为两类:检测点的位置的算法以及生成描述符的算法。检测感兴趣点的算法包括哈里斯、最小特征值、FAST 和 MSER 方法,而生成描述符的算法包括 SURF、KAZE、BRISK、LBP 和 HOG 方法。在某些情况下,可以使用一种检测方法来定位点的位置,然后可以使用不同的描述符方法来构建特征向量,以便在图像之间进行比较。

4.5.1 最小本征值方法

边缘是一条线,垂直于它的强度有突然变化,而**角点**是两条边缘的交汇处。通过窗口分析小图像部分时,可以识别边缘和角点。如果将窗口放置在平坦区域上,则在任何方向上将窗口少量移动不会显著改变图像强度。如果窗口位于边缘处,则垂直于边缘线的强度会发生很大变化,但当窗口沿边缘移动时,强度没有变化。如果将窗口放置在角点上,那么所有方向的强度都会发生显著变化。如果 $I(x,y)$ 是原始位置 (x,y) 的图像强度,$I(x+u,y+v)$ 是移动了 (u,v) 后的新位置的强度,那么变化强度 $E(u,v)$ 由平方差之和(SSD)给出,其中,$w(x,y)$ 是窗函数:

$$E(u,v) = \sum_{x,y} \{w(x,y)[I(x+u,y+v) - I(x,y)]^2\}$$

项 $I(x+u,y+v)$ 可以通过泰勒级数展开来近似。泰勒级数以 Brook Taylor (Taylor, 1715)命名,函数 $f(x)$ 的泰勒级数是用函数在单个点 $x=a$ 处的导数表示的项的无穷和:

$$f(a) + \frac{f'(a)}{1!}(x-a) + \frac{f''(a)}{2!}(x-a)^2 + \cdots = \sum_{n=0}^{\infty} \frac{f^{(n)}(a)}{n!}(x-a)^n$$

如果 $I_x = \partial I/\partial x$ 且 $I_y = \partial I/\partial y$ 是 I 的偏导数,则泰勒级数可以近似如下:

$$I(x+u, y+v) \approx I(x,y) + I_x u + I_y v$$

$$E(u,v) = \sum_{x,y}(I_x u + I_y v)^2 = (u,v)\boldsymbol{M}(u,v)^{\mathrm{T}}$$

式中,$\boldsymbol{M}$ 是从图像导数计算出的 2×2 矩阵

$$\boldsymbol{M} = \sum_{x,y} w(x,y) \begin{bmatrix} I_x^2 & I_x \cdot I_y \\ I_x \cdot I_y & I_y^2 \end{bmatrix}$$

最小本征值方法(Shi and Tomasi,1994)提出,对于所有方向的小位移,E 应该很大。为了实现这一点,E 的最小值应该在所有向量(u,v)上都很大。如果 λ_1 和 λ_2 是矩阵 $\boldsymbol{M}$ 的本征向量,则 E 的最小值由较小的本征值 $\lambda_{\min}$ 给出。因此,该算法计算所有局部最大值或大于指定阈值的 $\lambda_{\min}$ 值,以找到图像中的角点。CVST 函数 **detectMinEigenFeatures** 用于使用最小本征值算法检测角点,以在灰度图像中查找特征点。例 4.5 显示了使用最小本征值算法检测棋盘图案的角点(见图 4.4)。

例 4.5 编写一个程序,使用最小本征值方法检测图像中的角点。

```
clear; clc;
I = checkerboard(20);
corners = detectMinEigenFeatures(I);
imshow(I);
hold on;
plot(corners);
hold off;
```

图 4.4 例 4.5 的输出

方矩阵 $\boldsymbol{M}$ 的**本征向量** v 是这样一个向量,当它与矩阵相乘时返回向量本身的缩放版本。标量乘数称为矩阵的**本征值** λ,即

$$\boldsymbol{M} v = \lambda v$$

一个例子如下所示

$$\begin{bmatrix} 2 & 3 \\ 2 & 1 \end{bmatrix} \begin{bmatrix} 3 \\ 2 \end{bmatrix} = 4 \begin{bmatrix} 3 \\ 2 \end{bmatrix}$$

特征值是通过求解 $|\boldsymbol{M} - \lambda \cdot \boldsymbol{I}| = 0$ 的根从上述方程中获得的,其中,$\boldsymbol{I}$ 是对应于 $\boldsymbol{M}$ 的单位矩阵。替换方程中的 λ 值可产生本征向量。BM 函数 **eig** 用于返回本征向量和本征值。在例 4.6 中,BM 函数 **gallery** 用于调用一个库,该库包含 50 多个用于测试算法的不同测试矩阵函数。选项 circul 返回一个循环矩阵,该矩阵具有以下属性:通过将条目循环地向前一行置换,从前一行获得每一行。BM 函数 **magic** 用于生成具有行权和列权相等的指定维度的矩阵。

例 4.6 编写一个程序,计算方矩阵的本征值和本征向量。

```
clear; clc;
M = gallery('circul',4);
[vec, val] = eig(M)
% verification: should return zero
D1 = M * vec - vec * val
clear;
N = magic(5);
[vec, val] = eig(N)
D2 = N * vec - vec * val
```

4.5.2 哈里斯角点检测器

哈里斯角点检测器（Harris and Stephens,1988）是一种替代方法,在计算上比前述的方法更有效,因为它避免了直接计算本征值而只计算矩阵 M 的行列式和迹。哈里斯角点检测器的响应度量 R 可以用 M 的本征值 λ_1 和 λ_2 表示,其中, k 是一个经验常数,值为 $0.04 \sim 0.06$:

$$R = \det(M) - k \cdot [\text{trace}(M)]^2$$
$$\det(M) = \lambda_1 \cdot \lambda_2$$
$$\text{trace}(M) = \lambda_1 + \lambda_2$$

如果 λ_1 和 λ_2 都很小,则绝对值 $|R|$ 也很小,表示图像中的平坦区域。如果 λ_1 或 λ_2 较大,则 $R<0$ 表示图像中的边缘。如果 λ_1 和 λ_2 都很大,则 $R>0$ 表示图像中有一个角点。要找到具有大角点响应的点,应保留大于指定阈值的 R 值。CVST 函数 **detectHarrisFeatures** 用于使用哈里斯角点检测器算法检测角点。在例 4.7 中,在所有候选角点中,响应最强的 50% 的点被保留并绘制在图像上(见图 4.5)。

例 4.7 编写一个程序,使用哈里斯角点检测器检测图像中的角点。

```
clear; clc;
I = imread('cameraman.tif');
corners = detectHarrisFeatures(I);
imshow(I); hold on;
nc = size(corners,1);
plot(corners.selectStrongest(nc/2));
```

图 4.5 例 4.7 的输出

4.5.3 FAST 算法

为提高计算感兴趣点的计算效率,E. Rosten 和 T. Drummond(Rosten and Drummond,2006)提出了加速分段测试(**FAST**)算法。为了识别预期的感兴趣点,考虑测试像素 P 周围 16 个像素的圆形区域。如果圆形区域中存在一组 12 个连续像素,它们都比 $I(P)+T$ 亮或都比 $I(P)-T$ 暗,那么点 P 被认为是一个感兴趣点,其中, $I(P)$ 是像素 P 的强度值而 T 是一个指定的阈值。为了加快计算速度,首先将像素 1、5、9 和 13 的强度与 $I(P)$ 进行比较。要使 P 成为感兴趣点,这四个像素中至少有三个应满足阈值标准,否则 P 将被拒绝作为感兴趣点的候选者。如果满足标准,则检查所有 16 个像素。CVST 函数 **detectFASTFeatures** 用于使用 FAST 算法检测角点。例 4.8 显示了在图像上绘制检测到的 FAST 特征点(见图 4.6)。

例 4.8 编写一个程序,使用 FAST 算法从图像中计算感兴趣点。

```
clear; clc;
I = rgb2gray(imread('peppers.png'));
corners = detectFASTFeatures(I);
imshow(I);
```

图 4.6 例 4.8 的输出

```
hold on;
plot(corners);
hold off;
```

4.5.4 MSER 算法

最大稳定极值区域（MSER）算法被提出作为图像中团点检测的方法（Matas,et al., 2002），它专门用于从不同视点找到图像元素之间的对应关系。该算法基于寻找在各种二值化阈值下保持稳定的区域。对于灰度图像，当整幅图像显示为白色时，如果从二值化阈值 0 开始，让阈值递增通过所有 256 个级别，直到最终值 255，则图像最终将显示为黑色。在所有中间步骤中，图像通常会显示为一组黑白区域，从小的黑点开始到较大的黑色区域，因为许多较小的集合组合起来而变得更大。所有连接组元的集合称为极值区域。这些极值区域的面积可以绘制为不同阈值的函数。如果一些极值区域的面积在广泛的阈值变化范围内表现出最小的变化，那么这些区域被认为是最稳定的，因此是感兴趣的区域。CVST 函数 **detectMSERFeatures** 可用于检测 2-D 灰度图像中的目标，它返回包含目标计数、位置、方向、连接组元结构（cc）等特征的区域结构（re）。可以绘制区域结构以通过在目标上叠加椭圆指示所找到目标的位置、大小和方向。例 4.9 显示了在由重叠椭圆指示的图像中检测到的目标。该示例还说明了如何通过对重叠椭圆的偏心率值设置阈值来检测圆形目标。椭圆的偏心率是椭圆焦点之间的距离与其长轴长度之比。圆的偏心率为 0，线段的偏心率为 1。因此，可以使用偏心率小的椭圆来检测圆（见图 4.7）。

例 4.9 编写一个程序，使用 MSER 算法从图像中计算感兴趣区域。

```
clear; clc;
fn = 'circlesBrightDark.png';
I = imread(fn);
[re,cc] = detectMSERFeatures(I);
figure
subplot(121)
imshow(I); hold on; plot(re);
title('Detecting blobs');
stats = regionprops('table',cc,'Eccentricity');
ei = stats.Eccentricity < 0.55;
cr = re(ei);
subplot(122),
imshow(I); hold on; plot(cr);
title('Detecting circles'); hold off;
```

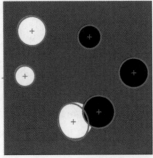
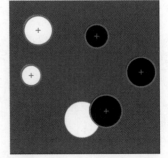

图 4.7 例 4.9 的输出

4.5.5 SURF算法

模式识别的任务可以分为三个步骤：检测、描述和匹配。第一步为对感兴趣点的检测。前面讨论了检测方法和检测器。检测器的一个理想特性是其可重复性，即在图像的不同变换（如缩放和旋转）下找到相同的感兴趣点。第二步是对特征点的描述。通过用特征向量表示每个感兴趣点的邻域来完成。描述符的一个理想特性是它应该是独特的，具有低维度，并且对噪声具有鲁棒性。第三步，寻找不同图像之间特征向量的匹配方法。通常使用距离或相似性度量来执行。快速可靠的匹配尤其适用于实时应用程序，其中，低维描述符是首选，但是减少维度不应损害描述符独特的属性。

感兴趣点检测和描述的主要方案之一为由 David Lowe(Lowe,2004)提出的**尺度不变特征变换(SIFT)**。与早期方法相比，SIFT 的主要优点有两个，首先，它不仅可以检测感兴趣点，还可以通过比较图像的每个点生成一个描述符；其次，描述符对几何变换和光照变化具有鲁棒性和不变性。SIFT 方案涉及四个步骤：(1)选取尺度空间中的峰；(2)关键点定位；(3)方向分配；(4)构建关键点描述符。第一步涉及**尺度空间**表达的概念，它属于多尺度信号分析的框架。它源于观察图像可以由不同大小或细节水平的不同结构组成，可以在适当的比例下观察。由于没有关于哪个尺度适合哪幅图像的先验信息，因此可使用多个尺度来检测各种细节的特征，这种尺度的连续统称为尺度空间(Witkin,1983)。每幅图像都沿水平和垂直方向与高斯-拉普拉斯(LoG)核进行卷积以获得尺度空间图像。通过改变高斯核的 sigma 参数获得多尺度空间表示。为了检测感兴趣点，观察每个尺度空间图像中每个点周围的 3×3 邻域及其上方和下方尺度中的相似邻域，即总共 27 个点。如果一个点是所有这 27 个点的最小值或最大值(峰值)，则该点被视为感兴趣点。像这样使用的 LoG 算子被称为"团点检测器"，因为它对与 LoG 算子相同尺度的团点给出了很大的响应。在使用具有不同 sigma 参数的适当滤波器平滑图像后，接着沿每个方向以因子两对图像进行二次采样，从而产生较小的图像，然后再次像先前一样重复平滑操作。这个循环重复几次，每一步都会产生越来越小的图像。整个多尺度表示可以通过将原始图像放在底部并将每个循环产生的较小图像堆叠在先前图像的顶部来可视地排列为"图像金字塔"(Burt and Andelson,1983)。需要检查所有尺度以识别尺度不变特征。计算尺度空间表达的一种有效方法是用高斯差分(DoG)替换 LoG。图像在几个尺度上用标准高斯核进行卷积，每个尺度空间图像减去前一个图像得到差分图像，从而模拟了 LoG 操作。第二步，**关键点定位**是指为每个感兴趣点指示参数 x、y 和 σ 的值，即坐标和尺度。异常值拒绝(野点剔除)是通过仅接受超过指定阈值的最小值/最大值来完成的。第三步，**方向分配**是通过计算感兴趣点的梯度大小和方向来完成的。对于强度为 $I(x,y)$ 的 (x,y) 处的关键点，梯度幅度 G 和方向 θ 的计算如下式所示：

$$G_x = \frac{\partial I(x,y)}{\partial x} = \{I(x+1,y) - I(x-1,y)\}$$

$$G_y = \frac{\partial I(x,y)}{\partial y} = \{I(x,y+1) - I(x,y-1)\}$$

$$G = \sqrt{G_x^2 + G_y^2}$$

$$\theta = \arctan\left(\frac{G_y}{G_x}\right)$$

在每个感兴趣点周围,使用 4×4 邻域点的方向角创建一个有 36 个直方条的方向直方图(10°间隔)。每个方向向量由相应的梯度幅度加权。以直方图峰值所指示的角度方向作为感兴趣点的主方向。为了实现旋转不变性,梯度方向相对于主关键点方向旋转。在每个感兴趣点周围生成**关键点描述符**的第四步考虑了 4×4 局部邻域的梯度幅度和方向。每个 4×4 子区域内像素的方向用于生成 8 位的方向直方图,每个方向向量的长度对应于该直方图条的大小。描述符由一个向量构成,该向量包含每个 4×4 邻域内的所有 8 个直方条的值,构成每个关键点的 4×4×8=128 个元素的特征向量。

加速鲁棒特征(**SURF**)算法被提出(Bay,et al.,2008)以作为 SIFT 算法的改进版本。SURF 算法使用方形盒式滤波器而不是高斯滤波器来计算尺度空间,从而可以使用积分图像以较低的计算成本完成。积分图像在点 $P(x,y)$ 的入口表示由原点和点 P 形成的矩形区域内输入图像 I 中所有像素值的总和。团点检测器基于海森矩阵来查找感兴趣点。海森矩阵是二阶偏导数的集合:

$$H\left[I(x,y)\right] = \begin{bmatrix} \dfrac{\partial I^2(x,y)}{\partial x^2} & \dfrac{\partial I^2(x,y)}{\partial x \partial y} \\ \dfrac{\partial I^2(x,y)}{\partial x \partial y} & \dfrac{\partial I^2(x,y)}{\partial y^2} \end{bmatrix}$$

考虑尺度不变性,将图像用高斯核滤波,这样对给定点 $P(x,y)$,在 P 点和尺度 σ 处的海森矩阵 $H(P,\sigma)$ 定义为:

$$H(P,\sigma) = \begin{bmatrix} L_{xx}(P,\sigma) & L_{xy}(P,\sigma) \\ L_{yx}(P,\sigma) & L_{yy}(P,\sigma) \end{bmatrix}$$

式中,$L_{xx}(P,\sigma)$ 是高斯函数的二阶导数与图像 I 在 P 点的卷积。高斯二阶导数由盒滤波器逼近。与通过重复对原始图像进行子采样来构建图像金字塔尺度空间的 SIFT 不同,由于使用了盒滤波器和积分图像,SURF 算法对原始图像应用了上采样的滤波器。因此,对于每个新的倍频程,滤波器尺寸加倍,而图像大小保持不变。为了提取关键点的主方向,SURF 算法在圆形邻域的 X 和 Y 方向上以 $\pi/3$ 弧度的周期间隔使用哈尔小波响应。能产生最大垂直和水平小波响应总和的方向为主方向。为了生成描述符,以关键点为中心构建一个正方形区域,并沿着主方向定向。方形区域被分成 4×4 方形子区域,在每个子区域内沿水平和垂直方向计算哈尔小波响应。如果 dx 和 dy 表示沿水平和垂直方向的小波响应,则每个子区域的四维(4-D)描述符向量由下式给出:$F = (\Sigma dx, \Sigma dy, \Sigma|dx|, \Sigma|dy|)$。串接所有 4×4 子区域的结果生成 4×4×4=64 维的 SURF 描述符。CVST 函数 **detectSURFFeatures** 用于使用 SURF 算法检测角点。selectStrongest 方法用于返回具有最强度量的点。然后可以使用 CVST 函数 **extractFeatures** 根据感兴趣点的局部邻域生成描述符。在例 4.10 中,SURF 算法返回的感兴趣点存储在数据类型为 SURFPoints 的变量 sp 中。特征描述符 fd 包含所有有效点 vp 的 64-D 特征向量。有效点 vp 可以是相同的或是 SURF 点 sp 的子集,但不包括那些位于图像边缘或边界的点。最强的 30 个点绘制在图像上以显示它们的位置和大小,大小由相应圆的半径表示(见图 4.8)。

例 4.10 编写一个程序,使用 SURF 算法从图像中计算感兴趣点,并为相同的点生成一个描述符。

```
clear; clc;
I = imread('tape.png');
I = rgb2gray(I);
sp = detectSURFFeatures(I);
[fd, vp] = extractFeatures(I, sp, 'Method', 'SURF');
figure; imshow(I); hold on;
plot(vp.selectStrongest(30));
hold off;
```

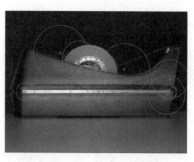

图 4.8　例 4.10 的输出

4.5.6　KAZE 算法

KAZE(日语单词的意思是"风")**算法**(Alcantarilla et al.,2012)采用了与 SIFT 相似的方法来构建尺度空间,但与 SIFT 不同的是,图像不会进行下采样,而是以其原始形式进行处理。首先用高斯核对图像进行卷积以降低噪声,然后计算图像梯度直方图。使用依赖于梯度大小的非线性扩散滤波(Perona and Malik,1990)的功能,以减少边缘位置的扩散。借助非线性扩散滤波在时间上的定义,以像素为单位的离散尺度水平被转换为时间单位。该演化时间集合用于构建非线性尺度空间。为检测感兴趣点,使用多尺度海森矩阵的行列式。使用不同导数步长的 Scharr 滤波器在矩形窗口上搜索极值。与 SURF 算法类似,估计关键点局部邻域中的主要方向,将 4×4 子区域中的导数响应求和作为描述符向量 $V = (\Sigma L_x, \Sigma L_y, \Sigma |L_x|, \Sigma |L_y|)$,根据主方向计算,生成包含 64 个元素的向量。式中,L_x 和 L_y 是一阶导数,用作以感兴趣点为中心的高斯加权。CVST 函数 **detectKAZEFeatures** 可用于使用 KAZE 算法计算感兴趣点。在例 4.11 中,KAZE 算法返回的感兴趣点存储在数据类型为 KAZEPoints 的变量 kp 中。特征描述符 fd 包含所有有效点 vp 的 64 维特征向量。有效点 vp 可以是相同的或是 KAZE 点 kp 的子集,不包括沿图像边缘或边界的点。SelectStrongestst 方法返回的最强 30 个点绘制在图像上,以显示其位置和大小,大小由相应圆的半径表示(见图 4.9)。

例 4.11　编写一个程序,使用 KAZE 算法从图像中计算感兴趣点,并为相同的点生成一个描述符。

```
clear; clc;
I = imread('tape.png'); I = rgb2gray(I);
kp = detectKAZEFeatures(I);
[fd, vp] = extractFeatures(I, kp, 'Method', 'KAZE');
figure; imshow(I); hold on;
plot(vp.selectStrongest(30));
hold off;
```

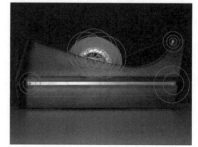

图 4.9　例 4.11 的输出

4.5.7　BRISK 算法

BRISK 算法(Leutenegger, et al.,2011)通过尺度空间识别图像和尺度维度上的感兴趣点。关键点在图像金字塔的倍层以及二者之间的层中检测。通过二次函数拟合得到每个关键点的位置和尺度。关键点描述符由位于适当缩放同心圆上的点组成的采样模式生成。通过比较模式上点对的强度,BRISK 描述符组成一个二进制字符串,长度为 512 位。通过计算两个描述符之间的汉明距离来比较这两个描述符。CVST 函数 **detectBRISKFeatures** 用于使用 BRISK 算法检测感兴趣点。在例 4.12 中,BRISK 算法返回的感兴趣点存储在具有数据类型 BRISKPoints 的变量 bp 中。特征描述符 fd 包含所有有效点 vp 的二进制特征。有效点 vp 可以是相同的或是 BRISK 点 bp 的子集,但不包括沿图像边缘或边界的点。在图像上绘制有效点,以显示其位置和大小,大小由相应圆的半径表示(见图 4.10)。

图 4.10 例 4.12 的输出

例 4.12 编写一个程序,使用 BRISK 算法从图像中计算感兴趣点,并为相同的点生成一个描述符。

```
clear; clc;
I = imread('tape.png');
I = rgb2gray(I);
bp = detectBRISKFeatures(I);
[fd, vp] = extractFeatures(I, bp, 'Method', 'BRISK');
figure; imshow(I); hold on;
plot(vp);
```

4.5.8 LBP 算法

局部二值模式(LBP)算法(Ojala,et al.,2002)用于对局部纹理信息进行编码。对于每个感兴趣点,该方法以有序的方式将像素与其 8 个邻域像素中的每一个进行比较。如果中心像素的值大于其邻域像素,则将"0"写入输出字符串,否则写入"1"。这将生成一个 8 位二进制数,该二进制数被转换为十进制等效值。接下来,生成每个数出现频率的直方图,得到 256-D 特征向量。可以使用均匀模式的概念来减少特征向量的长度。如果二进制模式包含最多两个 0~1 或 1~0 的转换,则称为均匀模式。均匀模式比非均匀模式(包含大量过渡)更常见,每个均匀模式分配一个直方条,但所有非均匀模式都被合并到一个直方条中。58 个均匀的二进制模式对应十进制数 0、1、2、3、4、6、7、8、12、14、15、16、24、28、30、31、32、48、56、60、62、63、64、96、112、120、124、126、127、128、129、131、135、143、159、191、192、193、195、199、207、223、224、225、227、231、239、240、241、243、247、248、249、251、252、253、254、255。第 59 个直方条用于所有非均匀模式,这样生成有 59 个元素的特征向量。CVST 函数 **extractLBPFeatures** 用于从灰度图像中提取均匀的 LBP,然后根据局部纹理属性对纹理进行分类。例 4.13 从三种纹理中提取 LBP 特征,然后使用它们之间的平方误差进行比较。将平方误差可视化为条形图,以评估 59 个元素的特征向量中纹理之间的差异。Upright false 选项指定在计算中使用旋转不变的特征。图 4.11 显示,视觉上相似的第一个和第二个纹理(a 和 b)之间的差异远小于视觉上不同的第一个和第三个纹理(a 和 c)之间的差异(见图 4.11)。

例 4.13 编写一个程序,使用 LBP 算法从图像中计算感兴趣点。

```
clear; clc;
a = imread('bricks.jpg');
b = imread('bricksRotated.jpg');
c = imread('carpet.jpg');
af = extractLBPFeatures(a);
```

```
bf = extractLBPFeatures(b);
cf = extractLBPFeatures(c);
dab = (af - bf).^2;
dac = (af - cf).^2;
figure,
subplot(231), imshow(a); title('a');
subplot(232), imshow(b); title('b');
subplot(233), imshow(c); title('c');
subplot(2,3,[4:6]),
bar([dab ; dac]', 'grouped');
legend('a vs. b', 'a vs. c');
```

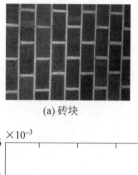

(a) 砖块　　　　　　　　(b) 旋转砖块　　　　　　　(c) 地毯

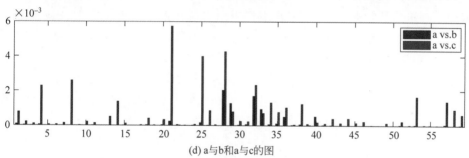

(d) a与b和a与c的图

图 4.11　例 4.13 的输出

4.5.9　HOG 算法

梯度方向直方图（HOG）算法（Dalal and Triggs,2005）基于整幅图像计算像素梯度的大小和方向。如 4.5.5 节所述,对于在(x,y)处具有强度 $I(x,y)$的像素,沿水平和垂直方向的梯度分别为

$$G_x = I(x+1,y) - I(x-1,y)$$
$$G_y = I(x,y+1) - I(x,y-1)$$

这可以通过使用以下水平和垂直核$[-1,0,1]$和$[-1,0,1]^T$的滤波图像来实现。图像被分成大小为 8×8 的矩形块,通常有 50% 的重叠。对每个块的梯度,计算其幅度和方向。然后将梯度方向量化为具有 $20°$ 角间隔的 9 个组。构建一个有 9 个直方条的方向直方图,每个直方条按梯度大小进行缩放。然后将各个图像块的 9 个直方条的直方图拼接起来,形成整幅图像的单个 1-D 特征向量。CVST 函数 **extractHOGFeatures** 用于从图像中提取 HOG 特征。在例 4.14 中,特征描述符 fd 用于存储梯度直方图,Visualization 对象 hv 用于显示图像每个点的缩放梯度方向(见图 4.12)。

例 4.14 编写一个程序，使用 HOG 算法从图像中计算感兴趣点。

```
clear; clc;
I = imread('circlesBrightDark.png');
[fd, hv] = extractHOGFeatures(I);
imshow(I); hold on;
plot(hv); hold off;
```

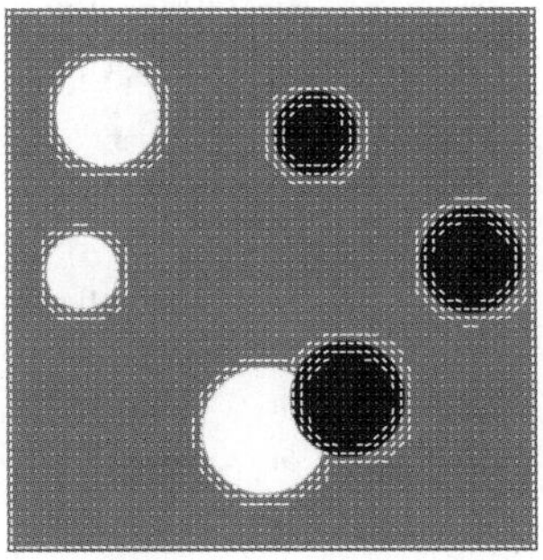

图 4.12 例 4.14 的输出

4.6 聚类

4.6.1 相似性测度

在模式识别问题中，需要将数据分类。如果可以根据相似度对数据进行分类，则查询只需在相关类别内进行搜索。这构成了数据库中索引和检索的基础。有两种类型的分类：聚类和分类。**聚类**也称为**无监督分组**，它的分类仅基于数据点的值进行，没有任何其他先验信息。**分类**也称为**有监督分组**，它的分类是基于数据值和关于类特征的先验信息完成的。在这两种情况下，每个数据点都根据它与其他数据点的相似性被分组到一个聚类或一个分类中。给定一个查询项，可以对相似项进行两种类型的搜索：(1)找到与查询最相似的 X 项；(2)找到与查询 X 相似某个百分比及以上的项。因此，需要有一个相似性的数学定义，用来对数据点进行相互比较。在模式识别问题中，数据点大多使用 n-D 向量表示。给定一个向量 $X = (x_1, x_2, \cdots, x_n)$，它与另一个向量 $Y = (y_1, y_2, \cdots, y_n)$ 的差异可以使用 L_p(Minkowski)度量来测量，该度量以德国数学家 Ermann Minkowski 的名字命名：

$$D_p(X, Y) = \left(\sum_{i=1}^n |x_i - y_i|^p \right)^{\frac{1}{p}}$$

由于这是一个差异度量，D_p 的值越大，数据值或向量之间的相似性就越小，反之亦然。从物理上讲，这代表了在 n-D 空间中绘制时，数据点 X 和 Y 之间距离的度量(Deza and Deza, 2006)。由于点代表模式识别所基于的某些特征，因此 X 和 Y 通常称为**特征向量**，而 n-D 空间称为**特征空间**。

如果 $p=1$，则差值称为 L_1 度量或城市街区距离或**曼哈顿距离**：

$$D_1(X, Y) = \sum_{i=1}^n |x_i - y_i|$$

如果 $p=2$，则差值称为 L_2 度量或**欧氏距离**：

$$D_2(X, Y) = \left(\sum_{i=1}^n |x_i - y_i|^2 \right)^{\frac{1}{2}}$$

如果 $p \to \infty$，则差值称为 L_∞ 度量或切比雪夫度量或**棋盘距离**：

$$D_\infty(X, Y) = \max_{1 \leq i \leq n} |x_i - y_i|$$

除了 Minkowski 度量之外，还经常使用其他距离度量。其中之一是**余弦度量**，它等于 {1－两个向量之间的角度 θ 的余弦}，如果用·表示点积，则：

$$\cos(\theta) = \frac{X \cdot Y}{|X||Y|} = \frac{\sum_{i=1}^{n} x_i y_i}{\sqrt{\sum_{i=1}^{n} x_i^2} \sqrt{\sum_{i=1}^{n} y_i^2}}$$

SMLT 函数 **pdist** 用于计算点对之间的距离。适当的参数指定了要计算的距离度量。例 4.15 计算了三个指定点之间的点对距离，即 P 和 Q、P 和 R、Q 和 R。

例 4.15 编写一个程序，对于三个点 $P=(1,1)$、$Q=(2,3)$、$R=(4,6)$，找出所有点对之间的 L_1、L_2、L_5、L_∞、余弦度量。

```
clear; clc; format compact;
P = [1, 1]; Q = [2, 3]; R = [4, 6];
X = [P ; Q ; R];
fprintf('Cityblock distance\n'); pdist(X, 'cityblock')
fprintf('Euclidean distance\n'); pdist(X, 'euclidean')
fprintf('L5 distance\n'); p = 5; pdist(X, 'minkowski', p)
fprintf('Chebychev distance\n'); pdist(X, 'chebychev')
fprintf('Cosine distance\n'); pdist(X, 'cosine')
The program output is:
Cityblock distance: 3, 8, 5
Euclidean distance: 2.2361, 5.8310, 3.6056
L5 distance: 2.0123, 5.0754, 3.0752
Chebychev distance: 2, 5, 3
Cosine distance: 0.0194, 0.0194, 0.0000
```

马氏距离是样本点（由向量 A 表示）与均值为 μ 和协方差为 σ 的分布之间的度量：

$$D_M = \sqrt{(A-\mu)\left(\frac{1}{\sigma}\right)(A-\mu)^T}$$

此距离表示 A 与标准差数量的平均值之间的距离。在例 4.16 中，SMLT 函数 **mvnrnd** 用于生成具有指定均值和指定协方差的 1000 个点的多元正态分布 X。生成四个测试点 Y，它们在欧氏距离中与 X 的平均值等距。SMLT 函数 **mahal** 用于计算每个测试点与分布 X 的平方马氏距离，然后与相应的欧氏距离进行比较。结果表明，尽管所有四个点的欧氏距离几乎相同，但沿分布轴的点的马氏距离远小于分布外的点的马氏距离（见图 4.13）。

例 4.16 编写一个程序，比较相关双变量样本数据集的欧氏距离和马氏距离。

```
clear; clc;
rng('default')                 % For reproducibility
X = mvnrnd([0;0],[1 .9;.9 1],1000);
Y = 2 * [1 1;1 -1;-1 1;-1 -1];
d2_mahal = mahal(Y,X);
d2_Euclidean = sum((Y - mean(X)).^2,2);
scatter(X(:,1),X(:,2),10,'.')
hold on;
scatter(Y(:,1),Y(:,2),50,d2_mahal,'o','filled');
hold off;
```

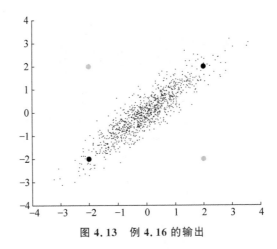

图 4.13 例 4.16 的输出

4.6.2 k-均值聚类

k-**均值聚类**算法是一种常用的聚类方法,其实现步骤如下:(1)每个数据由一个 n-D 特征向量表示。(2)让有 m 个这样的数据点被分组到 k 个类中。(3)将数据绘制为 n-D 特征空间中的点。(4)假定 k 个聚类均值(或质心)的初始估计值。(5)所有数据点距离 k 个聚类平均值的距离均已计算。(6)每个数据点被分类到与它距离最小的那个聚类。(7)计算新的聚类均值(或质心)并重复该过程。(8)当数据点不改变类时,假设过程已经收敛。SMLT 函数 **kmeans** 用于对数据矩阵 X 执行 k-均值聚类,将其划分为 k 个聚类,并返回一个向量,其中包含每个数据点的聚类索引以及每个聚类的质心。例 4.17 显示了 5 个给定点被分为 2 个聚类。聚类均值用"×"标记(见图 4.14)。

例 4.17 编写一个程序,将五个点 $A(1,1)$、$B(2,3)$、$C(4,6)$、$D(5,5)$、$E(7,0)$ 分成 2 个聚类,使用 k-均值聚类算法聚类并找到聚类均值。

```
clear; clc;
A = [1, 1]; B = [2, 3]; C = [4, 6]; D = [5, 5]; E = [7, 0];
X = [A ; B ; C ; D ; E]
rng(2);
k = 2; [idx, c] = kmeans(X, k)
plot(c(:,1),c(:,2),'kx','MarkerSize',15,'LineWidth',3);
grid; axis([0,10,0,10]);
hold on;
s = scatter(X(:,1), X(:,2), 30, idx, 'filled');
colormap(cool);
hold off;
```

程序输出如下所示:

```
X =
     1     1
     2     3
     4     6
     5     5
     7     0
```

```
idx =
    2
    2
    1
    1
    2
c =
    4.5000    5.5000
    3.3333    1.3333
```

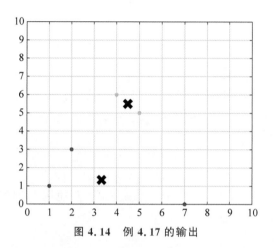

图 4.14 例 4.17 的输出

输出结果表明 2 个点被分配给聚类 1，均值为 (4.5, 5.5)，其余 3 个点被分配给聚类 2，均值为 (3.33, 1.33)。需要注意的是，该聚类成员资格可以在算法的后续执行中改变，因为它取决于该函数随机执行的聚类均值的初始分配。为了产生可预测的结果，随机数生成器 (rng) 以非负整数作为种子。

k-均值聚类算法的一个变型是 **k-中心点聚类算法**，它类似于 k-均值聚类算法，也将数据点划分为 k 个子集，但不同的是 k-均值聚类使用的是子集均值，也称为**质心**，作为子集的中心，在 k-中心点聚类算法中，子集的中心是子集的成员，称为中心点。这允许在数据集中不存在数据均值的情况下使用该算法。SMLT 函数 **kmedoids** 用于实现 k-中心点聚类算法。例 4.18 显示了使用 k-中心点聚类算法对 5 个点进行聚类。聚类中心点由圆圈标记（见图 4.15）。

例 4.18 编写一个程序，使用 k-中心点聚类算法将 5 个点 $A(1,1)$、$B(2,3)$、$C(4,6)$、$D(5,5)$、$E(7,0)$ 分成 2 个聚类并找到聚类中心点。

```
clear; clc;
A = [1, 1]; B = [2, 3]; C = [4, 6]; D = [5, 5]; E = [7, 0];
X = [A ; B ; C ; D ; E]
rng(2);
k = 2; [idx, c] = kmedoids(X, k)
plot(c(:,1),c(:,2),'ko','MarkerSize',15,'LineWidth',2)
grid; axis([0,10,0,10]);
hold on;
s = scatter(X(:,1), X(:,2), 30, idx, 'filled');
s.MarkerEdgeColor = [0 0 1];
```

```
colormap(autumn);
hold off;
```

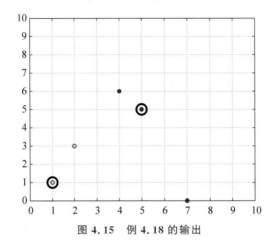

图 4.15　例 4.18 的输出

k-均值聚类算法也可用于任意大的数据点群体。例 4.19 描述了 100 个数据点上的聚类。BM 函数 **rand** 可用于生成指定尺寸的随机数据点（见图 4.16）。

例 4.19　编写一个程序，生成 100 个二维随机点，并使用 k-均值聚类算法将它们划分为 3 个聚类，并找到聚类的质心。

```
clear; clc;
rng('default');
X = [rand(100,2); rand(100,2)];
figure,
subplot(121),
plot(X(:,1),X(:,2),'.');
[idx,C] = kmeans(X,3);
subplot(122),
plot(X(idx == 1,1), X(idx == 1,2),'r.','MarkerSize',12); hold on;
plot(X(idx == 2,1), X(idx == 2,2),'b.','MarkerSize',12);
plot(X(idx == 3,1), X(idx == 3,2),'g.','MarkerSize',12);
plot(C(:,1),C(:,2),'kx','MarkerSize',15,'LineWidth',3);
legend('Cluster 1','Cluster 2','Cluster 3','Centroids');
```

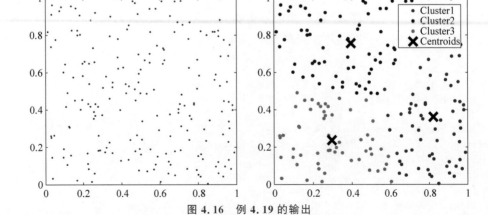

图 4.16　例 4.19 的输出

根据 Fisher 虹膜数据集计算的聚类平均数为：setosa(1.4620,0.2460)、versicolor(4.2600,1.3260)、virginica(5.5520,2.0260)，如 4.3 节所述。它们可以被视为**真值**，因为聚类已使用实际物种名称进行区分。相反，如果使用 k-均值聚类算法对同一数据集进行聚类，则会生成稍有不同的质心。例 4.20 显示，通过 k-均值聚类算法计算的聚类均值为：(1.4620,0.2460),(4.2926,1.3593),(5.6261,2.0478)。虽然第一个聚类中心与其他两个聚类中心没有重叠，但第二个和第三个聚类中心的偏离程度约为 1%～2%（见图 4.17）。

例 4.20 编写一个程序，利用 k-均值聚类算法将 Fisher-Iris 数据集划分为 3 个聚类，并找到聚类质心。

```
clear; clc;
load fisheriris;
X = meas(:, 3:4);              % petal length & petal width
% ground truth
figure, subplot (121),
c3 = X(1:50,:); c2 = X(51:100,:); c1 = X(101:150,:);
plot(c1(:,1), c1(:,2), 'b.', 'MarkerSize',12); hold on;
plot(c2(:,1), c2(:,2), 'g.', 'MarkerSize',12);
plot(c3(:,1), c3(:,2), 'r.', 'MarkerSize',12);
c1mx = mean(c1(:,1)); c1my = mean(c1(:,2));
c2mx = mean(c2(:,1)); c2my = mean(c2(:,2));
c3mx = mean(c3(:,1)); c3my = mean(c3(:,2));
c = [c1mx, c1my ; c2mx, c2my ; c3mx, c3my];
plot(c(:,1),c(:,2),'kx','MarkerSize',12,'LineWidth',2);
legend('Cluster 1','Cluster 2','Cluster 3','Centroids');
title('ground truth'); hold off; axis square;
xlabel('petal length'); ylabel('petal width');
```

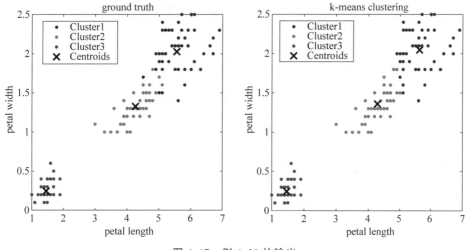

图 4.17 例 4.20 的输出

4.6.3 分层聚类

另一种称为**分层聚类**的聚类方法是通过以下步骤实现的：(1)计算所有数据对之间的

距离；(2)将最短距离对应的数据对放入一个聚类中；(3)用聚类的质心替换聚类；(4)重复上述过程，直到有 k 个聚类。分层聚类可由**树状图**图形可视化地表示，该图描绘了哪些点组合成聚类以及按哪个顺序组合。SMLT 函数 **linkage** 提供了一个凝聚的分层聚类树，它显示了每次迭代时点对之间的最小距离。SMLT 函数 **cluster** 用于根据点对之间的最小距离集合生成聚类。BM 函数 **scatter** 用于将点绘制为圆圈。SMLT 函数 **dendrogram** 用于生成树状图。在例 4.21 中，程序输出显示前四个点被分组到第一个聚类中，最后一个点被分组到第二个聚类中。树状图描绘了点 C 和点 D 首先合并为点 F，接下来点 A 和点 B 合并为点 G，最后点 F 和点 G 合并为点 H。最后的聚类是点 H 和点 E（见图 4.18）。

例 4.21 编写一个程序，使用分层聚类将 5 个点 $A(1,1)$、$B(2,3)$、$C(4,6)$、$D(5,5)$、$E(7,0)$ 分成 2 个聚类并找到聚类均值，并显示相应的树状图。

```
clear; clc;
P = [1, 1]; Q = [2, 3]; R = [4, 6]; S = [5, 5]; T = [7, 0];
X = [P; Q; R; S; T];
Z = linkage (X, 'centroid');
c = cluster(Z, 'maxclust', 2);
figure,
subplot(121),
scatter(X(:,1), X(:,2), 30, c, 'filled');
colormap(cool); grid;
axis([0 10 -1 10]); title('data');
subplot(122),
dendrogram(Z); title('dendrogram');
```

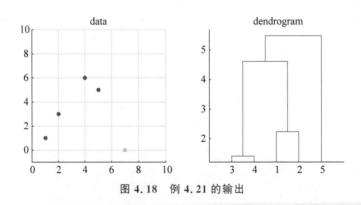

图 4.18 例 4.21 的输出

在某些情况下，数据点可以随机生成，然后使用分层聚类算法进行聚类。例 4.22 显示了使用分层聚类将 100 个随机 2-D 点聚集为 3 个聚类，并用不同的彩色描述聚类；计算并显示了聚类均值以及树状图（见图 4.19）。

例 4.22 编写一个程序，生成 100 个 2-D 随机点并使用分层聚类将它们聚集为 3 个聚类并找到聚类质心。

```
clear; clc;
rng('default');
X = [rand(100,2); rand(100,2)];
figure, subplot(221), plot(X(:,1),X(:,2),'.');
title('random data');
```

```
z = linkage(X, 'centroid');
idx = cluster(z, 'maxclust', 3);
c1x = X(idx == 1,1); c1y = X(idx == 1,2); c1m = [mean(c1x), mean(c1y)];
c2x = X(idx == 2,1); c2y = X(idx == 2,2); c2m = [mean(c2x), mean(c2y)];
c3x = X(idx == 3,1); c3y = X(idx == 3,2); c3m = [mean(c3x), mean(c3y)];
subplot(222),
plot(X(idx == 1,1),X(idx == 1,2),'r.','MarkerSize',12); hold on;
plot(X(idx == 2,1),X(idx == 2,2),'b.','MarkerSize',12);
plot(X(idx == 3,1),X(idx == 3,2),'g.','MarkerSize',12);
c = [c1m ; c2m ; c3m];
plot(c(:,1),c(:,2),'kx','MarkerSize',15,'LineWidth',3);
legend('Cluster 1','Cluster 2','Cluster 3','Centroids');
title('clustered data');
subplot(2,2,[3,4]),dendrogram(z); title('dendrogram');
```

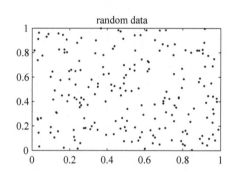
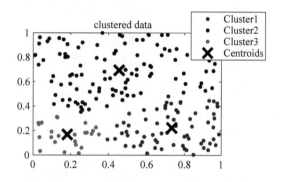

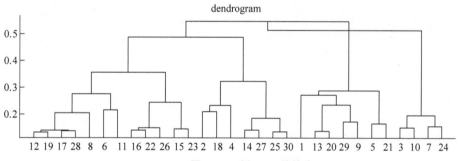

图 4.19 例 4.22 的输出

BM 函数 **scatter3** 可用于生成由实心或非实心圆组成的 3-D 散点图。BM 函数 **colormap** 可用于根据数据点的聚类成员资格为数据点着色。例 4.23 显示了使用分层聚类将 1000 个 3-D 点聚集为 4 个聚类,其中,彩色查找表用于更改显示聚类的彩色方案(见图 4.20)。

例 4.23 编写一个程序,将 1000 个 3-D 随机数据聚集为 4 个聚类。

```
clear; clc;
rng(1);
X = rand(1000, 3);
Z = linkage(X, 'average');
idx = cluster(Z, 'maxclust', 4);
ax1 = subplot(121); map1 = jet(8);
scatter3(X(:,1), X(:,2), X(:,3), 25, idx);
```

```
colormap(ax1, map1); title('colormap jet');
ax2 = subplot(122); map2 = cool(8);
scatter3(X(:,1), X(:,2), X(:,3), 40, idx, 'filled');
colormap(ax2, map2); title('colormap cool');
```

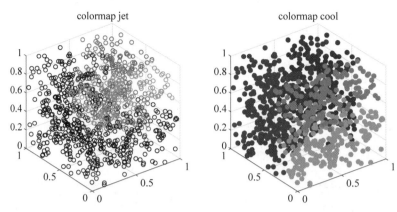

图 4.20　例 4.23 的输出

例 4.24 显示了使用分层聚类技术将 Fisher-Iris 数据集划分为 3 个聚类。返回的聚类质心为：$(1.4620, 0.2460)$、$(4.1913, 1.3022)$ 和 $(5.5148, 1.9944)$（见图 4.21），并与之前显示的 k-均值聚类结果：$(1.4620, 0.2460)$、$(4.2926, 1.3593)$ 和 $(5.6261, 2.0478)$ 以及真值：$(1.4620, 0.2460)$、$(4.2600, 1.3260)$ 和 $(5.5520, 2.0260)$ 进行比较。

例 4.24　编写一个程序，使用分层聚类将 Fisher-Iris 数据集划分为 3 个聚类并找到聚类质心。

```
clear; clc;
load fisheriris;
X = meas(:,3:4);
figure, subplot(121),
plot(X(:,1),X(:,2),'k.','MarkerSize',12);
z = linkage(X, 'centroid'); idx = cluster(z, 'maxclust', 3);
title('data'); axis square;
xlabel('petal length'); ylabel('petal width');
subplot (122),
plot(X(idx == 1,1),X(idx == 1,2),'r.','MarkerSize',12); hold on;
plot(X(idx == 2,1),X(idx == 2,2),'b.','MarkerSize',12);
plot(X(idx == 3,1),X(idx == 3,2),'g.','MarkerSize',12);
c1x = X(idx == 1,1); c1y = X(idx == 1,2); c1m = [mean(c1x), mean(c1y)];
c2x = X(idx == 2,1); c2y = X(idx == 2,2); c2m = [mean(c2x), mean(c2y)];
c3x = X(idx == 3,1); c3y = X(idx == 3,2); c3m = [mean(c3x), mean(c3y)];
c = [c1m ; c2m ; c3m];
plot(c(:,1),c(:,2),'kx','MarkerSize',15,'LineWidth',3);
legend('Cluster 1','Cluster 2','Cluster 3','Centroids');
title('hierarchical clustering'); hold off; axis square;
xlabel('petal length'); ylabel('petal width');
c % cluster centroids
```

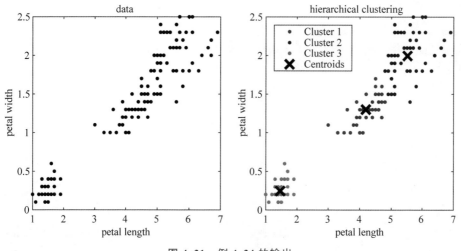

图 4.21 例 4.24 的输出

4.6.4 基于高斯混合模型(GMM)的聚类

高斯混合模型(GMM) 可用于通过尝试将多元高斯分量拟合到给定数据分布来进行聚类。拟合是使用迭代期望最大化(EM)算法完成的。它返回最适合 GMM 数据的均值和协方差。例 4.25 通过利用 BM 函数 **rng** 的默认设置为重现性设置,通过随机数生成器生成 200 个随机数据点;使用 SMLT 函数 **statset** 指定最大迭代次数为 1000,然后使用 SMLT 函数 **fitgmdist** 拟合指定数量的 GMM 以拟合数据。fitgmdist 用于函数返回 GMM 分布分量,每个分量由其均值和协方差定义,而混合则由混合比例向量定义。可以通过为第 j 个 GMM 指定 properties(GMM{j}) 来显示每个 GMM 组件的属性。该示例列出了一些重要的属性,如均值、协方差、分量比例和迭代次数。SMLT 函数 **pdf** 用于返回 GMM 的概率分布函数(PDF),而 Symbolic Math Toolbox (SMT)函数 **ezcontour** 用于在给定数据上绘制拟合 GMM 的等高线(见图 4.22)。

例 4.25 编写一个程序,使用指定数量的 GMM 拟合点的随机分布。

```
clear; clc;
rng('default');          % For reproducibility
X = [rand(100,2); rand(100,2)];
GMM = cell(3,1);         % Preallocation
options = statset('MaxIter',1000);
for j = 1:3
GMM{j} = fitgmdist(X,j,'Options',options);
fprintf('\n GMM properties for % i Component(s)\n',j);
Mu = GMM{j}.mu
Sigma = GMM{j}.Sigma
CP = GMM{j}.ComponentProportion
NI = GMM{j}.NumIterations
end;
figure,
for j = 1:3
subplot(1,3,j),
```

```
gscatter(X(:,1),X(:,2));
h = gca;
hold on;
ezcontour(@(x1,x2)pdf(GMM{j},[x1 x2]),[h.XLim h.YLim],100);
title(sprintf('GM Model - %i Component(s)',j));
axis square;
hold off;
end;
```

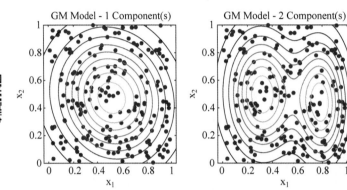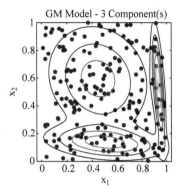

图 4.22　例 4.25 的输出

SMLT 函数 **cluster** 可用于使用生成的 GMM 对给定数据进行聚类以拟合数据。例 4.26 将使用 GMM 的 Fisher-Iris 数据集的花瓣测量值聚类为 3 个聚类并返回聚类均值。返回的聚类质心为 $(1.4620,0.2460)$、$(4.3066,1.3375)$ 和 $(5.5863,2.0602)$（见图 4.23）。与 k-均值聚类结果 $(1.4620,0.2460)$、$(4.2926,1.3593)$ 和 $(5.6261,2.0478)$，图 4.17 给出的真值 $(1.4620,0.2460)$、$(4.2600,1.3260)$ 和 $(5.5520,2.0260)$，以及图 4.21 所示的分层聚类结果 $(1.4620,0.2460)$、$(4.1913,1.3022)$ 和 $(5.5148,1.9944)$ 进行了比较。

例 4.26　编写一个程序，使用 GMM 对 Fisher-Iris 数据集的前两个测量值进行聚类并返回聚类均值。

```
clear; clc;
load fisheriris;
X = meas(:,3:4);
rng(3);                    % For reproducibility
figure; subplot(121),
plot(X(:,1),X(:,2),'.','MarkerSize',15);
title('Fisher''s Iris Data Set');
xlabel('petal length'); ylabel('petal width');
k = 3;
subplot(122),
GMM = fitgmdist(X,k,'CovarianceType','diagonal','SharedCovariance',true);
clusterX = cluster(GMM,X);
h1 = gscatter(X(:,1),X(:,2),clusterX);
hold on;
plot(GMM.mu(:,1),GMM.mu(:,2),'kx','LineWidth',2,'MarkerSize',10);
xlabel('petal length'); ylabel('petal width');
title('Clustered using GMM');
```

```
legend(h1,{'1','2','3'});
hold off;
GMM
```

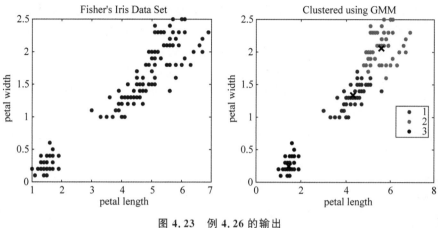

图 4.23 例 4.26 的输出

4.7 分类

在分类(也称为**有监督分组**)中,分类是基于有关类的先验信息完成的,所有数据点都根据其数据值分组为一个或其他类的成员。相应地,数据集被分成**训练集**和**测试集**。训练阶段用于告知系统每个类别的鉴别特征,而测试阶段用于根据学习到的特征将未知数据分类到类别中。在训练阶段,输入值被馈送到分类器,而输出值,即类标签也是已知的。这些输入值和输出值用于确定分类器参数,例如神经网络中的权重。然而,该方案的一个问题为**过拟合**,即分类器参数过多地针对训练集样本进行建模。这不是一个理想的特征,因为测试集与训练集不同,这些参数在测试阶段不一定会产生好的分类结果。相反,建模中泛化,所得参数更可取,它能够基于在训练阶段学习到的特征来识别测试样本。为了避免过度拟合,数据集被分成三部分,增加了**验证集**。训练、验证和测试样本的典型比例为 60∶20∶20。与训练集一样,验证集也具有已知的输入值和输出值,但并未对它们进行训练。一旦在训练阶段的迭代中确定了参数,这些参数就会被应用到验证集,以检查是否可以基于它们来预测输出类。由于验证集的类标签是事先已知的,因此可以计算估计类和实际类之间的误差。随着训练的进行,理想情况下训练集和验证集中的错误都应该减少。经过一定次数的迭代后,如果训练集的误差减小而验证集的误差增大,则说明由于训练的参数无法正确分类验证集中的样本而开始过拟合,此时应停止训练,并使用此时得到的参数对测试集的样本进行分类。本节讨论的分类器包括 k-NN、ANN、DT、DA、NB 和 SVM。

4.7.1 k-NN 分类器

常用的分类算法之一是 k-**最近邻**(k-NN)算法。它是一种监督分组算法,测试数据点的类成员资格被估计为属于其 k 个邻域中数据点数量最多的类(Roussopoulos, et al., 1995)。k 是一个参数并指定有多少邻居影响决策。可以使用不同的距离度量来找到最近的邻居。可以调整 k 的值以针对特定问题产生最佳结果。在例 4.27 中,使用了对 Fisher-Iris 数据集的花瓣测量来说明 k-NN 算法。查询点由 newpoint 向量指定。BM 函数 **line** 用于使用指定大小和外观的 X 标记表示查询点。SMLT 函数 **knnsearch** 用于查找查询点的最近邻居,指定 k 的值为 5,它返回最近邻居的索引值及该邻居与查询点的距离。索引值用于打印出相应物种的名称。最近的邻居由指定大小的灰色圆圈表示。BM 函数 **legend** 用于向图中添加图例以指定 3 类花、查询点和找到的最近邻居。最后,SMLT 函数 **tabulate** 用于生成在 5 个最近邻中找到的物种名称的频率表。程序的输出显示,在找到的 5 个最近邻中,3 个是 setosa 物种,2 个是 versicolor 物种。系统做出的决定是查询点属于 setosa 类,因为大多数邻居都属于该物种(见图 4.24)。

例 4.27 编写一个程序,使用 5 个最近邻将点 (2.5, 0.7) 分类到 Fisher-Iris 数据集。

```
clear; clc
load fisheriris;
x = meas(:, 3:4);
gscatter (x(:,1), x(:,2), species);
newpoint = [2.5, 0.7];
line(newpoint(1), newpoint(2), ...
'marker', 'x', 'color', 'k', 'markersize', 10, 'linewidth', 2, 'Linestyle','none');
[n, d] = knnsearch(x, newpoint, 'k', 5);
line(x(n,1), x(n,2), 'color', [0.5, 0.5, 0.5], ...
'marker', 'o', 'linestyle', 'none', 'markersize', 10);
legend('setosa','versicolor','virginica','query point','nearest neighbours');
n, d, species(n)
tabulate(species(n))
```

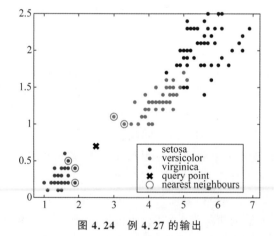

图 4.24 例 4.27 的输出

4.7.2 人工神经网络(ANN)分类器

监督分类算法大致可以分为两类:惰性分类算法和急切分类算法。k-NN 算法是一种惰性分类算法,因为系统仅使用最后一步中的所有训练样本来生成有关查询点分类的决策。另一种类型,即急切分类算法是从训练样本生成一个单独的数据模型,并使用该模型而不是实际数据做出决策。急切分类算法的一个例子是神经网络。**人工神经网络(ANN)** 的基本结构单元是一个具有多条信号输入线、单条输出线和一个阈值的**神经元**(Hopfield,1982)。如果输入信号的总和等于或超过阈值,则神经元产生非零输出,否则产生零输出。具有两个二进制数据输入线的神经元可用于模拟使用阈值为 1 的逻辑 OR 门和使用阈值为 2 的逻辑 AND 门。**感知机**是一种神经元,其输入与权重相关联(Rosenblatt,1958)。如果输入向量是 $\boldsymbol{X}$,并且权重被插入到向量 $\boldsymbol{W}$ 中,那么附加的组合输入 I 由以下关系式给出,其中,b 是与具有逻辑 1 信号的偏置线相关联的权重:

$$\boldsymbol{X} = (x_1, x_2, \cdots, x_n)$$

$$\boldsymbol{W} = (w_1, w_2, \cdots, w_n)$$

$$I = b + \boldsymbol{W} \cdot \boldsymbol{X}^{\mathrm{T}} = b + \sum_{i=1}^{n} w_i x_i$$

输出 y 由传递函数 f 产生,该函数根据组合输入 I 触发输出值。在最简单的情况下,$y = f(x)$ 是组合输入的简单阶跃函数:

$$y = 0 \quad \text{if} \quad x < 0$$
$$y = 1 \quad \text{if} \quad x \geqslant 0$$

然而,在大多数实际情况下,使用 sigmoid 函数代替阶跃函数。sigmoid 函数有两种类型,log-sigmoid(y_1)和 tan-sigmoid(y_2):

$$y_1 = \frac{1}{1 + \mathrm{e}^{-x}}$$

$$y_2 = \frac{\mathrm{e}^x - \mathrm{e}^{-x}}{\mathrm{e}^x + \mathrm{e}^{-x}}$$

感知机与训练阶段和测试阶段相关联,整个数据集分为两部分:训练集和测试集。对于训练集,数据点的类信息是已知的,称为目标值。使用已知的输入值和已知的目标(类别)值,以迭代方式调整权重,以便目标值和实际输出值之间的误差低于指定的最小阈值。训练阶段结束时的权重是测试阶段用于估计测试数据点类别的最终权重。训练阶段一直持续到满足以下两个条件之一:误差低于指定阈值或已完成最大指定迭代次数。神经网络工具箱(NNT)函数 **perceptron** 用于实现可用于模拟逻辑门的简单感知机。NNT 函数 **train** 用于训练感知机,以便感知机为给定的一组输入生成正确的输出以模拟逻辑门。NNT 函数 **view** 用于显示感知机的图形以及输入和输出。在例 4.28 中,感知机 p_1 和 p_2 分别用于模拟 OR 门和 AND 门。感知机经过训练后,它们将为给定的一组输入产生正确的输出,例如 $y = p_1(1,0) = 1$,$y = p_2(1,0) = 0$,以此类推(见图 4.25)。

例 4.28 编写一个程序,使用感知机模拟 OR 门和 AND 门。

```
clear; clc;
5x = [0 0 1 1; 0 1 0 1];
t = [0 1 1 1];
p1 = perceptron;
p1 = train(p1,x,t);
view(p1)
y = p1(x);              % OR gate
x = [0 0 1 1; 0 1 0 1];
t = [0 0 0 1];
p2 = perceptron;
```

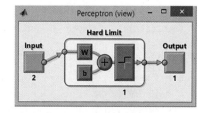

图 4.25 例 4.28 的输出

```
p2 = train(p2,x,t);
view(p2)
y = p2(x);              % AND gate
```

到目前为止,我们一直看到训练和测试数据集是相同的。然而,在模式识别应用中,训练集和测试集通常相似但不完全相同。这是因为在实际情况下,训练集是在系统设计时获得的,而测试集可以在系统设计后的任何时间点从不同的现场条件获得。即使训练是在训练集上完成的,识别系统也应该足够鲁棒以正确识别测试集的样本,测试集通常在某些方面与训练集不同。在例 4.29 中,对从二进制数网格创建的三个字符 A、B、C 使用基于感知机的识别系统进行训练,然后用于识别相同字符的三个退化版本。每个字符由一个七列九行的网格组成,背景用白色表示,字符用黑色表示。由于感知机只有一个输出,系统被设计为仅识别单个字符,在本例中为 A。字符进入系统输入时,被转换为有 63 个元素的向量,其中应该有 63 个输入感知机的元素。输入矩阵由 63 行和 3 列组成,分别表示三个字符,而输出向量为[1,0,0],用于识别字符 A。系统训练后,再次以 63×3 的形式馈送到测试集矩阵。如果系统正确地识别了字符,则预期输出应该为[1,0,0]。感知机的传递函数默认是阶跃函数(见图 4.26)。

例 4.29 编写一个程序,使用感知机实现字符识别。

```
clear; clc;
% training set
xa = [ 0, 0, 1, 1, 0, 0, 0 ; 0, 0, 0, 1, 0, 0, 0 ; 0, 0, 0, 1, 0, 0, 0 ; ...
       0, 0, 1, 0, 1, 0, 0 ; 0, 0, 1, 0, 1, 0, 0 ; 0, 1, 1, 1, 1, 1, 0 ; ...
       0, 1, 0, 0, 0, 1, 0 ; 0, 1, 0, 0, 0, 1, 0 ; 1, 1, 1, 0, 1, 1, 1 ];
xb = [ 1, 1, 1, 1, 1, 1, 0 ; 0, 1, 0, 0, 0, 0, 1 ; 0, 1, 0, 0, 0, 0, 1 ; ...
       0, 1, 0, 0, 0, 0, 1 ; 0, 1, 1, 1, 1, 1, 0 ; 0, 1, 0, 0, 0, 0, 1 ; ...
       0, 1, 0, 0, 0, 0, 1 ; 0, 1, 0, 0, 0, 0, 1 ; 1, 1, 1, 1, 1, 1, 0 ];
xc = [ 0, 0, 1, 1, 1, 1, 1 ; 0, 1, 0, 0, 0, 0, 1 ; 1, 0, 0, 0, 0, 0, 0 ; ...
       1, 0, 0, 0, 0, 0, 0 ; 1, 0, 0, 0, 0, 0, 0 ; 1, 0, 0, 0, 0, 0, 0 ; ...
       1, 0, 0, 0, 0, 0, 0 ; 0, 1, 0, 0, 0, 0, 1 ; 0, 0, 1, 1, 1, 1, 0 ];
% testing set
xA = [ 0, 0, 1, 1, 0, 0, 0 ; 0, 0, 1, 1, 0, 0, 0 ; 0, 0, 0, 1, 0, 0, 0 ; ...
       0, 0, 1, 0, 1, 0, 0 ; 0, 0, 1, 0, 1, 0, 0 ; 0, 1, 1, 1, 1, 1, 0 ; ...
       0, 1, 0, 1, 0, 1, 0 ; 0, 1, 0, 0, 0, 1, 0 ; 1, 0, 1, 0, 1, 0, 1];
xB = [ 1, 1, 1, 1, 1, 1, 0 ; 0, 0, 0, 0, 0, 0, 1 ; 0, 1, 0, 0, 0, 0, 1 ; ...
       0, 1, 0, 0, 0, 1 ; 0, 1, 1, 1, 1, 1, 0 ; 0, 1, 0, 1, 0, 0, 1 ; ...
       0, 1, 1, 0, 0, 0, 1 ; 0, 1, 0, 0, 0, 0, 1 ; 1, 1, 1, 1, 1, 1, 0];
xC = [ 0, 0, 1, 1, 1, 1, 1 ; 1, 1, 0, 0, 0, 0, 1 ; 1, 0, 0, 0, 0, 0, 0 ; ...
       1, 1, 0, 0, 0, 0, 0 ; 1, 0, 0, 0, 0, 0, 0 ; 1, 0, 0, 0, 0, 0, 0 ; ...
       1, 0, 0, 0, 0, 0, 0 ; 0, 1, 0, 0, 1, 0, 1 ; 0, 0, 1, 1, 1, 1, 0];
subplot(231), imshow(~xa); subplot(232), imshow(~xb); subplot(233), imshow(~xc);
subplot(234), imshow(~xA); subplot(235), imshow(~xB); subplot(236), imshow(~xC);
% training phase
xa = xa(:); xb = xb(:); xc = xc(:); % converting to vector
x = [xa xb xc];
t = [1 0 0];
p = perceptron;
p = train(p, x, t);
```

```
view(p)
y = p(x)
% testing phase
xA = xA(:); xB = xB(:); xC = xC(:); % converting to vector
X = [xA xB xC];
Y = p(X)
```

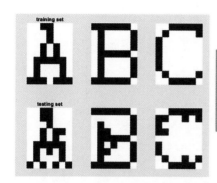
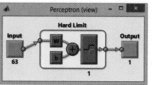

图 4.26　例 4.29 的输出

由于感知机只有一个输出,为了检查例 4.29 中所有三个类的结果,必须通过将三个感知机连接在一起来构成神经网络。这种结构称为**单层感知机(SLP)**,SLP 由多个输入和多个输出组成,但在输入和输出之间只有一层感知机。在例 4.30 中,使用具有 63 个输入和三个输出的 SLP 识别三个字符。修改目标以反映三个输出行。当第一列输入信号被馈送到 SLP 时,目标被指定为[1,0,0],这表明类别 1 为真;当第二列被馈送到输入时,目标被指定为[0 1 0],这表明类别 2 为真;当第三列被馈送到输入时,目标被指定为[0 0 1],这表明类别 3 为真。最后一行使用 BM 函数 **save** 将包含三个字符 A、B、C 的训练和测试工作区变量 x 和 X 保存到 MAT 文件 abc.mat 中,以便在后续程序中不需要再次定义字符数组,就可以简单地将文件中的变量加载到工作区中(见图 4.27)。

例 4.30　编写一个程序,使用单层神经网络实现字符识别。

```
clear; clc;
% training set
xa = [ 0, 0, 1, 1, 0, 0, 0 ; 0, 0, 0, 1, 0, 0, 0 ; 0, 0, 0, 1, 0, 0, 0 ; ...
       0, 0, 1, 0, 1, 0, 0 ; 0, 0, 1, 0, 1, 0, 0 ; 0, 1, 1, 1, 1, 1, 0 ; ...
       0, 1, 0, 0, 0, 1, 0 ; 0, 1, 0, 0, 0, 1, 0 ; 1, 1, 1, 0, 1, 1, 1 ];
xb = [ 1, 1, 1, 1, 1, 1, 0 ; 0, 1, 0, 0, 0, 0, 1 ; 0, 1, 0, 0, 0, 0, 1 ; ...
       0, 1, 0, 0, 0, 0, 1 ; 0, 1, 1, 1, 1, 1, 0 ; 0, 1, 0, 0, 0, 0, 1 ; ...
       0, 1, 0, 0, 0, 0, 1 ; 0, 1, 0, 0, 0, 0, 1 ; 1, 1, 1, 1, 1, 1, 0 ];
xc = [ 0, 0, 1, 1, 1, 1, 1 ; 0, 1, 0, 0, 0, 0, 1 ; 1, 0, 0, 0, 0, 0, 0 ; ...
       1, 0, 0, 0, 0, 0, 0 ; 1, 0, 0, 0, 0, 0, 0 ; 1, 0, 0, 0, 0, 0, 0 ; ...
       1, 0, 0, 0, 0, 0, 0 ; 0, 1, 0, 0, 0, 0, 1 ; 0, 0, 1, 1, 1, 1, 0 ];
% testing set
xA = [ 0, 0, 1, 1, 0, 0, 0 ; 0, 0, 1, 1, 0, 0, 0 ; 0, 0, 0, 1, 0, 0, 0 ; ...
       0, 0, 1, 0, 1, 0, 0 ; 0, 0, 1, 0, 1, 0, 0 ; 0, 1, 1, 1, 1, 1, 0 ; ...
       0, 1, 0, 1, 0, 1, 0 ; 0, 1, 0, 1, 0, 1, 0 ; 1, 0, 1, 0, 1, 0, 1 ];
xB = [ 1, 1, 1, 1, 1, 1, 0 ; 0, 0, 0, 0, 0, 0, 1 ; 0, 1, 0, 0, 0, 0, 1 ; ...
       0, 1, 1, 0, 0, 0, 1 ; 0, 1, 1, 1, 1, 1, 0 ; 0, 1, 0, 1, 0, 0, 1 ; ...
```

```
            0, 1, 1, 0, 0, 0, 1 ; 0, 1, 0, 0, 0, 0, 1 ; 1, 1, 1, 1, 1, 1, 0];
xC = [ 0, 0, 1, 1, 1, 1, 1 ; 1, 1, 0, 0, 1, 0, 1 ; 1, 0, 0, 0, 0, 0, 0 ; ...
       1, 1, 0, 0, 0, 0, 0 ; 0, 0, 0, 0, 0, 0, 0 ; 1, 0, 0, 0, 0, 0, 0 ; ...
       1, 0, 0, 0, 0, 0, 0 ; 0, 1, 0, 0, 1, 0, 1 ; 0, 0, 1, 1, 1, 1, 0];
subplot(231), imshow(~xa); subplot(232), imshow(~xb); subplot(233), imshow(~xc);
subplot(234), imshow(~xA); subplot(235), imshow(~xB); subplot(236), imshow(~xC);
% training phase
xa = xa(:); xb = xb(:); xc = xc(:); % converting to vector
x = [xa xb xc];
t = [1 0 0 ; 0 1 0 ; 0 0 1];
p = perceptron;
p = train(p, x, t);
view(p)
y = p(x)
% testing phase
xA = xA(:); xB = xB(:); xC = xC(:); % converting to vector
X = [xA xB xC];
Y = p(X)
save abc.mat x X
```

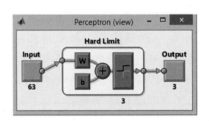

图 4.27 例 4.30 的输出

上述研究的这些神经网络在概念上很简单，只有一个连接输入和输出的单层，只能解决线性可分离问题，即输入空间可以用直线分成两个输出不同的区域。对于需要非线性分离的更复杂问题，如果输入和输出之间有一个或多个隐藏层，则需要**多层感知机**（**MLP**）（Bishop, 2005）。MLP 也称为**前馈神经网络**（FNN），因为信号从输入层通过隐藏层向前传播到输出层。一个具有一个隐层和足够多隐层神经元的前馈网络可以适应任何有限的输入输出映射问题。FNN 通常用于解决非线性分离问题，而感知机用于解决线性分离问题。最简单和最常用的非线性映射问题之一是异或（XOR）逻辑门。例 4.31 显示了如何使用 FNN 实现 XOR 门。NNT 函数 **feedforwardnet** 用于实现 FNN 并返回多层训练网络，函数中的参数 2 表示隐藏层中有两个神经元，trainlm 是一个神经网络训练函数，它根据 Levenberg-Marquardt（Marquardt, 1963；Hagan and Menhaj, 1994）提出的优化算法更新权重和偏差值。dividetrain 的神经网络属性指定将所有目标分配给训练集，而不将任何目标分配给验证集或测试集，因为训练集中只有四个样本。NNT 函数 **train** 用于训练更新其权重的神经网络，以便输入产生目标值。感知机经过训练后，将产生给定输入集的正确输出，即 $y = p(0,0) = 0$、$y = p(0,1) = 1$、$y = p(1,0) = 1$、$y = p(1,1) = 0$（见图 4.28）。

例 4.31 编写一个程序，使用前馈神经网络实现异或门。

```
clear; clc;
x = [0 1 0 1 ; 0 0 1 1];        % input
```

```
t = [0 1 1 0];                  % target
p = feedforwardnet(2,'trainlm');
p.divideFcn = 'dividetrain';
p = train(p,x,t);
view(p);
y = round(p(x))
```

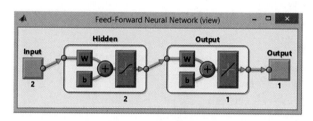

图 4.28　例 4.31 的输出

为了使用 MLP 解决上述字符识别问题，使用 NNT 函数 **patternnet** 来实现模式识别神经网络，该神经网络本质上是前馈反向传播网络，可以训练神经网络根据目标类别对输入进行分类。术语**反向传播**意味着在每条输出线上计算的误差从输出端向输入端反向流动，并在此过程中将权重更新为新的值，以便在下一次迭代中减少误差。在例 4.32 中，对三字符识别的解决方案是通过具有 63 个输入、3 个输出和一个具有 10 个神经元的隐藏层的 MLP 实现的。修改目标以反映三个输出行。经过训练的神经网络正确识别了三个测试字符（见图 4.29）。字符定义通过使用 BM 函数 **load** 从先前保存的 abc.mat 文件加载到工作区中。

例 4.32　编写一个程序，使用多层神经网络实现字符识别。

```
clear; clc;
load abc
T = [1 0 0 ; 0 1 0 ; 0 0 1];
nn = patternnet(10);            % hidden layer with 10 neurons
nn = train(nn,x,T);
view(nn)
y = nn(x);                      % output from training set
Y = round(nn(X))                % output from testing set
```

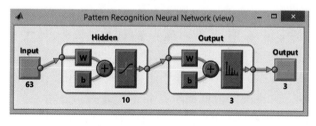

图 4.29　例 4.32 的输出

例 4.33 展示了使用模式识别神经网络借助 Fisher-Iris 数据集对查询点 q 进行分类。使用测量值的第三列和第四列，即花瓣长度和宽度。训练集产生的输出 y 显示前 50 个样本属于第 1 类，接下来的 50 个样本属于第 2 类，其余 50 个样本属于第 3 类。响应查询所产

生的输出 Y，将其分类为第 2 类的成员，即 versicolor，并绘制在数据集上（见图 4.30）。

例 4.33 编写一个程序，使用多层神经网络实现模式识别。

```
clear; clc;
[m,t] = iris_dataset;
x = m(3:4,:);                  % petal length and width
nn = patternnet(10);
nn = train(nn,x,t);
view(nn)
q = [4, 1.5];                  % query point
y = round(nn(x))               % output from training set
Y = round(nn(q'))              % output from query point
x = x';
load fisheriris;
gscatter (x(:,1), x(:,2), species);
hold on;
plot(q(1), q(2), 'ko');
```

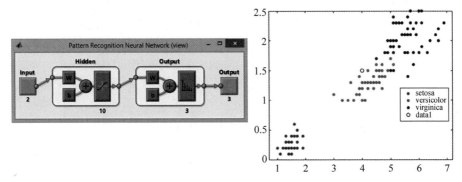

图 4.30 例 4.33 的输出

4.7.3 决策树分类器

决策树分类器是一种预测模型，它将有关数据项的一组观察结果与该项的可能类别值相关联（Coppersmith，et al.，1999）。树的分支代表属性值，而叶节点代表类标签。构建决策树的过程通常采用自顶向下的方法，从代表整个数据集的根节点开始。数据集随后被分成类似流程图中结构的子集，其中，每个内部节点（称为决策节点）代表对属性值进行的测试。测试封装了一系列关于数据某些属性的问题。每次收到答案时，都会提出一个后续问题，直到得出关于记录的类标签的结论。每个分支代表测试的结果，每个叶子（称为终端节点）都包含一个类标签。构建决策树取决于找到返回最高信息增益的属性（即最同质的分支）。对于实例的分类，树从根节点开始并沿着分支移动，直到到达提供实例类名的叶节点（Breiman，et al.，1984）。SMLT 函数 **fitctree** 用于根据输入变量（也称为预测变量、特征或属性）生成二元分类决策树。例 4.34 显示了基于 Fisher-Iris 数据集的花瓣长度和花瓣宽度参数的决策树。测试项根据提到的两个特征的数据点的平均值计算。测试项 t 的特征值为：$x_1=3.75$，$x_2=1.20$。分类过程从顶部节点开始，从 $x_1>2.45$ 开始向右分支；在第二个节点,由于 $x_2<1.75$,它向左分支;在第三个节点,由于 $x_1<4.95$,它向左分支;在第四个节点,由于 $x_2<1.65$,它向左分支;从而将预测的类标签返回为 versicolor(见图 4.31)。

例 4.34 编写一个程序,为 Fisher-Iris 数据集实现决策树。

```
clear; clc;
load fisheriris
X = meas(:,3:4);
C = fitctree(X, species);
view(C, 'Mode','graph');
t = mean(X);              % test point
p = predict(C, t)
```

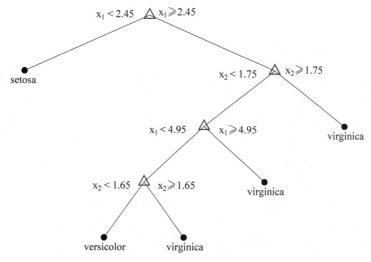

图 4.31 例 4.34 的输出

要计算分类错误或损失,即分类器错误分类的观测值的比例,应启用 k-折交叉验证。例 4.35 指定了一个 8-折交叉验证,它将数据集分成 8 个不相交的子样本集或随机选择的子集,但大小大致相同。显示了第一个和最后一个验证周期的决策树。还计算了由于错误分类造成的个体损失和平均损失(见图 4.32)。

例 4.35 编写一个程序,对 Fisher-Iris 数据集使用 k-折交叉验证实现决策树。

```
clear; clc;
load fisheriris;
petal_length = meas(:,3);
petal_width = meas(:,4);
rng(1);                   % For reproducibility
dt = fitctree([petal_length, petal_width],species, 'CrossVal','on', 'KFold',8);
view(dt.Trained{1}, 'Mode','graph')
view(dt.Trained{8}, 'Mode','graph')
Lavg = kfoldLoss(dt)
L = kfoldLoss(dt, 'Mode','individual')
```

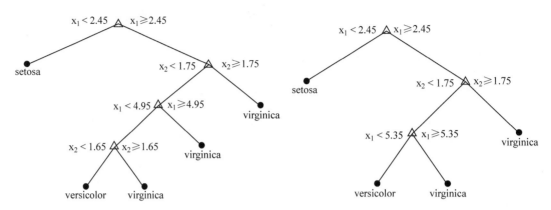

图 4.32 例 4.35 的输出

4.7.4 鉴别分析分类器

鉴别分析是一种分类方法，它假设不同的类根据不同的高斯分布生成数据。为了训练分类器，用拟合函数估计每个类的高斯分布参数，该函数返回分布的平均值以及类边界的参数。参数由考虑分类特征的线性或二次组合生成（Fisher,1936）。SMLT 函数 **fitcdiscr** 用于返回基于输入变量的拟合鉴别分析模型。在例 4.36 中，线性鉴别分析（LDA）分类器在 Fisher-Iris 数据集的花瓣长度和花瓣宽度这两个特征上进行训练，并返回高斯分布的均值作为三个类（setosa、versicolor、virginica）的质心，以及用于划分类别边界的线性系数 k 和 $L=[l_1\ l_2]^T$。LDA 分类器假设高斯分布对于每个类具有相同的协方差矩阵。为了处理这 3 个类，LDA 被调用两次，一次用于区分第 1 类和第 2 类，另一次用于区分第 2 类和第 3 类（见图 4.33）。图中，x_1 和 x_2 分别对应花瓣长度和花瓣宽度。类的 3 个质心用圆圈标记。类边界由以下关系定义：

$$f = k + \begin{bmatrix} x_1 & x_2 \end{bmatrix} \begin{bmatrix} l_1 \\ l_2 \end{bmatrix}$$

例 4.36 编写一个程序，在 Fisher-Iris 数据集上实现 LDA 分类器。

```
clear; clc;
load fisheriris;
X = meas(:,3:4);
C = fitcdiscr(X, species, 'DiscrimType','linear');
gscatter (X(:,1), X(:,2), species);
hold on;
plot(C.Mu(:,1), C.Mu(:,2), 'ko'); % class centroids
K = C.Coeffs(1,2).Const;
L = C.Coeffs(1,2).Linear;
f = @(x1,x2) K + L(1) * x1 + L(2) * x2;
ezplot(f, [0 10 0 3]);
K = C.Coeffs(2,3).Const;
L = C.Coeffs(2,3).Linear;
f = @(x1,x2) K + L(1) * x1 + L(2) * x2;
ezplot(f, [0 10 0 3]);
legend('setosa', 'versicolor', 'virginica');
```

```
title('Linear classification using Fisher Iris dataset');
hold off;
```

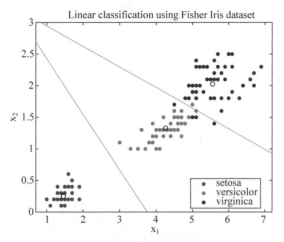

图 4.33　例 4.36 的输出

在不能使用直线对类边界进行合适建模的复杂情况下，鉴别分析分类器可用于生成非线性类边界。**二次鉴别分析**（QDA）分类器假设高斯分布对于每个类具有不同的协方差矩阵，并返回系数 k、L、Q 以生成类边界。例 4.37 显示了 Fisher-Iris 数据集类别之间的二次边界（见图 4.34）。类边界由下式给出：

$$f = k + \begin{bmatrix} x_1 & x_2 \end{bmatrix} \begin{bmatrix} l_1 \\ l_2 \end{bmatrix} + \begin{bmatrix} x_1 & x_2 \end{bmatrix} \begin{bmatrix} q_{11} & q_{12} \\ q_{21} & q_{22} \end{bmatrix} \begin{bmatrix} x_1 \\ x_2 \end{bmatrix}$$

可以使用 SMT 函数 **ezplot** 在数据上绘制类边界。

例 4.37　编写一个程序，在 Fisher-Iris 数据集上实现 QDA 分类器。

```
clear; clc;
load fisheriris;
X = meas(:,3:4);
C = fitcdiscr(X, species, 'DiscrimType', 'quadratic');
gscatter(X(:,1), X(:,2), species);
hold on;
plot(C.Mu(:,1), C.Mu(:,2), 'ko');
K = C.Coeffs(1,2).Const;
L = C.Coeffs(1,2).Linear;
Q = C.Coeffs(1,2).Quadratic;
f = @(x1,x2) K + L(1) * x1 + L(2) * x2 + Q(1,1) * x1.^2 + ...
    (Q(1,2) + Q(2,1)) * x1.* x2 + Q(2,2) * x2.^2;
ezplot(f, [0 10 0 3]);
K = C.Coeffs(2,3).Const;
L = C.Coeffs(2,3).Linear;
Q = C.Coeffs(2,3).Quadratic;
f = @(x1,x2) K + L(1) * x1 + L(2) * x2 + Q(1,1) * x1.^2 + ...
    (Q(1,2) + Q(2,1)) * x1.* x2 + Q(2,2) * x2.^2;
ezplot(f, [0 10 0 3]);
legend('setosa', 'versicolor', 'virginica');
title('Quadratic classification using Fisher Iris dataset');
```

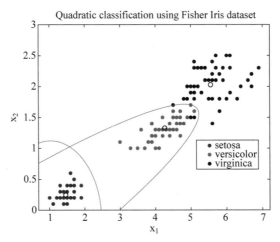

图 4.34 例 4.37 的输出

为了预测测试数据的类别,经过训练的分类器会找到误分类成本最小的类别。用于预测的参数包括后验概率、先验概率和成本。类别 k 的先验概率 $P(k)$ 是分类过程开始之前类别的现有概率。点 x 属于类别 k 的后验概率 $P(x|k)$ 是先验概率与点 x 处均值为 μ_k 和协方差为 Σk 的多元高斯分布的密度函数的乘积:

$$P(x|k) = \frac{1}{\sqrt{2\pi|\Sigma k|}} \exp\left\{-\frac{1}{2}(x-\mu_k)^{\mathrm{T}} \cdot \Sigma_k^{-1} \cdot (x-\mu_k)\right\}$$

式中,$|\Sigma k|$ 是行列式,Σ_k^{-1} 是矩阵 Σk 的逆矩阵。后验概率 $P(k|x)$ 由下式给出:

$$P(k|x) = \frac{P(x|k)P(k)}{P(x)}$$

$\mathrm{cost}(i,j)$ 是将观测值分类为 j 类(如果它的真实类是 i)的代价。通常,当 $i \neq j$ 时 $\mathrm{cost}(i,j)=1$,当 $i=j$ 时 $\mathrm{cost}(i,j)=0$。SMLT 函数 **predict** 用于根据训练的鉴别分析分类模型返回测试数据的预测类别标签。通过最小化下面给出的预期分类成本来估计分类,其中,y 是预测的分类;K 是类的数量;$P(k|x)$ 是观测点 x 属于 k 类别的后验概率;$C(y|k)$ 是当观察的真实类别为 k 时将其分类为 y 的成本

$$y = \underset{1 \leqslant y \leqslant K}{\operatorname{argmin}} \sum_{k=1}^{K} P(k|x)C(y|k)$$

在例 4.38 中,显示了基于训练的线性鉴别模型对具有平均测量值的鸢尾花进行分类。输出标签以 versicolor 形式返回(见图 4.35)。

例 4.38 编写一个程序,使用在 Fisher-Iris 数据集上训练的鉴别分析分类器来预测测试项。

```
clear; clc;
load fisheriris;
X = meas(:,3:4);
C = fitcdiscr(X, species, 'DiscrimType', 'linear');
gscatter (X(:,1), X(:,2), species);
hold on;
t = mean(X);                  % test data
```

```
plot(t(1), t(2), 'ko');
p = predict(C, t)              % predicted label
xlabel('petal length');
ylabel('petal width');
```

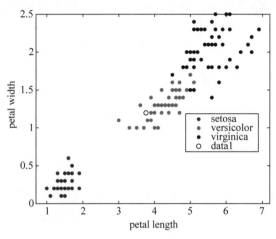

图 4.35　例 4.38 的输出

与手动将数据集拆分为训练和测试部分,以避免可能的选择偏差不同,另一种称为**交叉验证**的方案也是一种常见做法。在 k-折交叉验证方案中,数据集被划分为 k 个大小相等的子样本集。将 $k-1$ 个分区用作训练集,余下那个分区用作测试集。然后,将该过程重复 k 次,每个分区使用一次作为测试集。随后对所有 k 个结果进行平均以产生单个估计。该方案的优点是所有样本都用于训练和测试。通常,最常用的是 8-折或 10-折交叉验证方案。SMLT 函数 **cvpartition** 用于为数据创建交叉验证分区。分区将观测分为 k 个不相交的子集,这些子集可随机选择,但大小大致相同。k 的默认值为 10。例 4.39 显示了一个启用分层的 5-折分区,它确保所有类在数据集的每个子集中以相等的比例出现。另外,与 k-折规范不同,保留规范确保将数据集划分为指定数量的训练和测试(保留)样本。在例 4.39 中,在 Fisher-Iris 数据集的总共 150 个数据点中,cv1 返回 5 个子集(5-折),其中包含 120 个训练样本和 30 个测试样本,所有 3 个类别在每个子集中的比例相等,cv2 返回一个子集,其中包含 135 个训练样本和 15 个测试样本(10% 保留)。SMLT 函数 **training** 用于识别每个子集内的训练样本,而 SMLT 函数 **test** 用于识别测试样本(见图 4.36)。图 4.36 描述了在第 3 个(5-折)子集的 150 个样本中,120 个是训练样本,30 个是测试样本。

例 4.39　编写一个程序,在数据集上实现 k-折交叉验证。

```
clear; clc;
load fisheriris;
[C,~,idx] = unique(species);  % find instances of each class
n = accumarray(idx(:),1)       % Number of instances for each class in species
cv1 = cvpartition(species,'KFold',5,'Stratify',true)
cv2 = cvpartition(species,'Holdout', 0.1,'Stratify',false)
t = training(cv1,3); t'
s = test(cv1,3); s'
bar(t); hold on; bar(s); legend('train', 'test');
```

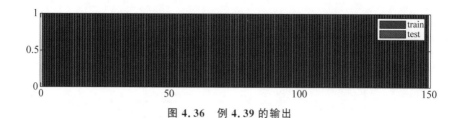

图 4.36 例 4.39 的输出

4.7.5 朴素贝叶斯分类器

鉴别分析分类器假设不同的类基于不同的高斯分布生成数据。如果类的协方差矩阵不同，那么可以使用二次分类器来绘制类边界，而线性分类器假设所有类都有一个共同的协方差矩阵。**朴素贝叶斯分类器**进一步假设包含每个类的特征彼此独立，这意味着协方差为零，从而将每个类的协方差矩阵简化为对角矩阵（Hastie, et al., 2008）。在训练步骤中，该方法可估计概率分布的参数。对于预测步骤，该方法计算属于每个类别的样本的后验概率。SMLT 函数 **fitcnb** 用于实现朴素贝叶斯分类器并返回每个类的均值和对角协方差矩阵。例 4.40 显示了朴素贝叶斯分类器应用于 Fisher-Iris 数据集的两个测量值（花瓣长度和花瓣宽度），并且从所有值的平均值生成测试项用于预测估计类。BM 函数 **cell2mat** 用于将从分类器返回的单元数组转换为可从中提取聚类均值的普通数组。在图 4.37 中，将类的质心显示为圆形，并将在训练步骤期间根据均值和协方差矩阵估计的轮廓线显示为各个类的边界。测试项目显示为"×"，并归类为 versicolor 类（见图 4.37）。

例 4.40 编写一个程序，使用在 Fisher-Iris 数据集上训练的朴素贝叶斯分类器预测测试项。

```
clear; clc;
load fisheriris;
X = meas(:,3:4);
C = fitcnb(X, species);
p = cell2mat(C.DistributionParameters);
m = p(2*(1:3)-1,1:2);              % Extract the means
s = zeros(2,2,3);                   % sigma
for j = 1:3
    s(:,:,j) = diag(p(2*j,:)).^2;  % Create diagonal covariance matrix
end
m
s
figure,
gscatter (X(:,1), X(:,2), species);
h = gca;
hold on;
plot(m(:,1), m(:,2), 'ko', 'LineWidth', 2);
t = mean(X);                        % test data
plot(t(1), t(2), 'kx', 'LineWidth', 2, 'MarkerSize',10);
p = predict(C, t)                   % predicted label
cxlim = h.XLim;
cylim = h.YLim;
```

```
ezcontour(@(x1,x2)mvnpdf([x1,x2],m(1,:),s(:,:,1)));
ezcontour(@(x1,x2)mvnpdf([x1,x2],m(2,:),s(:,:,2)));
ezcontour(@(x1,x2)mvnpdf([x1,x2],m(3,:),s(:,:,3)));
h.XLim = cxlim;
h.YLim = cylim;
xlabel('petal length');
ylabel('petal width');
title('Naive Bayes Classifier -- Fisher''s Iris Data');
hold off;
```

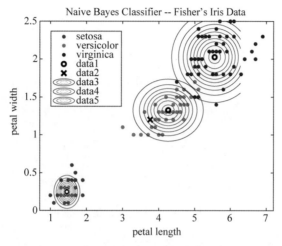

图 4.37　例 4.40 的输出

4.7.6　支持向量机(SVM)分类器

SVM 分类器是一种二元分类的方法，它寻找将数据分成两类的最佳超平面(Christianini and Shawe-Taylor,2000)。最优超平面最大化了自身周围的边距(不包含任何观察的空间)，从而为正类和负类创建了边界。支持向量是离分离超平面最近的数据点；这些点位于边距的边界上。SMLT 函数 **fitcsvm** 用于训练或交叉验证二值分类的 SVM。在例 4.41 中，从 Fisher-Iris 数据集中去掉了 setosa 类，剩下的两个类中，第一类(versicolor)是负类，第二类(virginica)是正类。被识别和绘制的支持向量是发生在或超出其估计类边界的观察(见图 4.38)。根据提交给训练分类器的两个类的数据点的平均值计算测试项，使用 SMLT 函数 **predict** 将预测类作为 virginica 返回。

例 4.41　编写一个程序，使用在 Fisher-Iris 数据集上训练的二元 SVM 分类器预测测试项。

```
clear; clc;
load fisheriris;
species_n = ~strcmp(species,'setosa'); % remove one class
X = meas(species_n, 3:4);
y = species(species_n);
C = fitcsvm(X,y);
sv = C.SupportVectors;
t = mean(X);                           % test item
```

```
p = predict(C, t)                    % estimated class
figure,
gscatter(X(:,1),X(:,2),y);
hold on;
plot(sv(:,1),sv(:,2),'ko','MarkerSize',10);
plot(t(1), t(2), 'kx', 'MarkerSize', 10, 'LineWidth', 2);
legend('versicolor','virginica','Support Vector', 'Test item');
hold off;
```

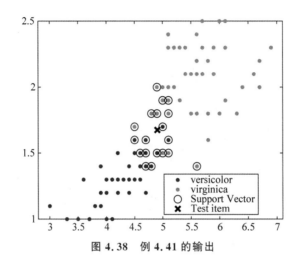

图 4.38 例 4.41 的输出

例 4.42 使用二元 SVM 为 Fisher-Iris 数据集的三个类计算了多个类边界。对于每个类：(1)创建一个逻辑向量 idx，指示观察是否是该类的成员。(2)使用预测器数据和 idx 训练 SVM 分类器。(3)将分类器存储在单元数组的一个单元中。SVM 模型是一个 3×1 单元数组，每个单元包含一个 ClassificationSVM 分类器。对于每个单元格，正类分别是 setosa、versicolor 和 virginica。SVM 分类器使用**径向基函数**（RBF）核进行训练。对于非线性 SVM，该算法使用预测数据 X 的行形成 Gram 矩阵。对偶形式化用生成的 Gram 矩阵的相应元素替换 X 中观测值的内积（称为"核技巧"）。因此，非线性 SVM 在变换后的预测器空间中运行以找到分离超平面。一组 n 个向量 $\{x_1, x_2, \cdots, x_n\}$ 的 Gram 矩阵是一个 $n \times n$ 矩阵，元素 (j,k) 定义为 $G(x_j, x_k) = <\phi(x_j), \phi(x_k)>$，即使用核函数 ϕ 转换后的预测变量的内积。对于高斯或 RBF 核，$(x_j, x_k) = \exp(-\|x_1 - x_2\|^2)$。SMLT 函数 **predict** 可用于预测 SVM 分类树的标签。三个 SVM 分类器可用于识别对应的类，即 predict(SVM{1}, X) 识别第 1 类，predict(SVM{2}, X) 识别第 2 类，predict(SVM{3}, X) 识别第 3 类。

例 4.42 编写一个程序，使用在 Fisher-Iris 数据集上训练的 SVM 分类器根据多个类来预测测试项。

```
clear; clc;
load fisheriris;
X = meas(:,3:4);
C = cell(3,1);
classes = unique(species);
for j = 1:numel(classes)
    idx = strcmp(species, classes(j));  % Create binary classes for each classifier
```

```
        C{j} = fitcsvm(X, idx, 'KernelFunction', 'rbf');
end
t = mean(X);                        % Test item
predict(C{1},t)
predict(C{2},t)
predict(C{3},t)
```

4.7.7 分类学习器应用程序

分类学习器应用程序是一个交互式图形实用程序,用于训练、验证和调整分类模型。可以同时训练许多不同的分类算法,并且在选择最佳模型之前可以并排比较它们的验证错误。这样可将最好的模型导出到工作区,以新的数据进行分类。在应用程序选项卡上的机器学习组中,选择分类学习器(见图4.39)。

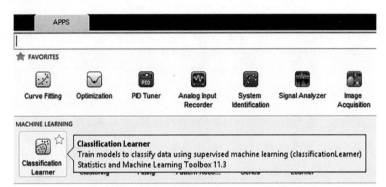

图 4.39 分类学习器应用程序界面:工作区

单击新建会话并从工作区或文件中选择数据。指定用作预测变量(特征)的变量和需要分类的响应变量(见图4.40)。

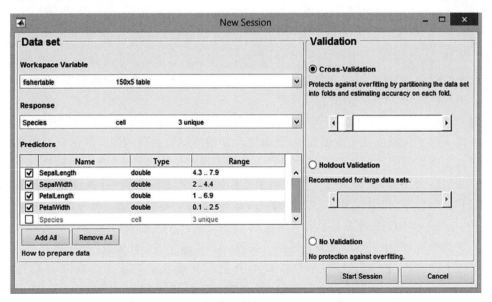

图 4.40 分类学习器应用程序界面:数据集选择

单击开始会话，会生成数据的散点图，可用于调查哪些变量对预测响应有用。在预测变量下的 X 和 Y 列表上选择不同的选项以可视化物种和测量的分布。观察哪些变量能最清楚地分开物种彩色。如有必要，单击特征选择并添加或删除特征（见图 4.41）。

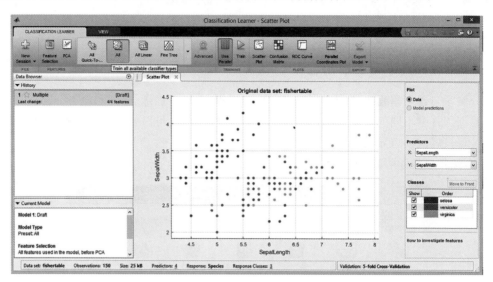

图 4.41　分类学习器应用程序界面：分类器选择

在模型类型部分中，单击所有 Quick-To-Train。此选项将训练可用于您的数据集的所有可快速拟合的模型预设。单击 Train，历史记录列表中会出现一系列模型类型。当它们完成训练时，最佳百分比准确度分数会在框中突出显示。单击历史列表中的模型以浏览图中的结果。要尝试适用于您的数据集的所有分类器模型预设，请单击全部，然后单击训练。默认验证选项是 5-折交叉验证，可防止过拟合。对于 k-折**交叉验证**方案，整个数据使用 k 个不相交的子集进行分区，对于每个子集，使用子集外的观察训练模型，然后使用子集内的数据评估其性能。最后，计算所有子集的平均测试误差。这个方案推荐用于小数据集。对于保留验证(holdout validation)方案，用指定百分比的数据作为测试集，而其余数据用作训练集。该模型在训练集上进行训练，并使用测试集评估其性能。得分是保留观察的准确性。对于大型数据集，建议使用此方案。训练模型后，散点图从显示数据切换到显示模型预测，错误分类的样本用"×"表示(见图 4.42)。

对于从历史列表中选择的特定分类器，单击混淆矩阵以显示结果。行表示真实类，列表示预测类。对于保留或交叉验证方案，**混淆矩阵**是根据保留的观测值计算的。对角线单元格显示真实类和预测类的匹配位置。如果这些单元格为绿色，则分类器的性能良好。选择真阳性假阴性选项时，将显示每个类的结果。ROC(接收器工作特性)曲线显示真阳性率(TPR)和假阳性率(FPR)：例如，TPR 为 0.8 表示 80% 的观察值已正确分配给阳性类别，FPR 为 0.3 表示 30% 的观察值已错误分配给阳性类别。AOC(曲线下面积)是度量分类器整体质量的指标，使用它可以比较不同的分类器，AOC 越大表示性能越好(见图 4.43)。

也可手动选择特定分类器，请单击模型类型部分最右侧的箭头以展开分类器列表(见图 4.44)。从列表中选择一个分类器，并查看可以调整的参数。完成后，单击"训练"。重复以尝试不同的分类器。对应每个分类器显示的得分是验证精度，其估计模型与训练数

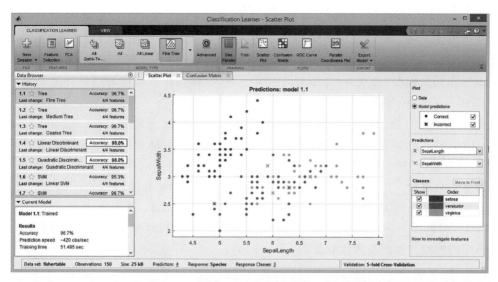

图 4.42 分类学习器应用程序界面：分类结果

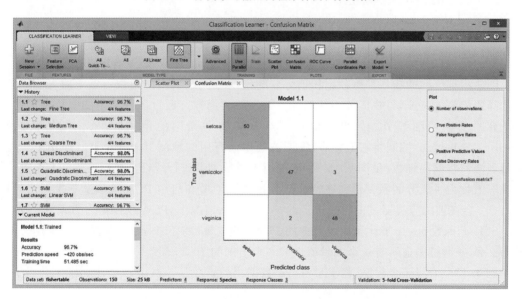

图 4.43 分类学习器应用程序界面：混淆矩阵

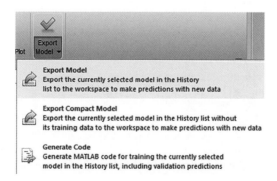

图 4.44 分类学习器应用程序界面：导出

据比较在新数据上的性能。选择具有最佳结果的分类器后，单击 Export Model（导出模型）。如果包含训练数据，则训练模型将导出为包含分类对象的结构，例如 ClassificationTree、ClassificationDiscriminant、ClassificationVM、ClassificationKNN 等。选择 Export Compact Model（导出精简模型）选项后，将导出训练模型，而不将训练数据作为精简分类对象，例如 CompactClassificationTree。

要使用导出的分类器对新数据 S 进行预测，请使用以下形式：yfit = trainedModel.predictFcn(S)。测试数据 S 必须与用于训练模型的原始训练数据采用相同的形式，即表格、矩阵或向量，其中，预测变量的列或行以相同的顺序和格式出现。输出 yfit 包含 S 中每个数据点的类预测。为了帮助进行预测，请使用：trainedModel.HowToPredict。

在导出期间，可以生成能用于新数据的 MATLAB 代码。导出的代码显示在 MATLAB 编辑器中，可以将其另存为文件。要对新数据进行预测，请使用一个函数来加载经过训练的模型并预测新数据的类别：

```
function label = classifyX (X)
C = loadCompactModel('myModel');
label = predict(C,X);
end;
```

要优化特征选择，应确定通过在散点图上绘制成对预测器能很好地分离类别的预测器。散点图显示训练前的输入训练数据和训练后的模型预测结果。使用预测器下的 X 和 Y 列表选择要绘制的特征，寻找能够很好地区分类别的预测器。通过图右上角的缩放和平移控件研究图的更精细细节。如果可以识别对分离类别无用的预测器，则使用特征选择（Feature Selection）控制将它们移除，仅训练使用最有用的预测器的分类器。使用 PCA 来降低预测器空间的维数（见图 4.45）。PCA 用于对预测器进行线性变换以去除冗余维度，并生成一组称为主成分的新变量。在特征部分，选择 PCA 和启用 PCA 选项。下次点击训练时，PCA 会在训练分类器之前转换选定的特征。默认情况下，PCA 仅保留占方差 95% 的分量。SMLT 函数 **pca** 用于计算原始数据的 PCA。例 4.43 将 Fisher-Iris 数据集的维数从 4-D 降为 2-D，并通过考虑所有 4 个测量值生成 3 个类别的图。

例 4.43 编写一个程序，将 Fisher-iris 数据集的维数从 4 减少到 2 并生成 3 个类别的 2-D 图。

```
clear; clc;
load fisheriris;
X = meas;
[coeff,score,latent] = pca(X);
gscatter(score(:,1), score(:,2), species);
xlabel('pc1'); ylabel('pc2');
```

例 4.44 使用 Fisher-Iris 数据集来训练所有适用的分类器并显示准确度结果和混淆矩阵。

例 4.44 使用 Fisher-Iris 数据集训练所有适用的分类器，并使用分类学习器应用程序显示其准确度结果和混淆矩阵。

Fisher 于 1936 年提供的鸢尾花数据来自三种花卉的标本：setosa、versicolor、virginica，还

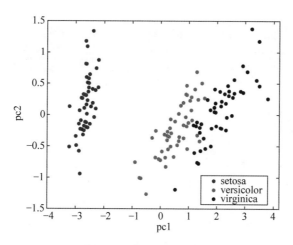

图 4.45 例 4.43 的输出

包含了对花的测量值：萼片长度、萼片宽度、花瓣长度、花瓣宽度。

- 步骤 1：使用数据集中的变量创建用于分类的测量预测变量（或特征）表。

```
rng('default');
fishertable = readtable('fisheriris.csv');
```

或者，可以通过指定矩阵和向量名称来创建表。

```
rng('default');
load fisheriris;
iristable = table(meas,species)
```

- 步骤 2：打开应用程序>机器学习>分类学习器
- 步骤 3：新建会话>从工作区
- 步骤 4：开始会话
- 步骤 5：训练所有分类器>训练
- 步骤 6：从历史列表中选择最佳结果>混淆矩阵

下面列出了基于三个特征选项的最佳结果和混淆矩阵指标：

实例 1

- 特征：萼片长度和萼片宽度
- 最佳结果：分类器，三次 SVM；准确度，82%（见图 4.46）
- TP(真阳性) $= (T1 \cdot P1 + T2 \cdot P2 + T3 \cdot P3)/3 = (100+72+74)/3 = 82\%$
- TN(真阴性) $= \{(T2+T3)/2 + (T1+T3)/2 + (T1+T2)/2\}/3 = (100+100+100)/3 = 100\%$
- FP(假阳性) $= \{(T2 \cdot P1 + T3 \cdot P1)/2 + (T1 \cdot P2 + T3 \cdot P2)/2 + (T1 \cdot P3 + T2 \cdot P3)/2\} = \{(0+0)/2 + (0+26)/2 + (0+28)/2\} = 27\%$
- FN(假阴性) $= (T1 \cdot P2 + T1 \cdot P3)/2 + (T2 \cdot P1 + T2 \cdot P3)/2 + (T3 \cdot P1 + T3 \cdot P2)/2 = 0+0+0+28/2+0+26/2 = 27\%$

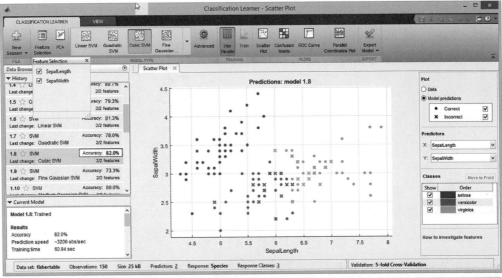

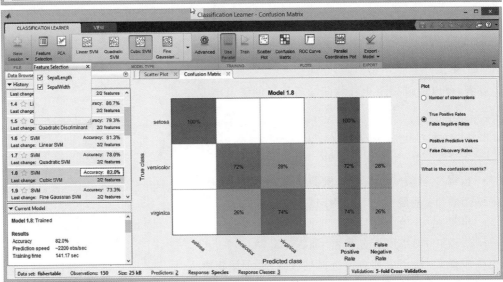

图 4.46 例 4.44 的输出：实例 1

实例 2

- 特征：花瓣长度和花瓣宽度
- 最佳结果：分类器，二次判别；准确度，97.3%（见图 4.47）
- TP=(T1·P1+T2·P2+T3·P3)/3=(100+96+96)/3=97.3%
- TN={(T2+T3)/2+(T1+T3)/2+(T1+T2)/2}/3=(100+100+100)/3=100%
- FP={(T2·P1+T3·P1)/2+(T1·P2+T3·P2)/2+(T1·P3+T2·P3)/2}= {(0+0)/2+(0+4)/2+(0+4)/2}=4%
- FN=(T1·P2+T1·P3)/2+(T2·P1+T2·P3)/2+(T3·P1+T3·P2)/2=0+ 0+0+4/2+0+4/2=4%

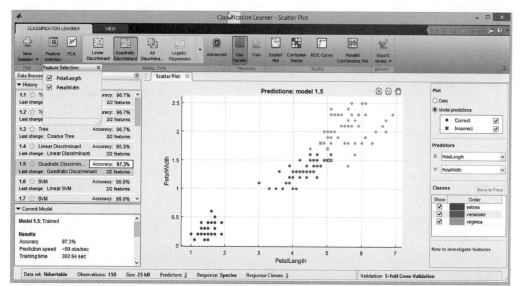

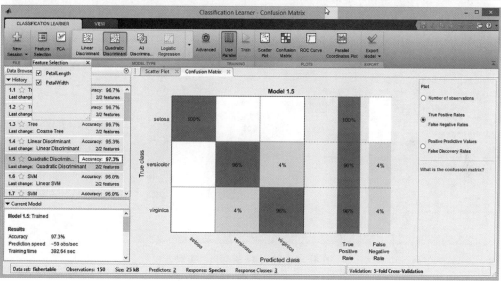

图 4.47 例 4.44 的输出：实例 2

实例 3

- 特征：萼片长度、萼片宽度、花瓣长度和花瓣宽度
- 最佳结果：分类器，线性判别；准确度，98%（见图 4.48）
- TP=(T1·P1+T2·P2+T3·P3)/3=(100+96+98)/3=98%
- TN={(T2+T3)/2+(T1+T3)/2+(T1+T2)/2}/3=(100+100+100)/3=100%
- FP={(T2·P1+T3·P1)/2+(T1·P2+T3·P2)/2+(T1·P3+T2·P3)/2}= {(0+0)/2+(0+4)/2+(0+2)/2}=3%
- FN=(T1·P2+T1·P3)/2+(T2·P1+T2·P3)/2+(T3·P1+T3·P2)/2=0+ 0+0+4/2+0+2/2=3%

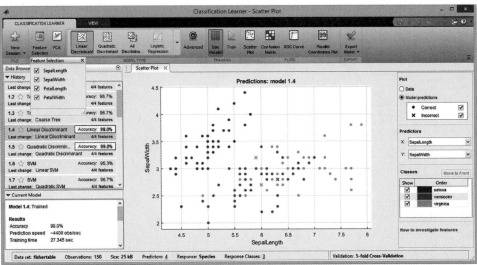

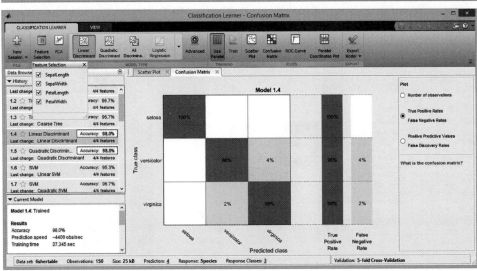

图 4.48 例 4.44 的输出：实例 3

4.8 性能评价

完成聚类或分类后，接下来会出现性能评估问题，以分析识别系统的效率或有效性。这在研究场景中尤其重要，在这种情况下，当前或提议的方法与现有文献中调查的早期技术的比较分析至关重要。聚类结果基于聚类统计进行评估。当聚类较小且相距较远时，即聚类内的距离较小而聚类间的距离较大时，聚类被认为更有效。一个这样的聚类指标称为点的**轮廓值**（剪影值），它是在与其他聚类中的点相比时衡量该点与其自身聚类中的点的相似程度的度量。轮廓值如下式所示，其中，S_i 是聚类中第 i 个点的轮廓值；D_i 是在聚类上最小化的第 i 个点到不同聚类中的点的最小平均距离；d_i 是从第 i 个点到同一个聚类中其他点的平均距离(Kaufman and Rousseeuw,1990)。

$$S_i = \frac{D_i - d_i}{\max(D_i, d_i)}$$

轮廓值为-1~+1。高轮廓值表明 i 与其自己的聚类匹配良好,但与相邻聚类匹配不佳。如果大多数点的轮廓值很高,则聚类解决方案是合适的。如果许多点的轮廓值较低或为负,则聚类解决方案可能具有过多或过少的聚类。轮廓聚类评估标准可使用任何距离度量。SMLT 函数 **silhouette** 用于计算轮廓值并生成轮廓图。例 4.45 将一组随机的 20 个点分为两组,并计算了它们的轮廓值,这些值显示在散点图中(见图 4.49)。默认情况下,轮廓使用 X 中点之间的平方欧氏距离。另外,还显示了一个轮廓图,它看起来像一个条形图,条形的长度等于数据点的轮廓值。

例 4.45 编写一个程序,生成用于性能评估的轮廓图。

```
clear; clc;
rng default;                         % For reproducibility
X = [randn(10,2) + ones(10,2); randn(10,2) - ones(10,2)];
cidx = kmeans(X,2,'distance','sqeuclidean');
s = silhouette(X,cidx,'sqeuclidean');
d = 0.2;
gscatter(X(:,1), X(:,2), cidx); hold on;
for i = 1:20
    text(X(i,1) + d, X(i,2), num2str(s(i)))
end;
figure,
[s, h] = silhouette(X,cidx,'sqeuclidean');
```

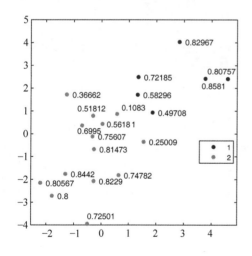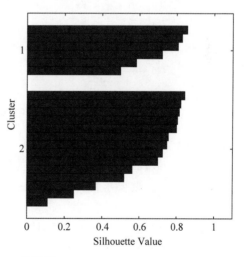

图 4.49 例 4.45 的输出

SMLT 函数 **evalclusters** 用于评估聚类分布并使用指定的最大聚类数返回最佳聚类数。在例 4.46 中,使用(C-H)准则/指标(Calinski and Harabasz, 1974)评估了聚类解决方案并返回最佳聚类数,在本例中为 4。然后使用该最佳数执行 k-均值聚类算法并生成一个绘图。**C-H 准则**有时称为方差比准则(VRC)。**卡林斯基-哈拉巴斯**指数定义为:

$$\text{VRC}(k) = \frac{D}{d} \times \frac{N-k}{k-1}$$

式中，D 是总体聚类间方差；d 是总体聚类内方差；k 是聚类数量；N 是观测数量。例 4.46 展示了将 Fisher-Iris 数据集聚类为 1～6 个聚类的 C-H 分数，其中最优值为 3，如图 4.50 左图所示，而图 4.50 右图为分组后的散点图，正如 C-H 准则所表明的那样。

例 4.46 编写一个程序，评估聚类分布并返回最佳聚类数。

```
clear; clc;
load fisheriris;
rng('default');
X = meas;
eva = evalclusters(X,'kmeans','CalinskiHarabasz','KList',[1:6]);
opc = eva.OptimalK;
subplot(121),
plot(eva)
PL = X(:,3);
PW = X(:,4);
gr = eva.OptimalY;
subplot(122),
gscatter(PL, PW, gr);
```

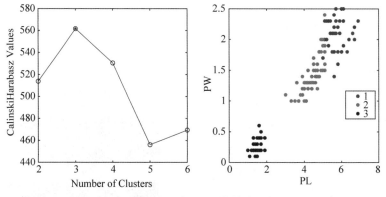

图 4.50　例 4.46 的输出

分类性能可以使用混淆矩阵进行评估。**混淆矩阵**是一个网格，它显示了实际类和预测类之间的比较。假设在一个盒子里有一些矩形物体（R）和一些三角形物体（T）。从盒子中随机取出一个物体，并要求计算机预测它的类型（类别）。每个类都可能出现四种情况，比如 R：

- 实际上为 R 且预测为 R：真阳性（正确分类）
- 实际上非 R 且预测为非 R：真阴性（正确分类）
- 实际上为 R 但预测为非 R：假阴性（错误分类）
- 实际上非 R 但预测为 R：假阳性（错误分类）

SMLT 函数 **confusionmat** 用于返回由指定的已知和预测组确定的混淆矩阵。例 4.47 显示了使用 LDA 为 Fisher-Iris 数据分类生成的混淆矩阵。数据集被划分为训练集和测试集，保留 20% 用于测试。BM 函数 **array2table** 用于将数组转换为具有命名列的表结构，这样做是为了在右侧添加一个包含物种名称的附加列，基于分类器将数据分为三个类。该示例显示分类器将测试集中的一个 versicolor 样本错误分类为 virginica（见图 4.51）。

例 4.47 编写一个程序，划分 80% 的 Fisher-iris 数据集用于训练，保留 20% 用于测试，并在使用线性鉴别分类器分类后生成混淆矩阵。

```
clear; clc;
load fisheriris
n = size(meas,1);
rng(1);                                    % For reproducibility
cvp = cvpartition(n, 'Holdout', 0.2);
tr = training(cvp);                        % Training set indices
te = test(cvp);                            % Test set indices
trtb = array2table(meas(tr,:));
trtb.e = species(tr);
clf = fitcdiscr(trtb, 'e');                % classifier model
tepl = predict(clf, meas(te,:));           % test set predicted labels
confusionmat(species(te), tepl)
tef = meas(te, 3:4);                       % test set features
teal = species(te);                        % test set actual labels
subplot(121), gscatter(tef(:,1), tef(:,2), teal);
title('Actual test labels');
subplot(122), gscatter(tef(:,1), tef(:,2), tepl)
title('Predicted test labels');
```

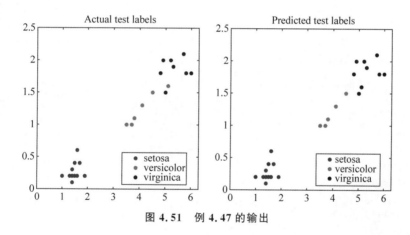

图 4.51 例 4.47 的输出

程序生成的混淆矩阵如下所示，其中，每一行是实际类别，每一列是预测类别。

```
15   0   0
 0   6   1
 0   0   8
```

混淆矩阵显示属于 setosa 和 virginica 的测量值被正确地分类，而属于 versicolor 的一个测量值被错误分类为 virginica。如图 4.51 所示，其中与实际测试标签图有关的绿点在预测的测试标签图中显示为蓝色。

例 4.48 显示：Fisher-Iris 数据集被随机分成两半，其中一半使用三种不同的分类器进行训练，即决策树分类器、线性鉴别分类器、朴素贝叶斯分类器，而另一半被视为测试集，其类别被预测和生成相应的混淆矩阵。对于第一个分类器，识别准确率为 71/75＝94.67%；对于第二个分类器，识别准确率为 73/75＝97.33%；对于第三个分类器，识别准确率为 72/75＝96%。

例 4.48 编写一个程序，将 Fisher-iris 数据集随机分成两个相等的部分，并通过生成它们的混淆矩阵来比较三个分类器的性能。

实例 1：决策树分类器

```
clear; clc;
load fisheriris;
rng(0);                              % For reproducibility
n = length(species);                 % length of dataset
p = randperm(n);                     % random permutations
x = meas(p,:);                       % dataset
lb = species(p);                     % label
h = floor(n/2);                      % half length of dataset
t = x(1:h,:);                        % training set
tl = lb(1:h);                        % training set labels
m = fitctree(t,tl);                  % decision tree classifier
s = x(h+1:end,:);                    % testing set
r = predict(m,s);                    % predicted labels
sl = lb(h+1:end);                    % actual labels
[c, o] = confusionmat(sl,r,'Order',{'setosa','versicolor','virginica'})
Program output :
c =
    29     0     0
     0    20     4
     0     0    22
```

实例 2：线性鉴别分类器

```
clear; clc;
load fisheriris
rng(0);                              % For reproducibility
n = length(species);
p = randperm(n);
x = meas(p,:);
lb = species(p);
h = floor(n/2);
t = x(1:h,:);
tl = lb(1:h);
m = fitcdiscr(t,tl);                 % linear discriminant classifier
s = x(h+1:end,:);
r = predict(m,s);
sl = lb(h+1:end);
[c, o] = confusionmat(sl,r,'Order',{'setosa','versicolor','virginica'})
Program Output :
c =
    29     0     0
     0    22     2
     0     0    22
```

实例 3：朴素贝叶斯分类器

```
clear; clc;
load fisheriris
rng(0);                                 % For reproducibility
n = length(species);
p = randperm(n);
x = meas(p,:);
lb = species(p);
h = floor(n/2);
t = x(1:h,:);
tl = lb(1:h);
m = fitcnb(t,tl);                       % naive bayes classifier
s = x(h + 1:end,:);
r = predict(m,s);
sl = lb(h + 1:end);
[c, o] = confusionmat(sl,r,'Order',{'setosa','versicolor','virginica'})
Program Output :
c =
    29     0     0
     0    21     3
     0     0    22
```

复习问题

1. 区分有监督和无监督的分组。
2. 解释术语聚类、分类、训练阶段、测试阶段。
3. 特征向量和特征空间是什么意思？
4. 如何在 MAT 文件中存储和检索数据？
5. 讨论 Fisher-Iris 数据集。
6. 如何读取和存储多个媒体文件进行模式识别？
7. 预处理有什么用？
8. 如何用最小特征值法提取特征点？
9. 如何使用哈里斯角点检测器检测图像中的角点？
10. FAST 算法如何检测特征点？
11. MSER 算法如何检测特征点？
12. SURF 算法如何检测感兴趣点并为它生成描述符？
13. KAZE 算法如何检测感兴趣点并为它生成描述符？
14. BRISK 算法如何检测感兴趣点并为它生成描述符？
15. LBP 算法如何计算感兴趣点？
16. HOG 算法如何计算感兴趣点？
17. k-均值聚类和分层聚类方案的区别？
18. GMM 如何用于拟合点的随机分布？

19. k-NN 算法如何对数据进行分类？
20. 什么是人工神经网络？SLP 和 MLP 的区别是什么？
21. 决策树分类器如何用于数据分类？
22. 如何使用鉴别分析分类器进行数据分类？
23. 如何进行 k-折交叉验证？它的效用是什么？
24. 如何使用朴素贝叶斯分类器对数据进行分类？
25. SVM 分类器如何使用多个类来预测测试项目？

函 数 汇 总

基本 MATLAB(BM)函数

%：comments,注释
:: range of values or all current values,值范围或所有当前值
[]：map current values to full range of values,将当前值映射到完整的值范围
'：transpose of a vector or matrix,向量或矩阵的转置
abs：absolute value,绝对值
area：filled area 2-D plot,填充区域二维图
array2table：converts an array to a table,将数组转换为表
atan：inverse tangent in radians,以弧度为单位的反正切
audiodevinfo：information about audio device,有关音频设备的信息
audioinfo：information about audio files,有关音频文件的信息
audioplayer：create object for playing audio,创建用于播放音频的对象
audioread：read audio files,读取音频文件
audiorecorder：create object for recording audio,创建用于录制音频的对象
audiowrite：write audio files,写入音频文件
axes：specify axes appearance and behavior,指定轴的外观和行为
axis：set axis limits and aspect ratios,设置轴限和纵横比
bar,bar3：bar graph,3-D bar graph,条形图,三维条形图
boundary：return coordinates of boundary of a set of points,返回一组点的边界坐标
ceil：round towards positive infinity,向正无穷方向旋转
cell：create cell array,创建单元数组
cell2mat：convert cell array to ordinary array,将单元数组转换为普通数组
clc：clear command window of previous text,清除上一个文本的命令窗口
clear：clear items from workspace memory,从工作区内存中清除项目
colorbar：displays color scalebar in colormap,显示彩色查找表中的彩色比例尺
colormap：color look-up table,彩色查找表
comet：2-D animated plot,二维动画情节
compass：plot arrows emanating from origin,绘制从原点发出的箭头
continue：pass control to next iteration of loop,将控制传递给循环的下一个迭代
contour,contourf：contour plot of a matrix,矩阵的等高线图
cos：cosine of argument in radians,以弧度表示参数的余弦
cov：calculate covariance,计算协方差
cylinder：3-D cylinder,三维圆柱体
datetick：date formatted tick labels,日期格式的勾号标签
dir：list folder contents,列出文件夹内容
disp：display value of variable,显示变量的值
double：convert to double precision data type,转换为双精度数据类型

eig：calculate eigenvectors and eigenvalues，计算本征向量和本征值

ellipsoid：generate 3-D ellipsoid，生成三维椭球体

end：terminate block of code，终止代码块

eps：epsilon, a very small value equal to 2^{-52} or 2.22×10^{-16}，ε，一个非常小的值，等于 2^{-52} 或 2.22×10^{-16}

errorbar：line plot with error bars，带误差条的线图

exp：exponential，指数的

ezplot：plots symbolic expressions，绘制符号表达式

feather：plot velocity vectors，绘制速度向量

fft, fft2：fast Fourier transform, 2-D fast Fourier transform，快速傅里叶变换，2-D 快速傅里叶变换

fftshift：shift zero-frequency component to center of spectrum，将零频率分量移至频谱中心

figure：create a figure window，创建图窗口

fill：fill 2-D polygons，填充 2-D 多边形

filter, filter2：1-D digital filter, 2-D digital filter，1-D 数字滤波器、2-D 数字滤波器

find：find indices and values of nonzero elements，查找非零元素的索引和值

fliplr：flip matrix left to right，左右翻转矩阵

flipud：flip matrix up to down，上下翻转矩阵

floor：round toward negative infinity，向负无穷大舍入

fmesh：create 3-D mesh，创建 3-D 网格

for … end：repeat statements specified number of times，重复语句指定次数

format：set display format in command window，在命令窗口中设置显示格式

frame2im：return image data associated with movie frame，返回与电影帧关联的图像数据

fsurf：create 3-D surface，创建 3-D 表面

fullfile：build full file name from parts，从部件构建完整的文件名

function：create user-defined function，创建用户定义函数

gallery：invoke gallery of matrix functions for testing algorithms，调用矩阵函数库以测试算法

gca：get current axis for modifying axes properties，获取当前轴以修改轴属性

gcf：get current figure handle for modifying figure properties，获取当前图句柄以修改图属性

getaudiodata：return recorded audio from array，从数组返回录制的音频

getFrame：capture axes or figure as movie frame，将轴或图捕获为电影帧

grid：display grid lines in plot，在绘图中显示网格线

hasFrame：determine if frame is available to read，确定框架是否可供读取

hex2dec：convert hexadecimal to decimal，将十六进制转换为十进制

histogram：histogram plot，绘制直方图

hold：hold on the current plot，保持当前绘图

hot：hot colormap array，彩色查找表数组 hot

hsv2rgb：convert colors from HSV space to RGB space，将彩色从 HSV 空间转换为 RGB 空间

if … end：execute statements if condition is true，如果条件为真则执行语句

if … elseif … else：execute statements if condition is true else other statements，如果条件为真则执行语句，否则执行其他语句

im2double：convert image to double precision，将图像转换为双精度

im2frame：convert image to movie frame，将图像转换为电影帧

imag：imaginary part of complex number，复数的虚部

image, imagesc：display image, display scaled image from array，显示图像，显示来自数组的缩放图像

imageDatastore：create datastore for image data，为图像数据创建数据存储

imapprox：approximate indexed image by reducing number of colors，通过减少彩色数量来近似索引图像

imfinfo：display information about file，显示文件信息
imread：read image from file，从文件中读取图像
imresize：resize image，调整图像尺寸
imshow：display image，显示图像
imwrite：write image to file，将图像写入文件
ind2rgb：convert indexed image to RGB image，将索引图像转换为 RGB 图像
Inf：infinity，无穷
jet：jet colormap array，彩色查找表数组 jet
legend：add legend to axes，向轴添加图例
length：length of largest array dimension，最大数组维数的长度
line：create line，创建线
linspace：generate vector of evenly spaced values，生成等距值的向量
load：load variables from file into workspace，将变量从文件加载到工作区
log：natural logarithm，自然对数
magic：magic square with equal row and column sums，行和列和相等的幻方
max：maximum value，最大值
mean：average value，平均值
mesh,meshc：mesh,mesh with contour plot，网格，带等高线图的网格
meshgrid：generates 2-D grid coordinates，生成 2-D 栅格坐标
min：minimum value，最小值
mmfileinfo：information about multimedia file，有关多媒体文件的信息
movie：play recorded movie frames，播放录制的电影画面
NaN：not a number，output from operations which have undefined numerical results，不是数字，是具有未定义数值结果的操作的输出
num2str：convert numbers to strings，将数字转换为字符串
numel：number of array elements，数组元素数
ones：create array of all ones，创建全是 1 的数组
pause：stop MATLAB execution temporarily，暂时停止 MATLAB 执行
peaks：sample function of two variables，双变量样本函数
pie,pie3：pie chart,3-D pie chart，饼图,3-D 饼图
play：play audio，播放音频
plot,plot3：2-D line plot,3-D line plot,2-D 线图,3-D 线图
plotyy：plot using two y-axis labeling，使用两个 y 轴标签绘制
polar：polar plot，极坐标图
polarhistogram：polar histogram，极坐标直方图
polyshape：create a polygon defined by 2-D vertices，创建由 2-D 顶点定义的多边形
prod：product of array elements，数组元素的乘积
quiver：arrow plot，箭头图
rand：uniformly distributed random numbers，均匀分布随机数
randi：uniformly distributed random integers，均匀分布随机整数
randperm：random permutation，随机置换
readFrame：read video frame from video file，从视频文件中读取视频帧
real：real part of complex number，复数实部
recordblocking：record audio holding control until recording completes，保持控制录制音频，直到录制完成
rectangle：create rectangle with sharp or curved corners，创建具有锐角或弯角的矩形

release：release resources，释放资源

rgb2gray：convert RGB image to grayscale，将 RGB 图像转换为灰度图像

rgb2hsv：convert colors from RGB space to HSV space，将彩色从 RGB 空间转换到 HSV 空间

rgb2ind：convert RGB image to indexed image，将 RGB 图像转换为索引图像

rgbplot：plot colormap，绘制彩色查找表

rng：control random number generation，控制随机数生成

round：round to nearest integer，四舍五入到最近的整数

save：save workspace variables to MAT-file，将工作空间变量保存到 MAT 文件

scatter, scatter3：2-D scatter plot, 3-D scatter plot，2-D 散点图，3-D 散点图

set：set graphics object properties，设置图形对象属性

sin：sine of argument in radians，以弧度表示参数的正弦

size：return array size，返回数组尺寸

sort：sort array elements，排序数组元素

sound：convert matrix data to sound，将矩阵数据转换为声音

sphere：generate sphere，生成球体

spring：spring colormap array，彩色查找表数组 spring

sprintf：format data into string，将数据格式化为字符串

sqrt：square root，平方根

stairs：stairs plot，阶梯图

stem：stem plot，茎图

step：run system object algorithm，运行系统对象算法

strcat：concatenate strings horizontally，水平连接字符串

strcmp：compare strings，比较字符串

struct：create a structure array，创建结构数组

subplot：multiple plots in a single figure window，单个图窗口中的多个图

sum：sum of elements，元素总和

summer：summer colormap array，彩色查找表数组 summer

surf：create surface plot，创建曲面图

tan：tangent of argument in radians，以弧度表示参数的正切

text：insert text descriptions in graphical plots，在图形中插入文本描述

tic：start stopwatch timer，启动秒表计时器

table：create table array with named columns，创建具有命名列的表数组

title：insert title in graphical plots，在图形中插入标题

toc：stop timer and read elapsed time from stopwatch，停止计时器并从秒表读取经过时间

uint8：unsigned integer 8 bit（0～255），无符号 8 位整数（0～255）

unique：unique values in array，数组中的唯一值

ver：displays MATLAB version，显示 MATLAB 版本

VideoReader：read video files，读取视频文件

VideoWriter：write video files，写入视频文件

view：viewpoint specification，视点规范

while ... end：execute statements while condition is true，条件为真时执行语句

whos：list variables in workspace, with sizes and types，列出工作区中的变量，包括大小和类型

xlabel：label x-axis，标签 x 轴

ylabel：label y-axis，标签 y 轴

zeros：create array of all zeros，创建全零数组

zlabel：label z-axis，标签 z 轴

图像处理工具箱（IPT）函数

affine2d：2-D affine geometric transformation，2-D 仿射几何变换
applycform：apply device-independent color space transformation，应用独立于设备彩色空间的变换
blockproc：distinct block processing for image，图像的不同块处理
boundarymask：find region boundaries of segmentation，找到分割的区域边界
bwarea：area of objects in binary image，二值图像中的目标面积
bwareafilt：extract objects from binary image by size，根据尺寸从二值图像中提取目标
bwboundaries：trace region boundaries in binary image，跟踪二值图像中的区域边界
bwconncomp：find connected components in binary image，查找二值图像中的连通组元
bwconvhull：generate convex hull image from binary image，从二值图像生成凸包图像
bwdist：distance transform of binary image，二值图像的距离变换
bweuler：Eeuler number of binary image，二值图像的欧拉数
bwlabel：label connected components in 2-D binary image，标记 2-D 二值图像中的连通组元
bwmorph：morphological operations on binary images，二值图像的形态学操作
bwperim：find perimeter of objects in binary image，查找二值图像中的目标周长
bwtraceboundary：trace object in binary image，跟踪二值图像中的目标
checkerboard：create checkerboard image，创建棋盘图像
col2im：rearrange matrix columns into blocks，将矩阵列重新排列为块
corr2：2-D correlation coefficient，2-D 相关系数
dct2：2-D discrete cosine transform，2-D 离散余弦变换
dctmtx：discrete cosine transformation matrix，离散余弦变换矩阵
deconvblind：deblur image using blind deconvolution，使用盲解卷积去模糊图像
deconvlucy：deblur image using Lucy-Richardson deconvolution，使用 Lucy-Richardson 反卷积去模糊图像
deconvwnr：deblur image using Wiener deconvolution，使用维纳反卷积去模糊图像
edge：find edges in intensity image，查找强度图像中的边缘
entropy：calculate entropy of grayscale image，计算灰度图像的熵
entropyfilt：filter using local entropy of grayscale image，使用灰度图像的局部熵进行滤波
fspecial：create predefined 2-D filter，创建预定义的 2-D 滤波器
gabor：create Gabor filter，创建盖伯滤波器
gray2ind：convert grayscale or binary image to indexed image，将灰度或二值图像转换为索引图像
graycomatrix：create gray-level co-occurrence matrix from image，从图像创建灰度共生矩阵
grayconnected：select contiguous image region with similar gray values，选择具有相似灰度值的连续图像区域
graycoprops：properties of gray-level co-occurrence matrix，灰度共生矩阵的性质
graythresh：global image threshold using Otsu's method，使用大津方法的全局图像阈值
histeq：enhance contrast using histogram equalization，使用直方图均衡增强对比度
hough：Hough transform，哈夫变换
houghlines：extract line segments based on Hough transform，基于哈夫变换的线段提取
houghpeaks：identify peaks in Hough transform，识别哈夫变换中的峰值
idct2：2-D inverse discrete cosine transform，2-D 反离散余弦变换
ifft2：2-D discrete Fourier transform，2-D 离散傅里叶变换
im2bw：convert image to binary，将图像转换为二进制图像
im2col：rearrange image blocks into columns，将图像块重新排列成列
imabsdiff：absolute difference of two images，两幅图像的绝对差异

imadd：add two images or add constant to image，添加两个图像或向图像添加常量
imadjust：adjust image intensity values or colormap，调整图像强度值或彩色查找表
imageinfo：image information tool，图像信息工具
imbinarize：convert grayscale image to binary image，将灰度图像转换为二值图像
imbothat：bottom-hat filtering，低帽滤波
imclose：morphologically close image，形态闭合图像
imcolormaptool：choose colormap tool，选择彩色查找表工具
imcomplement：complement image，补图像
imcontrast：adjust contrast tool，调整对比度工具
imcrop：crop image，剪切图像
imdilate：morphologically dilate image，形态学膨胀图像
imdistline：distance tool，距离工具
imdivide：divide one image into another，图像除法
imerode：morphologically erode image，形态学腐蚀图像
imfill：fill image regions and holes，填充图像区域和孔洞
imfilter：multidimensional filtering of images，图像的多维滤波
imfindcircles：find circles using circular Hough transform，使用圆形哈夫变换查找圆
imfuse：composite of two images，两张图片的合成
imgaborfilt：apply Gabor filter to 2-D image，将盖伯滤波器应用于 2-D 图像
imgradient：gradient magnitude and direction of an image，图像梯度的大小和方向
imgradientxy：directional gradients of an image，图像的方向梯度
imhist：histogram of image data，图像数据的直方图
imlincomb：linear combination of images，图像的线性组合
immagbox：magnification box to the figure window，放大框到图窗口
immovie：make movie from multi-frame image，从多帧图像制作电影
immse：mean-squared error，均方误差
immultiply：multiply two images，将两幅图像相乘
imnoise：add noise to image，给图像添加噪声
imopen：morphological open operation on image，图像的形态学开运算
imoverlay：burn binary mask into 2-D image，将二值模板刻录成 2-D 图像
imoverview：overview tool for displayed image，显示图像的概览工具
impixelinfo：pixel information tool，像素信息工具
impixelregion：pixel region tool，像素区域工具
implay：play movies, videos, or image sequences，播放电影、视频或图像序列
imquantize：quantize image using specified quantization levels，使用指定的量化级别量化图像
imrect：create draggable rectangle，创建可拖动的矩形
imregconfig：configurations for intensity-based registration，基于强度的配准配置
imregister：intensity-based image registration，基于强度的图像配准
imrotate：rotate image，旋转图像
imsharpen：sharpen image using unsharp masking，使用非锐化模板锐化图像
imshowpair：compare differences between images，比较图像之间的差异
imsubtract：subtract one image from another，图像减法
imtool：open image viewer app，打开图像查看器应用程序
imtophat：top-hat filtering，高帽滤波
imtranslate：translate image，平移图像

imwarp：apply geometric transformation to image，对图像进行几何变换
ind2gray：convert indexed image to grayscale image，将索引图像转换为灰度图像
lab2rgb：convert CIE 1976 L*a*b* to RGB，将 CIE 1976 L*a*b* 转换为 RGB
labeloverlay：overlay label matrix regions on 2-D image，2-D 图像上的重叠标签矩阵区域
makecform：create color transformation structure，创建彩色转换结构
mat2gray：convert matrix to grayscale image，将矩阵转换为灰度图像
mean2：average or mean of matrix elements，矩阵元素的平均值
medfilt2：2-D median filtering，2-D 中值滤波
montage：display multiple image frames as rectangular montage，将多个图像帧显示为矩形蒙太奇
multithresh：multilevel image thresholds using Otsu's method，基于大津方法的多级图像阈值
normxcorr2：normalized 2-D cross-correlation，归一化二维互相关
ntsc2rgb：convert NTSC values to RGB color space，将 NTSC 值转换到 RGB 彩色空间
ordfilt2：2-D order-statistic filtering，2-D 排序统计过滤
otsuthresh：global histogram threshold using Otsu's method，使用大津方法的全局直方图阈值
phantom：create head phantom image，创建头部模型图像
plotChromaticity：plot color reproduction on chromaticity diagram，在色度图上绘制彩色再现
projective2d：2-D projective geometric transformation，2-D 投影几何变换
psnr：peak signal-to-noise ratio(PSNR)，峰值信噪比(PSNR)
qtdecomp：quad-tree decomposition，四叉树分解
qtgetblk：get block values in quad-tree decomposition，在四叉树分解中获取团块值
qtsetblk：set block values in quad-tree decomposition，在四叉树分解中设置团块值
regionprops：measure properties of image regions，测量图像区域的属性
rgb2lab：convert RGB to CIE 1976 L*a*b*，将 RGB 转换为 CIE 1976 L*a*b*
rgb2ntsc：convert RGB values to NTSC color space，将 RGB 值转换到 NTSC 彩色空间
rgb2xyz：convert RGB to CIE 1931 XYZ，将 RGB 转换为 CIE 1931 XYZ
rgb2ycbcr：convert RGB values to YCbCr color space，将 RGB 值转换到 YCbCr 彩色空间
roifilt2：filter region of interest(ROI) in image，对图像中的感兴趣区域(ROI)滤波
roipoly：specify polygonal region of interest(ROI)，指定多边形感兴趣区域(ROI)
ssim：structural similarity index(SSIM) for measuring image quality，用于测量图像质量的结构相似性指数(SSIM)
std2：standard deviation of matrix elements，矩阵元素的标准方差
strel：morphological structuring element，形态学结构元素
subimage：display multiple images in single figure window，在单个图窗口中显示多幅图像
superpixels：2-D superpixel oversegmentation of images，图像的 2-D 超像素过分割
viscircles：create circle，创建圆
warp：display image as texture-mapped surface，将图像显示为纹理贴图表面
wiener2：2-D adaptive noise-removal filtering，2-D 自适应去噪滤波
xyz2rgb：convert CIE 1931 XYZ to RGB，将 CIE 1931 XYZ 转换为 RGB
ycbcr2rgb：convert YCbCr values to RGB color space，将 YCbCr 值转换到 RGB 彩色空间

音频系统工具箱(AST)函数

audioDeviceReader：record from sound card，从声卡录音
audioDeviceWriter：play to sound card，播放到声卡
audioOscillator：generate sine, square, and sawtooth waveforms，生成正弦波、方波和锯齿波
compressor：dynamic range compressor，动态范围压缩器

crossoverFilter:audio crossover filter,音频分频滤波器
expander:dynamic range expander,动态范围扩展器
getAudioDevices:list available audio devices,列出可用的音频设备
integratedLoudness:measure integrated loudness,测量综合响度
loudnessMeter:standard-compliant loudness measurements,符合标准的响度测量
mfcc:extract MFCC from audio signal,从音频信号中提取 MFCC
mididevice:send and receive MIDI messages,发送和接收 MIDI 消息
mididevinfo:MIDI device information,MIDI 设备信息
midimsg:create MIDI message,创建 MIDI 消息
midisend:send MIDI message to MIDI device,将 MIDI 消息发送到 MIDI 设备
noiseGate:dynamic range noise gate,动态范围噪声门
pitch:estimate fundamental frequency of audio signal,估计音频信号的基频
reverberator:add reverberation to audio signal,为音频信号添加混响
visualize:visualize filter characteristics,可视化滤波器特性
voiceActivityDetector:detect presence of speech in audio signal,检测音频信号中是否存在语音
wavetableSynthesizer:generate a periodic signal with tunable properties,生成具有可调特性的周期信号

计算机视觉系统工具箱(CVST)功能

configureKalmanFilter:create Kalman filter for object tracking,创建用于目标跟踪的卡尔曼滤波器
detectBRISKFeatures:detect binary robust invariant scalable keypoints(BRISK),检测二元鲁棒不变可扩展关键点(BRISK)
detectFASTFeatures:detect features from accelerated segment test(FAST) algorithm,使用加速段测试(FAST)算法中检测特征
detectHarrisFeatures:detect corners using Harris-Stephens algorithm,使用哈里斯-蒂芬算法检测角点
detectKAZEFeatures:detect features using the KAZE algorithm,使用 KAZE 算法检测特征
detectMinEigenFeatures:detect corners using minimum eigenvalue algorithm,基于最小特征值算法检测角点
detectMSERFeatures:detect maximally stable extremal regions(MSER) features,检测最大稳定极值区域(MSER)特征
detectSURFFeatures:detect features using speeded-up robust features(SURF) algorithm,使用加速鲁棒特征(SURF)算法检测特征
estimateFlow:estimate optical flow,估计光流
extractFeatures:extract interest point descriptors,提取感兴趣点描述符
extractHOGFeatures:extract histogram of oriented gradients(HOG) features,提取朝向梯度(HOG)特征的直方图
extractLBPFeatures:extract local binary pattern(LBP) features,提取局部二进制模式(LBP)特征
insertObjectAnnotation:annotate image or video,注释图像或视频
insertShape:insert shape in image or video,在图像或视频中插入形状
insertText:insert text in image or video,在图像或视频中插入文本
ocr:recognize text using optical character recognition,使用光学字符识别来识别文本
opticalFlowFarneback:estimate optical flow using Farneback method,用 Farneback 方法估计光流
opticalFlowHS:estimate optical flow using Horn-Schunck method,用 Horn-Schunck 方法估计光流
opticalFlowLK:estimate optical flow using Lucas-Kanade method,用 Lucas-Kanade 方法估计光流
opticalFlowLKDoG:estimate optical flow using Lucas-Kanade derivative of Gaussian,用高斯函数的 Lucas-Kanade 导数估计光流

predict：predict image category from classifier output，从分类器输出预测图像类别
step：play one video frame at a time，一次播放一帧视频
vision.BlobAnalysis：properties of connected regions，连通区域的性质
vision.BlockMatcher：estimate motion between images or video frames，估计图像或视频帧之间的运动
vision.CascadeObjectDetector：detect objects using the Viola-Jones algorithm，使用 Viola-Jones 算法检测目标
vision.DeployableVideoPlayer：display video，播放视频
vision.ForegroundDetector：foreground detection using Gaussian mixture models，基于高斯混合模型的前景检测
vision.HistogramBasedTracker：histogram-based object tracking，基于直方图的目标跟踪
vision.KalmanFilter：Kalman filter for object tracking，用于目标跟踪的卡尔曼滤波器
vision.PeopleDetector：detect upright people using HOG features，使用 HOG 特征检测直立人
vision.PointTracker：track points in video using Kanade-Lucas-Tomasi(KLT) algorithm，使用 Kanade-Lucas-Tomasi(KLT)算法跟踪视频中的点
vision.VideoFileReader：read video frames from video file，从视频文件中读取视频帧
vision.VideoFileWriter：write video frames to video file，将视频帧写入视频文件
vision.VideoPlayer：play video or display image，播放视频或显示图像

统计和机器学习工具箱(SMLT)

cluster：construct agglomerative clusters from linkages，从链接构建凝聚类
confusionmat：create confusion matrix，创建混淆矩阵
cvpartition：partition data for cross-validation，用于交叉验证的分区数据
dendrogram：generate dendrogram plot，生成树状图
evalclusters：evaluate clustering solutions，评估聚类解决方案
fitcdiscr：fit discriminant analysis classifier，拟合鉴别分析分类器
fitcnb：train multiclass naive Bayes model，训练多类朴素贝叶斯模型
fitcsvm：train binary support vector machine(SVM) classifier，训练二元支持向量机(SVM)分类器
fitctree：fit binary classification decision tree for multiclass classification，拟合二分类决策树用于多类分类
fitgmdist：fit Gaussian mixture model to data，将高斯混合模型拟合到数据
gscatter：scatter plot by group，按组的散点图
kmeans：apply k-means clustering，应用 k-均值聚类
kmedoids：apply k-medoids clustering，应用 k-中心点聚类
knnsearch：find k-nearest neighbors，查找 k-最近邻
linkage：hierarchical cluster tree，分层聚类树
mahal：Mahalanobis distance，马氏距离
mvnrnd：multivariate normal random numbers，多元正态随机数
pca：principal component analysis，主分量分析
pdf：probability density function for Gaussian mixture distribution，高斯混合分布的概率密度函数
pdist：pairwise distance between pairs of observations，成对观测值之间的成对距离
predict：predict labels using classification model，使用分类模型预测标签
silhouette：silhouette plot，剪影图
statset：create statistics options structure，创建统计选项结构
tabulate：frequency table，频率表
test：test indices for cross-validation，交叉验证的测试指标
training：training indices for cross-validation，交叉验证的训练指标

信号处理工具箱(SPT)

designfilt:design digital filters,设计数字滤波器
spectrogram:spectrogram using short-time Fourier transform,使用短时傅里叶变换的频谱图
chirp:generate signals with variable frequencies,生成频率可变的信号
dct:discrete cosine transform,离散余弦变换
idct:inverse discrete cosine transform,离散余弦反变换
window:create a window function of specified type,创建指定类型的窗函数

DSP 系统工具箱(DSPST)

dsp.AudioFileReader:stream from audio file,来自音频文件的流
dsp.AudioFileWriter:stream to audio file,流到音频文件
dsp.TimeScope:time-domain signal display and measurement,时域信号显示与测量
dsp.SineWave:generate discrete sine wave,生成离散正弦波
dsp.SpectrumAnalyzer:display frequency spectrum of time-domain signals,显示时域信号的频谱
dsp.ArrayPlot:display vectors or arrays,显示向量或数组
fvtool:visualize frequency response of DSP filters,可视化 DSP 滤波器的频率响应

神经网络工具箱(NNT)

feedforwardnet:create a feedforward neural network,创建一个前馈神经网络
patternnet:create a pattern recognition network,创建一个模式识别网络
perceptron:create a perceptron,创建感知机
train:train neural network,训练神经网络
view:view neural network,查看神经网络

小波工具箱(WT)

appcoef2:2-D approximation coefficients,2-D 近似系数
detcoef2:2-D detail coefficients,2-D 细节系数
dwt2:single level discrete 2-D wavelet transform,单级离散 2-D 小波变换
idwt2:single level inverse discrete 2-D wavelet transform,单级离散 2-D 小波反变换
wavedec2:2-D wavelet decomposition,2-D 小波分解
waverec2:2-D wavelet reconstruction,2-D 小波重建

模糊逻辑工具箱(FLT)

gaussmf:generate Gaussian function of specified mean and variance,生成指定均值和方差的高斯函数

参 考 文 献

[1] Alcantarilla P F, Bartoli A, Davison A J. KAZE features. ECCV 2012, 2012, Part VI, LNCS 7577: 214.
[2] Barron J L, Fleet D J, Beauchemin S S, et al. Performance of optical flow techniques, CVPR, 1992.
[3] Bay H, Tuytelaars T, Gool L V. SURF: Speeded Up Robust Features. Computer Vision and Image Understanding, 2008, 110(3): 346-359.
[4] Belongie S, et al. Color and Texture based image segmentation using EM and its application to content-based image retrieval. Proceedings of the 6th International Conference on Computer Vision, (IEEE Cat. No. 98CH36271), Bombay, India, 1998: 675-682.
[5] Bishop C M. Neural Networks for Pattern Recognition. New York: Oxford University Press, 2005.
[6] Bishop C M. Pattern Recognition and Machine Learning. New York: Springer, 2006.
[7] Bradski G R. Computer vision face tracking for use in a perceptual user interface, IEEE Workshop on Applications of Computer Vision, Princeton, NJ, 1998: 214-219.
[8] Breiman L, Friedman J H, Olshen R A, et al. Classification and Regression Trees. Boca Raton, FL: Chapman & Hall, 1984.
[9] Burt P, Andelson T. The laplacian pyramid as a compact image code, IEEE Transactions on Communications, 1983, 9(4): 532-540.
[10] Calinski T, Harabasz J. A dendrite method for cluster analysis, Communications in Statistics, 1974, 3(1): 1-27.
[11] Christianini N, Shawe-Taylor J C. An Introduction to Support Vector Machines and Other Kernel-Based Learning Methods. Cambridge, UK: Cambridge University Press, 2000.
[12] CIE. Commission Internationale de l'éclairage Proceedings. Cambridge: Cambridge University Press, 1931.
[13] CIE. Methods for re-defining CIE D illuminants, Technical Report 204, 2013. (http://cie. co. at/publications/methods-re-defining-cie-d-illuminants).
[14] Comaniciu D, Meer P. Mean Shift : A robust approach toward feature space analysis, IEEE Transactions on Pattern Analysis and Machine Intelligence (PAMI), 2002, 24(5): 603-619.
[15] Coppersmith D, Hong S J, Hosking J R M. Partitioning nominal attributes in decision trees. Data Mining and Knowledge Discovery, 1999, 3: 197-217.
[16] Crow F. Summed-area tables for texture mapping. Proceedings of SIGGRAPH, 1984, 18(3): 207-212.
[17] Dalal N, Triggs B. Histograms of oriented gradients for human detection. IEEE Computer Society Conference on Computer Vision and Pattern Recognition, 2005, 1: 886-893.
[18] Dasiopoulou S, et al. Knowledge-assisted semantic video object detection. IEEE Transactions on Circuits and Systems for Video Technology, 2005, 15(10): 1210-1224.
[19] Davis S B, Mermelstein P. Comparison of parametric representations for monosyllabic word recognition in continuously spoken sentences. IEEE Transactions on Acoustics, Speech and Signal Processing, 1980, 28(4): 357-366.
[20] Deza M M, Deza E. Encyclopedia of Distances. Berlin: Springer-Verlag, 2009.
[21] European Broadcasting Union. R 128- Loudness Normalisation and Permitted Maximum Level of

Audio Signals,EBU R 128,2014.

[22] Farneback G. Two-frame motion estimation based on polynomial expansion,Proceedings of the 13th Scandinavian Conference on Image Analysis,Gothenburg,Sweden,2003.

[23] Fisher R A. The use of multiple measurements in taxonomic problems,Annals of Eugenics,1936,7(2):179-188.

[24] Fourier J B J. Theorie Analytique de la Chaleur. Paris:Firmin Didot,1822.

[25] Gabor D. Theory of communication. Journal of the Institution of Electrical Engineers Part III,Radio and Communication,1946,93:429.

[26] Gonzalez R C,Woods R E,Eddins S L. Digital Image Processing Using MATLAB. Upper Saddle River,New Jersey:Prentice Hall,2003.

[27] Guild J. The colorimetric properties of the spectrum. Pholosophical Transactions,1931,230(685):149-187.

[28] Haar A. Zur Theorie der orthogonalen Funktionensysteme,Mathematische Annalen,1910,69:331-371.

[29] Hagan M T,Menhaj M. Training feed-forward networks with the Marquardt algorithm. IEEE Transactions on Neural Networks,1994,5(6):989-993.

[30] Haralick R M,Shanmugan K,Dinstein I. Textural features for image classification. IEEE Transactions on Systems,Man,and Cybernetics,1973,SMC-3:610-621.

[31] Harris C,Stephens M. A combined corner and edge detector. Proceedings of the 4th Alvey Vision Conference,1988:147-151.

[32] Hastie T,Tibshirani R,Friedman J. The Elements of Statistical Learning. Second Edition. New York:Springer,2008.

[33] Hopfield J J. Neural networks and physical systems with emergent collective computational abilities. Proceedings National Academy of Science,USA,1982,79(8):2554-2558.

[34] Horn B K P,Schunck B G. Determining optical flow. Artificial Intelligence,1981,17:185-203.

[35] Hunter R. Photoelectric color-difference meter. Journal of Optical Society of America,1948,38(7):661.

[36] International Telecommunication Union-Radiocommunication. Algorithms to Measure Audio Programme Loudness and True-Peak Audio Level,ITU-R BS. 1770-4,2015.

[37] Jain A K. Fundamentals of Digital Image Processing. Englewood Cliffs,NJ:Prentice Hall,1989:439.

[38] Kalman,R. E. ,A new approach to linear filtering and prediction problems,Journal of Basic Engineering,1960,82:35-45.

[39] Kaufman L,Rousseeuw P J. Finding Groups in Data:An Introduction to Cluster Analysis. Hoboken,NJ:John Wiley & Sons,Inc. ,1990.

[40] Kendall M G. The Advanced Theory of Statistic,Fourth Edition. New York:Macmillan,1979.

[41] Lam E Y. Iterative statistical approach to blind image deconvolution,Journal of the Optical Society of America (JOSA),2000,17(5):1177-1184.

[42] Leutenegger S,Chli M,Siegwart R. BRISK:Binary Robust Invariant Scalable Keypoints. Proceedings of the IEEE International Conference. ICCV,2011.

[43] Lewis J P. Fast Normalized Cross-Correlation. San Francisco,CA:Industrial Light & Magic,1995.

[44] Lim J S. Two-Dimensional Signal and Image Processing. Englewood Cliffs,NJ:Prentice Hall,1990.

[45] Lowe D G. Distinctive image features from scale-invariant keypoints. International Journal of Computer Vision,2004,60(2):91-110.

[46] Lucas B D,Kanade T. An Iterative Image Registration Technique with an Application to Stereo

Vision. Proceedings of Image Understanding Workshop,1981: 121-130.

[47] Lucas B D, Kanade T. An Iterative Image Registration Technique with an Application to Stereo Vision. Proceedings of the 7th International Joint Conference on Artificial Intelligence, 1981: 674-679.

[48] Lucy L B. An iterative technique for the rectification of observed distributions. Astronomical Journal, 1974,79(1): 745-754.

[49] Mallat S G. A theory for multiresolution signal decomposition: The wavelet representation. IEEE Transactions on Pattern Analysis and Machine Intelligence,1989,11(7): 674-693.

[50] Marquardt D. An algorithm for least-squares estimation of nonlinear parameters. SIAM Journal on Applied Mathematics,1963,11(2): 431-441.

[51] Matas J, Chum O, Urban M, et al. Robust wide baseline stereo from maximally stable external regions, British Machine Vision Conference,2002: 384-396.

[52] Nyquist H. Certain topics in telegraph transmission theory. Transactions of American Institute of Electrical Engineers (AIEE),1928,47(2): 617-644.

[53] Ojala T, Pietikainen M, Maenpaa T. Multiresolution gray scale and rotation invariant texture classification with local binary patterns. IEEE Transactions on Pattern Analysis and Machine Intelligence,2002,24(7): 971-987.

[54] Otsu N. A threshold selection method from gray-level histograms. IEEE Transactions on Systems, Man, and Cybernetics,1979,9(1): 62-66.

[55] Perona P, Malik J. Scale-space and edge detection using annisotropic diffusion. IEEE Transactions on Pattern Analysis and Machine Intelligence,1990,12: 1651-1686.

[56] Poynton C. A guided tour of color space. Proceedings of the SMPTE Advanced Television and Electronic Imaging Conference,1995: 167-180.

[57] Poynton C. A Technical Introduction to Digital Video. Hoboken, NJ: John Wiley & Sons Inc.,1996: 175.

[58] Richardson W. Bayesian based iterative method of image restoration. Journal of the Optical Society of America (JOSA),1972,62(1): 55-59.

[59] Rosenblatt F. The perceptron: A probabilistic model for information storage and organization in the brain. Psychological Review,1958,65(6): 386-408.

[60] Rosten E, Drummond T. Machine learning for high speed corner detection. 9th European Conference on Computer Vision,2006,1: 430-443.

[61] Roussopoulos N, Kelley S, Vincent F D R. Nearest neighbor queries. Proceedings of 1995 ACMSIGMOD International Conference on Management of Data-SIGMOD'95,1995: 71.

[62] Shepp L, Logan B. The fourier reconstruction of a head section. IEEE Transactions on Nuclear Science,1974,NS21(3): 21-43.

[63] Shi J, Tomasi C. Good features to track. IEEE Conference on Computer Vision and Pattern Recognition (CVPR), Seattle,1994.

[64] Sohn J, Kim N S, Sung W. A statistical model-based voice activity detection. Signal Processing Letters IEEE,1999,6(1): 1-3.

[65] Stauffer C, Grimson W E L. Adaptive background mixture models for real-time tracking. IEEE Computer Society Conference on Computer Vision and Pattern Recognition,1999,2: 2246-252.

[66] Stevens S S, Volkmann J, Newman E B. A scale for the measurement of the psychological magnitude pitch. Journal of the Acoustic Society of America (ASA),1937,8: 185-190.

[67] Taylor B. Methodus Incrementorum Directa et Inversa (Direct and Reverse Methods of Incrementation) (in Latin). London,1715: 21-23.

[68] Tomasi C, Kanade T. Detection and tracking of point features, Computer Science Department,

Carnegie Mellon University Technical Report CMU-CS-91-132,1991.

[69] Viola P,Jones M J. Rapid object detection using a boosted cascade of simple features,Proceedings of the 2001 IEEE Computer Society Conference on Computer Vision and Pattern Recognition (CVPR),2001,1:511-518.

[70] Wiener N. Extrapolation Interpolation and Smoothing of Stationary Time Series. New York: John Wiley & Sons Inc. ,1949.

[71] Witkin A P. Scale-space filtering. Proceedings of the 8th International Joint Conference on Artificial Intelligence,Karlsruhe,Germany,1983:1019-1022.

[72] Wright W D. A re-determination of the trichromatic coefficients of the spectral colours. Transactions of the Optical Society,1929,30(4):141-164.

[73] Young T. Bakerian Lecture: On the theory of light and colors. Philosophical Transactions. Royal Society of London,1802,92:12-48.

[74] Zhang S. Single shot refinement neural network for object detection. Proceedings of the IEEE Conference on Computer Vision and Pattern Recognition (CVPR),2018:4203-4212.

[75] Zhou W,Bovik A C,Sheikh H R,et al. Image qualifty assessment: From error visibility to structural similarity. IEEE Transactions on Image Processing,2004,13(4):600-612.

主题索引

数字和字母

2-D 高斯函数,2-D Gaussian function,43,66
2-D 绘图函数,2-D plotting functions,132
3-D 绘图函数,3-D plotting functions,152
44 100 赫兹(44.1 千赫兹),44 100Hz(44.1kHz),241
8 位无符号整数,Unsigned integer 8-bits,13,26
AdobeRGB 彩色空间,AdobeRGB color space,31
BRISK 算法,BRISK algorithm,273
Calinski-Harabasz（C-H）准则,Calinski-Harabasz (C-H) criterion,311
CIE $L^*a^*b^*$,CIE $L^*a^*b^*$,36
CIE XYZ,CIE XYZ,30
CMY 彩色模型,CMY color model,3,28
DFT 基函数,DFT basis functions,170
DFT 系数,DFT coefficients,169
DSP 系统工具箱(DSPST),DSP system toolbox (DSPST),161
FAST 算法,FAST algorithm,269
Fisher-Iris 数据集,Fisher-Iris dataset,263
KAZE 算法,KAZE algorithm,273
k-均值聚类,k-means clustering,278
k-中心点聚类,k-medoids clustering,279
k-最近邻,k-nearest neighbor,287
露西·理查森反卷积,Lucy-Richardson deconvolution,92
RGB 彩色模型,RGB color model,3,28
Simulink,Simulink,126,218,255
sRGB 彩色空间,sRGB color space,31
YC_bC_r,YC_bC_r,223

B

白色点光源,white point illuminant,30
本征向量,eigenvector,268
本征值,eigenvalue,268
边缘检测,edge detection,70

C

彩色查找表(CLUT),color look up table(CLUT),19
彩色图像,colormap,23
彩色转换,color conversions,37
插值,interpolation,54
尺度不变特征变换(SIFT),scale Invariant Feature Transform(SIFT),271
尺度空间,scale space,271
窗函数,window function,203

D

大津方法,Otsu's method,16
带通滤波器,Band-pass filter,160,202
带阻滤波器,Band-stop filter,202
单层感知机(SLP),Single-layer perceptron(SLP),291
低通 FIR 滤波器,Low-pass FIR filter,209
低通 IIR 滤波器,Low-pass IIR filter,210
低通滤波器(LPF),Low-pass filter(LPF),123
点跟踪器,Point tracker,252
点扩散函数(PSF),Point spread function(PSF),88
动态范围扩展器,Dynamic range expander,186
动态范围压缩器,Dynamic range compressor,184
抖动,Dithering,19
对比度拉伸,Contrast stretching,44,75
对比度调整,Contrast adjustment,74
多层感知机(MLP),Multi-layer perceptron(MLP),292

E

二值化阈值,Binarization threshold,16

F

反射,Reflection,56
仿射变换,Affine transformation,57
分层聚类,Hierarchical clustering,281
分类,Classification,259,276
分类学习器应用程序,Classification learner app,303
分量视频,Component video,222
分频滤波器,Cross-over filter,187

复合视频,Composite video,222
傅里叶定理,Fourier theorem,167

G

伽马曲线,Gamma curve,3,74
盖伯滤波器,Gabor filter,67
感兴趣区域(ROI),region of interest(ROI),82
感知机,perceptron,289
高斯函数,Gaussian function,42
高斯混合模型(GMM),Gaussian Mixture Model(GMM),285
高斯-拉普拉斯(LoG),Laplacian of Gaussian(LoG),72
高通 FIR 滤波器,high-pass FIR filter,212
高通 IIR 滤波器,high-pass IIR filter,213
高通滤波器(HPF),high-pass filter(HPF),125
光流,optical flow,249
光学字符识别(OCR),optical character recognition(OCR),247
归一化 2-D 互相关,Normalized 2-D cross-correlation,62
国家电视系统委员会(NTSC),National Television Systems Committee(NTSC),239
过拟合,overfitting,287

H

哈夫变换,Hough transform,96
哈里斯角点检测器,Harris corner detector,268
合成器,synthesizer,180
合成图像,synthetic image,39
核,kernel,63
幻影头,phantom head,41
灰度共生矩阵(GLCM),gray level co-occurrence matrix(GLCM),107
混响,reverberation,183
混淆矩阵,confusion matrix,304,312

J

基于 GMM 的聚类,GMM based clustering,285
基于直方图的跟踪器,histogram based tracker,247
几何变换,geometric transformations,3,51
计算机视觉系统工具箱(CVST),computer Vision System Toolbox(CVST),224,260
加速鲁棒特征(SURF),speeded up robust features(SURF),272

剪切,cropping,51
鉴别分析分类器,discriminant analysis classifier,300
交互工具,interactive tools,49
交互探索,interactive exploration,48
椒盐噪声,salt and pepper noise,67
局部二值模式(LBP),local binary pattern(LBP),274
聚类,clustering,259
卷积,convolution,64
卷积定理,convolution theorem,89
决策树分类器,decision tree classifier,294

K

卡尔曼滤波器,Kalman filter,252
块处理,block processing,82
块匹配器,block matcher,253

L

离散傅里叶变换(DFT),discrete Fourier transform(DFT),111,169
离散小波变换(WT),discrete wavelet transform(DWT),117
离散余弦变换(DCT),discrete cosine transform(DCT),114
量化,Quantization,1,18
轮廓值,Silhouette value,310
逻辑运算,Logical operations,86
滤波器设计,Filter design,208

M

马氏距离,Mahalanobis distance,277
曼哈顿距离,Manhattan distance,276
盲解卷积,blind deconvolution,94
梅尔频率倒谱系数(MFCC),Mel frequency cepstral coefficient(MFCC),194
目标分析,object analysis,95
目标检测,object detection,242

N

奈奎斯特采样定理,Nyquist sampling theorem,160
逆滤波,inverse filtering,89

O

欧氏距离,euclidean distance,276

P

排序统计滤波器,order statistic filter,67
频谱图,spectrogram,206
频域滤波器,spectral filters,205
平移,translation,52
朴素贝叶斯分类器,naïve Bayes classifier,300

Q

棋盘,checkerboard,39
棋盘距离,chessboard distance,276
前景检测器,foreground detector,243

R

人工神经网络(ANN),artificial neural network(ANN),288
人脸检测器,face detector,245
人体检测器,people detector,244

S

三刺激值,tristimulus values,30
色度值,chromaticity values,30
色调饱和度值(HSV),hue saturation value(HSV),37
神经元,neuron,289
声波,sound waves,159,164
时间滤波器,temporal filter,202
视频彩色空间,video color spaces,238
视频处理,video processing,221
视频输入/输出,video I/O,225
树状图,dendrogram,282
数据采集,data acquisition,262
四叉树分解,quad-tree decomposition,98
算术运算,arithmetic operations,85
缩放,scaling,53
索引图像,indexed image,19

T

特征提取,feature extraction,267
梯度方向直方图(HOG),histogram of oriented gradients(HOG),275
统计和机器学习工具箱(SMLT),statistics and machine learning toolbox(SMLT),261
投影变换,projective transformation,58

图像处理工具箱(IPT),image processing toolbox(IPT),8
图像分割,image segmentation,93
图像类型转换,image type conversion,14
图像滤波,image filtering,63
图像模糊,image blurring,64
图像扭曲,image warping,47
图像配准,image registration,58
图像融合,image fusion,46
图像锐化,image sharpening,70
图像算术,image arithmetic,85
图像梯度,image gradient,71,245
图像质量,image quality,110
团点检测器,Blob detector,242

W

维纳反卷积,Wiener deconvolution,90
纹理分析,texture analysis,107
无监督分组,unsupervised grouping,276
无限脉冲响应(IIR),infinite impulse response(IIR),202

X

相关,correlation,64
相似性度量,similarity metrics,259
相位交替行(PAL),phase alternation lines(PAL),240
响度,loudness,192
像素化,pixelation,54
像素连接,pixel connectivity,102
协方差,covariance,59
信号处理工具箱(SPT),signal processing toolbox(SPT),12,161
形态学操作,morphological operations,80
旋转,rotation,53

Y

验证集,validation set,287
音高,pitch,159,190
音频输入/输出,audio I/O,176
音频系统工具箱(AST),audio system toolbox(AST),163
用户定义的函数,user-defined functions,83
有监督分组,supervised grouping,276,287
有限脉冲响应(FIR),finite impulse response

(FIR),202
语音活动检测(VAD),voice activity detection (VAD),190
预处理,pre-processing,266
乐器数字接口(MIDI),musical instrument digital interface(MIDI),160,200
运动跟踪,motion tracking,247

Z

噪声,noise,41,66,88,110
噪声滤波器,noise filter,66
噪声门,noise gate,183
支持向量机(SVM)分类器,support vector machine (SVM) classifier,301
直方图,histogram,49
直方图均衡化,histogram equalization,78
中值滤波器,median filter,67
啁啾信号,chirp signal,207
最大稳定极值区域(MSER),maximally stable extremal regions(MSER),270
最小本征值方法,minimum eigenvalue method,268